高等医学院校系列教材

基 础 化 学

主　编　马丽英　高宗华

副主编　王　雷　胡　威　董秀丽　赵全芹

编　委（按姓氏笔画排序）

马丽英（滨州医学院）

王　雷（滨州医学院）

李嘉霖（滨州医学院）

赵全芹（山东大学）

胡　威（滨州医学院）

高　静（牡丹江医学院）

高宗华（滨州医学院）

阎　芳（潍坊医学院）

董秀丽（滨州医学院）

魏光成（滨州医学院）

科 学 出 版 社

北　京

内 容 简 介

为了满足应用型医学专业人才的培养要求，本材循序渐进地阐述了医学各专业所需的化学基础知识。全书分 4 个模块共 12 章，包括化学反应基本原理、溶液与胶体的性质、物质结构与性质的关系、医学中常用的定量分析方法。教材编写注重知识之间的衔接及其在医药中的应用。各章附有学习要求、知识拓展、本章小结等环节，以帮助学生明确学习目标，开阔视野，方便自主学习。

本书适用于高等医药院校的临床医学、全科医学、医学影像学、麻醉学、预防医学、口腔医学、护理学、中医学、眼视光学等专业学生使用，也可用于其他院校相关专业的师生教学或科研工作参考。

图书在版编目(CIP)数据

基础化学/马丽英，高宗华主编. 北京：科学出版社，2015.8

ISBN　978-7-03-045347-1

Ⅰ. ①基… Ⅱ. ①马… ②高… Ⅲ. ①化学—医学院校—教材 Ⅳ. ①06

中国版本图书馆 CIP 数据核字（2015）第 185966 号

责任编辑：胡治国 / 责任校对：陈玉凤

责任印制：李　彤 / 封面设计：陈　敬

科 学 出 版 社出版

北京东黄城根北街 16 号

邮政编码：100717

http://www.sciencep.com

北京虎彩文化传播有限公司 印刷

科学出版社发行　各地新华书店经销

*

2015 年 8 月第　一　版　开本：787×1092　1/16

2023 年 8 月第九次印刷　印张：18　1/4

字数：431 000

定价：66.00 元

（如有印装质量问题，我社负责调换）

前　　言

随着科技的发展，医学研究开始步入分子水平，现代医学人才的培养对化学教学提出了更高的要求，化学已经成为生命科学研究的基础和基石。基础化学以培养应用型、创新型人才为目标，以专业、学科、课程改革成果为依托，根据现代医学对化学的基本需求和医用化学的教育现状，循序渐进地阐述了化学反应的基本原理、溶液与胶体的性质、物质结构与性质之间的关系、医学中常用的定量分析方法等内容。全书分四个模块共 12 章，基本覆盖了医学各专业所需的化学基础知识及其在医学中的主要应用。各模块相互衔接又各有侧重，能体现教学内容的完整性和系统性，便于教与学的顺利进行。编写时注重化学知识之间的衔接，又注重化学在医学、药学和生产生活中的应用，同时适当介绍了现代化学的最新进展。各章附有学习要求、知识拓展、本章小结、课后习题等环节，以帮助学生明确学习目标，开阔视野，方便自主学习。

参加本书编写工作的有滨州医学院马丽英、高宗华、王雷、胡威、董秀丽、李嘉霖、魏光成，山东大学赵全芹，潍坊医学院阎芳、牡丹江医学院高静。

在本书编写过程中参考了兄弟院校的教材和正式出版的书刊中的有关内容，在此向有关作者和出版社表示感谢。

限于编者水平，本书难免有不当之处，恳请专家、同行及使用本书的教师和同学们提出宝贵意见，以便改进和完善。

本书适用于高等医药院校及综合性大学的临床医学、全科医学、医学影像学、麻醉学、预防医学、口腔医学、护理学、中医学、眼视光学等专业学生使用，也可用于其他院校相关专业的师生教学或科研工作参考。

马丽英

2015 年 5 月

目　　录

第四模块　医学中常用的定量分析方法

绪　论

一、化学与医学的关系

化学是在分子或原子水平上研究物质的组成、结构、性质及其变化规律的科学。世界是由物质构成的，化学是人类认识和改造物质世界的主要方法和手段之一。根据研究对象和研究方法的不同，化学分为无机化学、有机化学、分析化学和物理化学四大学科。无机化学以元素周期律及近现代化学理论为基础，研究元素、单质和无机化合物的结构和性质；有机化学研究碳氢化合物及其衍生物的结构、性质及其制备；分析化学的主要任务是测定物质的化学组成、含量以及结构和存在形态；物理化学则是利用数学手段，使用物理方法研究化学变化的规律及其相应的能量变化。

化学是一门中心的、实用的和创造性的科学。目前，已发现的化学元素有 110 多种，以这些元素及其衍生物为基础，化学工作者以每 10 年几乎翻一番的速度发现和创造着新的物质。迄今为止，有机和无机化学物质多达 2400 余万种，这些新物质都是当今人类社会赖以生存和发展的物质基础。现代社会中，化学影响着人类生产和生活的各个方面。新能源、新材料、绿色农药和化肥等的开发和生产都离不开化学，日常生活所需要的衣食住行等无一不与化学有关。

化学不但对生产生活产生重要影响，更对医学的发展起到其他学科无法替代的作用。早在 16 世纪，人们就开始为医治疾病寻找和研制药物。1596 年，李时珍出版的《本草纲目》中就记载了 266 种无机药物，它不仅是一本药学的巨典，也是一个化学的宝库；1800 年，英国化学家 Davy H 发现了 N_2O 的麻醉作用；1846 年，乙醚作为麻醉剂被成功地应用于外科手术和牙科手术。此后，氯仿、乙烯、可卡因、普鲁卡因等麻醉药被相继发现，使得大型外科手术变成通例。为了解决创口感染的问题，经过大量实验，1865 年，英国外科医生 Lister J 发现了苯酚的消毒作用并应用于临床，使术后病人的死亡率从 45%下降到 15%； 1932 年，德国内科医生 Domagk G 从 1000 多种合成的偶氮类染料中发现了一种治疗链球菌感染的磺胺类药物，在此启发下，化学家们陆续合成了很多类型的磺胺药物，磺胺类药物的应用挽救了千万人的生命，它的发现者 Domagk G 于 1939 年获得了诺贝尔医学与生理学奖。青霉素的发现也是化学与医学合作的结果。1928 年，英国微生物学家 Fleming A 从青霉菌中发现了一种极具杀菌作用的物质，并将其命名为青霉素，但由于当时实验条件及化学知识的欠缺，一直没有解决好富集、浓缩青霉素的技术问题。过了十多年，澳大利亚病理学家 Florey H W 和德国化学家 Chain E B 合作，改进了培养条件及提取条件，得到了青霉素纯品，这才使这种抗生素得到承认，1944 年，医用青霉素正式问世，被广泛应用于医疗，使人类长期以来束手无策的肺炎、梅毒、猩红热等得到医治。1945 年，Fleming、Florey 和 Chain 共同获得了诺贝尔奖。抗生素的发现与使用挽救了无数人的生命，堪称 20 世纪医学界最伟大的创举。20 世纪对医学界的另一伟大发现是维生素，1911 年由波兰化学家 Fank C 在米糠中分离得到一种白色物质，可用来治疗脚气，他将其命名为维生素，后来人们确定了它的结构，明确了它在体内的作用机制。随着越来越多的维生素被人们认识和发现，维生素形成了一个大的家族，共有 A、B、C、D 等几十种，这些工作无不与化学的分离和确定结构的技术有关。纵观医学的发展和进步，如果没有化学的支撑是无法想象的。

现代化学与医学的联系更加密切，得益于化学的飞速发展。医学已经从器官水平发展到了细胞、亚细胞乃至分子、原子、量子水平，继而出现了分子生物学、分子遗传学、生物高分子等新兴的医学分支学科。从分子水平上阐述人体的结构和功能、研究人体生理、病理和心理的变化规律，寻求防病、治病的最佳途径，是当代医学的研究和发展方向，这就使得医学对化学的依赖性更加明显。纵观近几十年 Nobel 化学奖的工作，特别是从 2001 年到 2014 年的 Nobel 化学奖中，有 7 届授予了在生命科学研究中取得突出成就的科学家，这充分揭示了现代化学与医学的密切联系。近十几年来，生命科学的发展更为迅速，随着人类基因组计划接近尾声，一个以蛋白质组学、药物基因组学和代谢组学为研究重点的后基因时代已经拉开帷幕，其主要任务是对生命现象的本质认识、生物大分子的功能识别以及病理过程与药物作用的机制阐述，这一切都要求化学在分子水平上加以解释，并在技术上如二维电泳、质谱、核磁共振、色谱等给予支撑。近代计算化学的飞速发展，给医学领域更是带来了震撼性的变革，化学与医学之间的相互交叉与渗透正在步入一个崭新的阶段。对于核酸、蛋白质等生物大分子的高度近似处理将成为可能，分子模拟技术将真实再现生命体中以往不为人知的细节与秘密，各种重大疾病的致病机理将从原子层面得到认识，进而可以有针对性地进行药物分子设计以及靶向输运。另外，新药的发现、设计和生产过程中，更离不开化学方法。要设计新药，首先要能够在细胞、分子水平上深入地了解疾病发生的机理，才可能有针对性地设计药物，然后合成，筛选，化学修饰，再合成，最后投入生产。因此，化学在高等医学人才培养中具有毋庸置疑的重要性。

在生命科学高度发展的今天，医学工作者和生命科学家们越来越体会到化学对生命科学发展的重要性，所以，在高等医学教育中，不论是中国还是任何其他发达国家，历来都将化学作为医学专业学生的重要基础课。

二、基础化学的研究内容及其作用

基础化学是为了适应医学各专业的特点和需要而开设的一门化学基础课程，它涵盖了无机化学、分析化学和物理化学的基本理论和基础知识，主要内容包括化学反应基本原理、溶液与胶体、物质结构与性质、医学中常用的分析测量方法等。基础化学以应用型、创新型高级医学人才为培养目标，向高等医学院校一年级学生提供与医学相关的现代化学基本原理以及应用知识，为学生后续课程，如有机化学、生物化学、药理学、生理学等专业基础课程的学习打下较为深入的化学基础。同时，通过实验课程的教学，让学生掌握基本的操作技能，树立实事求是的科学态度，养成严谨细致的工作作风，培养勇于开拓的创新意识，提高分析问题和解决问题的能力。

基础化学在医学教育中扮演着无法替代的重要作用。医学的研究对象是人体，人体中不断进行着物质代谢和能量代谢，这都是由化学反应促成的，人体的生命过程如呼吸、循环、消化、吸收、排泄以及其他生理现象和病理现象都是体内化学变化的外在反映，虽然生物体内的化学反应远比简单体系的反应复杂得多，但是它们仍然遵循化学的基本原理。掌握一些基本的化学反应原理，了解判断反应的方向、限度以及控制反应速率的方法，才能够理解并解决生命体中的物质代谢、能量变化等生命化学反应问题，以及药物的制备、作用机制、药效及有效期的判断等相关问题；由于体内化学反应大都发生在溶液中，因此学习溶液的相关知识是理解体液中的渗透平衡、酸碱平衡的基础；生命体中除了溶液之外，还存在部分难溶物质，例如牙齿、骨骼以及各种结石，如何促进有益难溶物的形成和有害难溶物的溶解，需要学习沉淀溶解平衡的相关原理；另外，构成机体组织的基础物质如蛋白质、核酸、糖原等都是胶体物质，体液如血浆、组织液等也都具有胶体的性质，因此学习胶体的基础知识与基本性质十分必要；不同的物质具有不同的性质，认识物质的本质及其变化规律，必须从了解物质结构入手，目前，生命科学的发展已经深入到分子水平，学习物质结构的知识，理解生物分子的构效关系，已经是现代生物医学研究必不可少的知识环节。随着医学及其他生命科学的快速发展，医学对化学的依赖程度越来越高，临床检验、环境检测、药物分析等离不开化学的方法和技术，了解一些基本的分析方法和手段，是做一个合格医药工作者的基本条件。

基础化学是医学与化学两大学科相互渗透、彼此发展的桥梁课程，学好基础化学，是创新型医学人才培养的必然要求。

三、基础化学的学习方法

《基础化学》是大学一年级学生首先接触到的课程之一。大学教学与中学教学有着很大的区别。主要体现在学习内容多、教学进度快、课堂练习少等特点，因此大一新生必须尽快建立一套能够适应大学阶段的学习方法，努力提高学习的主动性和自觉性，逐步培养自主学习的能力。

(1) 做好预习：根据教学进度，提前浏览一下授课内容，通过预习，简单的内容自己就能掌握，复杂难懂的也有了较深的印象，可以在课堂上有针对性地重点听课，从而有效提高课堂学习效率。

(2) 认真听课：课堂上认真听讲不但可以弄清在预习中不懂的问题，还能根据老师的讲授，更深刻地理解和掌握知识的内在联系和规律。听课时要紧随老师讲课的思路，积极思考，要注意领会老师提出问题、分析问题和解决问题的思维方法，并从中得到启发。同时，由于大学的授课内容并不局限于课本，这就要求除了认真听讲以外，还必须做好笔记。这样不但可以增强记忆、便于复习，还能锻炼迅速抓住问题要点和锻炼手脑并用的能力。

(3) 及时复习：基础化学课程的特点是理论性强，知识点多，有些概念比较抽象，往往在课堂上不能完全听懂，这就需要课后对所学知识及时复习，并进行系统的归纳总结，确实理清各个理论、知识点之间的联系，以达到熟练运用、融会贯通的目的。

(4) 多做练习：基础化学理论性较强，包括大量的公式，并且各有不同的使用条件。因此，除了明白课本例题之外，还要补充适当的作业和习题，在不断的练习中，掌握知识要点和解题方法，培养独立思考和分析问题、解决问题的能力。

(5)重视实验：实验是化学的重要组成部分，是理解和巩固理论课程内容，培养动手能力、科学思维和创新能力的重要环节。实验前一定要预习实验内容，做到清楚实验原理，了解实验目的、明确实验步骤。实验中要仔细观察，详细记录，实验完毕要认真分析实验数据、如实书写实验报告。

自主学习是大学的主要培养目标之一。对每一门课程，学生除了学习书本知识之外，还应通过相互讨论，查阅相关资料等方式解决学习中遇到的问题。不管什么教材，内容毕竟有限，而且可能会因编者的观点及能力有限而影响学生对知识的理解和掌握。如果能够利用互联网、图书馆等查阅文献资料，不仅可以加深对课堂内容的理解，还可以活跃思维，开阔视野。总之，在学习过程中，要不唯上、不唯师、不唯书，要掌握学习的主动权，遇到问题去图书馆，上互联网，虚心请教他人，这是大学生有别于中学生的一个基本专业素质。

(马丽英)

第一模块　化学反应基本原理

自然界中存在着各种各样的化学反应。从分子水平上看，生物体本身就是一个大的反应器，生命的生存和成长依赖于体内成千上万个化学反应的正常进行。化学反应可以提供能量，可以提供新的物质。在表面上看，化学反应千变万化，错综复杂，但实质上都是原子或原子团之间的重新组合，它们在客观上存在着一定的规律性，对化学反应规律的了解有助于我们主动地控制反应，使之按照预期的速率向着指定的方向进行。化学反应基本原理包括化学热力学和化学动力学两部分，主要探讨和解决以下几个方面的问题：一是化学反应的方向和限度问题：即在一定条件下反应能否正向进行？如果可以正向进行，化学反应进行到什么程度为止？二是化学反应的能量转化问题：即反应能提供多少热，做多少功？三是化学反应速率问题，即化学反应的速率有多大，外界条件对反应速率有何影响，怎样控制反应速率？这些问题不仅是化学研究的基本问题，也是工业生产以及生命代谢研究需要解决的根本问题。本模块包含三章，化学反应的热效应、方向和限度，氧化还原反应与电极电势，化学反应速率。通过学习，系统地掌握与医药研究相关的化学基本原理、了解物质变化的普遍规律，为后续课程如生物化学、生理学、药理学等的学习和今后工作奠定理论基础。

第一章　反应的热效应、方向和限度

化学反应常伴随热、光、电等物理现象，同时，热、光、电等物理作用也可以改变化学反应的方向或影响化学反应的进行，即化学能与热能、电能等可以相互转换。热力学就是研究各种形式的能量之间转换规律的科学。将热力学的基本原理和方法应用于化学反应及其伴随的物理变化则称为化学热力学。化学热力学的基础是热力学第一定律和热力学第二定律。利用热力学第一定律可以计算化学反应的热效应，利用热力学第二定律可以判断化学反应的方向和限度。这两个定律有着十分牢固的实验基础和严密的逻辑推理，它们的正确性和可靠性已由无数的生产实践所证实。需要说明的是，热力学只讨论大量微观粒子所组成系统的宏观性质，而不管其微观结构，也不涉及时间因素，它只预测过程发生的可能性，而不管其过程实际上能否真正发生、如何发生及过程进行的快慢。

学习要求

1. 掌握系统、环境、状态函数、过程、热、功、热力学能、热容、焓、反应进度、反应热、熵、Gibbs 能等热力学基本概念；掌握热力学第一定律的数学表达式，利用 Hess 定律、生成焓和燃烧焓等热力学数据能熟练计算化学反应的热效应；
2. 理解和掌握 Gibbs 能判据及应用条件，学会化学反应熵变和 Gibbs 能变的计算方法，能应用 Gibbs 能变判断恒温恒压下化学反应的方向、计算反应的平衡常数；
3. 了解热力学可逆过程、熵的物理意义及引入 Gibbs 能的原因。

第一节　热力学第一定律

一、基 本 概 念

(一) 系统与环境

从其他物质中划分出来进行研究的对象称为**系统**(system)，系统可以是一部分物质，也可以是一部分空间。与系统有关的其余部分叫**环境**(surroundings)。例如研究气体性质时，气体就是我们所研究的系统，而装气体的容器以及容器以外的其他部分就是环境。系统和环境之间不一定有明显的物理界面。例如烧杯中加入适量水，再溶入少量葡萄糖，以葡萄糖的水溶液为系统时，烧杯及烧杯以外的其他部分为环境；而当选择其中的葡萄糖作为系统时，则水、烧杯及烧杯以外的其他部分都是环境，这时系统与环境的界面就不那么明显了。

根据系统与环境之间关系，可将系统分为三类：与环境之间既有物质交换又有能量交换的系统称为**敞开系统**或**开放系统**(open system)，与环境之间只有能量交换而无物质交换的系统称为**封闭系统**(closed system)，与环境之间既无物质交换也无能量交换的系统称为**孤立系统**(isolated system)。例如，若以部分热水作为系统，将其放入保温瓶中，若保温瓶加盖使水不能蒸发，同时保温性能足够好，使热不能散失，则形成孤立系统；若保温瓶的保温性能不好，瓶加盖使水不能蒸发，但热还可以传出而散失，则形成封闭系统；若打开瓶塞，则水蒸气向外蒸发，空气溶于水中，同时热量散失，水温下降，此时，水为敞开系统。

(二)状态和状态函数

系统是大量微观粒子的聚集体，描述系统宏观性质的物理量有温度、压力、体积、密度等。当系统的所有宏观性质均不随时间而变化时，就说系统处于一定的**状态**(state)。状态确定则系统的所有性质都具有确定的数值，这些性质中只要有一个发生变化，则系统的状态就随之发生变化。变化前的状态称为始态，变化后的状态称为终态。在热力学中，用来描述系统状态的物理量称为**状态函数**(state function)。温度、压力、体积等都是状态函数。状态函数是系统状态的单值函数，状态确定，则所有状态函数均具有确定的数值。当系统发生变化时，状态函数的改变量只与系统的始态和终态有关，而与实现这一变化所经历的途径无关。状态函数的变化量用符号“Δ”表示，微小改变量用“d”表示。如系统的体积由 V_1 变化到 V_2，则体积的变化量 $\Delta V = V_2 - V_1$；若体积变化非常小，则表示为 $\mathrm{d}V$。

状态函数分为两类。一类是**广度性质**(extensive property)的状态函数，如体积、质量等，这类状态函数的数值与系统所含物质的量成正比，具有加合性。例如，系统总体积等于各部分体积的加和。另一类是**强度性质**(intensive property)的状态函数，如温度、压力、密度等，这些状态函数没有加合性。例如，系统的温度不等于各部分温度的加和。一个广度性质的状态函数等于另一广度性质状态函数与某一强度性质的状态函数的乘积。例如，质量=体积×密度。

状态函数之间往往存在一定的关系。描述同一系统不同状态函数之间相互关系的式子称为**状态方程**(equation of state)。例如，理想气体的状态方程为 $pV=nRT$。只要指定温度 T 和压力 p，则体积 V 便可通过状态方程来确定。因此，描述系统所处的状态，不需要把所有的状态函数一一列出，只需选择易于测定的几个相互独立的状态函数即可。

(三)过程和途径

系统从一种状态变到另一种状态称为经历了一个**过程**(process)。根据过程发生时的条件不同，通常将过程分为以下几种：

1. 恒温过程(isothermal process)　系统与环境的温度相同且始终保持不变的过程。若系统先升温、后降温，尽管始终态温度相同，也不属于恒温过程。

2. 恒压过程(isobar process)　系统与环境的压力相同且始终保持不变的过程。注意，恒压过程不同于恒外压过程，恒外压仅仅指的是外界压力不变。

3. 恒容过程(isovolumic process)　系统的体积不变的过程。

4. 绝热过程(adiabatic process)　系统与环境之间没有热交换的过程。

5. 循环过程(cyclic process)　系统从一种状态经过一系列变化后又回到原始状态的过程。系统经过任意循环过程，所有的状态函数的变化量等于零。

系统由始态经过一系列过程变化到终态的过程总和称为**途径**(way)。例如，一定量的理想气体由始态(298K，100kPa)变化到终态(303K，200kPa)，可采用先恒温加压再恒压升温，也可以先恒压升温再恒温加压的两个途径完成。

(四)热和功

系统发生状态变化时，在系统与环境之间可能发生能量的传递或交换。热和功是能量传递或交换的两种形式。

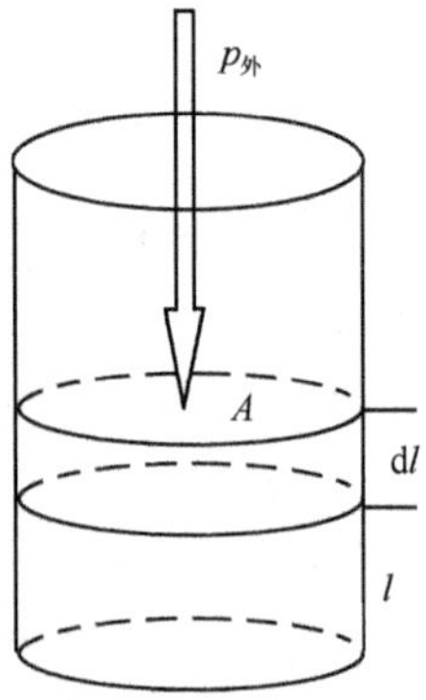

图 1-1　体积功示意图

1. 热　热力学中，系统和环境之间由于温度差而交换的能量称为**热**(heat)，用符号 Q 表示。热力学规定，系统向环境放热，Q 为负值，$Q<0$；系统从环境吸热，Q 为正值，$Q>0$。从热的定义可知，热是系统与环境之间能量交换的一种形式，它与系统发生状态变化的过程相联系，没有过程就没有热，热的数值与变化的途径有关，因此，热不是状态函数。非状态函数的微小量用“δ”表示，如δQ。

2. 功　系统和环境之间除了热以外的其他一切被传递或交换的能量称为**功**(work)，用符号 W 表示。如体积功、电功、表面功等。在热力学中，由于系统体积的变化而与环境之间交换的功称为**体积功或膨胀功**(expansion work)，用 W_e 表示。电功、表面功等其他功称为非体积功，用 W_f 表示。热力学规定：系统对环境做功，W 为负值，$W<0$；系统从环境中得功，W 为正值，$W>0$。同理，功是过程量，也不属于系统的状态函数，其微小量用δW 表示。

体积功在化学热力学中具有特殊意义。体积功属于机械功。可以用力与在力的作用下产生的位移的乘积来计算。图 1-1 是系统做体积功示意图。设圆筒内盛有理想气体，圆筒上有一截面积为 A 的无质量、无摩擦力的理想活塞，活塞上的外界压力为 $p_外$。若筒内气体反抗外压 $p_外$膨胀使活塞向上移动了 dl 的距离，则系统对环境所作的体积功可以用式(1.1)来计算

$$\delta W_e = -F \times dl = -p_外 \times A \times l = -p_外 dV \tag{1.1}$$

其中，dV 为理想气体体积的增量，$p_外$为系统所受的外压。由于理想气体膨胀 $dV>0$，系统对环境做功，功为负值，所以式(1.1)右边加负号。式(1.1)为计算体积功的微分表达式。当系统由始态变化到终态时，只要将式(1.1)积分便可求得整个过程的体积功。

例如：恒温下，理想气体从始态($p_1=500$kPa，$V_1=1$L)对抗恒外压 100kPa 膨胀到终态($p_2=100$kPa，$V_2=5$L)，系统所做的体积功为

$$W_e = -\int_{V_1}^{V_2} p_外 dV = -p_外 \Delta V = -p_外(V_2 - V_1) = -100\text{kPa} \times (5-1)\text{L} = -400.0\text{J}$$

如果随着膨胀的进行，逐渐减小外界压力，使外界压力 $p_外$比系统内部压力 p 始终小一个无限小量 dp($p_外=p-dp$)，同样从始态(500kPa，1L)恒温膨胀到终态(100kPa，5L)，此时系统所做的体积功为

$$W_e = -\int_{V_1}^{V_2} p_外 dV = -\int_{V_1}^{V_2}(p-dp)dV = -\int_{V_1}^{V_2} p dV = -\int_{V_1}^{V_2}\frac{nRT}{V}dV = -nRT\ln\frac{V_2}{V_1}$$

$$= -p_1V_1\ln\frac{V_2}{V_1} = -100\text{kPa} \times 5\text{L} \times \ln\frac{5}{1} = -804.7\text{J}$$

从以上计算可知，系统所经历的途径不同，则对环境所做的功可能不同。当内外压力相差无限小时，系统始终接近于平衡状态，在整个膨胀过程中，系统总是对抗最大的外压，能够向环境提供最大的体积功。

同理，若将气体沿不同途径压缩，环境对系统所做的功也不同。当外压仅仅比内压稍大一个无限小量 dp 时，压缩过程中系统始终无限接近于平衡状态，当然这种过程所需时间要无限地长。采用这种无限接近于平衡的压缩过程，环境对系统施加的压力最小，做功最小。

理想气体从上面的终态($p_2 = 100$kPa，$V_2 = 5$L)恒温压缩到始态($p_1 = 500$kPa，$V_1 = 1$L)，系统与环境交换的功为

$$W_e = -\int_{V_2}^{V_1} p_{外}\mathrm{d}V = -\int_{V_2}^{V_1}(p+\mathrm{d}p)\mathrm{d}V = -\int_{V_2}^{V_1} p\mathrm{d}V = -\int_{V_2}^{V_1}\frac{nRT}{V}\mathrm{d}V = -nRT\ln\frac{V_1}{V_2} = 804.7\mathrm{J}$$

由此可见，内外压力相差无限小时，系统膨胀所作的最大功与压缩时环境所作的最小功大小相等，符号相反。按照这样的方式，当系统经膨胀达到某一状态时，可以通过压缩的方法，使系统和环境均恢复到原来的状态。

3. 可逆过程(reversible process)　体系经过某一过程从状态 1 变到状态 2 之后，如果能使体系和环境都恢复到原来的状态而未留下任何永久性的变化，则该过程称为热力学可逆过程。系统无限接近于平衡所进行的过程即为可逆过程。可逆过程是一个理想的过程。上面虽然讨论的是理想气体的恒温可逆过程，但它具有一般可逆过程的共同特征：

(1) 可逆过程进行时，过程的推动力和阻力只相差无限小，系统始终无限接近于平衡状态。可以说，可逆过程是由一系列连续的、渐变的平衡状态所构成。

(2) 按照与原来途径相反的方向进行，可使系统和环境完全恢复原态。

(3) 系统在可逆过程中做最大功，环境在可逆过程中作最小功，可逆过程做功的效率最大。

可逆过程是一个时间无限长、不可能实现的理想过程。但有些实际过程接近可逆过程。例如，液体在其沸点时的蒸发、固体在其熔点时的熔化、可逆电池在电位差无限小时的充电和放电等。

二、热力学第一定律

(一) 热力学能

在化学热力学中，通常研究的是宏观静止的系统，无整体运动且无特殊的外力场存在，所以只考虑热力学能。

热力学能(thermodynamics energy)又称**内能**(internal energy)，是指系统内部一切能量的总和，常用符号 U 表示。它包括分子的平动能、转动能、振动能，分子间势能，电子运动能和原子核能等。随着人们对于物质结构认识层次的逐步深入，热力学能还将包括其他未知形式的能量，系统热力学能的绝对值是无法确定的，但热力学能的改变值可由实验测定。

热力学能是系统的宏观性质，系统处于确定的状态，则热力学能就具有确定的数值，

它的改变值仅取决于系统的始态和终态，而与变化的途径无关。所以热力学能是系统的状态函数。系统经过循环过程回到原来的状态，热力学能的变化量等于零。热力学能的大小与系统中所含物质的数量成正比，因此，热力学能是系统的广度性质。理想气体的热力学能只与温度有关。

(二) 热力学第一定律的数学表达式

热力学第一定律(the first law of thermodynamics)就是能量守恒与转化定律。这个定律是人类大量实践经验的总结。它可表述为：自然界的一切物质都具有能量，能量有各种不同形式，可以从一种形式转化为另一种形式，在转化中，能量的总值不变。对于封闭系统，系统和环境之间只有热和功的交换。若系统在过程中从环境吸收的热量为 Q，得到的功为 W，根据热力学第一定律，系统热力学能的变化量ΔU为

$$\Delta U = U_2 - U_1 = Q + W \tag{1.2}$$

若系统只发生微小变化，则

$$dU = \delta Q + \delta W \tag{1.3}$$

式(1.2)是热力学第一定律的数学表达式，表达了热力学能、热、功转化的定量关系。式(1.3)是式(1.2)的微分式。显然，绝热系统中，$Q = 0$，$\Delta U = W$，也就是说，系统从环境中得到的功，全部用来增加系统的热力学能；而在孤立系统中，$Q = 0$，$W = 0$，则$\Delta U = 0$，即孤立系统中的热力学能始终不变。

第二节　化学反应的热效应

一、恒容反应热与恒压反应热

化学反应总是伴随着热的吸收或者放出。截至目前，人类生产生活所需的能量仍主要来源于化学反应，如碳的燃烧，就连生物体的生存也是靠葡萄糖、淀粉等物质在体内的氧化反应热来维持。因此，研究化学反应的热效应具有非常重要的意义。封闭系统中发生某化学反应，当产物的温度与反应物的温度相同时，系统所吸收或放出的热，称为该反应的热效应，简称**反应热**(heat of reaction)。根据化学反应所处的条件不同，通常反应热分为恒容反应热和恒压反应热。

(一) 恒容反应热

反应在恒容条件下进行时所产生的热效应称为**恒容反应热**(isochoric heat)，用符号 Q_V 表示。如果不做非体积功，根据热力学第一定律，有

$$dU = \delta Q + \delta W = \delta Q_V - p_{外} dV$$

由于系统体积不发生变化，$dV = 0$，所以

$$\Delta U = Q_V \tag{1.4}$$

由式(1.4)可知，在不做非体积功的情况下，化学反应的恒容反应热等于系统的热力学能变。化学反应的热力学能变常用符号$\Delta_r U$表示，其中“r”代表**化学反应**(reaction)。热力

学能的绝对值是无法确定的，但它的改变量可用恒容反应热来量度。需要说明的是，尽管存在关系式(1.4)，但恒容反应热与过程有关，并不属于状态函数。只是在上述特定条件下，Q_V 的数值相当于系统热力学能的变化量ΔU。

(二) 恒压反应热

反应恒压条件下进行所产生的热效应称为**恒压反应热**(isobaric heat)，用符号 Q_p 表示。在恒压且不做非体积功的情况下，$\delta W_f = 0$，$\delta W = -p_{外}\mathrm{d}V = -\mathrm{d}(pV)$。根据热力学第一定律

$$\mathrm{d}U = \delta Q + \delta W = \delta Q_p - \mathrm{d}(pV)$$

$$\mathrm{d}(U + pV) = \delta Q_p$$

$$(U_2 + p_2V_2) - (U_2 + p_1\mathrm{d}V_1) = \delta Q_p$$

令
$$H \xlongequal{\mathrm{def}} U + pV \tag{1.5}$$

则
$$\Delta H = H_2 - H_1 = Q_p \tag{1.6}$$

函数 H 称为**焓**(enthalpy)。$H = U + pV$，由于 U、p 和 V 都是状态函数，所以它们的组合 H 也是状态函数。H 具有能量的量纲，但它没有直观的物理意义。引入这个新的状态函数仅仅是为热力学计算的方便。

由于不能确定系统热力学能 U 的绝对值，所以 H 的绝对值也无法确定。但从式(1.6)可以看到，在恒压条件下，系统的焓变ΔH等于恒压热效应 Q_p，而 Q_p 是可以测定或可以通过计算确定的量。化学反应的焓变常用符号$\Delta_r H$ 表示。由于大多数化学反应都是在恒压、不做非体积功的条件下进行的，在化学热力学中，常用ΔH表示化学反应热。

由式(1.4)和(1.6)可知，尽管热不是体系的状态函数，但特定过程的热却相当于某个状态函数的改变量，只取决于体系的始态和终态，这就为计算特定过程的热带来了极大的方便。

(三) 恒容反应热与恒压反应热的关系

由焓的定义式(1.5)，　　　$H = U + pV$，有$\Delta H = \Delta U + \Delta(pV)$

对于反应　　　$a\mathrm{A}_{(g)} + d\mathrm{D}_{(g)} \xlongequal{\quad} g\mathrm{G}_{(g)} + h\mathrm{H}_{(g)}$

若反应前后温度不变，把反应中的气体均看成理想气体，由理想气体的状态方程 $pV = nRT$ 可知

$$\Delta_r H = \Delta_r U + \Delta n\ (RT)$$

其中，Δn 为化学反应前后气体物质摩尔数的增量。

理想气体的内能和焓只是温度的函数，因此，对于同一个化学反应，同样温度下，只要反应的初始状态和终止状态相同，则恒压过程和恒容过程的ΔU 与ΔH 相同，由上式及式(1.4)和式(1.6)可得

$$Q_p = Q_V + \Delta n(RT) \tag{1.7}$$

对于反应前后气态物质的量没有变化($\Delta n = 0$)的反应，或者是无气体参与的反应，由于体积变化极小，体积功可以忽略，因此，可以认为

$$\Delta_r H \approx \Delta_r U \quad 或者 \quad Q_p \approx Q_V$$

大多数化学反应的热效应是在绝热的量热计中测定的，见图 1-2。其基本原理是先将装

有反应物的反应器放入绝热的水浴中，待反应完成后，精确测定出反应前后水温的变化，再根据水的热容等数据即可求得反应的热效应。这样测得的是恒容反应热$\Delta_r U$或Q_V，利用式(1.7)便可得到反应的恒压热效应$\Delta_r H$或Q_p。

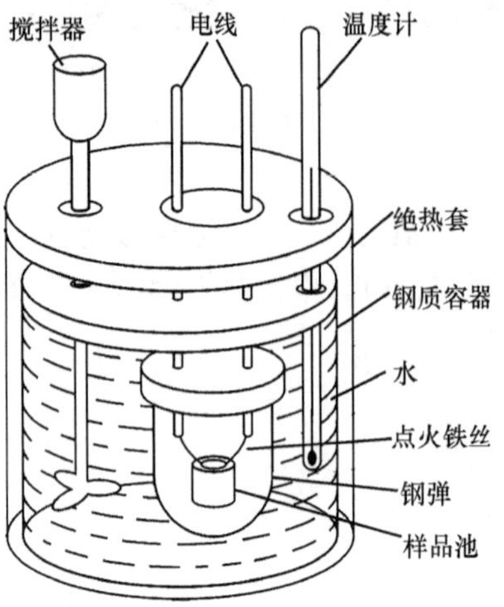

图 1-2 弹式量热计

二、反应进度与热化学方程式

(一)反应进度

化学反应放热或吸热的多少或者$\Delta_r U$或$\Delta_r H$的数值与化学反应进行的程度有关。描述化学反应进行程度的物理量称为**反应进度**(extent of reaction)，常用符号"ξ"表示。对于化学反应

$$a\mathrm{A}_{(g)} + d\mathrm{D}_{(g)} \xlongequal{\quad} g\mathrm{G}_{(g)} + h\mathrm{H}_{(g)}$$

若反应系统中的物质用 B 表示，其方程式中的计量系数用ν_B表示(规定：反应物的ν_B取负值，产物的ν_B取正值)，则任意化学反应计量方程可用下列通式表示

$$\sum_B \nu_B \mathrm{B} = 0$$

显然，在化学反应中，各物质量的变化是彼此相关的，它们受化学方程式中各物质的计量系数所制约。

设反应开始时$(t=0)$和进行到$(t=t)$时刻时各物质的量分别为

$$\begin{array}{lcccc} & a\mathrm{A}_{(g)} + & d\mathrm{D}_{(g)} = & g\mathrm{G}_{(g)} + & h\mathrm{H}_{(g)} \\ t=0 & n_{A,0} & n_{D,0} & n_{G,0} & n_{H,0} \\ t=t & n_A & n_D & n_G & n_H \end{array}$$

则反应进行到t时刻的反应进度为

$$\xi = \frac{n_B(t) - n_B(0)}{\nu_B} = \frac{\Delta n_B}{\nu_B} \tag{1.8}$$

其微分表达式为

$$\mathrm{d}\xi = \frac{\mathrm{d}n_B}{\nu_B}$$

ξ的单位为摩尔(mol)。对于上述反应

$$\xi = \frac{n_A - n_{A,0}}{-a} = \frac{n_D - n_{D,0}}{-d} = \frac{n_G - n_{G,0}}{g} = \frac{n_H - n_{H,0}}{h}$$

$$\mathrm{d}\xi = \frac{\mathrm{d}n_A}{-a} = \frac{\mathrm{d}n_D}{-d} = \frac{\mathrm{d}n_G}{g} = \frac{\mathrm{d}n_H}{h}$$

例 1-1 合成氨的反应，可写成如下两种形式：① $N_2(g) + 3H_2(g) = 2NH_3(g)$；② $\frac{1}{2}N_2(g) + \frac{3}{2}H_2(g) = NH_3(g)$。若反应起始时，$N_2$、$H_2$、$NH_3$的物质的量分别为 10mol、30mol、0mol，经过一段时间t，N_2、H_2、NH_3的物质的量分别为 4mol、12mol、12mol。求t时刻时反应①和②

的反应进度。

解　按式(1.8)，反应①的反应进度为

$$\xi=\frac{\Delta n_B}{\nu_B}=\frac{\Delta n(N_2)}{\nu(N_2)}=\frac{4\text{mol}-10\text{mol}}{-1}=6\text{mol}$$

$$\xi=\frac{\Delta n_B}{\nu_B}=\frac{\Delta n(H_2)}{\nu(H_2)}=\frac{12\text{mol}-30\text{mol}}{-3}=6\text{mol}$$

$$\xi=\frac{\Delta n_B}{\nu_B}=\frac{\Delta n(NH_3)}{\nu(NH_3)}=\frac{12\text{mol}-0\text{mol}}{2}=6\text{mol}$$

同理，对反应②，可得ξ= 12mol。

由此可见，对于同一化学反应，反应进度的数值与计算所选择的物质种类无关，但与反应方程式的写法有关。因此，求算反应进度时必须写出具体的反应方程式。当ξ = 1mol 时，可理解为，以所写方程式为基本单元进行了 1mol 的反应，即发生了单位化学反应。

化学反应的热力学能变$\Delta_r U$和焓变$\Delta_r H$与反应进度成正比。反应进度不同，则$\Delta_r U$和$\Delta_r H$不同。反应进度为 1 时的热力学能变$\Delta_r U$和焓变$\Delta_r H$称为摩尔热力学能变和摩尔焓变，分别用符号$\Delta_r U_m$和$\Delta_r H_m$表示。显然

$$\Delta_r U_m=\frac{\Delta_r U}{\xi}\qquad\qquad \Delta_r H_m=\frac{\Delta_r H}{\xi}$$

(二)热化学方程式

1. 热力学标准态　物质或反应系统所处的状态不同，它们自身的能量或在反应中发生的能量变化也不相同。为了比较不同反应热效应的大小，需要规定共同的比较标准。热力学规定：液体和固体的**标准态**(standard state)是指定温度 T 和标准压力 $p^{\ominus}$(100kPa)下的纯液体或纯固体；气体的标准态是在指定温度 T 和标准压力 $p^{\ominus}$(100kPa)下具有理想气体性质的纯气体；而对于溶液中的溶质，则是指定温度 T 和标准压力 $p^{\ominus}$(100kPa)下，物质的量浓度为 $1\text{mol}\cdot L^{-1}$ 或质量摩尔浓度为 $1\text{mol}\cdot kg^{-1}$ 且满足理想稀溶液定律的状态。

标准态规定中不包含温度。但 IUPAC 推荐 298.15K 为参考温度。从手册和教科书中查到的热力学数据大多数是 298.15K 条件下的数据。

2. 热化学方程式　标明了物质的聚集状态、反应条件和反应热的化学方程式称为**热化学方程式(thermodynamics equation)**。如

(1) $H_2(g)+\frac{1}{2}O_2(g) = H_2O(l)$　　$\Delta_r H^{\ominus}_{m,298.15}=-285.8\text{kJ}\cdot\text{mol}^{-1}$

(2) $2H_2(g)+O_2(g) = 2H_2O(l)$　　$\Delta_r H^{\ominus}_{m,298.15}=-571.6\text{kJ}\cdot\text{mol}^{-1}$

(3) C(石墨) + $O_2(g) = CO_2(g)$　　$\Delta_r H^{\ominus}_{m,298.15}=-393.5\text{kJ}\cdot\text{mol}^{-1}$

$\Delta_r H^{\ominus}_{m,298.15}$称为在 298.15K 时化学反应的标准摩尔焓变或恒压反应热。其中，ΔH 表示恒压反应热或焓变，此值为负值表示放热反应，为正值表示吸热反应；“r”表示反应；“$\ominus$”表示标准态，即参与反应的各物质处于标准状态；“m”表示反应进度为 1mol，即按照方程式进行了 1mol 的反应。反应进度与方程式的写法有关，因此对于同样的反应，反应(2)的标准摩尔反应热是(1)式的两倍。

化学反应热不仅与反应的条件如温度、压力有关，而且与反应物和产物的物态、数量等有关，所以，在书写热化学方程式时要注意以下几点：

(1)要标明温度和压力。如反应在标准态下进行，要标上“$\ominus$”。通常，温度为298.15K时可省略。

(2)要标明参与反应的各种物质的状态，g、l和s分别表示气态、液态和固态，aq表示**水溶液**(aqueous solution)。如固体有不同晶型，还要指明是哪种晶型。例如碳有石墨、金刚石和无定形碳。

(3)反应热与方程式的写法有关，书写时反应热必须与一定的化学反应计量方程式一一对应。

(4)相同条件下，正逆反应的热效应数值相等，符号相反。

三、反应热的计算

反应热可以由实验测定，但化学反应成千上万，不可能通过实验测定每一个反应的反应热，而且有些反应的反应热很难通过实验测定。为此，化学家们研究了多种计算化学反应热的方法。

(一)Hess定律

1840年，在总结大量实验的基础上，俄国化学家Hess G H提出了著名的**Hess定律**(Hess's law)：一个化学反应不管是一步完成还是分几步完成，其反应热都是相同的。也就是说，化学反应的热效应只与始态和终态有关，而与变化的途径无关。Hess定律实际上是热力学第一定律的必然结果。由于化学反应一般都在恒压或恒容条件下进行，而恒压反应热 $Q_p=\Delta H$，恒容反应热 $Q_V=\Delta U$，H 和 U 都是状态函数，ΔH 和 ΔU 只取决于始态和终态，与中间过程无关。因此，对一个化学反应，在不作非体积功的条件下，只要始、终态相同，则 ΔH 和 ΔU 必定相同，亦即 Q_p 与 Q_V 与反应的途径无关。Hess定律是热化学计算的基础。根据Hess定律，可以把几个热化学方程式进行加减代数和运算，从而得到另一个新反应的反应热，或者求出一些难以通过实验测定的反应热。

(二)反应热的计算

1. 由已知热化学方程式计算反应热　例如，碳燃烧生成一氧化碳的反应热是实验上无法测定的，因为在氧化过程中伴有二氧化碳的生成。利用Hess定律，却能够很容易地由已知的热化学方程式求算出它的反应热。

例1-2　已知，在298.15K下，下列反应的反应热 $\Delta_r H^{\ominus}{}_{m,298.15}$

(1) $C(石墨) + O_2(g) \rule[0.5ex]{2em}{0.4pt} CO_2(g)$　　$\Delta_r H^{\ominus}{}_{m,298.15} = -393.5 kJ \cdot mol^{-1}$

(2) $CO(g) + \frac{1}{2}O_2(g) \rule[0.5ex]{2em}{0.4pt} CO_2(g)$　　$\Delta_r H^{\ominus}{}_{m,298.15} = -283.0 kJ \cdot mol^{-1}$

(3) 求：(C(石墨) + $\frac{1}{2}O_2(g) \rule[0.5ex]{2em}{0.4pt} CO(g)$ 的 $\Delta_r H^{\ominus}{}_{m,298.15}$?

解　反应(3)中，反应物C(石墨) + $\frac{1}{2}O_2(g)$为系统的始态，产物CO(g)为系统的终态。利用已知反应(1)和反应(2)，设计一系列步骤，使系统从反应物变成产物，即：先使 C(石墨) 与 $O_2(g)$ 反应生成 $CO_2(g)$，再由 $CO_2(g)$分解为 CO(g)。

第一步：$C(石墨) + O_2(g) = CO_2(g)$　　$\Delta_r H^{\ominus}_{m1,298.15} = -393.5kJ \cdot mol^{-1}$

第二步：$CO_2(g) = CO(g) + \frac{1}{2}O_2(g)$　　$\Delta_r H^{\ominus}_{m2,298.15} = 283.0kJ \cdot mol^{-1}$

第二步反应与反应(2)互为逆反应，其反应热的数值相等，符号相反。

以上两步反应的加和为 $C(石墨) + \frac{1}{2}O_2(g) = CO(g)$。根据 Hess 定律，反应(3)的标准摩尔反应热为

$$\Delta_r H^{\ominus}_{m,298.15} = \Delta_r H^{\ominus}_{m1,298.15} + \Delta_r H^{\ominus}_{m2,298.15}$$
$$= -393.5kJ \cdot mol^{-1} + 283.0kJ \cdot mol^{-1} = -110.51kJ \cdot mol^{-1}$$

2.由标准摩尔生成焓计算反应热

(1)标准摩尔生成焓：不做非体积功的条件下，化学反应的恒压热效应$\Delta_r H_m$ 应为产物的焓值减去反应物的焓值。但焓的绝对值无法确定，为此，人们采用了一个相对的比较标准。热力学中规定：在指定的温度 T 和标准压力 $p^{\ominus}$(100kPa)下，由稳定单质生成 1mol 物质 B 时的焓变称为物质 B 的**标准摩尔生成焓**(standard molar enthalpy of formation)，记为$\Delta_f H^{\ominus}_m$(右下标 “f” 表示生成 formation)，单位为 $kJ \cdot mol^{-1}$。定义中的稳定单质是指定温度 T 和标准压力 $p^{\ominus}$(100kPa)下最稳定的单质形态。例如，碳的稳定单质是石墨而不是金刚石。按照标准摩尔生成焓的定义，稳定单质的 $\Delta_f H^{\ominus}_m$ 等于零。

例如，H_2O(l)的标准摩尔生成焓 $\Delta_f H^{\ominus}_m$ (H_2O, l, 298.15K)等于下列反应的标准摩尔焓变

$$H_2(g, 298.15K, p^{\ominus}) + \frac{1}{2}O_2(g, 298.15K, p^{\ominus}) = H_2O(l, 298.15K, p^{\ominus})$$

$$\Delta_r H^{\ominus}_m = -285.8kJ \cdot mol^{-1}$$

可见，一种物质的生成焓并不是其焓的绝对值，而是相对于组成它的稳定单质的相对值。各种物质在 298.15K 下的 $\Delta_f H^{\ominus}_m$ 值见本书后面附表。

(2)利用标准摩尔生成焓计算反应热：利用标准摩尔生成焓可以方便地计算标准状态下化学反应的热效应。例如，某化学反应可以设计成从反应物出发，先分解为稳定单质，再由稳定单质合成产物的过程：

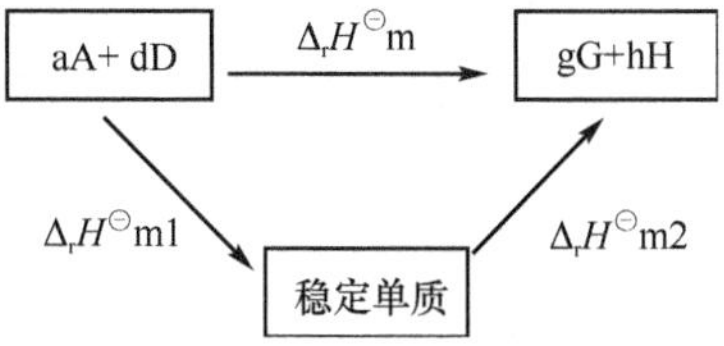

$\Delta_r H^{\ominus}_{m1}$ 为反应物到单质反应的焓变，等于各反应物生成焓加和的负值。$\Delta_r H^{\ominus}_{m2}$ 是从单质到产物反应的焓变，等于各产物生成焓的加和。根据 Hess 定律

$$\Delta_r H^{\ominus}_m = \Delta_r H^{\ominus}_{m1} + \Delta_r H^{\ominus}_{m2}$$
$$= -(a\Delta_f H^{\ominus}_{m,A} + d\Delta_f H^{\ominus}_{m,D}) + (g\Delta_f H^{\ominus}_{m,G} + h\Delta_f H^{\ominus}_{m,H})$$

$$\Delta_r H^{\ominus}{}_m = \sum_B \nu_B \Delta_f H^{\ominus}{}_{m,B}(\text{产物}) - \sum_B \nu_B \Delta_f H^{\ominus}{}_{m,B}(\text{反应物}) \quad (1.9)$$

$$\Delta_r H^{\ominus}{}_m = \sum_B \nu_B \Delta_f H^{\ominus}{}_{m,B}$$

标准状态下，任意化学反应的恒压反应热等于产物的标准摩尔生成焓总和减去反应物的标准摩尔生成焓总和。根据式(1.10)，利用书后附表或其他手册中各物质 $\Delta_f H^{\ominus}{}_m$ 数据，即可求出标准态下各种化学反应的恒压反应热。需要注意，焓为广度性质的状态函数，式(1.10)中各物质的 $\Delta_f H^{\ominus}{}_m$ 必须乘以反应式中相应物质的计量系数。

例 1-3 葡萄糖在体内供给能量的反应是最重要的生物化学反应之一。试用标准摩尔生成焓的数据计算反应在 298.15K 的标准摩尔反应热。

$$C_6H_{12}O_6(s) + 6O_2(g) \longrightarrow 6CO_2(g) + 6H_2O(l)$$

解 查书末附表得到 298.15K 时

$$\Delta_f H^{\ominus}{}_m (C_6H_{12}O_6,s) = -1273.3 kJ \cdot mol^{-1}$$

$$\Delta_f H^{\ominus}{}_m (CO_2,g) = -393.5 kJ \cdot mol^{-1}$$

$$\Delta_f H^{\ominus}{}_m (H_2O,l) = -285.8 kJ \cdot mol^{-1}$$

按式(1.10)有

$$\begin{aligned}\Delta_r H^{\ominus}{}_m &= 6\Delta_f H^{\ominus}{}_m (CO_2,g) + 6\Delta_f H^{\ominus}{}_m (H_2O,l) - \Delta_f H^{\ominus}{}_m (C_6H_{12}O_6,s) - 6\Delta_f H^{\ominus}{}_m (O_2,g)\\ &= -6\times393.5 kJ \cdot mol^{-1} - 6\times285.8 kJ \cdot mol^{-1} - (-1\times1273.3 kJ \cdot mol^{-1}) - 0 kJ \cdot mol^{-1}\\ &= -2802.5 kJ \cdot mol^{-1}\end{aligned}$$

温度对各种物质的 $\Delta_f H^{\ominus}{}_m$ 影响相近，近似计算时，可以用 $\Delta_r H^{\ominus}{}_{m,298.15K}$ 代替 $\Delta_r H^{\ominus}{}_{m,T}$。

3. 由标准摩尔燃烧热计算反应热 多数有机物很难由稳定单质直接合成，因此其标准摩尔生成热无法直接得到，但有机化合物很容易燃烧，其燃烧热可以由实验测定。利用物质的燃烧热也可求得化学反应的热效应。

(1) 标准摩尔燃烧焓：在指定的温度 T 和标准压力下 $p^{\ominus}$(100kPa)下，1mol 物质 B 完全燃烧或完全氧化生成稳定产物的反应热称为物质 B 的**标准摩尔燃烧焓**(standard molar heat of combustion)，用符号 $\Delta_c H^{\ominus}{}_m$ 表示，单位 $kJ \cdot mol^{-1}$。完全燃烧或完全氧化是指将化合物中的 C、H、S、N 及 X(卤素)等元素氧化为 $CO_2(g)$、$H_2O(l)$、$SO_2(g)$、$N_2(g)$ 及 $HX(g)$。根据标准摩尔燃烧焓的定义，这些完全燃烧产物的标准摩尔燃烧焓为零。各种化合物的标准摩尔燃烧焓 $\Delta_c H^{\ominus}{}_m$ 的数据见书后附表。目前多数手册给出的是 298.15K 的标准摩尔燃烧焓数据，如不特加说明，标准摩尔燃烧焓的温度均指 298.15K。

(2) 利用标准摩尔燃烧焓计算反应热：利用 $\Delta_c H^{\ominus}{}_m$ 可求各种反应的标准摩尔焓变 $\Delta_r H^{\ominus}{}_m$。设计从反应物到产物的变化过程如下

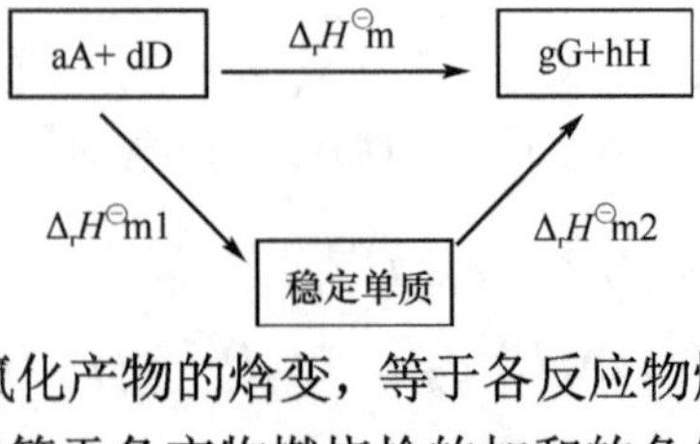

$\Delta_r H^{\ominus}{}_{m1}$ 为反应物到稳定氧化产物的焓变，等于各反应物燃烧焓加和。$\Delta_r H^{\ominus}{}_{m2}$ 是从稳定氧化产物到产物反应的焓变，等于各产物燃烧焓的加和的负值。根据 Hess 定律

$$\Delta_r H^{\ominus}_m = \Delta_r H^{\ominus}_{m1} + \Delta_r H^{\ominus}_{m2}$$
$$= (a\Delta_c H^{\ominus}_{m,A} + d\Delta_c H^{\ominus}_{m,D}) - (g\Delta_c H^{\ominus}_{m,G} + h\Delta_c H^{\ominus}_{m,H})$$

$$\Delta_r H^{\ominus}_m = \sum_B \nu_B \Delta_c H^{\ominus}_{m,B}(\text{反应物}) - \sum_B \nu_B \Delta_c H^{\ominus}_{m,B}(\text{产物}) \tag{1.11}$$

$$\Delta_r H^{\ominus}_m = -\sum_B \nu_B \Delta_c H^{\ominus}_{m,B}$$

可见，标准状态下，任意化学反应的恒压反应热等于反应物的标准摩尔燃烧焓总和减去产物的标准摩尔燃烧焓总和。

注意，式(1.11)中减数与被减数的关系正好与式(1.10)相反。在计算中还应注意$\Delta_c H^{\ominus}_m$乘以反应式中相应物质的化学计量系数。

例 1-4　*蔗糖转化葡萄糖的反应如下，试利用标准摩尔燃烧热计算其在 298.15K 时的标准摩尔反应热。*

$$C_{12}H_{22}O_{11}(s) + H_2O(l) \xlongequal{\quad} 2C_6H_{12}O_6(s)$$

解　查表得

$$\Delta_c H^{\ominus}_m(C_{12}H_{22}O_{11},s) = -5640.9\ \text{kJ}\cdot\text{mol}^{-1}$$
$$\Delta_c H^{\ominus}_m(C_6H_{12}O_6,s) = -2803.0\ \text{kJ}\cdot\text{mol}^{-1}$$

$$\Delta_r H^{\ominus}_m = \sum_B \nu_B \Delta_c H^{\ominus}_{m,B}(\text{反应物}) - \sum_B \nu_B \Delta_c H^{\ominus}_{m,B}(\text{产物})$$

$$= \Delta_c H^{\ominus}_m(C_{12}H_{22}O_{11},s) + \Delta_c H^{\ominus}_m(H_2O,l) - 2\Delta_c H^{\ominus}_m(C_6H_{12}O_6,s)$$

$$= -5640.9\ \text{kJ}\cdot\text{mol}^{-1} + 0 - 2\times(-2803.0\ \text{kJ}\cdot\text{mol}^{-1}) = -34.9\ \text{kJ}\cdot\text{mol}^{-1}$$

第三节　热力学第二定律

热力学第一定律是能量转化和守恒定律，自然界中发生的所有过程无一例外地遵守热力学第一定律。但是，遵守热力学第一定律的反应并非都能发生。例如，在 298.15K 和标准态下，如下反应可以自动发生

$$Zn(s) + H_2SO_4(l) \xlongequal{\quad} ZnSO_4(s) + H_2(g),\quad \Delta_r H^{\ominus}_m = -168.8\ \text{kJ}\cdot\text{mol}^{-1}$$

由热力学第一定律可知，若按正方向进行 1mol 反应，系统将向环境放热 168.8kJ · mol^{-1}；若按逆方向进行，反应将从环境吸热 168.8kJ · mol^{-1}。不管是正反应还是逆反应，都不违反热力学第一定律。但在该条件下，即使环境提供 168.8kJ · mol^{-1} 的热，却不能使上述反应逆转，即 $ZnSO_4(s)$ 与 $H_2(g)$作用生成 Zn(s)和 $H_2SO_4(l)$。由此可见，热力学第一定律无法判断反应进行的方向，当然更不能解决反应限度的问题。有关反应方向和限度的问题可由热力学第二定律来解决。

在一定条件下，能够自动发生的反应皆属于自发过程，因此，判断化学反应能否自动进行，需要首先了解自发过程。

一、自 发 过 程

自发过程(spontaneous process)是指在一定条件下不需要任何外力推动就能自动进行的过程。自然界存在许多自发过程。例如：水总是自发地从高处流向低处，直到各处的水位相等为止，所以水位的高低是判断水流方向的根据，水位差是水流过程自发进行的判据；当两个温度不同的物体接触时，热总是自发地从高温物体传递到低温物体，直到两个物体的温度相等为止，所以温度的高低是判断热传递方向的根据，即温度差是热传递过程自发进行的判据；气体总是自发地从压力较高的地方扩散至压力较低的地方，直至各处压力相同时为止，所以压力的高低是判断气体流动方向的根据，即压力差是气体流动过程自发进行的判据。

综合以上自发过程会发现这样的规律，自发过程都是不可逆的，自发过程都具有一定的方向和限度。化学反应在一定条件下也是自发地朝着特定方向进行，那么也一定存在一个类似的判据，利用它就可以判断化学反应自发进行的方向和限度。

二、热力学第二定律

(一)反应热与化学反应方向

早在 19 世纪 70 年代法国化学家 Berthelot 和丹麦化学家 Thomson 就提出过反应的热效应可作为化学反应自发进行的判据,并认为只有放热反应才能自发进行。这种观点有一定的道理,因为系统处于高能量状态是不稳定的，经过反应，将一部分能量释放给环境，变成低能态的产物，系统会变得更加稳定。许多放热反应能够在常温、常压下自发进行。例如

$4Fe(s) + 3O_2(g) \Longrightarrow 2Fe_2O_3(s) \qquad \Delta_r H^\ominus_m = -1648.4\ kJ \cdot mol^{-1}$

$Zn(s) + CuSO_4(aq) \Longrightarrow ZnSO_4(s) + Cu(s) \qquad \Delta_r H^\ominus_m = -216.8\ kJ \cdot mol^{-1}$

但是，少数吸热反应也是自发的，例如

$KNO_3(s) \Longrightarrow K^+(aq) + NO_3^-(aq) \qquad \Delta_r H^\ominus_m = 57.2\ kJ \cdot mol^{-1}$

$N_2O_4(g) \Longrightarrow 2NO_2(g) \qquad \Delta_r H^\ominus_m = 358.0\ kJ \cdot mol^{-1}$

以上两个过程都是吸热的，但都能够自发正向进行。因此，除了反应热$\Delta_r H^\ominus$以外，必定还有另外某些能推动反应自发进行的因素。这就促使人们去寻找影响化学反应的其他因素。

考察上面所述吸热而又自发进行的反应可以发现，这些反应都有一个共同的特征，那就是反应后系统的混乱程度增加。固体 KNO_3 中 K^+离子和 NO_3^-离子的排布是相对有序的，溶于水后，K^+和 NO_3^-在水溶液中分散开来，混乱程度增加。一个 N_2O_4 分解为两个 NO_2 分子，气体分子数显著增多，系统混乱度大大增加。由此可见，混乱度增大，系统由有序变为无序，也是自发过程的重要推动力。

(二)熵变与化学反应方向

熵(entropy)是系统混乱度的量度，用符号 S 表示。系统的混乱度越大，其熵值就越大；

系统的混乱度越小，其熵值就越小。与内能和焓一样，熵也是一个状态函数。系统的状态确定时，则有确定的熵值。熵变只取决于系统的始态和终态，而与变化的途径无关。系统中所含物质的数量越多，则熵值越大。因此，熵是一种广度性质的状态函数。影响系统熵值的因素主要有：

(1)物质的聚集状态：相同温度下，同一物质的气态混乱度最大，固态混乱度最小，其熵值的相对大小为 $S(g) > S(l) > S(s)$。例如，$S(H_2O,g) > S(H_2O,l) > S(H_2O,s)$。

(2)分子的组成：对于聚集状态相同的物质，组成分子的原子数目越多，其混乱度越大，熵值就越大。例如，$S(C_3H_8,g) > S(C_2H_6,g) > S(CH_5,g)$。若分子中的原子数目相同，相对分子质量越大，其混乱度就越大，熵值也越大。例如，$S(HI,g) > S(HBr,g) > S(HCl,g)$。

(3)压力：压力对固体或液体的熵值影响很小，但对气体的熵值影响较大。当压力增大时，将使气态物质限制在较小的体积范围之内，混乱程度减小，因此其熵值也减小。

(4)温度：对于同一种物质，温度越高，混乱度越大，熵值也越大。

纯物质的三种状态中，固态的熵值最小，降低温度时，固态物质的熵值进一步下降，当温度降为 0K 时，热运动几近停止，系统的熵值最低。热力学第三定律规定：在 0K 时，任何纯物质完整晶体(原子或分子只有一种排列形式的晶体)的熵值等于零。

根据热力学第三定律，将物质由 0K 加热升温至 T 时的熵变即为该物质在 T 时的熵值。这个熵值是以 $T = 0K$ 时，$S = 0$ 作为比较标准的，因而称为**规定熵**(conventional entropy)。即

$$\Delta S = S(T) = S(T) - S(0)$$

在标准状态下，1mol 物质的规定熵称为该物质的**标准摩尔熵**(standard molar entropy)，用符号 $S^\ominus{}_m$ 表示，单位为 $J \cdot K^{-1} \cdot mol^{-1}$，一些物质的 $S^\ominus{}_{m,298.15}$ 值见书后附录。要注意，与标准摩尔生成焓 $\Delta_f H^\ominus{}_m$ 和标准摩尔燃烧焓 $\Delta_c H^\ominus{}_m$ 不同，稳定单质的标准摩尔熵不为零，因为它们不一定是处于绝对零度的完整晶体。

由标准摩尔熵 $S^\ominus{}_m$ 的数值可以计算化学反应的标准摩尔熵变 $\Delta_r S^\ominus{}_m$

$$\Delta_r S^\ominus{}_m = \sum_B \nu_B S^\ominus{}_{m,B}(\text{产物}) - \sum_B \nu_B S^\ominus{}_{m,B}(\text{反应物}) \tag{1.12}$$

由于熵属于广度性质，因此计算时要注意乘以反应式中相应物质的计量系数。用附表中 $S^\ominus{}_m$ 的值及式(1.12)只能求得 298.15K 时的 $\Delta_r S^\ominus{}_m$，但由于温度改变时各物质的熵值改变相近，可以近似认为

$$\Delta_r S^\ominus{}_{m,T}(T) \approx \Delta_r S^\ominus{}_{m,298.15}$$

大多数熵值增加的吸热反应在室温下不能自发进行，但在高温下却可以自发进行；而大多数熵值增加的放热反应在室温下可以自发进行，但在高温下却不能自发进行。这表明化学反应的方向除了与反应热和熵变有关以外，还与温度有关。

(三)热力学第二定律

综合考虑反应热效应、熵变和温度对化学反应方向的影响。热力学根据严密的数学推导得出过程方向的判断依据为

$$\Delta S-\frac{Q}{T}\geqslant 0 \tag{1.13}$$

其微分表达式 $$\mathrm{d}S-\frac{\delta Q}{T}\geqslant 0$$

式(1.13)就是热力学第二定律的数学表达式，又称为 Clausius 不等式。它是判断一切过程能否自发进行的普适性依据。其中，“>”表示不可逆过程，“=”表示可逆过程。ΔS 为系统的熵变，δQ 为系统与环境交换的热，T 表示温度。根据热力学第二定律

当 $\Delta S-\frac{Q}{T}>0$ 时，反应正向进行；

当 $\Delta S-\frac{Q}{T}=0$ 时，应处于可逆过程或达到平衡；

当 $\Delta S-\frac{Q}{T}<0$ 时，是不可能发生的反应。

利用式(1.13)可以判断反应方向，但需同时计算系统的熵变ΔS 以及反应过程中交换的热 Q，由于反应过程比较复杂，通常 Q/T 的计算难以进行。能否在已有的热力学函数基础上，导出新的状态函数，利用系统本身状态函数的变化就可判断自发反应的方向和限度呢？

三、Gibbs 能与化学反应方向

(一) Gibbs 能

恒温恒压下，系统与环境的温度相同，压力相同，而且始终保持不变，即

$$T_1=T_2=T_{环}，p_1=p_2=p_{外}$$

$$T\mathrm{d}S=T_2\mathrm{d}S_2-T_1\mathrm{d}S_1，p\Delta V=p_2V_2-p_1V_1$$

由热力学第一定律可知

$$\mathrm{d}U=\delta Q-p_{外}\mathrm{d}V+\delta W_{\mathrm{f}}=\delta Q-p\mathrm{d}V+\delta W_{\mathrm{f}}$$

$$\delta Q=\mathrm{d}U+p\mathrm{d}V-\delta W_{\mathrm{f}}$$

将其代入热力学第二定律式(1.13)，得

$$T\mathrm{d}S-(\mathrm{d}U+p\mathrm{d}V-\delta W_{\mathrm{f}})\geqslant 0 \quad 或 \quad T\mathrm{d}S-(\mathrm{d}U+p\mathrm{d}V)\geqslant -\delta W_{\mathrm{f}}$$

又可写为 $-(U_2+p_2V_2-T_2S_2)+(U_1+p_1V_1-T_1S_1)\geqslant -\delta W_{\mathrm{f}}$

U、p、V、T、S 均为状态函数，所以它们的组合亦为状态函数，$H=U+pV$

令 $$G \xlongequal{\mathrm{def}} H-TS \tag{1.14}$$

则有 $$-\Delta G\geqslant -W_{\mathrm{f}} \tag{1.15}$$

微分式 $$-\mathrm{d}G\geqslant -\delta W_{\mathrm{f}}$$

G 称为 Gibbs 函数，又称 Gibbs **自由能**(free energy)，简称 Gibbs 能，ΔG 为 Gibbs 能变。像焓 H 一样，G 没有直观的物理意义，其绝对值也无法测定，但 ΔG 只与系统始终态有关而与过程无关。由于 H 和 S 都是广度性质，所以自由能 G 也是广度性质，与物质数量多少有关。式中 W_{f} 为非体积功，如电工、表面功等，常被称为有用功。“>”表示自发过程，“=”表示可逆或平衡过程。

由式(1.15)可知，在恒温恒压下，系统对外作非体积功时($W_f<0$，则$\Delta G<0$)，系统自身的 Gibbs 能减少，且减少量大于等于系统对外做功的量；若系统从环境中得功时($W_f>0$，则$\Delta G>0$)，则系统自身的 Gibbs 能增加，但增加量小于等于系统得功的量。恒温恒压的可逆过程中 ΔG 与 W_f相等，系统对外做最大功，即消耗的 Gibbs 能全部用来做功。或者说，在恒温恒压下，一个封闭系统所能做的最大非体积功等于其 Gibbs 能的减少

$$\Delta G = W_{f,最大} \tag{1.16}$$

(二)化学反应方向的判断

大多数化学反应发生在恒温恒压且不做非体积功条件下，当非体积功为零时，式(1.15)转化为

$$\Delta G \leqslant 0 \tag{1.17}$$

式(1.17)是在恒温恒压及不做非体积功条件下，化学反应自发进行的判据。ΔG 越负，此化学反应自发的趋势就越大。由式(1.17)可知：恒温恒压且不做非体积功的情况下，自发反应总是向着 Gibbs 能减小的方向进行，直到达到平衡为止。这称为 **Gibbs 能降低原理**(principle of Gibbs energy decrease)。

$\Delta G<0$ 时，反应正向自发进行；

$\Delta G=0$ 时，反应达到平衡；

$\Delta G>0$ 时，正向反应不能自发进行，逆向反应能自发进行。

根据 Gibbs 能的定义式 $G=H-TS$，恒温下发生的化学反应，系统的 Gibbs 能变化为

$$\Delta G = \Delta H - T\Delta S \tag{1.18}$$

式(1.18)就是著名的 Gibbs 方程。它把影响化学反应自发性的因素ΔH、ΔS 以及 T 等完美地统一起来，综合成一个因素，即 Gibbs 能变。Gibbs 能变是恒温恒压下化学反应自发进行的判据。现分别讨论如下：

(1)放热、熵增反应：$\Delta H<0$，$\Delta S>0$，在任何温度下均有$\Delta G<0$，即在任何温度下反应都可能自发进行。

(2)吸热、熵减反应：$\Delta H>0$，$\Delta S<0$，在任何温度下均有$\Delta G>0$，此类过程不可能自发进行。

(3)放热、熵减反应：$\Delta H<0$，$\Delta S<0$，低温有利于反应自发进行。为使反应正向进行，反应温度必须符合下面的关系式

$$T<\frac{\Delta H}{\Delta S}$$

(4)吸热、熵增反应：$\Delta H>0$，$\Delta S>0$，高温有利于反应自发进行。为使反应正向进行，反应温度必须符合下面的关系式

$$T>\frac{\Delta H}{\Delta S}$$

从上面的分析可以看出，当ΔH 和ΔS 符号相反时，不可能通过调节温度改变反应的方向；但当ΔH 和ΔS 均为正值或均为负值时，可以通过温度调节来改变反应的方向。$\Delta G=0$ 时的温度，称为化学反应的转变温度。

$$T_{转变}=\frac{\Delta H}{\Delta S} \tag{1.19}$$

(三)ΔG的计算

恒温恒压且不做非体积功条件下，Gibbs 能变ΔG是化学反应自发进行的判据，所以，ΔG的计算尤为重要。

1. 标准状态下 Gibbs 能变的计算

(1)由标准生成 Gibbs 能计算：根据状态函数的特征，化学反应的 Gibbs 能变$\Delta_r G$应等于产物的 Gibbs 能总和减去反应物的 Gibbs 能总和。与系统的U和H一样，G的绝对值也是无法测定的。为了计算方便，参照标准摩尔生成焓的定义，引入标准摩尔生成 Gibbs 能的概念。热力学规定：在指定温度及标准压力下，由最稳定单质生成 1mol 物质 B 的 Gibbs 能变称为物质B的**标准摩尔生成Gibbs能**(standard free energy of formation)，用符号$\Delta_f G^{\ominus}_{m,B}$表示，单位 $kJ\cdot mol^{-1}$。书末附录列出了一些物质的$\Delta_f G^{\ominus}_m$。根据定义，标准态下稳定单质的$\Delta_f G^{\ominus}_m$为零。利用$\Delta_f G^{\ominus}_m$计算反应$\Delta_r G^{\ominus}_m$的公式为

$$\Delta_r G^{\ominus}_m=\sum_B \nu_B \Delta_f G^{\ominus}_{m,B}(产物)-\sum_B \nu_B \Delta_f G^{\ominus}_{m,B}(反应物) \tag{1.20}$$

$$\Delta_r G^{\ominus}_m=\sum_B \nu_B \Delta_f G^{\ominus}_{m,B}$$

例 1-5 氨基酸是蛋白质的组成单元。298.15K 及 100kPa 下，判断从简单分子 NH_3、CH_4、O_2通过下列反应自发合成氨基乙酸的可能性。

$$2NH_3(g)+4CH_4(g)+5O_2(g) \rightleftharpoons 2NH_2CH_2COOH(s)+6H_2O(l)$$

已知 298.15K，$\Delta_r G^{\ominus}_m(NH_3,g)=-16.4kJ\cdot mol^{-1}$，$\Delta_r G^{\ominus}_m(CH_4,g)=-50.5kJ\cdot mol^{-1}$，$\Delta_r G^{\ominus}_m(NH_2CH_2COOH,s)=-528.5kJ\cdot mol^{-1}$，$\Delta_r G^{\ominus}_m(H_2O,l)=-237.1kJ\cdot mol^{-1}$。

解
$$\begin{aligned}\Delta_r G^{\ominus}_m&=\sum_B \nu_B \Delta_f G^{\ominus}_{m,B}(产物)-\sum_B \nu_B \Delta_f G^{\ominus}_{m,B}(反应物)\\
&=2\Delta_r G^{\ominus}_m(NH_2CH_2COOH,s)+6\Delta_r G^{\ominus}_m(H_2O,l)\\
&\quad-\Delta_r G^{\ominus}_m(NH_3,g)-4\Delta_r G^{\ominus}_m(CH_4,g)\\
&=2\times(-528.5kJ\cdot mol^{-1})+6\times(-237.1kJ\cdot mol^{-1})-\\
&\quad 2\times(-16.4kJ\cdot mol^{-1})-4\times(-50.5kJ\cdot mol^{-1})\\
&=-2244.8\ kJ\cdot mol^{-1}\end{aligned}$$

$\Delta_r G^{\ominus}_m$小于零，说明上述反应在 298.15K 的标准态下能自发进行。

(2)由焓变和熵变计算：已知温度T时反应的焓变$\Delta_r H$和熵变$\Delta_r S$，根据式(1.18)，也可以计算反应的 Gibbs 能变$\Delta_r G$。由于$\Delta_r H$和$\Delta_r S$随温度的变化较小，温度变化不大时，可以近似地认为$\Delta_r H$和$\Delta_r S$为定值，用 298.15K 时的$\Delta_r H^{\ominus}_{m,298.15}$和$\Delta_r S^{\ominus}_{m,298.15}$近似计算任意温度$T$时的 Gibbs 能变，计算公式如下

$$\Delta_r G^{\ominus}_{m,T}=\Delta_r H^{\ominus}_{m,298.15}-T\Delta_r S^{\ominus}_{m,298.15} \tag{1.21}$$

注意，与$\Delta_r H^{\ominus}_m$和$\Delta_r S^{\ominus}_m$不同，温度对$\Delta_r G^{\ominus}_m$具有很大的影响。

当然，也可利用已知反应的$\Delta_r G^{\ominus}_m$值，按照 Hess 定律，通过代数和的方法求算未知反应的$\Delta_r G^{\ominus}_m$值。

利用化学反应的 $\Delta_r G^{\ominus}_{m,T}$ 值，可以推断标准态下反应自发进行的方向。也可以利用式(1.21)估算焓增熵增或焓减熵减反应的转变温度

例 1-6 反应 $NH_4Cl(s) \rightleftharpoons NH_3(g) + HCl(g)$

(1)根据书后附表，计算反应在 298.15K，标准态下的 $\Delta_r G^{\ominus}_m$，并判断反应自发进行的方向。

(2)求标准态下反应自发进行的最低温度。

解 查表得相关物质的热力学数据如下

	$NH_4Cl(s)$ $\rightleftharpoons$	$NH_3(g)$ +	$HCl(g)$
$\Delta_f H^{\ominus}_m(kJ\cdot mol^{-1})$	−314.4	−45.9	−92.3
$S^{\ominus}_m(J\cdot K^{-1}\cdot mol^{-1})$	94.6	192.8	186.9

(1) $\Delta_r H^{\ominus}_m = \Delta_f H^{\ominus}_m(NH_3,g) + \Delta_f H^{\ominus}_m(HCl, g) - \Delta_f H^{\ominus}_m(NH_4Cl, s)$

$= -45.9\ kJ\cdot mol^{-1} - 92.3\ kJ\cdot mol^{-1} + 314.4\ kJ\cdot mol^{-1}$

$= 176.2 kJ\cdot mol^{-1}$

$\Delta_r S^{\ominus}_m = S^{\ominus}_m(NH_3,g) + S^{\ominus}_m(HCl,g) - S^{\ominus}_m(NH_4Cl,s)$

$=192.8 J\cdot K^{-1}\cdot mol^{-1} + 186.9\ J\cdot K^{-1}\cdot mol^{-1} - 94.6\ J\cdot K^{-1}\cdot mol^{-1}$

$= 285\ J\cdot K^{-1}\cdot mol^{-1}$

$\Delta_r G^{\ominus}_m = \Delta_r H^{\ominus}_m - T\Delta_r S^{\ominus}_m$

$= 176.2\ kJ\cdot mol^{-1} - 298.15K \times 285 \times 10^{-3} kJ\cdot K^{-1}\cdot mol^{-1}$

$= 91.2\ kJ\cdot mol^{-1}$

$\Delta_r G^{\ominus}_m > 0$，在 298.15K 的标准态下此反应不能自发进行。

(2)由于反应的 $\Delta_r H^{\ominus}_m > 0$，$\Delta_r S^{\ominus}_m > 0$，升高温度有利于反应自发进行，据式(1.19)，其转变温度为

$$T > \frac{\Delta_r H^{\ominus}_{m,T}}{\Delta_r S^{\ominus}_{m,T}} \approx \frac{\Delta_r H^{\ominus}_{m,298.15}}{\Delta_r S^{\ominus}_{m,298.15}} = \frac{176.2 \times 10^3 kJ\cdot mol^{-1}}{285 J\cdot k^{-1}\cdot mol^{-1}} = 618K$$

即 $T > 618K$ 时，此过程自发进行。因此，NH_4Cl 不应在高温下保存。

2. 非标准状态下 Gibbs 能变的计算 以上关于 $\Delta_r G$ 的计算，仅局限于各种物质均处在标准状态，即对溶液中的反应，溶质浓度是 $c^{\ominus}$(1mol · L^{-1} 或 1mol · kg^{-1})；对气体反应或有气体参加的反应，气体的分压是 $p^{\ominus}$(100kPa)。如果反应物或产物不处于标准态，就不能用(1.20)或(1.21)来计算反应的 $\Delta_r G$。非标准状态下 Gibbs 能变的计算公式推导如下

$G = H - TS = U + pV - TS$

微分得：$dG = dU + pdV + Vdp - TdS - SdT$

在不做非体积功的可逆过程中，由热力学第一定律得

$$dU = \delta Q - pdV，dU = \delta Q - pdV$$

由热力学第二定律得

$$dS - \frac{\delta Q}{T} = 0，\delta Q = TdS,$$

将其带入上式得

$$dG = -SdT + Vdp \tag{1.22}$$

恒温情况下

$$dG = Vdp \tag{1.23}$$

式(1.22)为 Gibbs 能的热力学基本关系式。推导过程中尽管引入了可逆条件，但由于 G 是状态函数，其变化值只与始态和终态有关，与过程无关，因此该式也适用于非可逆过程。将式(1.22)或(1.23)积分，可以计算物质在变化过程中的 Gibbs 能变。

设理想气体 B，恒定温度下，由标准态 $p^\ominus$(100kPa)变化到任意状态 p，将式(1.23)积分，得其 Gibbs 能变为

$$\Delta G=\int_{p^\ominus}^{p}V\mathrm{d}p=\int_{p^\ominus}^{p}\frac{nRT}{p}\mathrm{d}p=nRT\ln\frac{p}{p^\ominus}\qquad \Delta G_\mathrm{m}=RT\ln\frac{p}{p^\ominus}$$

因此，物质 B 在任意状态下的 $\Delta_\mathrm{f}G_\mathrm{m}$ 与标准摩尔生成 Gibbs 能 $\Delta_\mathrm{f}G^\ominus{}_\mathrm{m}$ 之间的关系为

$$\Delta_\mathrm{f}G_\mathrm{m,B}=\Delta_\mathrm{f}G^\ominus{}_\mathrm{m,B}+RT\ln\frac{p}{p^\ominus}\tag{1.24}$$

对于溶液中的溶质 B，相当于理想气体分压 p 的是其在溶液中的浓度 c，溶质在任意状态下的 $\Delta_\mathrm{f}G_\mathrm{m}$ 与标准摩尔生成 Gibbs 能 $\Delta_\mathrm{f}G^\ominus{}_\mathrm{m}$ 之间的关系为

$$\Delta_\mathrm{f}G_\mathrm{m,B}=\Delta_\mathrm{f}G^\ominus{}_\mathrm{m,B}+RT\ln\frac{c}{c^\ominus}\tag{1.25}$$

式中，c 为溶质 B 的浓度，$c^\ominus$为标准浓度($1\mathrm{mol\cdot L^{-1}}$)。$c$ 也可用其他浓度代替。

知道了每一种物质在非标准态下的 $\Delta_\mathrm{f}G_\mathrm{m}$，便可计算整个化学反应在任一状态下的 $\Delta_\mathrm{r}G_\mathrm{m}$。对于任意化学计量反应

$$a\mathrm{A}_{(g)}+d\mathrm{D}_{(g)}=\!=\!=g\mathrm{G}_{(g)}+h\mathrm{H}_{(g)}$$

$$\Delta_\mathrm{r}G_\mathrm{m}=\sum_\mathrm{B}\nu_\mathrm{B}\Delta_\mathrm{f}G_\mathrm{m,B}=g(\Delta_\mathrm{f}G^\ominus{}_\mathrm{m,G}+RT\ln\frac{p_\mathrm{G}}{p^\ominus})+h(\Delta_\mathrm{f}G^\ominus{}_\mathrm{m,H}+RT\ln\frac{p_\mathrm{H}}{p^\ominus})$$

$$-a(\Delta_\mathrm{f}G^\ominus{}_\mathrm{m,A}+RT\ln\frac{p_\mathrm{A}}{p^\ominus})-h(\Delta_\mathrm{f}G^\ominus{}_\mathrm{m,D}+RT\ln\frac{p_\mathrm{D}}{p^\ominus})$$

$$=\sum_\mathrm{B}\nu_\mathrm{B}\Delta_\mathrm{f}G^\ominus{}_\mathrm{m,B}+RT\ln\frac{(\frac{p_\mathrm{G}}{p^\ominus})^g(\frac{p_\mathrm{H}}{p^\ominus})^h}{(\frac{p_\mathrm{A}}{p^\ominus})^a(\frac{p_\mathrm{D}}{p^\ominus})^d}$$

该式可以写为

$$\Delta_\mathrm{r}G_\mathrm{m}=\Delta_\mathrm{r}G^\ominus{}_\mathrm{m}+RT\ln Q\tag{1.25}$$

其中
$$\Delta_\mathrm{r}G^\ominus{}_\mathrm{m}=\sum_\mathrm{B}\nu_\mathrm{B}\Delta_\mathrm{f}G^\ominus{}_\mathrm{m,B}\qquad Q=\frac{(\frac{p_\mathrm{G}}{p^\ominus})^g(\frac{p_\mathrm{H}}{p^\ominus})^h}{(\frac{p_\mathrm{A}}{p^\ominus})^a(\frac{p_\mathrm{D}}{p^\ominus})^d}$$

式(1.25)称为化学反应的恒温方程式。其中 $\Delta_\mathrm{f}G^\ominus{}_\mathrm{m}$ 为化学反应的标准摩尔 Gibbs 能变，R 为气体常数，T 为反应温度，Q 为反应商。p_A、p_D、p_G、p_H 分别表示反应物和产物的分压，单位 kPa，$p^\ominus$表示标准压力(100kPa)。

对于溶液反应，反应商 Q 的表达式为

$$a\mathrm{A}_{(aq)}+d\mathrm{D}_{(aq)}=\!=\!=g\mathrm{G}_{(aq)}+h\mathrm{H}_{(aq)}$$

$$Q=\frac{(\frac{c_G}{c^\ominus})^g(\frac{c_H}{c^\ominus})^h}{(\frac{c_A}{c^\ominus})^a(\frac{c_D}{c^\ominus})^d}$$

其中，c_A、c_D、c_G、c_H分别表示反应物和产物的浓度，单位 $mol\cdot L^{-1}$，$c^\ominus$为标准浓度$(1mol\cdot L^{-1})$。$c_A/c^\ominus$称为相对浓度，用c_r表示，为了书写方便，有时也直接用c代替。如果反应中既有气体也有溶液，气态物质表示为分压，溶液中的溶质表示为浓度，纯固体或纯液体不写入反应商的表达式中。

严格来说，化学反应的方向的判据是Δ_rG_m而不是$\Delta_rG^\ominus{}_m$。即：$\Delta_rG_m<0$时，反应正向自发进行；$\Delta_rG_m=0$时，反应达到平衡；$\Delta_rG_m>0$时，正向反应不能自发进行，逆向反应能自发进行。反应处于标准态时，所有物质的相对浓度均为1，$\Delta_rG_m=\Delta_rG^\ominus{}_m$。利用化学反应的恒温方程式，可以计算反应的$\Delta_rG_m$，判断反应自发进行的方向，进而计算反应的平衡常数。

例 1-7　已知反应：$CaCO_3(s) \xlongequal{\quad} CaO(s) + CO_2(g)$，298.15K 的 $\Delta_rH^\ominus{}_m=178.3\ kJ\cdot mol^{-1}$，$\Delta_rS^\ominus{}_m=160.4J\cdot K^{-1}mol^{-1}$。(1)问此反应在标准态下能否自发进行？若需要在标准态下使其自发进行，需要加热到多少度？(2)若使CO_2的分压为0.010kPa，试计算此反应自发进行所需的最低温度？

解　(1) $\Delta_rG^\ominus{}_m=\Delta_rH^\ominus{}_m-T\Delta_rS^\ominus{}_m$

$$=178.3\ kJ\cdot mol^{-1}-298.15K\times160.4\times10^{-3}kJ\cdot K^{-1}\cdot mol^{-1}$$

$$=130.5\ kJ\cdot mol^{-1}$$

因$\Delta_rG^\ominus{}_m>0$，反应在298.15K的标准态下不能自发进行。要使其在标准态下自发，必须升高温度，$\Delta_rG^\ominus{}_m<0$

$$T>\frac{\Delta_rH^\ominus{}_{m,T}}{\Delta_rS^\ominus{}_{m,T}}\approx\frac{\Delta_rH^\ominus{}_{m,298.15}}{\Delta_rS^\ominus{}_{m,298.15}}=\frac{178.3kJ\cdot mol^{-1}}{160.4\times10^{-3}kJ\cdot K^{-1}\cdot mol^{-1}}=1111.6K$$

当温度升高到1111.6K(即838℃)以上，此反应在标准态下才能自发进行。

(2) CO_2的分压为0.010kPa时，此反应为非标准态下的反应。设温度为T时$CaCO_3(s)$自发分解，则需在温度T时，$\Delta_rG_m<0$

$$\Delta_rG_m=\Delta_rG^\ominus{}_m+RT\ln Q<0。$$

其中，$\Delta_rG^\ominus{}_m=\Delta_rH^\ominus{}_m-T\Delta_rS^\ominus{}_m$，设$\Delta_rH^\ominus{}_m$、$\Delta_rS^\ominus{}_m$不随温度变化，则$T$时反应的$\Delta_rG^\ominus{}_{m,T}$为

$$\Delta_rG^\ominus{}_{m,T}=\Delta_rH^\ominus{}_{m,298.15}-T\Delta_rS^\ominus{}_{m,298.15}$$

$$\Delta_rG_m=\Delta_rG^\ominus{}_m+RT\ln Q=\Delta_r{}^\ominus{}_{m,298.15}\ -T\Delta_rS^\ominus{}_{m,298.15}+RT\ln Q$$

$$=178.3\ kJ\cdot mol^{-1}-T\times160.4\times10^{-3}\ kJ\cdot K^{-1}\cdot mol^{-1}$$

$$+8.31\times T\times10^{-3}\ kJ\cdot K^{-1}\cdot mol^{-1}\ln\frac{0.010kPa}{100kPa}$$

$$=178.3\ kJ\cdot mol^{-1}-0.2369T\ kJ\cdot K^{-1}\cdot mol^{-1}<0，得\ T>752.6K$$

当温度高于 752.6K(479.5℃)时，此反应自发进行。计算表明，$CO_2(g)$分压降低时，有利于$CaCO_3(s)$的分解。

第四节 化学反应的限度和平衡常数

一、化学反应的限度与标准平衡常数

(一) 化学反应的限度

根据 Gibbs 能降低原理：在恒温恒压且不做非体积功的情况下，自发反应总是向着 Gibbs 能降低的方向进行，直到达到平衡为止。即：$\Delta_r G_m < 0$ 时，反应正向进行；$\Delta_r G_m > 0$ 时，反应逆向进行；$\Delta_r G_m = 0$ 时，反应达到平衡。根据化学反应等温式

$$\Delta_r G_m = \Delta_r G^{\ominus}_m + RT\ln Q$$

反应开始时，产物浓度(气体为分压)较小，反应商 Q 较小，$\Delta_r G_m$ 为负值。随着反应的进行，反应商 Q 越来越大，$\Delta_r G_m$ 由负值逐渐增大，当 $\Delta_r G_m$ 增大到零时，反应达到平衡。平衡时，反应物和生成物的浓度不再随时间而变化。只要产物不及时脱离反应系统，则化学反应就不能进行到底。这是因为，纯净产物的熵值(混乱度)小于反应物与产物混合系统的熵值，而熵值增加是系统自发进行的方向。

(二) 标准平衡常数

1. 标准平衡常数的表达式 反应达到平衡时，反应物和生成物的浓度不再随时间的延长而变化，同时，这些浓度之间还存在着定量的限定关系，这种限定关系可以用平衡常数来表达。**标准平衡常数**(standard equilibrium constant)就是反应达到平衡时的反应商 Q，用符号 $K^{\ominus}$表示。为方便起见，省略标准态符号，常用 K 表示。反应平衡时

$$\Delta_r G_m = \Delta_r G^{\ominus}_m + RT\ln K = 0$$

$$-\Delta_r G^{\ominus}_m = RT\ln K \tag{1.26}$$

$$\ln K = -\frac{\Delta_r G^{\ominus}_m}{RT}$$

对于溶液反应，K 的表达式为

$$K = \frac{\left(\frac{c_{G,e}}{c^{\ominus}}\right)^g \left(\frac{c_{H,e}}{c^{\ominus}}\right)^h}{\left(\frac{c_{A,e}}{c^{\ominus}}\right)^a \left(\frac{c_{D,e}}{c^{\ominus}}\right)^d} = \frac{[G]^g[H]^h}{[A]^a[D]^d}$$

式中，$c_{A,e}$、$c_{D,e}$、$c_{G,e}$、$c_{H,e}$ 分别表示反应物和生成物的平衡浓度，[A]、[D]和[G]、[H]分别表示反应物和生成物的相对平衡浓度。其中，$[A]= c_{A,e} / c^{\ominus}$。对于气体反应，$K$ 的表达式为

$$K = \frac{\left(\frac{p_{G,e}}{p^{\ominus}}\right)^g \left(\frac{p_{H,e}}{p^{\ominus}}\right)^h}{\left(\frac{p_{A,e}}{p^{\ominus}}\right)^a \left(\frac{p_{D,e}}{p^{\ominus}}\right)^d}$$

式中，$p_{A,e}$、$p_{D,e}$ 和 $p_{G,e}$、$p_{H,e}$ 分别表示反应物和生成物的平衡分压。比值 $p_{A,e} /p^{\ominus}$称为 A

的相对平衡分压。对于溶液中有气体参与的反应，则气体的量用 p 表示，溶液中的溶质量用 c 表示。K 是无量纲的量。

K 的数值反映了化学反应的完成程度，K 值越大，反应向右进行得越彻底。因此标准平衡常数 K 是一定温度下，化学反应可能进行的最大限度。在使用标准平衡常数时应该注意以下几点：

(1)在反应过程中，浓度不发生改变的物质如纯固体或纯液体，不能列入平衡常数的表达式中，如

$$CaCO_3(s) \rightleftharpoons CaO(s) + CO_2(g) \qquad K = \frac{p(CO_2)}{p^{\ominus}}$$

固体 $CaCO_3$ 和 CaO 不写入表达式。再如

$$Zn(s) + 2H^+(aq) \rightleftharpoons Zn^{2+}(aq) + H_2(g) \qquad K = \frac{[Zn^{2+}]\cdot\dfrac{p(H_2)}{p^{\ominus}}}{[H^+]^2}$$

在稀溶液中进行的反应，若有溶剂参与，由于溶剂的量很大，浓度基本不变，可以看成一个常数，也不写入表达式中，如

$$HAc + H_2O \rightleftharpoons H_3O^+ + Ac^- \qquad K = \frac{[H_3O^+]\cdot[Ac^-]}{[HAc]}$$

(2)标准平衡常数表达式及 K 的数值与反应方程式的写法有关，如

$$N_2(g) + 3H_2(g) \rightleftharpoons 2NH_3(g) \qquad K_1 = \frac{\left[\dfrac{p(NH_3)}{p^{\ominus}}\right]^2}{\dfrac{p(N_2)}{p^{\ominus}}\cdot\left[\dfrac{p(H_2)}{p^{\ominus}}\right]^3}$$

$$2N_2(g) + 6H_2(g) \rightleftharpoons 4NH_3(g) \qquad K_2 = \frac{\left[\dfrac{p(NH_3)}{p^{\ominus}}\right]^4}{\left[\dfrac{p(N_2)}{p^{\ominus}}\right]^2\cdot\left[\dfrac{p(H_2)}{p^{\ominus}}\right]^6}$$

上面两个反应中，$K_1{}^2 = K_2$。若两个反应互为正逆反应，则正反应与逆反应的平衡常数互为倒数。

(3)标准平衡常数表达式中各物质浓度均为反应系统中的总浓度而不仅仅是某一个反应单独提供的。例如，H_2CO_3 在水溶液中存在两步解离

$$H_2CO_3 + H_2O \rightleftharpoons HCO_3^- + H_2O^+ \qquad K_1 = \frac{[H_3O^+]\cdot[HCO_3^-]}{[H_2CO_3]}$$

$$HCO_3^- + H_2O \rightleftharpoons CO_3^{2-} + H_3O^+ \qquad K_2 = \frac{[H_3O^+]\cdot[CO_3^{2-}]}{[HCO_3^-]}$$

K_1、K_2 中的$[H_2O^+]$或$[HCO_3^-]$的数值相等，指的都是溶液中的总浓度。

根据式(1.26)，利用 $\Delta_r G^{\ominus}_m$ 可求 K，反过来，如果知道了反应的 K 和温度，也可求 $\Delta_r G^{\ominus}_m$。

例 1-8　计算 298.15K 时 AgCl 解离反应的平衡常数。

$$AgCl(s) \rightleftharpoons Ag^+(aq) + Cl^-(aq)$$

解 查表得 AgCl 的解离平衡及有关的热力学数据为

$$AgCl(s) \rightleftharpoons Ag^+(aq) + Cl^-(aq)$$

$\Delta_f G^\ominus_m/(kJ \cdot mol^{-1})$ -109.8 77.1 -131.2

$\Delta_r G^\ominus_m = \Delta_f G^\ominus_m(Ag^+,aq) + \Delta_f G^\ominus_m(Cl^-,aq) - \Delta_f G^\ominus_m(AgCl,s)$

$= 77.1kJ \cdot mol^{-1} + (-131.2kJ \cdot mol^{-1}) - (-109.8kJ \cdot mol^{-1}) = 55.7kJ \cdot mol^{-1}$

由式(1.26)得：$\ln K = -\dfrac{55.7\times10^{-3}J.mol^{-1}}{8.314J.K^{-1}mol^{-1}\times298.15K} = -22.5$，$K = 1.89\times10^{-10}$

实验值为 1.77×10^{-10}，计算值与之非常接近。

2. 标准平衡常数与温度的关系

$$-\Delta_r G^\ominus_m = RT\ln K \qquad \Delta_r G^\ominus_m = \Delta_r H^\ominus_m - T\Delta_r S^\ominus_m$$

在温度变化不大的情况下，$\Delta_r H^\ominus_m$ 可视为定值，两式合并得

$$\ln K = -\frac{\Delta_r H^\ominus_m}{RT} + \frac{\Delta_r S^\ominus_m}{R} \tag{1.27}$$

设在温度为 T_1 和 T_2 反应的标准平衡常数分别为 K_1，K_2，则

$$\ln\frac{K_2}{K_1} = \frac{\Delta_r H^\ominus_m}{R}\left(\frac{T_2-T_1}{T_1T_2}\right) \tag{1.28}$$

由式(1.28)可知：对于吸热反应，$\Delta_r H^\ominus_m > 0$，当 $T_2 > T_1$ 时，$K_2 > K_1$，升高温度有利于反应正向进行；对于放热反应，$\Delta_r H^\ominus_m < 0$，当 $T_2 > T_1$ 时，$K_2 < K_1$，降低温度有利于反应正向进行。$\Delta_r H^\ominus_m$ 绝对值越大，温度变化对平衡的影响越明显。

利用式(1.28)，可利用一个温度下的平衡常数求出另一温度下的平衡常数；通过式(1.27)，测定不同温度 T 的 K 值，用 $\ln K$ 对 $\dfrac{1}{T}$ 作图，可以求得化学反应的 $\Delta_r H^\ominus_m$ 与 $\Delta_r S^\ominus_m$。

例 1-9 利用各物质的热力学数据，分别计算反应在 298.15K 和 398.15K 时的平衡常数。

$$CH_3COOH(l) + C_2H_5OH(l) \rightleftharpoons CH_3COOC_2H_5(l) + H_2O(l)$$

	$CH_3COOH(l)$	$C_2H_5OH(l)$	$CH_3COOC_2H_5(l)$	$H_2O(l)$
$\Delta_f H^\ominus_m(kJ \cdot mol^{-1})$	–484.3	–277.6	–479.0	–285.8
$S^\ominus_m(J \cdot K^{-1} \cdot mol^{-1})$	159.8	160.7	259.4	70.0

解 $\Delta_r H^\ominus_m = \Delta_f H^\ominus_m(CH_3COOC_2H_5,l) + \Delta_f H^\ominus_m(H_2O,l)$

$-\Delta_f H^\ominus_m(CH_3COOH,l) - \Delta_f H^\ominus_m(C\ C_2H_5OH,l)$

$= -479.0kJ \cdot mol^{-1} + (-285.8kJ \cdot mol^{-1}) - (-484.3kJ \cdot mol^{-1}) - (-277.6kJ \cdot mol^{-1})$

$= -2.9kJ \cdot mol^{-1}$

$\Delta_r S^\ominus_m = S^\ominus_m(CH_3COOC_2H_5,l) + S^\ominus_m(H_2O,l) - S^\ominus_m(CH_3COOH,l) - S^\ominus_m(C\ C_2H_5OH,l)$

$= 69.9J \cdot K^{-1} \cdot mol^{-1} + 259.4J \cdot K^{-1} \cdot mol^{-1} - 160.7J \cdot K^{-1} \cdot mol^{-1} - 159.8J \cdot K^{-1} \cdot mol^{-1}$

$= 8.8J \cdot K^{-1} \cdot mol^{-1}$

$\Delta_r G^\ominus_m = \Delta_r H^\ominus_m - T\Delta_r S^\ominus_m$

$= -2.9\ kJ \cdot mol^{-1} - 298.15K \times 8.8 \times 10^{-3} kJ \cdot K^{-1} \cdot mol^{-1}$

$= -5.5\ kJ \cdot mol^{-1}$

$$\ln K_{298.15} = -\frac{\Delta_r G^{\ominus}{}_m}{RT} = -\frac{-5.5\times 10^3\,\text{J}\cdot\text{mol}^{-1}}{8.314\text{J.K}^{-1}\text{mol}^{-1}\times 298.15\text{K}} = 2.22\text{，} K = 9.2$$

$$\ln\frac{K_2}{K_1} = \frac{\Delta_r H_m^{\ominus}}{R}\left(\frac{T_2 - T_1}{T_1 T_2}\right)$$

$$\ln\frac{K_{398.15}}{K_{298.15}} = \frac{-2.9\times 10^3}{8.314}\left(\frac{398.15-298.15}{398.15\times 298.15}\right) = -0.29\text{，} K_{398.15} = \ 0.74$$

二、用标准平衡常数判断反应方向

将式(1.26)代入式(1.25)得

$$\Delta_r G_m = RT\ln\frac{Q}{K} \tag{1.29}$$

从式(1.29)可以看出，根据 Q 与 K 的相对大小也可判断化学反应的方向，即：若 $Q<K$，则 $\Delta_r G_m < 0$，反应正向进行；若 $Q>K$，则 $\Delta_r G_m > 0$，反应逆向进行；若 $Q=K$，则 $\Delta_r G_m = 0$，反应达到平衡。只要反应商 $Q \neq K$，就表明反应系统处于非平衡态，此系统就有自动向平衡态过渡的趋势。Q 与 K 相差越大，反应正向或逆向自发进行的趋势就越大。

在标准状态下，即当各物质相对浓度和相对压力均为 1 时，化学反应商 Q =1，此时可直接根据平衡常数是否等于 1 来判断反应的方向：若 $K>1$，则 $\Delta_r G_m < 0$，反应在标准态下正向进行；若 $K<1$，则 $\Delta_r G_m > 0$，反应在标准态下逆向进行；若 $K=1$，则 $\Delta_r G_m = 0$，反应在标准态下达到平衡。需要注意的是，标准态不一定是平衡态。

三、化学平衡的移动

不同反应的完成程度不同。有些反应的平衡常数很大，反应物基本上能全部转变为产物，通常把这类反应称为不可逆反应。实际上不可逆反应非常少，绝大多数反应不能够进行到底，这类化学反应的方向常因为外界因素的干扰而发生逆转，这种既可以正向进行也可以逆向进行的反应称为可**逆反应**(reversible reaction)*。可逆反应与不可逆反应是相对的，只是反应的完成程度不同。

可逆反应的化学平衡是暂时的，有条件的。当条件改变时，化学平衡就会被破坏，反应继续进行，各种物质的浓度(或分压)就会改变，直到建立新的平衡。这种由于条件变化而导致化学平衡移动的过程，称为**化学平衡的移动**(shift of chemical equilibrium)。下面分别讨论浓度、压力和温度对化学平衡的影响。

(一)浓度对化学平衡的影响

根据式(1.29)，化学反应的 $\Delta_r G_m$ 为

$$\Delta_r G_m = RT\ln\frac{Q}{K}$$

---

*可逆反应与热力学可逆过程不同，可逆过程是一个可以无限接近于平衡的理想过程，而可逆是指可以正反两个方向进行的反应。

对于已经平衡的反应体系，其他条件不变时，改变平衡系统中任一物质的浓度，使 $Q \neq K$，必然导致化学平衡的移动。如果增大反应物浓度或减小生成物浓度，则 $Q < K$，$\Delta_r G_m < 0$，化学平衡将正向移动。随着反应的进行，反应物浓度逐渐减小，生成物的浓度逐渐增大，Q 逐渐增大，当 Q 增大到重新等于 K 时，系统将达到一个新的平衡。同理，减小反应物浓度或增大生成物浓度，则 $Q > K$ 时，$\Delta_r G_m > 0$，化学平衡将逆向移动，直至 $Q = K$ 时又建立起新的平衡。

浓度对化学平衡的影响可归纳如下：在其他条件不变的情况下，增大反应物浓度或减小生成物浓度，化学平衡向正向反应方向移动；增大生成物浓度或减小反应物浓度，化学平衡向逆向反应方向移动。

（二）压力对化学平衡的影响

压力对液相和固相反应几乎没有影响，但对于有气体参与的反应影响较大。任一反应

$$a\mathrm{A}_{(g)} + d\mathrm{D}_{(g)} \rightleftharpoons g\mathrm{G}_{(g)} + h\mathrm{H}_{(g)}$$

在恒温、恒压下达到化学平衡时

$$Q = K = \frac{(\frac{p_\mathrm{G}}{p^\ominus})^g (\frac{p_\mathrm{H}}{p^\ominus})^h}{(\frac{p_\mathrm{A}}{p^\ominus})^a (\frac{p_\mathrm{D}}{p^\ominus})^d}$$

反应商会随着压力的变化而变化。压力对平衡的影响分两类进行讨论，一是分压变化对平衡的影响，二是总压变化对平衡的影响。

1. 分压变化对平衡的影响 改变反应物的分压或减小产物的分压，将使 $Q < K$，$\Delta_r G_m < 0$，平衡向右移动。反之，增加产物的分压或减小反应物的分压，将导致 $Q > K$，$\Delta_r G_m > 0$，平衡向左移动。这与浓度对化学平衡的影响完全相同。

2. 总压变化对平衡的影响 在其他条件不变时，设将系统总压增加到原来的 $x(x \neq 1)$ 倍，或体积压缩到原来的 $1/x$，反应物和生成物的分压也相应地增加到原来的 x 倍，即各气体的分压由 p_B 增加到 $x\,p_\mathrm{B}$。将各气体的分压代入 Q 表达式得

$$Q = \frac{(\frac{xp_\mathrm{G}}{p^\ominus})^g (\frac{xp_\mathrm{H}}{p^\ominus})^h}{(\frac{xp_\mathrm{A}}{p^\ominus})^a (\frac{xp_\mathrm{D}}{p^\ominus})^d} = \frac{(\frac{p_\mathrm{G}}{p^\ominus})^g (\frac{p_\mathrm{H}}{p^\ominus})^h}{(\frac{p_\mathrm{A}}{p^\ominus})^a (\frac{p_\mathrm{D}}{p^\ominus})^d} x^{g+h-a-d} = Kx^{\sum \nu_\mathrm{B}}$$

(1) $\sum \nu_\mathrm{B} = 0$，$Q = K$。即反应前后气态物质的分子总数不变时，总压变化不影响平衡的移动。

(2) 当 $\sum \nu_\mathrm{B} > 0$ 时：若 $x > 1$，则 $Q > K$；若 $x < 1$，则 $Q < K$。也就是说，对于气态物质分子数增加的反应，总压增加，平衡左移，总压降低，平衡右移；当 $\sum . < 0$ 时：若 $x > 1$，则 $Q < K$；若 $x < 1$，则 $Q > K$。即，对于气态物质分子数减少的反应，总压增加，平衡右移，总压降低，平衡左移。

总压对化学平衡的影响可归纳如下：在其他条件不变的情况下，增大压力，化学平衡向气体分子数减少的方向移动；减小压力，化学平衡向气体分子数增加的方向移动；对于气态分子总数不变的反应，压力变化不影响化学平衡的移动。

压力对平衡的影响在化工生产及化学实验中得到广泛应用。如合成氨的反应是气体分

子数减小的反应，为提高 NH_3 的产率，工业生产中采取了高压的反应条件。

(三) 温度对化学平衡的影响

与浓度和压力不同，温度对平衡移动的影响是通过改变平衡常数 K 来实现的。由式(1.28)可知：升高温度有利于吸热反应，降低温度有利于放热反应，$\Delta_r H^{\ominus}{}_m$ 绝对值越大，温度改变对平衡移动的影响越明显。

(四) Le Chatelier 原理

在总结浓度、压力、温度等因素对平衡系统影响的基础上，法国化学家 Le Chatelier 总结出一条普遍性的规律：化学平衡总是向着消除外来影响，恢复原有平衡状态的方向移动，这就是 Le Chatelier 原理。应当注意，Le Chatelier 原理只适用于已经达到平衡的系统，对于尚未达到平衡的系统是不适用的。例如，在反应初始阶段，随着反应的进行，反应物浓度减少，生成物浓度增加，但反应仍然向右移动。

第五节　生物体内的热力学简介

一、生化标准态

化学热力学和生物化学对标准态的规定有所不同。化学热力学的标准态是指各物质在指定温度 T 和溶质浓度为 $1mol \cdot L^{-1}$(或质量摩尔浓度为 $1mol \cdot kg^{-1}$)、气体分压为 100kPa 的状态。依此规定，溶液中氢离子的浓度 $1mol \cdot L^{-1}$，或 pH = 0，如此高度酸性的状态对人体等生物系统是不适合的。由于生化反应大多在 pH = 7 左右进行，在生物化学中，除上述规定外，还规定氢离子的标准态浓度为 $1.0\times10^{-7}mol \cdot L^{-1}$ 或溶液 pH=7。生化反应的标准 Gibbs 能变用符号 $\Delta_r G^{\oplus}{}_m$ 表示，以区别于化学反应的标准 Gibbs 能变 $\Delta_r G^{\ominus}{}_m$。例如，对于能产生 x 摩尔 H^+ 的生化反应

$$A_{(aq)} + D_{(aq)} \rightleftharpoons G_{(aq)} + xH^+{}_{(aq)}$$

反应的标准态是指，$c_A = c_D = c_G = mol \cdot L^{-1}$，$c_{H+} = 1.0 \times 10^{-7} mol \cdot L^{-1}$ 的状态。

根据式(1.25)，$\Delta_f G_{m,B} = \Delta_f G^{\ominus}{}_{m,B} + RT\ln\dfrac{c}{c^{\ominus}}$

上述反应的 $\Delta_r G^{\oplus}{}_m$ 与 $\Delta_r G^{\ominus}{}_m$ 的关系为：

$$\Delta_r G^{\oplus}{}_{m,B} - \Delta_r G^{\ominus}{}_{m,B} = RT\ln\frac{(1\times10^{-7}\,mol\cdot L^{-1})^x}{1mol\cdot L^{-1}}$$

$$298.15K\ 时：\Delta_f G^{\oplus}{}_{m,B} = \Delta_f G^{\ominus}{}_{m,B} - 39.95x kJ\cdot mol^{-1}$$

当 $x > 1$ 时，$\Delta_r G^{\oplus}{}_m < \Delta_r G^{\ominus}{}_m$。这表示在有 H^+ 产生的生化反应中，$\Delta_r G^{\oplus}{}_m$ 比 $\Delta_r G^{\ominus}{}_m$ 小，即反应在 pH=7 比 $H^+ = 1mol \cdot L^{-1}$ 时更易于自发进行。当 $x < 1$ 时，相当于 H^+ 在反应的左侧，此时 $\Delta_r G^{\oplus}{}_m > \Delta_r G^{\ominus}{}_m$。这表示 H^+ 作反应物的生化反应中，$\Delta_r G^{\oplus}{}_m$ 比 $\Delta_r G^{\ominus}{}_m$ 大，即反应在 pH=7 比 $H^+=1mol \cdot L^{-1}$ 时更难以自发进行。对于没有 H^+ 参与的反应，$\Delta_r G^{\oplus}{}_m = \Delta_r G^{\ominus}{}_m$。

二、耦联反应

设在恒温恒压下有两个反应

(1) $A + B \rightleftharpoons D$　　　$\Delta_r G_{m,1} > 0$

(2) $D + E \rightleftharpoons F + H$　　　$\Delta_r G_{m,2} < 0$

在给定条件下，反应(1)不能自发进行，而反应(2)能自发进行。如果反应(1)和反应(2)进行加和，就会得到

(3) $A + B + E \rightleftharpoons F + H$　　　$\Delta_r G_{m,3} = \Delta_r G_{m,1} + \Delta_r G_{m,2}$

若 $|\Delta_r G_{m,1}| < |\Delta_r G_{m,2}|$，则 $\Delta_r G_{m,3} < 0$，那么反应(3)就能自发进行。(3)之所以能够自发进行，实际上是反应(2)提供能量(Gibbs 能)带动了反应(1)，使其能够正向进行。一个自发性很强的反应带动另一无法自发的反应正向进行的过程称为反应耦联。反应(3)称为**耦联反应**(coupling reaction)。

生物体内存在着许多耦联反应。机体内 DNA 的复制、RNA 的转录、蛋白质的生物合成、肌肉细胞收缩等等都是需要能量的，这些耗能反应或过程之所以能够发生，就是因为它们与其他放能反应耦联的缘故。例如，葡萄糖在体内发生氧化反应之前，首先要转化为葡萄糖–6–磷酸酯：

$$\text{葡萄糖} + H_3PO_4 \longrightarrow \text{葡萄糖–6–磷酸酯}$$

37 °C，pH=7.0 时，该反应的 $\Delta_r G_m = 3.0\ kJ \cdot mol^{-1}$，此反应是不能自发进行的，但 ATP 的水解反应可以自发进行

$$ATP + H_2O \longrightarrow ADP + H_3PO_4$$

37 °C，pH=7.0 时，此反应的 $\Delta_r G_m = -31.1\ kJ \cdot mol^{-1}$，将两反应耦联，得耦联反应

$$\text{葡萄糖} + ATP + H_2O \longrightarrow \text{葡萄糖–6–磷酸酯} + ADP$$

此反应的 $\Delta_r G_m = -28.1\ kJ \cdot mol^{-1}$，显然此耦联反应是可以自发进行的。

知识拓展

熵与生命科学

热力学第二定律($\Delta S - Q/T \geqslant 0$)是判断一切过程能否自发进行的依据。对于孤立系统，$Q = 0$，$\Delta S \geqslant 0$，即在孤立系统中的一切过程都是向着熵值增加的方向进行，这就是熵增加原理。从宏观来看生命过程是一个熵值增加的过程，其始态是生命的产生，终态是生命的结束，这个过程是一个自发的、单向的不可逆过程。衰老是生命系统的熵的一种长期的缓慢的增加，也就是说随着生命的衰老，生命系统的混乱度增大，当熵值达到最大值时即死亡，这是一个不可抗拒的自然规律。但是，一个无序的世界是不可能产生生命的，有生命的世界必然是有序的。从简单到复杂，从生命的低级形式到生命的高级形式，生物世界是不断地趋于有序，这种生物学的有序性，既是结构上的，也是功能上的，这是一个熵值减小的方向，与孤立系统向熵值增大的方向恰好相反。从表观上看，生物进化与热力学第二定律之间似乎存在巨大的矛盾。但现代科学的发展表明，生物学虽然有其自身的规律，而它的热现象仍应服从普遍的热力学规律。这是因为，生命体是一个远离平衡态的敞开体系，敞开系统与环境之间既有物质交换也有能量交换，系统的

熵值由两部分组成，一是机体自身的熵值，二是环境流入的熵值。生物体摄入的食物，往往是有序度较高的结构复杂的有机物，如肉类、蔬菜和水果等，而代谢出去的则大多是经过体内生化反应的最终产物，这些产物常常是一些有序度更低的小分子化合物，这样，自身代谢使系统熵值增加，而高级有机物的摄入又使系统熵值减小，相当于引入了负熵流。当两者相当时，开放系统处在非平衡的稳态；当引入的负熵流占优势时，则可从无序向有序转变，生命体系得以动态地发展和进化；而当不再能够引入足够的负熵流时，人体将处于近平衡态或临终状态。总之，只有不断地与外界交换物质和能量，才可使生命系统的总熵值减小，有序度提高，生命体系才能得以动态发展。

本章小结

本章主要利用化学热力学的基本原理和方法解决化学反应热效应的计算、反应方向的判断以及平衡常数的计算等问题。化学热力学将被研究的对象称为系统，系统分为三类：孤立系统、封闭系统和敞开系统。描述系统宏观性质的物理量称为状态函数，包括温度 T、压强 p、体积 V、热力学能 U、焓 H、熵 S、Gibbs 能 G 等。状态函数共分两类，一类属于广度性质，另一类属于强度性质。状态函数是系统的单值函数，其数值只与系统的始态和终态有关，而与系统经历的过程无关。当系统所有状态函数均不随时间变化时，系统处于热力学平衡态，外界条件变化则系统的状态会随时发生改变。常见的变化过程有恒温过程、恒压过程、恒容过程、绝热过程等。在变化过程中，系统与环境之间将会产生能量的交换，由温差引起的能量交换称为热 Q，其他形式的能量交换称为功 W。系统得功吸热 Q 与 W 取正值，失功放热 Q 与 W 取负值。功分为体积功 W_e 和非体积功 W_f。无限接近于平衡状态的变化过程称为热力学可逆过程，在可逆过程中，系统对外做最大功，环境对内做最小功。热力学第一定律表达了系统与环境交换的能量与其自身能量(热力学能 U)变化的关系

$$\Delta U = Q + W$$

在不做非体积功的情况下，恒容热效应 Q_V 等于系统的热力学能变ΔU，恒容热效应 Q_p 等于系统的焓变ΔH。其中，$H = U + pV$。化学反应的恒压热效应$\Delta_r H$ 与恒容热效应$\Delta_r U$ 的关系是

$$\Delta_r H = \Delta_r U + \Delta n\ (RT)$$

化学反应的热效应与反应进度ξ($\xi = \Delta n_B / \nu_B$)有关，反应进度为ξ为 1 的反应热称为摩尔反应热。标明了物质的聚集状态、反应条件和反应热的化学方程式称为热化学方程式。根据 Hess 定律，利用热化学方程式、各物质的标准摩尔生成焓$\Delta_f H^\ominus{}_m$、标准摩尔燃烧焓$\Delta_c H^\ominus{}_m$或其他热力学数据可以计算化学反应的反应热

$$\Delta_r H^\ominus{}_m = -\sum_B \nu_B \Delta_f H^\ominus{}_{m,B} = -\sum_B \nu_B \Delta_c H^\ominus{}_{m,B}$$

热力学第一定律主要用于反应热的计算，热力学第二定律可以进行反应方向以及限度的判断。在研究自发过程规律的基础上，综合反应热效应、熵变和温度对化学反应方向的影响，经过严格的理论推导得出化学反应方向的判据，即 Clausius 不等式

$$\Delta S - \frac{Q}{T} \geqslant 0$$

其中，熵 S 是系统混乱程度的量度，利用各物质的标准摩尔规定熵 $S^\ominus{}_m$ 可计算系统的

熵变ΔS。利用 Clausius 不等式判断反应方向时需要获得过程量 Q，为了计算方便，热力学引入另一重要的状态函数——Gibbs 能：$G = H - TS$。恒温下化学反应的 Gibbs 公式为

$$\Delta_r G = \Delta_r H - T\Delta_r S$$

恒温恒压且不做非体积功的情况下，$\Delta G < 0$ 时，反应正向进行；$\Delta G = 0$ 时，反应达到平衡；$\Delta G > 0$ 时，反应逆向进行。在标准状态下，$\Delta_r G^\ominus{}_m = \Delta_r H^\ominus{}_m - T\Delta_r S^\ominus{}_m$，可以利用各物质的标准生成 Gibbs 能变$\Delta_f G^\ominus{}_m$或其他热力学参数计算反应的$\Delta_r G^\ominus{}_m$。在非标准状态下，用化学反应的恒温方程式计算

$$\Delta_r G_m = \Delta_r G^\ominus{}_m + RT\ln Q \qquad Q = \frac{\left(\frac{c_G}{c^\ominus}\right)^g \left(\frac{c_H}{c^\ominus}\right)^h}{\left(\frac{c_A}{c^\ominus}\right)^a \left(\frac{c_D}{c^\ominus}\right)^d}$$

反应达到平衡时，$\Delta_r G_m = 0$，反应商 Q 等于标准平衡常数 K。

$$\ln K = -\frac{\Delta_r G^\ominus{}_m}{RT} \qquad \Delta_r G_m = RT\ln\frac{Q}{K}$$

利用浓度商与平衡常数的相对大小也可以判断反应的方向：$Q < K$，反应正向进行；$Q > K$，反应逆向进行；$Q = K$，反应达到平衡。平衡常数越大，反应进行的越彻底。平衡常数与温度有关，在温度变化不大的情况下

$$\ln\frac{K_2}{K_1} = \frac{\Delta_r H^\ominus{}_m}{R}\left(\frac{T_2 - T_1}{T_1 T_2}\right)$$

化学平衡是相对的，当浓度、压力、温度等外界因素发生变化时，化学反应平衡就会发生移动。在其他条件不变的情况下，增大反应物浓度(压力)或减小生成物浓度(压力)，化学平衡向正向反应方向移动；增大生成物浓度(压力)或减小反应物浓度(压力)，化学平衡向逆向反应方向移动。升高温度有利于吸热反应，降低温度有利于放热反应。Le Chatelier 原理表明，平衡总是向着消除外来影响，恢复原有平衡状态的方向移动。

习　　题

1. 简述系统与环境、状态与状态函数，热与功、反应进度、标准态、热化学方程式的含义，并指出 T、p、V、Q、W、Q_V、Q_p、U、W、H、S、G 中哪些是状态函数？哪些属于广度性质？哪些属于强度性质？

2. 系统由状态 A 变化到状态 B，沿途经 I 吸收 2.5kJ 的热，对环境做功 500J。问：

(1) 系统由 A 态沿途经Ⅱ到 B 态，对环境做功 1000 J，其 Q 值为多少？

(2) 系统由 B 态沿途经Ⅲ到 A 态，吸热 850 J，其 W 为多少？

3. 证明系统在不做非体积功的情况下，$Q_V = \Delta U$，$Q_p = \Delta H$。

4. 何为 Hess 定律？Hess 定律的理论依据是什么？

5. 一定温度下，5.0mol SO_2 (g) 与 10.0mol O_2 (g) 混合，经一定时间反应后，生成了 0.8mol SO_3 (g)，计算下列两个反应式的反应进度 ξ，并给出剩余的 SO_2 (g) 与 O_2 (g) 的摩尔数。

(1) $2SO_2(g) + O_2(g) \rightleftharpoons 2SO_3(g)$　　(2) $SO_2(g) + \frac{1}{2}O_2(g) \rightleftharpoons SO_3(g)$

6. 25℃，101 kPa 时，由 H_2(g) 和 O_2(g) 生成 1 mol H_2O(l) 时放出的热量为 285.8 kJ，写出 2 mol H_2O(l) 分解为 H_2(g) 和 O_2(g) 的热化学方程式。

7. 计算反应 C(石墨) $\rightleftharpoons$ C(金刚石) 在 298.15 K 时的标准摩尔焓变。已知：

(1) C(金刚石) + O_2(g) $\rightleftharpoons$ CO_2(g)　　$\Delta_f H^{\ominus}_m$ (298.15 K) = –395.4 kJ · mol^{-1}

(2) C(石墨) + O_2(g) $\rightleftharpoons$ CO_2(g)　　$\Delta_f H^{\ominus}_m$ (298.15 K) = –393.5 kJ · mol^{-1}

8. 已知下列热化学反应方程式：

Fe_2O_3(s) + 3CO(g) $\rightleftharpoons$ 2Fe(s) + 3CO_2(g)　　$\Delta_f H^{\ominus}_{m,1}$= –26.8 kJ · mol^{-1}

3Fe_2O_3(s) + CO(g) $\rightleftharpoons$ 2Fe_3O_4(s) + CO_2(g)　　$\Delta_f H^{\ominus}_{m,2}$= –52.8 kJ · mol^{-1}

Fe_3O_4(s) + CO(g) $\rightleftharpoons$ 3FeO(s) + CO_2(g)　　$\Delta_f H^{\ominus}_{m,3}$ = –38.4 kJ · mol^{-1}

计算反应 FeO(s) + CO(g) $\rightleftharpoons$ Fe(s) + CO_2(g) 的$\Delta_r H^{\ominus}_m$。

9. 三油酸甘油酯(相对分子质量 886.53)完全燃烧时的反应如下：

$C_{57}H_{104}O_6$(s) + 80O_2(g) $\rightleftharpoons$ 57CO_2(g) + 52H_2O(l)　$\Delta_c H^{\ominus}_m$= –3.35×10^4 kJ · mol^{-1}

(1) 求 1g 该脂肪完全燃烧时放出多少热量?

(2) 假如人均每天需要 6300kJ 能量以维持生命，则需要每天供给多少克该脂肪?

10. 已知乙醇的标准摩尔燃烧焓为–1366.8 kJ · mol^{-1}，CO_2(g) 和 H_2O(l) 的标准摩尔生成焓分别为 –393.5 和 –285.8 kJ · mol^{-1}，求乙醇的标准摩尔生成焓。

11. 说明各符号：$\Delta_r H^{\ominus}_m$、$\Delta_f H^{\ominus}_m$ (CO_2,g)、$\Delta_c H^{\ominus}_m$ (H_2,g)、$S^{\ominus}_{m,298.15}$、$\Delta_c S^{\ominus}_{m,T}$、$\Delta_f G^{\ominus}_m$($H_2O$,l)、$\Delta_r G^{\ominus}_m$、$\Delta_r G$ 的意义。

12. 不查表，排出下列各组物质的熵值由大到小的顺序：

(1) O_2(l)、O_3(g)、O_2(g)

(2) NaCl(s)、Na_2O(s)、Na_2CO_3(s)、$NaNO_3$(s)、Na(s)

(3) H_2(g)、F_2(g)、Br_2(g)、Cl_2(g)、I_2(g)

13. 蔗糖代谢的总反应为：

$$C_{12}H_{22}O_{11}(s) + 12O_2(g) \rightleftharpoons 12CO_2(g) + 11H_2O(l)$$

(1) 利用各物质的热力学数据，求 298.15 K，标准态下的$\Delta_r H^{\ominus}_m$，$\Delta_r S^{\ominus}_m$ 和$\Delta_f G^{\ominus}_m$。

(2) 如果在体内只有 30%的 Gibbs 能变转化为非体积功，求在 37℃下，2.0mol $C_{12}H_{22}O_{11}$(s) 进行代谢时可以得到多少非体积功。

14. 由简单分子合成尿素(NH_2CONH_2)的反应方程式如下：

$$CO_2(g) + 2NH_3(g) \rightleftharpoons NH_2CONH_2(s) + H_2O(l)$$

(1) 计算上述反应在 298.15K 时的标准摩尔 Gibbs 自由能变，说明反应在 298.15K 标准状态下能否自动进行；

(2) 在标准状态下，最高温度为何值时，反应就不再自动进行了？

15. 通过计算说明反应 NH_4Cl (s) $\rightleftharpoons$ NH_3(g) + HCl(g)

(1) 298 .15K 标准状态下 NH_4Cl (s) 能否发生分解反应?

(2) 标准状态下 NH_4Cl (s) 分解的最低温度。

16. 用葡萄糖发酵法制备乙醇的反应为

$C_6H_{12}O_6$(s) $\rightleftharpoons$ 2C_2H_5OH(l) + 2CO_2(g)

分别计算标准态下 298.15K 及 310.15K 的$\Delta_r G^{\ominus}_m$，判断自发进行的方向，并计算反应的标准平衡常数 K_m。

17. MnO_2 与 HCl 溶液反应制备 Cl_2(g) 的反应方程式为

MnO_2(s) + 4H^+(aq) + 2Cl^- (aq) $\rightleftharpoons$ Mn^{2+}(aq) + Cl_2(g) + 2H_2O(l)

(1) 写出此反应的标准平衡常数 K 的表达式。

(2) 根据附表中的热力学数据，求出 298.15K 标准状态下此反应的$\Delta_r G^{\ominus}_m$ 及 K 值，并指出此反应能否自发进行?

(3) 若 HCl 溶液浓度为 12.0mol · L^{-1} 的浓盐酸，其他物质仍为标准态，计算反应的$\Delta_r G_m$，问此条件下反应在 298K 时能否自发进行？

18. 已知反应 SO_2(g) + NO_2(g) $\rightleftharpoons$ SO_3(g) + NO(g) 在 700 K 时 K= 9.0。若 SO_2、NO_2、SO_3 和 NO 的分压分别为 50 kPa，60 kPa，30 kPa，120 kPa，判断反应进行的方向。

19. 现有理想气体在恒容容器中发生反应，A(g) + B(g) $\rightleftharpoons$ C(g)，开始时，A 与 B 的初始量均为 1.0mol，反应达到平衡时，A 的物质的量为 0.80mol，问在相同的温度下，若 A 与 B 的初始量各为 1.0mol

和 2.0 mol 时，反应达到平衡后，C 物质的量为多少？

20. Given the following data

$$4A \rightleftharpoons 2B + C \qquad \Delta_r H^{\ominus}_m = -60.0\ \text{kJ} \cdot \text{mol}^{-1}$$

$$2A + C \rightleftharpoons 2D \qquad \Delta_r H^{\ominus}_m = -40.0\ \text{kJ} \cdot \text{mol}^{-1}$$

Calculate the $\Delta_r H^{\ominus}_m$ for the reaction, $2B + 3C \rightleftharpoons 4D$

21. Calculate the equilibrium constant at 289.15K for the following reaction using the standard Gibbs energy of formation at Appendix.

$$AgCl(s) \rightleftharpoons Ag^{+}(aq) + Cl^{-}(aq)$$

（马丽英）

第二章 氧化还原反应和电极电位

氧化还原反应是一类重要的化学反应。人类的生产生活所需要的热量和动力主要靠煤、石油、天然气等通过氧化还原反应提供；生命活动所需要的一切能量，均来源于糖、脂肪、蛋白质等在体内的氧化还原反应；导致多种疾病的氧自由基的产生及破坏都与氧化还原反应有关；心电、脑电、肌电等生物电现象都与电极电位有关。因此，学习氧化还原反应及电极电位的有关知识对医学院校的学生是非常必要的。本章将重点讨论氧化还原反应的方向和限度，并介绍电极电位、电池电动势的产生及应用等有关内容。

学习要求

1. 掌握氧化数、氧化反应与还原反应、氧化剂与还原剂、氧化还原半反应与氧化还原电对、原电池、电极、电极电位和电池电动势等基本概念；

2. 理解电极电位产生的原因和影响因素；会用 Nernst 方程熟练进行相关计算；会用电极电位和电池电动势的数据判断氧化剂和还原剂的强弱、确定反应进行的方向、计算反应的平衡常数；

3. 了解电位法测量溶液 pH 的原理和方法，了解电化学在医药生物学中的应用。

第一节 氧化还原反应

一、氧 化 数

人们对氧化还原反应的认识经历了一个漫长的过程。在发展初期，氧化是指与氧结合的过程，还原是指含氧化合物失去氧原子的过程。随着对化学反应的进一步研究，人们认识到氧化还原反应的实质是电子的得失或偏移。凡是有电子得失或偏移的化学反应称为**氧化还原反应**(oxidation–reduction reaction 或 redox reaction)。在氧化还原反应的过程中，元素的氧化数会发生改变。**氧化数**(oxidation number)是指某元素一个原子的表观荷电数，它是假定把每个化学键的电子指定给电负性较大的原子而求得的。例如，在 HCl 中，Cl 元素的电负性比 H 元素大，则 HCl 分子中的共用电子对指定给 Cl 原子所有，所以 Cl 元素的氧化数为–1，而 H 元素的氧化数为+1。确定氧化数的基本规则如下：

(1) 在单质中，元素的氧化数为零。

(2) 在化合物中，H 的氧化数一般为+1，但在活泼金属氢化物如 NaH、CaH_2 中，H 的氧化数是–1。O 的氧化数一般为–2，但在过氧化物如 Na_2O_2、H_2O_2 中，O 的氧化数是–1；在超氧化物如 KO_2 中，O 的氧化数为–1/2。F 在化合物中的氧化数均为–1。

(3) 对于单原子离子，元素的氧化数等于该离子所带的电荷数；对于复杂多原子离子，所有元素原子氧化数的代数和等于该离子所带的电荷数。如 I^-中的 I 氧化数为–1；$CaCl_2$ 中，

Ca 的氧化数为+2，Cl 的氧化数为−1。

(4) 对于电中性化合物，所有元素原子氧化数的代数和等于零。

例 2-1 分别计算 CH_2Cl_2、C_2H_6 中 C 的氧化数以及 Fe_3O_4 中 Fe 的氧化数。

解 已知 H 的氧化数为+1，Cl 的氧化数为−1，设 C 的氧化数为 x，则

在 CH_2Cl_2 中，$x+(+1)\times 2+(-1)\times 2=0$，得 $x=0$

在 C_2H_6 中，$2x+(+1)\times 6=0$，得 $x=-3$

在 Fe_3O_4 中，O 的氧化数为−2，则 Fe 的氧化数为+8/3

通过计算得知，元素的氧化数可以是整数也可以是分数，它表示元素原子的形式电荷数。氧化数与化合价不同，化合价反映的是原子之间的化合能力，指的是元素原子在化合物中所形成的键的数目，它只能是整数，不能是分数或小数。例如，CH_4、C_2H_2 中 C 的氧化数分别是+4 和−1，但 C 的化合价在两种化合物中均为+4，因为 C 原子均以四个共价键与其他元素结合。

二、氧化还原半反应和氧化还原电对

氧化还原反应的实质是电子的得失或偏移。电子的得失或偏移必将导致元素原子的氧化数发生改变。在氧化还原反应中，失去电子的反应称为**氧化反应**(oxidation reaction)，失去电子氧化数升高的物质称为**还原剂**(reducing agent)；得到电子的反应称为**还原反应**(reduction reaction))，得到电子氧化数降低的物质称为**氧化剂**(oxidizing agent)。在氧化还原反应中，还原剂的氧化半反应和氧化剂的还原半反应同时发生，得失电子数相等。例如

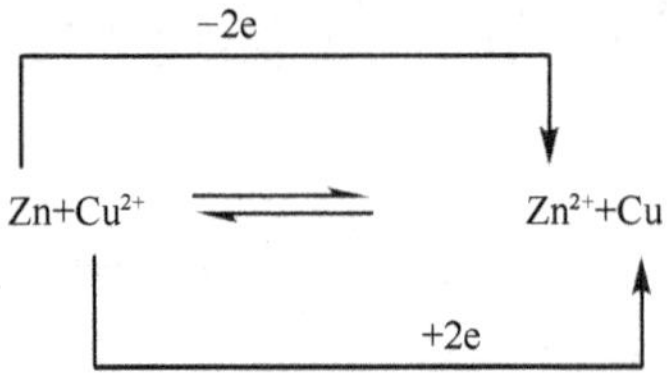

在反应中，Zn 失去两个电子，氧化数由 0 升高到+2，Zn 是还原剂，本身被氧化；Cu 得到两个电子，氧化数由+2 降到 0，Cu^{2+}是氧化剂，本身被还原。该反应中，Zn 失去电子的氧化反应和 Cu^{2+}得到电子的还原反应相互依存，不能够单独发生，因此称为氧化还原半反应，分别写为

$$\underset{\text{还原型}}{Zn} - 2e \rightleftharpoons \underset{\text{氧化型}}{Zn^{2+}}\ (\text{氧化半反应})$$

$$\underset{\text{氧化型}}{Cu^{2+}} + 2e \rightleftharpoons \underset{\text{还原型}}{Cu}\ (\text{还原半反应})$$

通常，将半反应中元素获得电子氧化数较低的存在形式称为**还原型**(reduction state)，失去电子氧化数较高的存在形式称为**氧化型**(oxidation state)，同一元素的两种存在形式组成一个**氧化还原电对**(简称电对，redox couple)，其关系式为

$$\text{氧化型} + ne \rightleftharpoons \text{还原型}$$

或

$$Ox + ne \rightleftharpoons Red$$

Ox 表示氧化型物质，Red 表示还原型物质，n 表示半反应中转移的电子数。氧化还原

电对表示为“氧化型/还原型（Ox/Red）”，例如在铜锌置换反应中，两个氧化还原电对可分别表示为 Cu^{2+}/Cu 和 Zn^{2+}/Zn。

若反应中有介质参与，也应写入半反应中，但由于它们在反应中并未得失电子，不能列入电对表达式中。如在酸性条件下，$Cr_2O_7^{2-}$ 还原为 Cr^{3+} 的还原半反应为

$$Cr_2O_7^{2-} + 14H^+ + 6e \rightleftharpoons 2Cr^{3+} + 7H_2O$$

氧化还原电对为 $Cr_2O_7^{2-}/Cr^{3+}$。

任何一个氧化还原反应均包含两个氧化还原电对，其中较强的氧化剂与较强的还原剂反应生成相应的还原型和氧化型物质。

第二节　原　电　池

一、原电池的结构

氧化还原反应的实质是电子的转移或偏移，借助于适当的装置可将氧化还原反应设置为原电池。那么，如何将一个氧化还原反应设计成原电池呢？先来看一个氧化还原反应。将一块洁净的锌片浸入硫酸铜溶液中，一段时间后 $CuSO_4$ 溶液的蓝色逐渐变浅，而锌片上会沉积出一层棕红色的铜。

$$Zn + Cu^{2+} = Cu + Zn^{2+} \qquad \Delta_r G^{\ominus}_m = -212.2 kJ \cdot mol^{-1}$$

这是一个自发进行的氧化还原反应。Zn 失去电子变成 Zn^{2+} 进入溶液；Cu^{2+} 得到电子变成 Cu 在锌片表面上沉积下来。此过程中，虽有电子转移，但由于 Zn 片与 $CuSO_4$ 溶液直接接触，转移方向是无序的，无法形成电子的定向移动，故无电流产生。反应过程中系统的 Gibbs 能降低，但没有对外做功，反应的化学能以热能的形式散失，使溶液的温度升高。

若要得到电流，必须将 Zn 失去电子的氧化反应和 Cu^{2+} 得到电子的还原反应分开在两处进行。如图 2-1 所示，向盛有 $ZnSO_4$ 和 $CuSO_4$ 溶液的两个烧杯中，分别插入锌片和铜片，然后用**盐桥**（salt bridge）将两个烧杯中的溶液沟通。盐桥是一支倒置的 U 形管，管内充满了由饱和 KCl（或 KNO_3）溶液与琼脂形成的胶冻，盐桥中的离子可以自由移动，但 KCl 溶液不会流出。用金属导线将锌片、检流计和铜片串联起来，则会发现检流计的指针发生偏转，这说明金属导线中有电流通过，于是化学能转换成了电能。这种将化学能转变为电能的装置称为**原电池**（primary cell）。此原电池是由铜锌材料组成的，故又称为铜锌原电池。

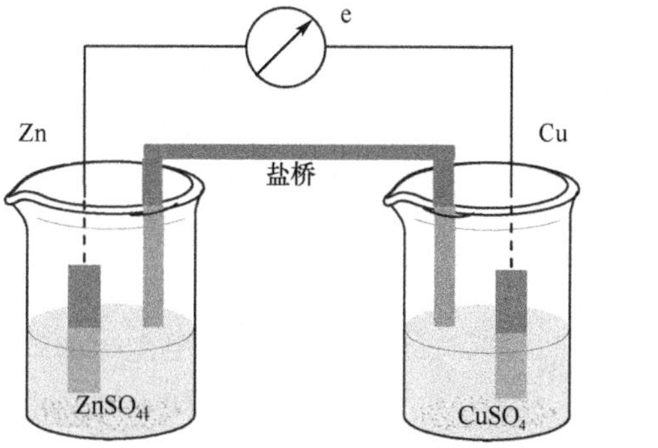

图 2-1　原电池组成示意图

原电池中的盐桥起到构成原电池的通路并维持溶液的电中性的作用。在铜锌原电池中，随着反应的进行，锌片表面上的 Zn 失去电子成为 Zn^{2+} 进入溶液，使 $ZnSO_4$ 溶液中 Zn^{2+} 增多而带正电荷；同时，$CuSO_4$ 溶液中的 Cu^{2+} 得到电子沉积在铜片上，使 $CuSO_4$ 溶液中 SO_4^{2-} 过剩而带负电荷。前者因异性电荷相吸而使电子不能离开锌片，后者因同性电荷相斥而阻止电子继续流

向铜片。于是电流中断，反应停止。当有盐桥存在时，盐桥中的阴离子(Cl^-)通过盐桥向 $ZnSO_4$ 溶液中运动，阳离子(K^+)向 $CuSO_4$ 溶液中运动，分别中和两溶液的电荷，使溶液保持电中性，电流便可继续产生。

原电池由两个半电池构成，每一个半电池由电极导体和电解质溶液组成，导线连接两个电极组成原电池的外电路，盐桥连通两个电解质溶液组成原电池的内电路。在铜锌原电池中，一个半电池是 Zn 和 $ZnSO_4$ 溶液；另一个半电池是 Cu 和 $CuSO_4$ 溶液。根据检流计指针偏转的方向可以判断电极的正负。在原电池中规定，电位低的电极为负极，电位高的电极为正极。铜锌原电池中，电子由锌片流向铜片，说明锌一侧电位比较低，因此，Zn 为负极，Cu 为正极。

在原电池中，氧化还原反应是分开在两个半电池中进行的。在负极上发生的是失去电子的氧化反应，在正极上发生的是得到电子的还原反应。在电极上发生的反应称为**电极反应**(electrode reaction)。铜锌原电池的电极反应为

负极反应(氧化反应)：$Zn - 2e \rightleftharpoons Zn^{2+}$

正极反应(还原反应)：$Cu^{2+} + 2e \rightleftharpoons Cu$

正极反应与负极反应的加和称为**电池反应**(cell reaction)。铜锌原电池的电池反应为

$$Cu^{2+} + Zn \rightleftharpoons Cu + Zn^{2+}$$

该电池反应与锌铜置换反应方程式相同，说明原电池设计成功。由此可见，将氧化还原反应中的两个半反应分开，借助于盐桥和导线就可以组成原电池。原则上说，任何氧化还原反应都可以设计成原电池。

二、电池组成式

为了方便起见，常用一些符号来表示原电池的组成，这就是电池组成式。书写电池组成式应遵循以下原则：

(1) 负极写在左边，正极写在右边，并用(–)和(+)标明正负极。

(2) 用符号“|”表示电极与溶液之间的界面，用符号“||”表示盐桥。

(3) 物质须注明其状态或浓度，气体须注明其分压。如未说明，一般指浓度为 $1mol \cdot L^{-1}$ 或气体分压为 100kPa。如溶液中存在多种物质，用“,”将不同物质分开。

(4) 对于缺少电极导体的电极反应来说，需要外加惰性电极，如铂棒或碳棒等。

例如：铜锌原电池的电池组成式为

$$(-)\ Zn\ (s)\ |\ ZnSO_4\ (a_1)\ \|\ CuSO_4\ (a_2)\ |\ Cu\ (s)\ (+)$$

例 2-2 将下列氧化还原反应设计成原电池，并写出电极反应及电池组成式。

$$2Fe^{3+}(c_1) + 2I^-(c_2) = 2Fe^{2+}(c_3) + I_2$$

解 $$2Fe^{3+} + 2I^- = 2Fe^{2+} + I_2$$

将反应分解为两个半反应，氧化半反应组成原电池的负极，还原半反应组成原电池的正极。

氧化半反应→负极反应：$2I^- - 2e = I_2$

还原半反应→正极反应：$2Fe^{3+} + 2e = 2Fe^{2+}$

电池组成式为：$(-)\ Pt\ (s)\ |\ I_2\ |\ I^-\ (c_2)\ \|\ Fe^{2+}\ (c_3), Fe^{3+}(c_1)\ |\ Pt\ (s)\ (+)$

第三节　电极电位与电池电动势

一、电极电位的产生

在 Cu–Zn 原电池的外电路中，电子由 Zn 极流向 Cu 极，这说明 Zn 极的电位低，Cu 极的电位高，同样是金属导体和它们的电解质溶液组成的半电池，为什么会产生不同的电位？下面以金属电极为例，来分析电极电位产生的原因。

金属晶体由金属离子和自由电子构成。当将金属棒(M)浸入含有该金属离子(M^{n+})的溶液时，会发生两种相反的过程。一方面，金属表面的 M^{n+}在极性水分子的作用下，可以进入溶液而把电子留在金属表面上，这一过程称为金属离子的溶解，溶解使导体表面带负电荷。金属越活泼，溶液中金属离子的浓度越小，则溶解速率(单位时间内进入溶液中的金属离子数)越大，导体表面上的负电荷密度越高。另一方面，溶液中的金属离子也可以从金属表面获得电子而沉积在金属表面上，这一过程称为金属离子的沉积，沉积使导体表面带正电荷。金属越不活泼，溶液中金属离子的浓度越大，金属离子的沉积速率越大，导体表面上的正电荷密度越高。当金属离子的溶解速率与金属离子的沉积速率相等时，就建立了金属离子的沉积溶解平衡：

$$M^{n+}(aq) + ne \rightleftharpoons M(s)$$

沉积溶解达到平衡后，在导体表面会或多或少地带有一定数量的电荷。正电荷使电极的电势升高，正电荷密度越大，电极的电势越高；负电荷使电极的电势降低，负电荷密度越大，电极的电势越低。电极与溶液之间的电势差称为该电极的**电极电位**(electrode potential)，用符号 $\varphi(M^{n+}/M)$表示，单位为伏特(V)。

由此可见，电极电位与金属元素的活动性和溶液中金属离子的浓度有关。金属越活泼，金属离子浓度越小，电极电位就越低。反之，金属越不活泼，金属离子浓度越大，电极电位越高。当然，除上述因素外，电极电位还与温度、酸度等因素有关。电极电位涉及一个氧化还原电对，其他电对电极电位的产生及影响因素与 M^{n+}/M 类似。

不同电极的电极电位不同，将两个不同电极组成原电池时，正极电位与负极电位的差值称为原电池的**电动势**(electromotive force)，用 E 表示。电池电动势 E 与两极电极电位 φ 的关系为

$$E = \varphi_+ - \varphi_-$$

式中，φ_+和 φ_-分别为原电池正极和负极的电极电位。

二、标准电极电位

(一) 标准氢电极

到目前为止，电极电位的绝对值还无法测得，但可以测量其相对大小。选定某一电极作为比较标准，其他电极与之比较，即可求出其他电极的电极电位值。目前，国际上采用**标准氢电极**(standard

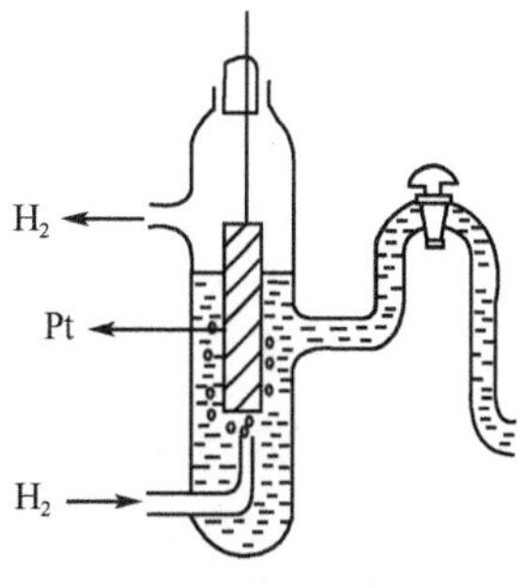

图 2-2　标准氢电极

hydrogen eletrode，简称 SHE）作为比较标准。如图 2-2 所示，标准氢电极用镀有一层蓬松铂黑的铂片作为惰性导体，将其置于氢离子浓度为 $1\text{mol}\cdot\text{L}^{-1}$ 的酸性溶液中，在 298.15K 的温度下，不断地通入压力为 100kPa 的纯净氢气以达到饱和，此时，铂黑吸附的氢气与溶液中的氢离子建立如下动态平衡：

$$2\text{H}^+(\text{aq}) + 2\text{e} \rightleftharpoons \text{H}_2(\text{g})$$

IUPAC 规定，标准氢电极的电极电位等于零，即：$\varphi^\ominus(\text{H}^+/\text{H}_2) = 0.0000\text{V}$。

要测得某电极的电极电位，通常是将待测电极与标准氢电极组成原电池，将标准氢电极假定为负极，待测电极假定为正极，用电位计测定这个原电池的电动势，该电动势即为待测电极的电极电位。

$$E = \varphi(\text{待测}) - \varphi^\ominus(\text{H}^+/\text{H}_2) = \varphi(\text{待测})$$

例如，测定 Zn^{2+}/Zn 的电极电位时，将 Zn^{2+}/Zn 电极与标准氢电极组成原电池，其组成式为

$$(-)\ \text{Pt}|\text{H}_2(100\text{kPa})|\text{H}^+(1\text{mol}\cdot\text{L}^{-1})\|\text{Zn}^{2+}(1\text{mol}\cdot\text{L}^{-1})|\text{Zn}\ (+)$$

测得该电池的电动势为–0.7618V，故 $\varphi(\text{Zn}^{2+}/\text{Zn}) = E = -0.7618\text{V}$。

目前所使用的电极电位数值都是以标准氢电极的电极电位为零而得到的相对值，故又称为氢标准电极电位，简称电极电位。

（二）标准电极电位

电极电位与电极的本性、温度及参与电极反应的物质浓度有关。为了便于比较，将电极处于标准状态时的电极电位称为该电极的**标准电极电位**（standard electrode potential），用符号 $\varphi^\ominus$表示，单位为伏特（V）。标准状态是指热力学标准态，即对于溶液的溶质，浓度均为 $1\text{mol}\cdot\text{L}^{-1}$（或活度为 1），若有气体参加反应，则各气体的分压均为 100kPa。书后附录列出了一些常见电极在 298.15K 时的标准电极电位值。由于温度对电极电位影响不大，温度相差不大时，也可借用此表中的数据。

在使用电极电位时应该注意，电极电位的数值与电极反应的写法无关。这是因为电极电位反映的是电极表面所带电荷的情况，只要温度不变，相关物质的浓度不变，不管电极反应怎样书写，达到平衡时电极表面的带电情况不变。例如，Zn^{2+} 浓度为 $1\text{mol}\cdot\text{L}^{-1}$ 时，下面三个电极反应对应的电极电位相同。

$$\text{Zn}^{2+} + 2\text{e} \rightleftharpoons \text{Zn},\quad \varphi^\ominus = -0.7618\text{V}$$

$$\frac{1}{2}\text{Zn}^{2+} + 2\text{e} \rightleftharpoons \frac{1}{2}\text{Zn},\quad \varphi^\ominus = -0.7618\text{V}$$

$$\text{Zn} - 2\text{e} \rightleftharpoons \text{Zn}^{2+},\quad \varphi^\ominus = -0.7618\text{V}$$

三、影响电极电位的因素—Nernst 方程式

（一）Nernst 方程式

1. 电池电动势的 Nernst 方程式 标准电极电位是在标准状态时得到的，但大多数化学反应并非在标准状态下进行，系统的温度、压力、浓度和酸碱度等都会对电极电位产生影响。

根据热力学原理，在恒温恒压的可逆过程中，封闭系统的 Gibbs 能变$\Delta_r G_m$等于其所做

的非体积功。对于任意一个氧化还原反应

$$a\mathrm{Ox}_1 + b\mathrm{Red}_2 \rightleftharpoons g\mathrm{Red}_1 + h\mathrm{Ox}_2$$

将此反应设计成原电池，其电极反应为

正极反应：$a\mathrm{Ox}_1 + ne \rightleftharpoons g\mathrm{Red}_1$

负极反应：$b\mathrm{Red}_2 - ne \rightleftharpoons h\mathrm{Ox}_2$

在恒温恒压下，若系统在可逆状态下只做电功，则

$$\Delta_r G_m = -nFE \tag{2.1}$$

式中，$\Delta_r G_m$ 为系统的摩尔 Gibbs 能变；n 为电池反应中转移的电子数；F 为法拉第常数 $96500\mathrm{C\cdot mol^{-1}}$；$E$ 为电池电动势。因系统对外做功，故 n 前面加负号。如果电池反应在标准状态下进行，上述关系可转化为

$$\Delta_r G^{\ominus}{}_m = -nFE^{\ominus} \tag{2.2}$$

根据热力学等温方程$\Delta_r G_m = \Delta_r G^{\ominus}{}_m + RT\ln Q$，得

$$E = E^{\ominus} - \frac{RT}{nF}\ln Q = E^{\ominus} - \frac{RT}{nF}\ln\frac{\left(\frac{c_{\mathrm{Red}_1}}{c^{\ominus}}\right)^g\left(\frac{c_{\mathrm{Ox}_2}}{c^{\ominus}}\right)^h}{\left(\frac{c_{\mathrm{Ox}_1}}{c^{\ominus}}\right)^a\left(\frac{c_{\mathrm{Red}_2}}{c^{\ominus}}\right)^b} \tag{2.3}$$

式中，$E^{\ominus}$ 为电池的标准电动势，R 为气体常数$(8.314\mathrm{J\cdot K^{-1}\cdot mol^{-1}})$，$T$ 为绝对温度(K)。因 $c^{\ominus}=1\mathrm{mol\cdot L^{-1}}$，相对浓度 $c/c^{\ominus}$的数值与浓度 c 相同，为书写方便，在以后的公式和计算中均省去 $c^{\ominus}$，用 c 来代替相对浓度，单位同时也略去，则上式转化为

$$E = E^{\ominus} - \frac{RT}{nF}\ln Q = E^{\ominus} - \frac{RT}{nF}\ln\frac{c^g_{\mathrm{Red}_1}\cdot c^h_{\mathrm{Ox}_2}}{c^a_{\mathrm{Ox}_1}\cdot c^b_{\mathrm{Red}_2}} \tag{2.4}$$

此方程为电池电动势的 Nernst 方程。它反映了电池反应中各物质浓度以及温度对电池电动势的影响。298.15K 时，式(2.4)可转化为

$$E = E^{\ominus} - \frac{0.05916}{n}\lg Q \tag{2.5}$$

2. 电极电位的 Nernst 方程式 由于 $E = \varphi_+ - \varphi_-$，则式(2.4)可改写为

$$E = \varphi_+ - \varphi_- = (\varphi^{\ominus}_+ - \varphi^{\ominus}_-) - \frac{RT}{nF}\ln\frac{c^g_{\mathrm{Red}_1}\cdot c^h_{\mathrm{Ox}_2}}{c^a_{\mathrm{Ox}_1}\cdot c^b_{\mathrm{Red}_2}}$$

$$= \left(\varphi^{\ominus}_+ - \frac{RT}{nF}\ln\frac{c^g_{\mathrm{Red}_1}}{c^a_{\mathrm{Ox}_1}}\right) - \left(\varphi^{\ominus}_- - \frac{RT}{nF}\ln\frac{c^b_{\mathrm{Red}_2}}{c^h_{\mathrm{Ox}_2}}\right)$$

因此

$$\varphi_+ = \varphi^{\ominus}_+ - \frac{RT}{nF}\ln\frac{c^g_{\mathrm{Red}_1}}{c^a_{\mathrm{Ox}_1}},\quad \varphi_- = \varphi^{\ominus}_- - \frac{RT}{nF}\ln\frac{c^b_{\mathrm{Red}_2}}{c^h_{\mathrm{Ox}_2}}$$

对照电极反应及相应的电极电位表达式，可知任意电极反应的电极电位为

$$a\mathrm{Ox} + ne \rightleftharpoons b\mathrm{Red}$$

$$\varphi_{\text{Ox/Red}} = \varphi^{\ominus}_{\text{Ox/Red}} - \frac{RT}{nF}\ln\frac{c^b_{\text{Red}}}{c^a_{\text{Ox}}} \tag{2.6}$$

式(2.6)称为电极电位的 Nernst 方程式。其中，n 表示电极反应转移的电子数；a、b 分别表示已配平的电极反应中氧化型和还原型各物质前的计量系数；c_{Red}、c_{Ox} 分别代表电极反应中还原型和氧化型物质的相对浓度。298.15K 时，式(2.6)可变为

$$\varphi_{\text{Ox/Red}} = \varphi^{\ominus}_{\text{Ox/Red}} - \frac{0.05916}{n}\lg\frac{c^b_{\text{Red}}}{c^a_{\text{Ox}}} \tag{2.7}$$

电极电位的Nernst方程式与电池电动势的Nernst方程式表达形式完全相同。使用Nernst方程式时需要注意以下几点：

(1) 与浓度商或平衡常数的写法相同，Nernst 方程式中不包含纯固体、纯液体或参与反应的溶剂。若电极反应中有气体参与，则其浓度用气体的相对分压表示。例如

$$Zn^{2+} + 2e \rightleftharpoons Zn$$

$$\varphi(Zn^{2+}/Zn) = \varphi^{\ominus}(Zn^{2+}/Zn) - \frac{0.05916}{2}\lg\frac{1}{c(Zn^{2+})}$$

$$2H^{+} + 2e \rightleftharpoons H_2$$

$$\varphi(H^{+}/H_2) = \varphi^{\ominus}(H^{+}/H_2) - \frac{0.05916}{2}\lg\frac{p(H_2)/p^{\ominus}}{c^2(H^{+})}$$

(2) 若电极反应中有 H^+或 OH^-等介质参与，尽管它们在反应中并未得失电子，但由于其浓度影响平衡移动，也应写入 Nernst 方程式中。例如

$$MnO_4^{-} + 8H^{+} + 5e \rightleftharpoons Mn^{2+} + 4H_2O$$

$$\varphi(MnO_4^{-}/Mn^{2+}) = \varphi^{\ominus}(MnO_4^{-}/Mn^{2+}) - \frac{0.05916}{5}\lg\frac{c(Mn^{2+})}{c(MnO_4^{-})\cdot c^8(H^{+})}$$

(二) 影响电极电位的因素

从 Nernst 方程式可知，电极电势不仅取决于电极本身的性质，而且还与温度、电极反应中氧化态和还原态物质的浓度(或分压)及溶液酸度等因素有关。由于温度对电极电位影响较小，常作忽略处理。

1. 浓度对电极电位的影响

例 2-3 已知 298.15K 时，$\varphi^{\ominus}(Cu^{2+}/Cu) = 0.3419V$，计算下列情况下，电对 Cu^{2+}/Cu 的电极电位。

(1) $c(Cu^{2+}) = 0.01\ mol\cdot L^{-1}$；(2) $c(Cu^{2+}) = 0.1\ mol\cdot L^{-1}$

解 电极反应为 $Cu^{2+} + 2e \rightleftharpoons Cu$，

(1) $\varphi(Cu^{2+}/Cu) = \varphi^{\ominus}(Cu^{2+}/Cu) - \frac{0.05916}{2}\lg\frac{1}{c(Cu^{2+})}$

$$= 0.3419V - \frac{0.05916}{2}\lg\frac{1}{0.01} = 0.2827\ V$$

（2）$\varphi(Cu^{2+}/Cu)=\varphi^{\ominus}(Cu^{2+}/Cu)-\dfrac{0.05916}{2}\lg\dfrac{1}{c(Cu^{2+})}$

$$=0.3419V-\frac{0.05916}{2}\lg\frac{1}{0.1}=0.3123\,V$$

电极电位随氧化态浓度的增加而增加，同理，随还原态浓度的增加而减小。但计算结果表明，Cu^{2+}由 0.01mol·L^{-1} 增加到 0.1mol·L^{-1}，浓度增加到原来的十倍，而电极电位仅增加了 0.0296V（0.3123 V −0.2827 V），因此，浓度的改变对电极电位的影响较小，电极电位主要取决于标准电极电位。近似计算时，可用标准电极电位代替电极电位。

2. 酸度对电极电位的影响　对于有 H^+或 OH^-参与的电极反应，电对的电极电位除了受氧化态和还原态的浓度影响以外，还与溶液的酸度有关。

例 2-4　已知 298.15K，$\varphi^{\ominus}(Cr_2O_7^{2-}/Cr^{3+})$ = 1.232V。当 $c(Cr_2O_7^{2-})$和 $c(Cr^{3+})$均为 1mol·L^{-1}，pH = 5 时，计算下列电极的电极电位。

$$Cr_2O_7^{2-}+14H^++6e \rightleftharpoons 2Cr^{3+}+7H_2O,$$

解　pH=5，$c(H^+)=1\times10^{-5}$mol·L^{-1}，根据电极反应可知，n=6；298.15K 时，电极电位为

$$\varphi(Cr_2O_7^{2-}/Cr^{3+})=\varphi^{\ominus}(Cr_2O_7^{2-}/Cr^{3+})-\frac{0.05916}{6}\lg\frac{c^2(Cr^{3+})}{c(Cr_2O_7^{2-})\cdot c^{14}(H^+)}$$

$$\varphi(Cr_2O_7^{2-}/Cr^{3+})=1.232V-\frac{0.05916}{6}\lg\frac{1}{1\times(10^{-5})^{14}}=0.542V$$

计算结果表明，当溶液中 H^+的浓度由标准态的 1mol·L^{-1} 降到 pH = 5 时，电极电位从 1.232V 下降到 0.542V，下降幅度很大。因此，对于有 H^+或 OH^-参与的电极反应，可通过改变溶液的酸碱性，来改变氧化还原电对的电极电位。

3. 沉淀生成对电极电位的影响　向电极溶液中加入某种试剂，使其与电对的氧化态或还原态反应形成沉淀，则电对中相关物质的浓度会显著降低而使电极电位发生改变。

例 2-5　在 298.15K 时，$K^{\ominus}_{sp}(AgI)=8.52\times10^{-17}$，电极反应

$$Ag^++e \rightleftharpoons Ag,\quad \varphi^{\ominus}(Ag^+/Ag)=0.7996V$$

向此电极溶液中加入 KI，使其生成 AgI 沉淀。反应达到平衡时，溶液中 I^-的浓度为 1mol·L^{-1}，求此时的电极电位 $\varphi(Ag^+/Ag)$。

解　向溶液中加入 KI 时，有 AgI 沉淀生成，反应为

$$Ag^++I^- \rightleftharpoons AgI$$

溶度积 $K^{\ominus}_{sp}=[Ag^+][I^-]=8.52\times10^{-17}$，则平衡时溶液中$[Ag^+]$为

$$[Ag^+]=\frac{K^{\ominus}_{sp}}{[I^-]}=\frac{8.52\times10^{-17}}{1}=8.52\times10^{-17}$$

将上述$[Ag^+]$带入电极电位的 Nernst 方程，则

$$\varphi(Ag^+/Ag)=\varphi^{\ominus}(Ag^+/Ag)-\frac{0.05916}{1}\lg\frac{1}{c(Ag^+)}$$

$$=0.7996\,V+0.05916\lg(8.52\times10^{-17})\,V=-0.1511V$$

碘离子的加入，使溶液中 Ag^+的浓度显著降低，因而 $\varphi(Ag^+/Ag)$明显下降。

实际上，$[I^-]$ =1mol·L^{-1}时，计算所得电极电位就是电极反应 $AgI + e \rightleftharpoons Ag + I^-$的标准电极电位，即

$$\varphi^{\ominus}(AgI/Ag) = \varphi(Ag^+/Ag) = -0.1511V$$

4. 形成难解离物质对电极电位的影响 向电极溶液中加入某种试剂，使其与电对的氧化态或还原态反应形成难解离的物质如配离子、弱酸、弱碱等，则电对中相关物质的浓度会显著降低而使电极电位发生改变。

例 2-6 向 1mol·L^{-1}Ag^+溶液中加入过量氨水，反应平衡后，若溶液中 NH_3 的浓度为 1mol·L^{-1}，求电对 Ag^+/Ag 的电极电位。

已知 $K^{\ominus}_s[Ag(NH_3)_2^+] = 1.12\times10^7$，$\varphi^{\ominus}(Ag^+/Ag)$=0.7996V。

解 根据配位平衡 $Ag^+ + 2NH_3 \rightleftharpoons [Ag(NH_3)_2]^+$ $K^{\ominus}_s[Ag(NH_3)_2^+] = 1.12\times10^7$

该反应的平衡常数很大，反应的完成程度很高，向 1mol·L^{-1}Ag^+溶液中加入过量氨水，反应平衡后，可以认为，达到平衡后，溶液中 $Ag(NH_3)_2^+$的浓度近似等于 Ag^+的初始浓度，即，$[Ag(NH_3)_2^+]$ = 1mol·L^{-1}。此时，溶液中$[Ag^+]$为

$$[Ag^+] = \frac{[Ag(NH_3)_2^+]}{K_s^{\ominus}\cdot[NH_3]^2} = \frac{1}{K_s^{\ominus}} = 8.93\times10^{-8}$$

根据电极反应 Nernst 方程，得

$$\varphi(Ag^+/Ag) = \varphi^{\ominus}(Ag^+/Ag) - \frac{0.05916}{1}\lg\frac{1}{c(Ag^+)}$$

$$= 0.7996V - 0.05916\lg\frac{1}{8.93\times10^{-8}}V$$

$$= 0.7996V - 0.4170V = 0.3826V$$

配位剂 NH_3 的加入，使电对 Ag^+/Ag 的电极电位显著降低。

实际上，$[NH_3]$ =1mol · L^{-1} 时 Ag^+/Ag 的电极电位就是下列电极反应的标准电极电位，即

$$Ag(NH_3)_2^+ + e \rightleftharpoons Ag + 2NH_3$$

$$\varphi^{\ominus}(Ag(NH_3)_2^+/Ag) = \varphi(Ag^+/Ag) = 0.3826V$$

四、电极电位和电池电动势的应用

利用电极电位可以判断氧化剂或还原剂的强弱，利用电极电位可以判断反应的方向，计算反应的平衡常数。

(一) 判断氧化剂和还原剂的强弱

电极电位的大小反映电对中氧化态得电子能力和还原态失电子能力的强弱。电极电位越大，说明电对中的氧化态越容易得到电子，是越强的氧化剂；电极电位越小，说明电对中的还原态越容易失去电子，是越强的还原剂。在一个氧化还原电对中，氧化态的氧化能力越强，其对应的还原态的还原能力就越弱；氧化态的氧化能力越弱，其对应的还原态的还原能力就越强。例如，在 MnO_4^-/Mn^{2+}电对中，MnO_4^-是一个强氧化剂，Mn^{2+}是一个弱还原剂。

当电对处于标准状态时，可用 $\varphi^{\ominus}$直接进行比较；电对处于非标准状态时，必须利用 Nernst 方程计算出给定条件下的 φ 值，然后进行比较。但由于电极电位主要取决于标准电极电位，因此，在要求不高的情况下，可用标准电极电位 $\varphi^{\ominus}$代替 φ 比较氧化剂和还原剂的强弱。

例 2-7　在标准状态下，比较下列各电对中氧化态的氧化能力和还原态还原能力的强弱。

$$MnO_4^-/Mn^{2+}，Fe^{3+}/Fe^{2+}，Cu^{2+}/Cu，Cr_2O_7^{2-}/Cr^{3+}，Ag^+/Ag$$

解　从标准电极电位表查得：$\varphi^{\ominus}(MnO_4^-/Mn^{2+}) = 1.507V$，$\varphi^{\ominus}(Cr_2O_7^{2-}/Cr^{3+}) = 1.232V$，$\varphi^{\ominus}(Fe^{3+}/Fe^{2+}) = 0.771V$，$\varphi^{\ominus}(Cu^{2+}/Cu) = 0.3419V$，$\varphi^{\ominus}(Ag^+/Ag) = 0.7996V$。

电极电位越高，氧化态的氧化能力越强，还原态的还原能力越弱，因此：

氧化态氧化能力顺序为：$MnO_4^- > Cr_2O_7^{2-} > Ag^+ > Fe^{3+} > Cu^{2+}$

氧化态还原能力顺序为：$Cu > Fe^{2+} > Ag > Cr^{3+} > Mn^{2+}$

(二)判断反应进行的方向

任何一个氧化还原反应，原则上都可以设计成原电池，利用原电池的电动势可以判断氧化还原反应进行的方向。在恒温恒压下的可逆原电池中

$$\Delta_r G_m = -nFE$$

(1)当$\Delta_r G_m < 0$，即 $E > 0$ 时，反应正向进行；

(2)当$\Delta_r G_m = 0$，即 $E = 0$ 时，反应达到平衡；

(3)当$\Delta_r G_m > 0$，即 $E < 0$ 时，反应逆向进行。

例 2-8　判断下列氧化还原反应在标准状态下自发进行的方向。

(1) $2Fe^{3+} + Cu(s) \rightleftharpoons Cu^{2+} + 2Fe^{2+}$

(2) $Hg_2Cl_2(s) + Cu(s) \rightleftharpoons 2Hg(l) + Cu^{2+} + 2Cl^-$

解　查表得：

$$Fe^{3+} + e \rightleftharpoons 2Fe^{2+} \qquad \varphi^{\ominus}(Fe^{3+}/Fe^{2+}) = 0.771V$$

$$Cu^{2+} + 2e \rightleftharpoons Cu(s) \qquad \varphi^{\ominus}(Cu^{2+}/Cu) = 0.3419V$$

$$Hg_2Cl_2(s) + 2e \rightleftharpoons 2Hg(l) + 2Cl^- \qquad \varphi^{\ominus}(Hg_2Cl_2/Hg) = 0.268V$$

(1)将反应分解为两个半反应

正极反应：$2Fe^{3+} + e \rightleftharpoons 2Fe^{2+}$　　$\varphi^{\ominus}(Fe^{3+}/Fe^{2+}) = 0.771V$

负极反应：$Cu(s) - 2e \rightleftharpoons Cu^{2+}$　　$\varphi^{\ominus}(Cu^{2+}/Cu) = 0.3419V$

$E = E^{\ominus} = \varphi^{\ominus}(Fe^{3+}/Fe^{2+}) - \varphi^{\ominus}(Cu^{2+}/Cu) = 0.771 - 0.3419 = 0.429V > 0$

$E > 0$，反应正向进行。

(2)将反应分解为两个半反应

正极反应：$Hg_2Cl_2(s) + 2e \rightleftharpoons 2Hg(l) + 2Cl^-(aq)$　　$\varphi^{\ominus}(Hg_2Cl_2/Hg) = 0.268V$

负极反应：$Cu(s) - 2e \rightleftharpoons Cu^{2+}$　　$\varphi^{\ominus}(Cu^{2+}/Cu) = 0.3419V$

$$E = \varphi^{\ominus}(Hg_2Cl_2/Hg) - \varphi^{\ominus}(Cu^{2+}/Cu) = 0.268V - 0.3419V = -0.074V$$

$E < 0$，反应逆向进行。

例 2-9　若 Cu^{2+}与 Cl^-的浓度均为 $0.01mol \cdot L^{-1}$，判断例 2-8 中反应(2)的方向。

解　$Hg_2Cl_2(s) + Cu(s) \rightleftharpoons 2Hg(l) + Cu^{2+} + 2Cl^-$

根据原电池的 Nernst 方程，得

$$E = E^{\ominus} - \frac{0.05916}{2}\lg\frac{c(\mathrm{Cu}^{2+})\cdot c^2(\mathrm{Cl}^-)}{1} = -0.069\mathrm{V} - \frac{0.05916}{2}\lg\frac{0.01\times 0.01}{1}\mathrm{V}$$

$$= -0.074\mathrm{V} + 0.174\mathrm{V} = 0.100\mathrm{V}$$

$E > 0$，反应正向自发进行。

（三）计算反应的平衡常数

氧化还原反应同酸碱反应、沉淀反应和配位反应一样，在一定条件下也能达到平衡。氧化还原反应进行的程度，可以用平衡常数 K 值的大小来衡量，而平衡常数可以根据电极电位或电池电动势求算。

反应达到平衡时，$E = 0$，$Q = K$，因此

$$\ln K = \frac{nFE^{\ominus}}{RT} \tag{2.8}$$

在 298.15K 时，

$$\lg K = \frac{nE^{\ominus}}{0.05916} \tag{2.9}$$

由式(2.9)可知，平衡常数与电池的标准电动势 $E^{\ominus}$有关。电动势 $E^{\ominus}$越大，标准平衡常数 K 越大。当 $K > 10^6$ 一般认为反应进行完全，对于 $n = 2$ 的反应，298.15K 时，要求 $E^{\ominus} >$ 0.2V。

通过实验测定或用标准电极电位数据计算出原电池的标准电动势，便可利用式(2.8)或式(2.9)求出氧化还原反应的标准平衡常数。

例 2-10 在标准状态下，估计反应进行的程度（T=298.15K）。

$$Cr_2O_7^{2-} + 6Fe^{2+} + 14H^+ \rightleftharpoons 2Cr^{3+} + 6Fe^{3+} + 7H_2O$$

解 查表得，$\varphi^{\ominus}(Cr_2O_7^{2-}/Cr^{3+}) = 1.232\mathrm{V}$，$\varphi^{\ominus}(Fe^{3+}/Fe^{2+}) = 0.771\mathrm{V}$。

将上述反应设计为原电池，其电极反应为

正极反应：$Cr_2O_7^{2-} + 6e + 14H^+ \rightleftharpoons 2Cr^{3+} + 7H_2O$

负极反应：$6Fe^{2+} - 6e \rightleftharpoons 6Fe^{3+}$

$$\lg K = \frac{nE^{\ominus}}{0.05916} = \frac{6[\varphi^{\ominus}(Cr_2O_7^{2-}/Cr^{3+}) - \varphi^{\ominus}(Fe^{3+}/Fe^{2+})]}{0.05916} = \frac{6\times(1.232 - 0.771)}{0.05916} = 46.8$$

$$K = 5.68\times 10^{46}$$

由于此反应的标准平衡常数数值极大，反应正向进行得很彻底。

利用标准电池电动势还可以计算非氧化还原反应的平衡常数。如，酸的解离平衡常数、难溶电解质的溶度积常数和配离子的稳定常数等。

例 2-11 已知下列电对的标准电极电位

$$PbSO_4(s) + 2e \rightleftharpoons Pb(s) + SO_4^{2-}(aq) \qquad \varphi^{\ominus}(PbSO_4/Pb) = -0.3588\mathrm{V}$$

$$Pb^{2+} + 2e \rightleftharpoons Pb(s) \qquad \varphi^{\ominus}(Pb^{2+}/Pb) = -0.1262\mathrm{V}$$

求 298.15K 时 $PbSO_4$ 的溶度积常数 K_{sp}。

解 $PbSO_4$ 的溶度积常数 K_{sp} 为下列反应的平衡常数

$$PbSO_4(s) \rightleftharpoons Pb^{2+} + SO_4^{2-},\ K = K_{sp} = [Pb^{2+}][SO_4^{2-}]$$

将此反应设计成原电池，即从反应物出发，通过得失电子转化为产物。根据已知条件，将上述反应分解为两个半反应，其两个电极反应如下

正极反应：$PbSO_4(s) + 2e \rightleftharpoons Pb(s) + SO_4^{2-}$　　$\varphi^{\ominus}(PbSO_4/Pb) = 0.3588V$

负极反应：$Pb(s) - 2e \rightleftharpoons Pb^{2+}$　　$\varphi^{\ominus}(Pb^{2+}/Pb) = -0.1262V$

两个反应的加和为：$PbSO_4(s) \rightleftharpoons Pb^{2+} + SO_4^{2-}$，与原反应相同，说明原电池设计正确。计算电池的标准电动势，可得反应的平衡常数。

$$E^{\ominus} = \varphi_{+}^{\ominus} - \varphi_{-}^{\ominus} = \varphi^{\ominus}(PbSO_4/Pb) - \varphi^{\ominus}(Pb^{2+}/Pb) = -0.3588V - (-0.1262V) = -0.2326V$$

$$\lg K_{sp} = \frac{nE^{\ominus}}{0.05916} = \frac{2\times(-0.2326)}{0.05916} = -7.86$$

$$K_{sp} = 1.78\times10^{-8}$$

例 2-12　已知 $\varphi^{\ominus}(Ag^{+}/Ag) = 0.7996V$，$\varphi^{\ominus}([Ag(CN)_2]^{-}/Ag) = -0.31V$，求 298.15K 时，$[Ag(CN)_2]^{-}$配离子的稳定常数 K_s。

解　$[Ag(CN)_2]^{-}$配离子的稳定常数 K_s 对应的反应为

$$Ag^{+} + 2CN^{-} \rightleftharpoons [Ag(CN)_2]^{-} \qquad K = K_s$$

将此反应设计成原电池，其电极反应分别为

正极反应：$Ag^{+} + e \rightleftharpoons Ag(s)$　　$\varphi^{\ominus}(Ag^{+}/Ag) = 0.7996V$

负极反应：$[Ag(CN)_2]^{-} + e \rightleftharpoons Ag(s) + 2CN^{-}$　　$\varphi^{\ominus}([Ag(CN)_2]^{-}/Ag) = -0.31V$

电极反应的加和与原反应相同，说明设计正确，因此，K_s 为

$$\lg K_s = \frac{nE^{\ominus}}{0.05916} = \frac{\varphi^{\ominus}([Ag(CN)_2]^{-}/Ag) - \varphi^{\ominus}([Ag(CN)_2]^{-}/Ag)}{0.05916} = \frac{0.7996 - (-0.31)}{0.05916} = 18.76$$

$$K_s = 5.75\times10^{18}$$

第四节　电位法测定溶液的 pH

电位法(potential analysis)是通过测量原电池的电动势来确定待测离子浓度的方法。在电位法中，通常将待测溶液作为原电池的电解质溶液，在待测溶液中插入两个性能不同的电极，其中一个电极的电极电位随待测离子浓度的变化而变化，这种能指示待测离子浓度的电极称为**指示电极**(indicator electrode)。另一个电极的电极电位不随待测离子浓度的变化而变化，具有恒定的电位值，这种电极称为**参比电极**(reference electrode)。指示电极和参比电极同时插入待测溶液中组成原电池，通过测量原电池的电动势，即可求得待测离子的浓度。

电势法具有方便、快捷、准确和干扰少等特点，在工农业生产和科学研究中具有广泛的应用，在医学上常用酸度计测量溶液的 pH。

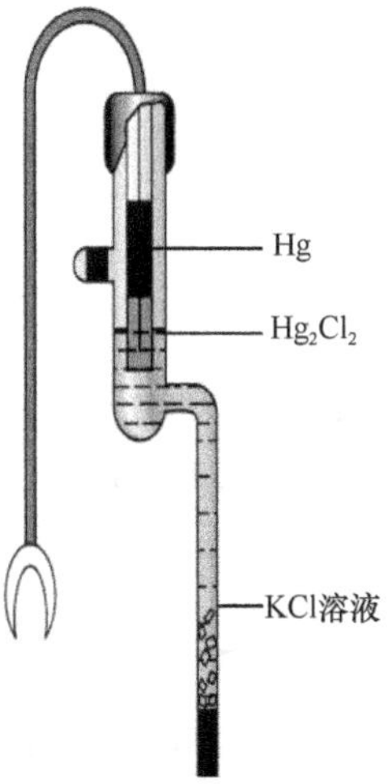

图 2-3　饱和甘汞电极

一、参比电极

参比电极是一类电极电位基本恒定的电极，其数值不随待测溶液的组成改变而改变。其中，标准氢电极是最精确的参比电极，但由于

其使用条件比较苛刻，运用范围较小。常用的参比电极有饱和甘汞电极和银–氯化银电极。

(一)饱和甘汞电极

饱和甘汞电极(saturated calomel electrode, SCE)的构造如图 2-3 所示。饱和甘汞电极由两个玻璃套管组成。内管上部为汞，连接电极引线。在汞的下方充填甘汞($HgCl_2$)和汞的糊状物。内管的下端用石棉或脱脂棉塞紧。外管上端有一个侧口，用以加入饱和氯化钾溶液，不用时侧口用橡皮塞塞紧。外管下端用多孔的素烧瓷塞紧，外边套以橡皮帽。使用时摘掉橡皮帽，使其与外部溶液相通。饱和甘汞电极的电极反应为

$$Hg_2Cl_2 + 2e \rightleftharpoons 2Hg + 2Cl^-$$

根据 Nernst 方程式，饱和甘汞电极的电极电位为

$$\varphi(Hg_2Cl_2/Hg) = \varphi^{\ominus}(Hg_2Cl_2/Hg) - \frac{RT}{2F}\ln c^2(Cl^-)$$

式中，$\varphi^{\ominus}$值是定值，在饱和 KCl 溶液中，Cl^-浓度也为定值，故饱甘汞电极的电极电位为定值。298.15K 时为 0.2412V。饱和甘汞电极的电位稳定，再现性好，而且装置简单，容易保养，使用方便，因此广泛地用作参比电极。

(二) AgCl/Ag 电极

银–氯化银电极(silver–silver chloride electrode，SSE)由 Ag、AgCl (s)以及 KCl 溶液组成，电极反应为

$$AgCl\ (s) + e \rightleftharpoons Ag(s) + Cl^-$$

电极的 Nernst 方程式为

$$\varphi(AgCl/Ag) = \varphi^{\ominus}(AgCl/Ag) - \frac{0.05916}{1}\lg c(Cl^-)$$

298.15K 时，当 KCl 溶液为饱和溶液、1 $mol \cdot L^{-1}$ 和 0.1 $mol \cdot L^{-1}$ 时，φ(AgCl/Ag)分别为 0.1971V、0.2223V 和 0.288V。此电极对温度变化不敏感，甚至可以在 80℃以上使用。由于 Ag–AgCl 电极构造简单，制作方便，常用作玻璃电极和其他离子选择性电极的内参比电极。

二、指 示 电 极

电对 H^+/H_2 的电极电位与溶液中的 H^+浓度有关，因此可用氢电极指示 H^+浓度，但该电极使用条件非常苛刻，如：要求氢气的纯度很高，且氢气的分压必须严格控制在 100kPa，这给氢电极的使用带来很大不便。在实际工作中，最常用的 pH 指示电极为**玻璃电极**(glass electrode)。

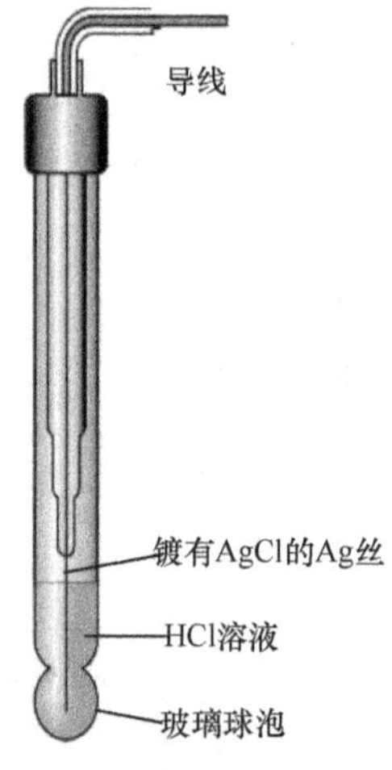

图 2-4 玻璃电极示意图

玻璃电极的构造如图 2-4 所示。玻璃电极的下端为特种玻璃制成的半球形薄膜，俗称球泡。球泡极薄，厚度约为 50～100μm。球泡上端与玻璃管相连，这种玻璃管对 H^+没有响应，可有效避免电极插入深度的不同而导致测量结果的误差。球泡内装有 0.1$mol \cdot L^{-1}$ HCl 溶液，称为内参溶液。在

内参溶液中插入一根镀有氯化银的银丝，构成 AgCl/Ag 电极，称为内参电极。AgCl/Ag 电极的电极反应为

$$AgCl + e \rightleftharpoons Ag + Cl^-$$

内参溶液中 Cl^-浓度固定，故内参电极的电极电位为定值。用导线将银丝连接，组成玻璃电极。玻璃电极可表示为

$$Ag \mid AgCl\,(s) \mid Cl^- \mid \text{玻璃膜} \mid \text{待测溶液}\ (H^+)$$

玻璃电极在使用前应先在蒸馏水中浸泡 12～24h，使玻璃膜外侧硅酸盐层吸水膨润，形成一层水化凝胶层。玻璃膜内侧浸泡在盐酸中，也形成一层水化凝胶层。当将浸泡过的玻璃电极插入待测溶液中时，膜外水化凝胶层中 Na^+与待测溶液中的 H^+进行交换，膜内凝胶层中 Na^+与内参溶液中的 H^+交换。若膜内外两侧 H^+浓度不同，平衡时，在膜的内外两侧将会产生一定的电位差，这种电位差称为膜电位。由于膜内 H^+浓度为定值，所以膜电位仅与膜外待测溶液的 H^+浓度有关。膜电位与待测溶液 H^+浓度的关系符合 Nernst 方程式

$$\varphi_{膜} = \varphi_{膜}^{\ominus} - \frac{RT}{F}\ln\frac{1}{c(H^+)} = \varphi_{膜}^{\ominus} - \frac{2.303RT}{F}\text{pH}$$

整个玻璃电极的电位等于内参电极的电极电位加上玻璃电极的膜电位，即

$$\varphi_{玻} = \varphi_{内参} + \varphi_{膜}^{\ominus} = \varphi(\text{AgCl/Ag}) + \varphi_{膜}^{\ominus} - \frac{2.303RT}{F}\text{pH}$$

$$\varphi_{玻} = K_{玻} - \frac{2.303RT}{F}\text{pH} \tag{2.10}$$

式中，$K_{玻}$值与内参比电极的电极电位、膜内溶液的 HCl 溶液的浓度以及膜表面的状态有关。在一定条件下，玻璃电极的 $K_{玻}$为常数。

要测量某溶液的 pH，需要将指示电极与参比电极组合使用，这给测量带来一定的麻烦。为解决这个问题，出现了一种新的 pH 电极，即**复合电极**(combination electrode)。如图 2-5 所示，它由指示电极(pH 玻璃电极)和参比电极(Ag–AgCl 电极)组合而成，内参溶液由外套上端小孔加入。复合 pH 电极具有结构简单、使用方便、经久耐用等特点。

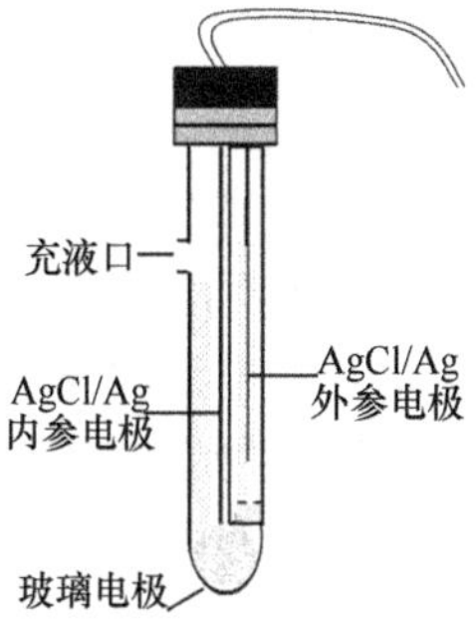

图 2-5　复合电极示意图

三、电位法测定溶液的 pH

将指示电极和参比电极置于待测溶液中组成原电池，通过测量原电池的电动势，即可得到溶液的 pH。原电池组成式为

$$(-)\ \text{玻璃电极}|\text{待测试液}(H^+)\,||\text{参比电极}\ (+)$$

根据式(2.10)，可得该电池的电动势为

$$E = \varphi_{参} - \varphi_{玻} = \varphi_{参} - (K_{玻} - \frac{2.303RT}{F}\text{pH})$$

$$E = K + \frac{2.303RT}{F}\text{pH} \tag{2.11}$$

式(2.11)为溶液 pH 与电池电动势的关系式。其中，K 是与电极组成有关的常数。

由于 K 是个未知数，实际测定时，需要事先用已知 pH 的标准缓冲溶液确定 K 值，这一过程称为定位。先将电极浸入 pH 已知的标准缓冲溶液中，标准缓冲溶液的 pH 为 pH_s，测得的电动势为 E_s；再将电极浸入待测溶液，测出电动势为 E_x，设待测溶液 pH 为 pH_x，代入式(2.11)得

$$E_s = K + \frac{2.303RT}{F}\text{pH}_s \qquad E_x = K + \frac{2.303RT}{F}\text{pH}_x$$

两式联立，得

$$\text{pH}_x = \text{pH}_s + \frac{(E_x - E_s)F}{2.303RT} \tag{2.12}$$

式中，pH_s 为已知数，E_x 和 E_s 为先后两次测出的电动势，F，R，T 为常数，故可根据式(2.12)计算出待测溶液的 pH。

测定溶液的 pH 使用的电子电位计(或称酸度计、pH 计)就是根据上述原理设计的。pH 计是一台高阻抗输入的毫伏计，两次测量得到的是 E_x–E_s。目前常用的国产 pH 计一般都具有 pH 和 mV 两档。实际测量时，先用已知 pH 的标准缓冲溶液进行定位后，再插入待测溶液中，此时 pH 计的读数即为被测溶液的 pH。

第五节　生物电化学简介

生物电化学是 20 世纪 70 年代由电生物学、生物物理学、生物化学以及电化学等多门学科交叉形成的一门独立的学科。是用电化学的基本原理和实验方法，研究电荷(包括电子、离子及其他电活性粒子)在生物体中的分布、传输、转移及转化规律的一门新型学科。研究内容包括生物体内各种氧化还原反应的热力学和动力学，生物膜上电荷与物质的分配和转移功能，生物电现象及其应用等内容。

一、生物化学标准电极电位

生物体内的很多氧化还原反应与溶液的 pH 有关。在 H^+参加反应的情况下，化学热力学标准态时 H^+浓度应是 $1\text{mol}\cdot\text{L}^{-1}$，相当于 pH = 0，但这样的标准态对生物化学反应来说是毫无意义的。因为在如此强的酸性溶液中，许多生物活性物质就要分解、变性或被破坏。生物体液为近中性，为便于生物上的研究，规定了生物化学标准态。生物化学的标准态是指 H^+浓度为 $1.0\times10^{-7}\text{mol}\cdot\text{L}^{-1}$，即 pH = 7，其他物质的浓度仍为 $1\text{mol}\cdot\text{L}^{-1}$(或分压为 100kPa)的状态。在生物化学标准态下的电极电位，叫做生物化学标准电极电势，用符号 $\varphi^{\oplus}$表示。例如：抗坏血酸(维生素 C)常被氧化为脱氢抗坏血酸，电极反应为

$$\text{脱氢抗坏血酸} + 2H^+ + 2e \rightleftharpoons \text{抗坏血酸}$$

303.15K 时，该电对的生物标准电极电位$\varphi^{\oplus}$与标准电极电位$\varphi^{\ominus}$的关系为

$$\varphi^{\oplus} = \varphi^{\ominus} - \frac{2.303RT}{2}\lg\frac{1}{c^2(H^+)} = \frac{2.303\times 8.314\times 303.15}{2}\lg\frac{1}{(10^{-7})^2} = \varphi^{\ominus} - 0.4211$$

二、生物细胞膜电位

细胞膜的两侧分布着一定浓度的电解质溶液。细胞膜是由大约两个分子厚度的磷脂层所组成，称为类脂双层，厚度约为 6~10 nm。磷脂分子为两亲分子，磷脂的非极性基团在膜内聚集，而极性基团伸向膜的内、外两侧。一些蛋白质松散地连接在类脂双层的极性基团上，而另一些蛋白质则嵌入类脂双层或穿过类脂双层。由于构成细胞膜的蛋白质和类脂的种类不同，细胞膜对各类物质的通透性也不一样，它能够选择性允许某些小分子或小离子透过。

细胞膜相当于半透膜，膜内高分子电解质离子引起的 Donna 平衡使 K^+、Na^+、Cl^-等小分子离子在膜的内外两侧分布不均。不同离子的通透性和迁移速度不同，因而在细胞内外浓度的分布情况不同。K^+比 Na^+和 Cl^-更容易透过细脑膜，在膜的两侧 K^+的浓度差值最大。静止神经细胞内液中 K^+的浓度约是细胞外液的 35 倍。为了简单起见，忽略 Na^+和 Cl^-等，只考虑 K^+透过细胞膜的情况。由于细胞内液中的 K^+浓度比细胞外液中的浓度大，所以 K^+由细胞内液穿过细胞膜向细胞外液渗透，结果使胞外产生净的正电荷，胞内相应产生净的负电荷；另一方面，细胞内外的静电作用会阻止 K^+向膜外渗透。达到平衡时，在膜的内外产生双电层，如图 2-6 所示。细胞内外双电层的电势差称为膜电位。生物化学中，膜电位用下式表示

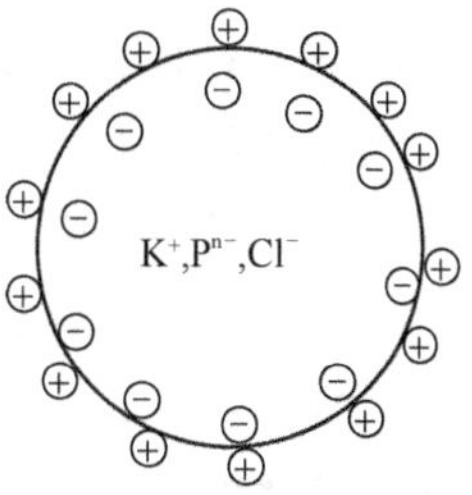

图 2-6　细胞膜电位产生示意图

$$E = \Delta\varphi = \varphi_{内} - \varphi_{外} = \frac{2.303RT}{F}\lg\frac{c_{外}(K^+)}{c_{外}(K^+)}$$

由于膜内带负电荷，膜外带正电荷，因此，膜电位为负值。303.15K 时，静止神经细胞的膜电位为

$$E = \Delta\varphi = \varphi_{内} - \varphi_{外} = \frac{2.303RT}{F}\lg\frac{c_{外}(K^+)}{c_{内}(K^+)}$$

$$= \frac{2.303\times 8.314\times 303.15}{96485}\lg\frac{1}{35} = -93(\text{mV})$$

实验测得神经细胞的膜电位为–70mV，这是由于活体中溶液处于非平衡状态所造成的。对于静止肌肉细胞和肝细胞，膜电势分别约为–90mV 和–40 mV。

三、电化学在生物体中的应用

实验表明，细胞受到刺激时，细胞膜电位会发生变化，神经细胞通过膜电位的变化来

传递刺激信号。膜电位的存在意味每个细胞膜内外都存在—个双电层，类似于一些电偶极子分布在细胞表面，心脏在收缩和松弛时，心肌细胞的膜电位不断变化，因此心脏总的电偶极矩以及心脏所产生的电场也在变化。这种变化传至身体表面，心动电流图(简称心电图)就是通过检测人体表面几组对称点之间的电偶极矩和电场变化，来诊断心脏是否处于正常状态。类似的还有监测肌肉细胞电活性的肌动电流图，监测大脑神经细胞电活性的脑电图等。

知识拓展

电化学生物传感器

电化学生物传感器由敏感元件和信号转换器组成。敏感元件由固定在载体表面能识别被测物质的敏感物质所构成，信号转换器为电化学电极。根据敏感物质的不同，电化学生物传感器分为酶传感器、组织传感器、微生物电极传感器、免疫传感器等。

酶传感器是最早出现的生物传感器。其测定原理是：在酶的催化下，被测物质快速发生反应，产生能够被电极识别的物质，通过测定该物质而求出被测物质的量。目前已经研制成功的酶传感器有几十种，如葡萄糖、乳酸、尿酸、过氧化氢、胆固醇和氨基酸等传感器。如果用活性生物组织薄片代替酶，则称为组织传感器。例如，动物组织传感器的敏感元件是以新鲜组织(肾、肝、肠、肌肉等)切成薄片制成；植物组织传感器的敏感元件包括植物的根、茎、叶、花、果等。植物组织传感器制备比动物组织电极简单，成本低并易于保存。微生物传感器以微生物作为识别分子的敏感材料，分为呼吸活性测定型和代谢产物测定型两大类。呼吸活性测定型微生物传感器是将需氧型微生物固定在隔膜式氧电极上，测定时，微生物在摄取被测有机物的同时，呼吸性增强，因此扩散到氧电极上的氧的量就减少，通过测定氧的变化测定被测有机物的含量。代谢物质测定型是厌氧性微生物摄取有机物后，产生某些代谢产物，以某种代谢产物作为检测对象测定被测有机物的含量。微生物传感器具有价廉、使用寿命长等优点，在发酵工业、食品检验、医疗卫生等领域应用广泛。免疫传感器是利用抗原–抗体之间的特定识别能力和亲和力，以免疫反应为基础的一类生物传感器。免疫传感器分为标记型免疫传感器和非标记型免疫传感器两大类。标记型免疫传感器是用某些电活性物质(酶、荧光物质、自由基、金属、红细胞、脂质体等)标记抗原或抗体，未标记的抗原(被测物)和标记抗原与膜上的抗体发生竞争反应，根据底物或其自身氧化还原电流信号与被测物浓度的关系而检测。非标记型免疫传感器是将抗原(抗体)固定在膜上或金属电极上，被固定的抗原(抗体)可与被测的抗体(抗原)特异结合，发生免疫反应使膜电位发生变化，通过膜电位的变化，求出被测的抗体(抗原)的量。

电化学生物传感器近年来发展迅速，而且正在向微型化方向发展，在生命科学的研究中发挥着越来越大的作用。

本 章 小 节

本章主要讨论了氧化还原反应的方向、限度以及电极电位的产生、影响因素以及应用等问题。反应前后元素的氧化数发生变化的反应称为氧化还原反应。氧化数是元素原子在化合物中(分子或离子等)中表现荷电数，该荷电数是假定把成键电子指定给电负性较大的原子而求得的。在氧化还原反应中，失去电子氧化数升高的物质称为还原剂，还原剂发生氧化反应，得到电子氧化数降低的物质称为氧化剂，氧化剂发生还原反应。氧化还原反应由氧化半反应和还原半反应组成，每一个半反应构成一个氧化还原电对。

理论上，任何氧化还原反应都可以设计成原电池。原电池分为正极和负极。在负极上发生氧化反应，正极上发生还原反应。正极反应和负反应的加和称为电池反应。为方便起见，常用电池组成式表达电池的结构。

在原电池中，正极与负极的电位不同。电极电位的产生是由于电对中的氧化态和还原态得失电子引起的。电对中的还原态失去电子，使电极表面带负电荷，氧化态得到电子使电极表面带正电荷，达到平衡时，电极表面会产生一定密度的电荷，从而产生一定的电势。电极电势与溶液电势的差值称为电极电位。电极电位的大小可以用 Nernst 方程式表示

$$a\mathrm{Ox} + n\mathrm{e} \rightleftharpoons b\mathrm{Red}，\quad \varphi_{\mathrm{Ox/Red}} = \varphi^{\ominus}_{\mathrm{Ox/Red}} - \frac{RT}{nF}\ln\frac{c^{b}_{\mathrm{Red}}}{c^{a}_{\mathrm{Ox}}}$$

$$298.15\mathrm{K}\ 时，\quad \varphi_{\mathrm{Ox/Red}} = \varphi^{\ominus}_{\mathrm{Ox/Red}} - \frac{0.05916}{n}\lg\frac{c^{b}_{\mathrm{Red}}}{c^{a}_{\mathrm{Ox}}}$$

电极电位受氧化型或还原型物质的浓度、溶液酸碱性、沉淀生成以及形成难解离物质等因素影响。将两个电极连接起来以后，形成原电池。原电池的 Nernst 方程为

$$E = E^{\ominus} - \frac{RT}{nF}\ln Q$$

$$298.15\mathrm{K}\ 时，\quad E = E^{\ominus} - \frac{0.05916}{n}\lg Q$$

根据电极电位和电动势可以判断氧化剂和还原剂的强弱、判断氧化还原反应进行的方向，计算反应的平衡常数。即：

(1)电极电位越大，说明电对中氧化态氧化能力越强；电极电位越小，电对中还原态的还原剂能力越强。在一个氧化还原电对中，氧化态的氧化能力越强，其对应还原态的还原能力就越弱；氧化态的氧化能力越弱，其对应还原态的还原能力就越强。

(2) $E>0$ 时，反应正向进行；$E<0$ 时，反应逆向进行；$E=0$ 时，反应达到平衡。

(3) $\ln K = \dfrac{nFE^{\ominus}}{RT}$，298.15K 时，$\lg K = \dfrac{nE^{\ominus}}{0.05916}$

将 pH 指示电极和参比电极组成原电池，通过测量原电池的电动势可以测量溶液的 pH，测量 pH 时需要事先进行定位。

习　题

1. 求算下列物质中元素的氧化数：

(1) $K_2Cr_2O_7$ 中的 Cr；　(2) $Na_2S_4O_6$ 中的 S；

(3) KO_2 中的 O；　(4) K_2MnO_4 中的 Mn

2. 将下列氧化还原反应改装成原电池并写出电极反应。

(1) $Zn + 2H^+ \!=\!= Zn^{2+} + H_2$

(2) $MnO_4^- + 5Fe^{2+} + 8H^+ \!=\!= Mn^{2+} + 5Fe^{3+} + 4H_2O$

(3) $Sn^{2+} + Cu^{2+} \!=\!= Sn^{4+} + Cu$

3. 25℃时，将铜片插入 0.10 $mol{\cdot}L^{-1}$ $CuSO_4$ 溶液中，把银片插入 0.01 $mol{\cdot}L^{-1}$ $AgNO_3$ 溶液中组成原电池。①计算原电池的电动势；②写出电极反应式和电池总反应式；③写出原电池的符号。

4. 根据 Nernst 方程，判断下列 Cu–Zn 原电池电动势最大的是

(1) (–) $Zn \mid Zn^{2+}(c^{\ominus}) \parallel Cu^{2+}(c^{\ominus}) \mid Cu$ (+)

(2) (–) $Zn \mid Zn^{2+}(0.1\ mol{\cdot}L^{-1}) \parallel Cu^{2+}(c^{\ominus}) \mid Cu$ (+)

(3) (–) $Zn \mid Zn^{2+}(c^{\ominus}) \parallel Cu^{2+}(0.1\ mol{\cdot}L^{-1}) \mid Cu$ (+)

(4) (–) $Zn \mid Zn^{2+}(0.1\ mol{\cdot}L^{-1}) \parallel Cu^{2+}(0.1\ mol{\cdot}L^{-1}) \mid Cu$ (+)

5. 根据下列电极电位大小，判断氧化型物质氧化能力和还原型物质还原能力的强弱。

$\varphi^{\ominus}(Fe^{3+}/Fe^{2+}) = 0.771$ V，　　$\varphi^{\ominus}(Cu^{2+}/Cu) = 0.342$ V，

$\varphi^{\ominus}(Sn^{4+}/Sn^{2+}) = 0.151$ V，　　$\varphi^{\ominus}(Ag^+/Ag) = 0.7996$ V，

6. 写出下列电池的电极反应、电池反应，并计算在 298.15 K 时电池的电动势。

$Pt \mid I_2, I^-\ (0.1\ mol{\cdot}L^{-1}) \parallel MnO_4^-\ (0.01\ mol{\cdot}L^{-1}), Mn^{2+}(0.1\ mol{\cdot}L^{-1}), H^+(0.001\ mol{\cdot}L^{-1}) \mid Pt$

7. 已知 $\varphi^{\ominus}(H_3AsO_4/HAsO_2) = 0.599V$，$\varphi^{\ominus}(I_2/I^-) = 0.5355V$

298.15 K时，当 $c(HAsO_2) = c(H_3AsO_4) = 1\ mol{\cdot}L^{-1}, c(I^-) = 1\ mol{\cdot}L^{-1}$，(1) pH = 7　(2) $[H^+] = 10\ mol{\cdot}L^{-1}$，分别判断下列反应进行的方向。

$HAsO_2 + I_2 + 2H_2O \!=\!= H_3AsO_4 + 2I^- + 2H^+$

8. 在 298.15 K 时，以玻璃电极为负极，以饱和甘汞电极为正极，用 pH 为 6.0 的标准缓冲溶液测其电池电动势为 0.350V；然后用 0.010$mol{\cdot}L^{-1}$HAc 溶液测其电池电动势为 0.231V。计算此弱酸溶液的 pH，并计算弱酸的解离常数。

9. 若混合溶液中含有 Cl^-、Br^-、I^-三种离子，要使 I^-氧化生成 I_2 又 Br^-、Cl^-不能被氧化，在 298.15K 的酸性条件下，可选择 $Fe_2(SO_4)_3$ 和 $KMnO_4$ 中的哪一种氧化剂符合上述要求？

10. Calculate the potential of a cell based on the following reactions at standard conditions.

(1) $Mg + Cu^{2+} \rightleftharpoons Mg^{2+} + Cu$

(2) $Br_2 + Cu \rightleftharpoons 2Br^- + Cu^{2+}$

11. A small amount of chlorine could be prepared by MnO_2 and concentrated HCl solution.If the pressure of chlorine is 100kPa and the concentration of Mn^{2+} is 1$mol{\cdot}L^{-1}$, calculated what the concentration of HCl is at least for making the reaction move ahead. ($\varphi^{\ominus}(MnO_2/Mn^{2+}) = 1.224V$，$\varphi^{\ominus}(Cl_2/Cl^-) = 1.358V$).

12. Calculate the following standard equilibrium constant at 298.15K.

$$2Ag^+ + Cu \rightleftharpoons 2Ag + Cu^{2+}$$

（王　雷）

第三章　化学反应速率

化学热力学主要用于研究化学反应中的能量效应，判断化学反应自发进行的方向，确定化学反应进行的最大限度。但是化学热力学不能解决反应速率和反应机理方面的问题。有些化学反应自发进行的趋势很大，但由于反应速率太慢，实际上不能被察觉，因此，可认为不能发生。例如下列反应

$$(1)\ H_2(g)+\frac{1}{2}O_2(g) = H_2O(l) \qquad \Delta_rG^{\ominus}_m=-237.13\text{kJ}\cdot\text{mol}^{-1}$$

$$(2)\ NO(g)+\frac{1}{2}O_2(g) = NO_2(g) \qquad \Delta_rG^{\ominus}_m=-35.25\text{kJ}\cdot\text{mol}^{-1}$$

从化学热力学的角度来看，这两个反应在标准态下都能自发进行，而且反应(1)比反应(2)进行的趋势大得多。但在通常情况下，反应(2)以明显的速率进行，而反应(1)实际上不能进行。因此要想解决在什么条件下才能实现反应的问题，必须研究影响反应速率的因素，找到实现反应的条件，才能使热力学预言的自发反应实际上得以进行。例如，如果把温度升高到 700K 时，反应(1)就会以爆炸的方式快速进行；如果选择适当的催化剂(例如 Pd 作催化剂)，反应(1)也可在常温常压下以较快的速率化合成水。

研究化学反应速率的科学称为**化学动力学**(chemical kinetics)，它是一门在理论和实践上都具有重要意义的科学。在化工生产中，化学反应速率直接影响着化工产品的产量，人们总是希望这些化学反应的速率越快越好；而对于一些不利的反应，如食物的腐败、药品的变质、机体的衰老、钢铁的腐蚀以及橡胶和塑料制品的老化等，人们总是希望这些化学反应的速率越慢越好。研究化学反应速率及其影响反应速率的因素，其目的就是为了控制反应速率，使其更好地为人类服务。本章主要介绍化学反应速率的基本理论和影响反应速率的主要因素。

学习要求

1. 掌握化学反应速率、反应分子数、反应级数等基本概念，掌握一级反应、二级反应和零级反应速率方程的特征及相关计算；

2. 熟悉活化能和活化分子的基本概念及浓度、温度、催化剂等对化学反应速率的影响；

3. 了解反应速率的测定和反应机理研究方法，了解均相催化、多相催化和酶催化。

第一节　化学反应速率及其表示方法

不同化学反应的速率相差很大，有些进行得极快，瞬间即可完成，如火药的爆炸、酸碱中和反应、血红蛋白同氧结合的生化反应等；而有些反应进行得极慢，几乎不被察觉，如煤和石油在地壳内形成的过程需要几十万年的时间，某些放射性元素的衰变需要亿万年

的时间等。即使是同一化学反应，在不同的条件下进行时速率差别也很大。为了定量的描述化学反应的快慢，需要有一个衡量标准即化学反应速率。

化学反应速率(rate of chemical reaction)是衡量化学反应过程进行的快慢，即反应体系中各物质的数量随时间的变化率。在反应进行过程中，体系内各物质的浓度在不断地发生着变化。反应物的浓度在不断地减少，生成物的浓度在不断地增加。

单相反应(homogeneous reaction)中，反应速率一般以在单位时间、单位体积中反应物的物质的量的减少或产物的物质的量的增加来表示；在等容条件下，反应速率也可用单位时间内反应物浓度的减少或生成物浓度的增加来表示。浓度常用物质的量浓度，单位是 $mol \cdot L^{-1}$，时间单位则根据反应的快慢用秒(s)、分(min)、小时(h)、天(d)等。

反应速率有平均速率和瞬时速率两种表示方式。

一、平 均 速 率

通过 H_2O_2 的分解实例说明反应速率的概念。室温时，含有少量 I^- 的情况下，过氧化氢水溶液的分解反应为

$$H_2O_2(aq) \xrightarrow{I^-} H_2O(l) + \frac{1}{2}O_2(g)$$

由实验测定氧气的量，便可计算 H_2O_2 浓度的变化。若有一份浓度为 $0.8mol \cdot L^{-1}$ 的 H_2O_2 溶液(含有少量 I^-)，它在分解过程中浓度变化如表 3-1 所示。将 H_2O_2 浓度对时间作图，得图 3-1。

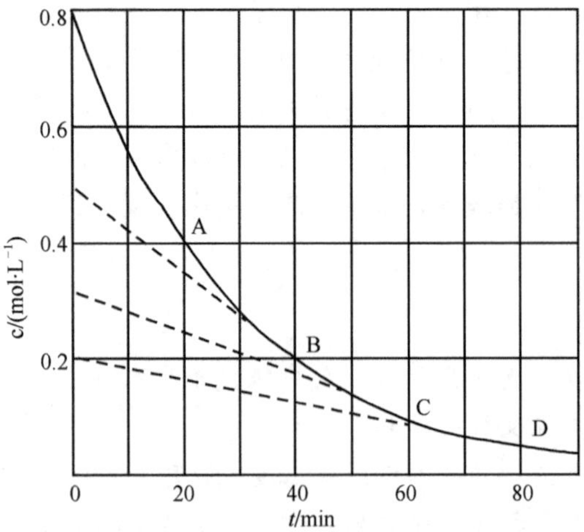

图 3-1 H_2O_2 分解反应的浓度–时间曲线

表 3-1 中从 t_1 到 t_2 的时间间隔用 $\Delta t = t_2 - t_1$ 表示，H_2O_2 水溶液在 t_1、t_2 时的浓度分别用 $c(H_2O_2)_1$ 和 $c(H_2O_2)_2$ 表示，则在时间间隔 Δt 内的浓度改变量 $\Delta c(H_2O_2) = c(H_2O_2)_2 - c(H_2O_2)_1$。在时间间隔 Δt 内，用反应物浓度减少来表示的反应速率 v 为

$$\bar{v} = -\frac{c(H_2O_2)_2 - c(H_2O_2)_1}{t_2 - t_1} = -\frac{\Delta c(H_2O_2)}{\Delta t} \tag{3.1}$$

因 $c(H_2O_2)_2 < c(H_2O_2)_1$，故加负号表示 $c(H_2O_2)$ 减小，使反应速率为正值。

实际上，大部分化学反应都不是等速进行的。反应过程中，化学反应速率均随时间而改变。在 H_2O_2 分解的第一个 20min，H_2O_2 浓度减少 $0.40mol \cdot L^{-1}$，第二个 20min 减少 $0.20mol \cdot L^{-1}$，第三个 20min，H_2O_2 浓度减少 $0.10mol \cdot L^{-1}$。由此可以推断，即使在同一时间间隔，前 10min 和后 10min 的反应速率也是不同的，甚至在 2s 内，前一秒钟和后一秒钟的反应速率也是有差别的。所以表 3-1 所列反应速率是在这 20min 之内的**平均速率**(average rate)。

表 3-1　H_2O_2 水溶液在室温时的分解反应速率

t/min	$c(H_2O_2)/(mol \cdot L^{-1})$	$\bar{v}/(mol \cdot L^{-1} \cdot min^{-1})$
0	0.80	—
20	0.40	$0.40/20 = 2.0 \times 10^{-2}$
40	0.20	$0.20/20 = 1.0 \times 10^{-2}$
60	0.10	$0.10/20 = 5.0 \times 10^{-3}$
80	0.05	$0.05/20 = 2.5 \times 10^{-3}$

二、瞬 时 速 率

由于 H_2O_2 的分解速率是随 H_2O_2 的浓度变化而变化，而浓度又随时间的变化而改变，为了确切地表示反应的真实速率，通常用**瞬时速率**(instantaneous rate)来表示。

将观察的时间间隔无限缩小，平均速率的极限值即为化学反应在 t 时的瞬时速率。通常所表示的反应速率均指瞬时速率。

$$v = \lim_{\Delta t \to 0} \frac{-\Delta c(H_2O_2)}{\Delta t} = -\frac{dc(H_2O_2)}{dt}$$

反应的瞬时速率可通过作图法求得。如要求在第 20min 时 H_2O_2 分解的瞬时速率，可在图 3-1 的曲线上找到对应于 20min 时的 A 点，求出曲线上 A 点切线的斜率($-\frac{dc}{dt}$)，即为第 20min 时的瞬时速率。

$$v_{20min} = -\frac{(0.40-0.68)mol \cdot L^{-1}}{20\,min} = 0.014mol \cdot L^{-1} \cdot min^{-1}$$

如求第 40min、60min 时 H_2O_2 分解的瞬时速率，可通过求出曲线上 B、C 点切线的斜率而得

$$v_{40min} = -\frac{(0.20-0.50)mol \cdot L^{-1}}{40\,min} = 0.0075mol \cdot L^{-1} \cdot min^{-1}$$

$$v_{60min} = -\frac{(0.10-0.33)mol \cdot L^{-1}}{60\,min} = 0.0038mol \cdot L^{-1} \cdot min^{-1}$$

化学反应速率还可用单位体积内**反应进度**(extent of reaction)(ξ)随时间的变化率来表示，即

$$v \xlongequal{def} \frac{1}{V}\frac{d\xi}{dt} \tag{3.2}$$

式中，V 为体系的体积。对任一个化学反应计量方程式，有

$$d\xi = \frac{dn_B}{\nu_B} \tag{3.3}$$

式中，n_B为B的物质的量，ν_B为B的化学计量数，ξ的单位为mol。将上式代入(3.2)式，则有

$$v = \frac{1}{V}\frac{dn_B}{\nu_B dt} = \frac{1}{\nu_B}\frac{dc_B}{dt} \tag{3.4}$$

如合成氨的反应

$$N_2+3H_2 \rightleftharpoons 2NH_3$$

$$v = -\frac{dc(N_2)}{dt} = -\frac{1}{3}\frac{dc(H_2)}{dt} = \frac{1}{2}\frac{dc(NH_3)}{dt}$$

对于一般的化学反应 $aA+bB \rightleftharpoons eE+fF$，则有

$$v = -\frac{1}{a}\frac{dc_A}{dt} = -\frac{1}{b}\frac{dc_B}{dt} = \frac{1}{e}\frac{dc_E}{dt} = \frac{1}{f}\frac{dc_F}{dt} \tag{3.5}$$

v 为整个反应的反应速率，其数值只有一个，与反应体系中选择何种物质表示反应速率无关，但与化学反应的计量方程式有关，所以如果知道用某一物质的浓度变化所表示的反应速率，即可通过反应式中各化学式前计量系数求出用其他物质浓度变化所表示的反应速率。究竟采用哪种物质的浓度变化来表示反应速率，这主要由实验测定的方便来确定。

第二节　化学反应速率理论

不同化学反应的反应速率千差万别，这是由反应物分子的内部结构所决定的，是影响化学反应速率的内因。为了探讨化学反应速率的内在规律，前人借助于分子运动论和分子结构的知识，提出了化学反应速率理论。较为成熟的速率理论是碰撞理论和过渡状态理论。

一、碰撞理论与活化能

(一)有效碰撞和弹性碰撞

反应物之间要发生反应，首先它们的分子或离子要克服外层电子之间的斥力而充分接近，互相碰撞，才能促使外层电子的重排，即旧键的削弱、断裂和新键的形成，从而使反应物转化为产物。但反应物分子或离子之间的碰撞并非每一次都能发生反应，理论计算表明：单位时间内气体分子间的碰撞次数是非常巨大的，如273.15K、101.325kPa时1L气体分子间的碰撞可达10^{32}次·s^{-1}，如果每一次碰撞都能发生化学反应，那么所有气体反应都能在瞬间完成，而且反应速率也应非常接近，显然这是与事实相违背的。实际上，对一般反应而言，大部分的碰撞都不能发生反应，也即只有很少数的碰撞才能发生反应。据此，1889年 Arrhenius 提出了著名的碰撞理论，他把能发生化学反应的碰撞叫做**有效碰撞**(effective collision)，而大部分不发生反应的碰撞叫做**弹性碰撞**(elastic collision)。

要发生有效碰撞，反应物的分子或离子必须具备两个条件：一是需有足够的能量，如动能，这样才能够克服外层电子之间的斥力而充分接近并发生化学反应；二是碰撞时要有

合适的方向，要正好碰在能起反应的部位，如果碰撞的部位不合适，即使反应物分子具有足够的能量，也不会起反应。一般而言，结构越复杂的分子之间的反应，这种情况愈突出，因而它们的反应通常比较慢。

如反应 $CO(g) + NO_2(g) \xlongequal{} CO_2(g) + NO(g)$ 是氧的转移反应。只有当 CO(g) 分子中的碳原子与 $NO_2(g)$ 中的氧原子迎头相碰才有可能发生反应；而碳原子碰在氮原子上，就不可能发生氧原子的转移，见图 3-2。

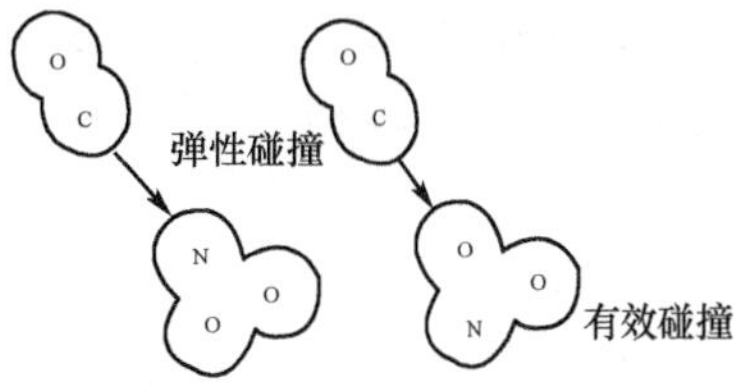

图 3-2　分子间不同取向的碰撞

(二)活化分子和活化能

能够发生有效碰撞的分子称为**活化分子**(activating molecular)，它比普通分子具有更高的能量，通常它只占分子总数中的小部分。

根据气体分子运动理论，在一定温度下，气体分子具有一定的平均能量，能量很高或很低的分子都很少，大部分分子的能量接近平均能量。只有极少数能量比平均能量高得多的活化分子才能发生有效碰撞。通常把活化分子具有的最低能量(E')与反应物分子的平均能量($E_平$)之差，称为**活化能**(activation energy)用符号 E_a 表示，单位为 $kJ \cdot mol^{-1}$。

$$E_a = E' - E_平$$

活化能与活化分子的概念，还可以从气体分子的能量分布规律加以说明。在一定温度下，气体分子具有一定的平均动能，但并非每一分子的动能都一样，由于碰撞等原因，分子间不断进行着能量的重新分配，每个分子的能量并不固定在一定值。因此，每一个分子的运动速率是不同的。我们虽无法准确知道某个分子在某瞬间的速率有多大，但可以用统计的方法认识分子运动的规律。从统计的观点看，具有一定能量的分子数目是不随时间改变的。以分子的动能 E 为横坐标，以具有一定动能间隔(ΔE)的分子分数($\Delta N/N$)与能量间隔之比[$\Delta N/(N\Delta E)$]为纵坐标作图，即得一定温度下气体分子的能量分布曲线，见图 3-3。

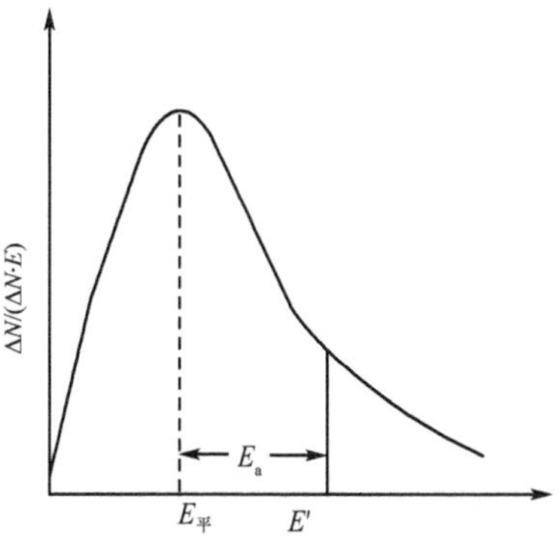

图 3-3 气体分子能量分布曲线

该图中，$E_平$是分子的平均能量，E'为活化分子所具有的最低能量，活化能 $E_a = E' - E_平$，N 为分子总数，ΔN 为具有动能为 $E \sim E+\Delta E$ 区间的分子数，若在横坐标上取一定的能量间隔ΔE，则纵坐标$\Delta N(/N\Delta E)$乘以ΔE 得$\Delta N/N$，即为动能在 $E \sim E+\Delta E$ 区间的分子数在整个分子总数中所占的比值。曲线下的总面积表示具有各种能量分子分数的总和为 1。相应地，E'右边阴影部分的面积与整个曲线下总面积之比，即是活化分子在分子总数中所占比值，即活化分子分数。

我们知道化学反应速率是用单位时间、单位体积内反应体系里物质浓度的变化量表示的，因此，也可以用单位时间、单位体积内发生的有效碰撞次数来表示化学反应速率。

设以 z 表示单位时间、单位体积内的碰撞频率，f 表示一定温度下有效碰撞在总碰撞中所占的分数即活化分子分数，则反应速率 v 等于

$$v = fz \tag{3.6}$$

碰撞频率 z 可以根据气体分子运动论计算出来。如能量分布又符合 Maxwell–Boltzmann 分布，则

$$f = \frac{\text{有效碰撞频率}}{\text{总碰撞频率}} = e^{-E_a/RT} \tag{3.7}$$

在碰撞理论中，f 又称为能量因子，f 值越大，活化分子分数越大，反应越快。

如果再考虑到碰撞时的方位，则真正的有效碰撞次数应该在式(3.6)中增加一个校正因子，即方位因子 p

$$v = pfz \tag{3.8}$$

p 越大，表示碰撞的方位越有利。

化学反应速率与反应的活化能密切相关。一定温度下，活化能愈小，图 3-3 中的阴影面积就越大，活化分子的分子分数越大，活化分子数愈多，单位体积内有效碰撞的次数愈多，因此反应速率愈快；活化能愈大，图中的阴影面积就越小，活化分子的分子分数越小，活化分子数愈少，单位体积内有效碰撞的次数愈少，因此反应速率愈慢。因为不同的反应具有不同的活化能，因此不同的化学反应有不同的反应速率，活化能是决定化学反应速率的内因。

活化能一般为正值，许多化学反应的活化能与破坏一般化学键所需的能量相近，为 40～400kJ · mol^{-1}，多数在 60～250kJ · mol^{-1}。活化能小于 40kJ · mol^{-1} 的化学反应，其反应速率极快，不能用一般方法测定(如酸碱中和反应)；而活化能大于 400kJ · mol^{-1} 反应，其反应速率极慢，因此难以察觉。

碰撞理论比较直观，容易理解，解释某些简单分子的反应比较成功。但碰撞理论在具体处理化学反应时把分子当成刚性球体，而忽略了分子的内部结构，把分子间的复杂作用简单地看成是机械的碰撞，忽视了化学反应的特性。因此，对一些比较复杂的反应，常不能合理解释。

二、过渡状态理论

二十世纪 30 年代 Eyring 和 Polanyi 等人在量子力学和统计力学的基础上提出了反应速率的**过渡状态理论**(theory of transition state)。

(一)活化络合物

过渡状态理论认为，化学反应并不是通过反应物分子的简单碰撞完成的，而是在反应物生成产物的过程中要经过一个高能量的中间过渡态，即**活化络合物**(activated complex)，反应物与活化络合物之间很快达到化学平衡，由活化络合物转变为产物的速率很慢，因此化学反应的反应速率基本上由活化络合物的分解速率决定。

如 A 与 BC 反应生成 AB 和 C 的过程可表示为

$$A + B\text{–}C \rightleftharpoons [A\cdots B\cdots C]^{*} \longrightarrow A\text{–}B + C$$

当 A 原子沿 B—C 键轴逐渐接近 B—C 分子时，B—C 分子中的化学键逐渐削弱，A 原子与

B 原子之间逐渐开始生成新 A—B 键。而在这个过程未完成之前，系统形成一个中间过渡态(即活化络合物) [A···B···C]*，此时 B—C 键尚未完全断开，A—B 键又未完全形成，系统的能量最高。活化络合物处于高能量状态很不稳定，它既可分解为原反应物分子，也可进一步分解成产物。

(二) 活化能与反应热

能形成活化络合物的反应物分子，应具有比一般分子更高的能量。所形成的活化络合物比反应物分子的平均能量高出的额外能量即是活化能 E_a。在过渡状态理论中，活化能定义为活化络合物的平均能量与反应物分子的平均能量的差值。反应过程的能量变化如图 3-4 所示。图中 E_a 是正向反应的活化能，E_a' 是逆向反应的活化能。由图可知，活化能是反应的能垒，即是从反应物形成产物过程中的能量障碍，反应物分子必须越过能垒(即一般分子变成活化分子，或者形成活化络合物的能量)反应才能进行。

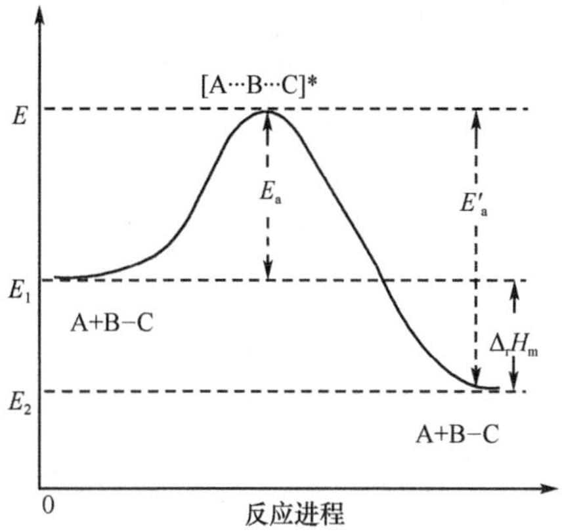

图 3-4 反应过程的能量变化

若产物分子的能量比反应物分子的能量低，多余的能量便以热的形式放出，即是放热反应；反之为吸热反应。

图中正向反应产物的势能低于反应物的势能，其差值即为等压反应热 $\Delta_r H^\ominus_m$(为负值，即放热反应)。如果是逆向反应，即 A—B 与 C 经过同一过渡态到产物 A 和 B—C，反应所吸收的热量同正向反应所放出的热一样多。由此可见，等压反应热等于正向反应的活化能与逆向反应的活化能之差，即

$$\Delta_r H^\ominus_m = E_a - E'_a$$

从图 3-4 还可以看出：可逆反应中吸热反应的活化能必然大于放热反应的活化能。无论化学反应是吸热还是放热，反应物分子必须吸收能量形成活化络合物，反应才能进行。

过渡状态理论把物质的微观结构与反应速率联系起来，比碰撞理论进了一步。但由于确定活化络合物的结构相当困难，计算方法过于复杂，除一些简单反应外，还存在不少问题，有待进一步探索解决。

第三节　浓度对化学反应速率的影响

化学反应速率首先取决于反应物分子的内部结构，此外还与浓度、温度以及催化剂等外部因素有关。本节讨论反应物浓度对化学反应速率的影响。

一、基元反应和复合反应

化学反应计量方程式只表明有什么物质参加了化学反应，结果生成了什么物质以及反应物和生成物之间的计量关系，并不能表示反应是经过怎样的途径，经过哪些具体步骤完成的。化学反应进行的实际步骤称为**反应机制或反应机理**(reaction mechanism)，即实现该

化学反应的各步骤的微观过程。根据反应机理的不同，可将化学反应分为基元反应和复合反应两大类。

反应物的微粒(分子、原子、离子、自由基等)间直接碰撞一步就转变为生成物的反应称为**基元反应**(elementary reaction)，又称简单反应。例如

$$NO_2(g) + CO(g) \longrightarrow NO(g) + CO_2(g)$$

$$CO(g) + H_2O(g) \longrightarrow CO_2(g) + H_2(g)$$

这两个反应都是基元反应，但这类反应并不多。许多化学反应并不是按反应计量方程式一步直接完成，而是要经过若干个步骤，即经过若干个基元反应才能完成，这类反应称为**复合反应**(complex reaction)。如反应

$$H_2(g) + I_2(g) = 2HI(g)$$

实际上是分成如下两步进行的

$$I_2(g) \longrightarrow 2I(g) \qquad \text{(快反应)}$$

$$H_2(g) + 2I(g) \longrightarrow 2HI(g) \qquad \text{(慢反应)}$$

因此该反应是一个复合反应。实验证明，第二步反应较慢，这一步慢反应限制了整个复合反应的速率。在复合反应中，速率最慢的步骤称为**速率控制步骤**(rate controlling step)，简称**速控步骤**。

二、反应速率方程

(一)质量作用定律

影响反应速率的因素很多，反应物浓度即是其中之一。大量实验证明，在一定温度下，增大反应物的浓度，大都使反应速率加快。反应物浓度对反应速率的影响可用反应速率理论来解释。在一定温度下，活化分子占反应物分子总数的分子分数是一定的，增加反应物浓度时，单位体积内的活化分子数也相应增大，因此化学反应速率加快。

对于有气体参加的化学反应，增大压力，就意味着增加气体反应物的浓度，反应速率也会随之增大。

19 世纪 60 年代，挪威科学家 Guldberg 和 Waage 通过大量实验总结出了基元反应的反应物浓度与反应速率之间的定量关系：在一定温度下，基元反应的反应速率与各反应物浓度幂(以化学反应计量方程式中相应的系数为指数)的乘积成正比。这就是**质量作用定律**(law of mass action)。表明反应物浓度与反应速率之间定量关系的数学表达式称为**速率方程**(rate equation)，如基元反应

$$NO_2(g) + CO(g) = NO(g) + CO_2(g)$$

根据质量作用定律，反应速率与反应物浓度的关系为

$$v \propto c(NO_2)c(CO)$$

写成速率方程为

$$v = kc(NO_2)c(CO) \tag{3.9}$$

如基元反应为

$$aA + bB = eE + fF$$

则反应的速率方程为

$$v = kc^{a}_{\mathrm{A}}c^{b}_{\mathrm{B}} \tag{3.10}$$

式中的比例系数 k 称为**速率常数**(rate constant)。k 的物理意义为：k 在数值上相当于各反应物浓度均为 $1\mathrm{mol\cdot L^{-1}}$ 时的反应速率，故 k 又称为反应的**比速率**(specific reaction rate)。对一个指定的化学反应而言，k 的大小是由反应的本性所决定的，与反应物浓度无关，但受温度和催化剂的影响，可通过实验而测定。在相同条件下，k 愈大，表示反应的速率愈大。k 的单位则根据速率方程中浓度项的指数和的不同而不同，若各物质在速率方程中浓度项的指数和为 n，v 的单位为 $\mathrm{mol\cdot L^{-1}\cdot s^{-1}}$，则 k 的单位是 $(\mathrm{mol\cdot L^{-1}})^{1-n}\cdot \mathrm{s^{-1}}$。

(二)复合反应速率方程

复合反应的速率方程比较复杂，速率方程中浓度项的指数要由实验确定，不能按化学方程式的计量系数随意写出。但如已知复合反应的反应机理，则可根据组成该则复合反应的基元反应的速率方程导出。例如，复合反应

$$2N_2O_5(g) = 4NO_2(g) + O_2(g)$$

实验证明反应速率仅与 $c(N_2O_5)$ 成正比，即

$$v = kc(N_2O_5) \tag{3.11}$$

而并不是与 $c^2(N_2O_5)$ 成正比。

研究表明，上述反应不是一个基元反应而是分步进行的

$$N_2O_5 \longrightarrow N_2O_3 + O_2 \qquad (慢，速率控制步骤)$$

$$N_2O_3 \longrightarrow NO_2 + NO \qquad (快)$$

$$N_2O_5 + NO \longrightarrow 3NO_2 \qquad (快)$$

在这三步反应中，第一步反应进行得最慢，是总反应的速率控制步骤，应用质量作用定律所得的反应速率方程即可代表总反应速率的速率方程，从而使式(3.11)得到合理解释。

(三)书写速率方程时应注意的事项

(1)质量作用定律仅适用于基元反应。若不清楚某反应是否为基元反应，则只能根据实验来确定反应速率方程，而不能由总反应式根据质量作用定律直接得出。

(2)纯固态或纯液态反应物的浓度不写入速率方程，因为它们的浓度可看作常数。如碳的燃烧反应

$$C(s) + O_2(g) = CO_2(g)$$

因反应只在碳的表面进行，对一定粉碎度的固体，其表面为一常数，故速率方程为

$$v = kc(O_2)$$

(3)在稀溶液中进行的反应，若溶剂参与反应，因它的浓度几乎维持不变，故也不写入速率方程中。如蔗糖的水解反应

$$\underset{蔗糖}{C_{12}H_{22}O_{11}} + H_2O = \underset{葡萄糖}{C_6H_{12}O_6} + \underset{果糖}{C_6H_{12}O_6}$$

$$v = kc(C_{12}H_{22}O_{11})$$

例 3-1　在 298.15K 时，发生下列反应

$$a\mathrm{A} + b\mathrm{B} = \mathrm{C}$$

将A、B溶液按不同浓度混合，得到下列实验数据：

实验序号	$c(A)/(mol \cdot L^{-1})$	$c(B)/(mol \cdot L^{-1})$	$v/(mol \cdot L^{-1} \cdot s^{-1})$
1	1.0	1.0	1.2×10^{-2}
2	2.0	1.0	2.4×10^{-2}
3	4.0	1.0	4.9×10^{-2}
4	1.0	2.0	4.8×10^{-2}
5	1.0	4.0	0.19

(1)确定该反应的速率方程；(2)计算该反应的速率常数。

解 (1)设反应的速率方程为 $v = kc^{\alpha}(A)\,c^{\beta}(B)$

将实验1与实验2的数据分别代入速率方程得

$$1.2\times10^{-2}mol \cdot L^{-1} \cdot s^{-1} = k\times(1.0mol \cdot L^{-1})^{\alpha}\times(1.0mol \cdot L^{-1})^{\beta}$$

$$2.4\times10^{-2}mol \cdot L^{-1} \cdot s^{-1} = k\times(2.0mol \cdot L^{-1})^{\alpha}\times(1.0mol \cdot L^{-1})^{\beta}$$

两式相除得

$$\alpha = 1$$

再将实验1与实验4的数据分别代入速率方程得

$$1.2\times10^{-2}mol \cdot L^{-1} \cdot s^{-1} = k\times(1.0mol \cdot L^{-1})^{\alpha}\times(1.0mol \cdot L^{-1})^{\beta}$$

$$4.8\times10^{-2}mol \cdot L^{-1} \cdot s^{-1} = k\times(1.0mol \cdot L^{-1})^{\alpha}\times(2.0mol \cdot L^{-1})^{\beta}$$

两式相除得

$$\beta = 2$$

因此，该反应的速率方程应为

$$v = kc(A)\,c^2(B)$$

(2)将任一组实验数据代入上式，即可求出速率常数。为简单起见，将实验1的数据代入，得

$$k = \frac{v}{c(A)c^2(B)} = \frac{1.2\times10^{-2}\,mol \cdot L^{-1} \cdot s^{-1}}{1.0mol \cdot L^{-1}\times(1.0mol \cdot L^{-1})^2} = 1.2\times10^{-2}\,L^2 \cdot mol^{-2} \cdot s^{-1}$$

根据实验测定的速率方程，各物质浓度项的指数与化学反应方程式给出的系数不一致，说明这个反应一定是分步进行的复合反应。但由实验求得的速率方程和根据质量作用定律直接写出的一致时，该反应也不一定是基元反应，如由氢气和碘蒸气化合生成碘化氢的反应，实验测得的速率方程为

$$v = kc(H_2)\,c(I_2)$$

恰与用质量作用定律写出的一致，但前面已说明该反应并不是基元反应。

三、反应分子数与反应级数

(一)反应分子数

反应分子数(molecularity of reaction)是指基元反应中同时直接参加反应的粒子(分子、原子、离子、自由基等)的数目。根据反应分子数可以把基元反应分为单分子反应、双分子

反应和三分子反应。例如

单分子反应 $CH_3COCH_3 \longrightarrow C_2H_4 + CO + H_2$

双分子反应 $NO_2 + CO \longrightarrow NO + CO_2$

三分子反应 $H_2 + 2I \longrightarrow 2HI$

大多数基元反应是单分子反应或双分子反应，已知的气相三分子反应不多，因为要三个分子同时碰撞在合适的部位而发生化学反应的可能性很小。至于三分子以上的反应，至今尚未发现。

(二) 反应级数

当反应速率与反应物浓度的关系具有浓度幂乘积的形式时，化学反应也可以用反应级数进行分类。反应速率方程中各反应物浓度项的指数之和称为**反应级数**(order of reaction)。如任意一个化学反应

$$aA + bB = eE + fF$$

实验测得速率方程为

$$v = kc^{\alpha}(A)\,c^{\beta}(B) \tag{3.12}$$

则 α 为对反应物 A 而言的级数，β 为对反应物 B 而言的级数，该反应的总反应级数 n 为 A 和 B 的级数之和 $(\alpha+\beta)$，即反应速率方程中各反应物浓度项指数之和。

$n=0$ 的反应称为零级反应，$n=1$ 的反应称为一级反应，依次类推。反应级数均指总反应级数，它由实验确定，其值可以是简单的正整数，如 0，1，2，3 等，也可是分数或负数，负数表示该物质对反应起阻滞作用。对于 $H_2 + Br_2 \longrightarrow 2HBr$ 这类复合反应，其速率方程不能写成式(3.12)的形式*，则反应级数的概念不适用。

应该指出，反应级数与反应分子数是两个不同的概念。反应级数是根据实验得出的，它体现了反应物浓度对反应速率的影响，是对总反应而言的，其数值可能是整数、分数或负数。反应分子数是对基元反应而言的，它是由反应机理所决定的，其数值只可能是 1、2 或 3。在基元反应中反应级数和反应分子数通常是一致的，如单分子反应也是一级反应。

四、简单级数反应的特征

具有简单级数的反应系指反应级数为 0、1、2、3 等。基元反应都是具有简单级数的反应，但具有简单级数的反应不一定就是基元反应。具有简单级数反应的速率遵循某些规律，由于三级反应为数不多，故以下仅讨论一级、二级和零级反应的速率方程的微分形式、积分形式及其特征。

(一) 一级反应

反应速率与反应物浓度的一次方成正比的反应称为**一级反应**(first order reaction)。对反应 aA $\longrightarrow$ 产物，则反应速率的定义式及速率方程为

* $H_2+Br_2 \longrightarrow 2HBr$ 的速率方程式为 $v=\dfrac{kc(H_2)\cdot c(Br_2)^{1/2}}{1+K'\dfrac{c(HBr)}{c(Br_2)}}$

$$v=-\frac{dc_A}{dt}=kc_A$$

c_A 为反应开始 t 时间后的反应物 A 的浓度。将上式整理后，从 $t = 0$(反应物 A 的初浓度为 $c_{A,0}$) 到 t 定积分

$$\int_{c_{A,0}}^{c_A}\frac{dc_A}{c_A}=-\int_0^t k dt$$

得反应物浓度与时间关系的方程式

$$\ln c_A=\ln c_{A,0}-kt \tag{3.13}$$

或

$$\ln\frac{c_{A,0}}{c_A}=kt \tag{3.13a}$$

$$\lg\frac{c_{A,0}}{c_A}=\frac{kt}{2.303} \tag{3.13b}$$

$$c_A=c_{A,0}\cdot e^{-kt} \tag{3.13c}$$

式(3.13a)至式(3.13c)也均为一级反应的反应物浓度与时间关系的方程式。若以 $\ln c_A \sim t$ 作图，应得一直线，如图 3-5，斜率为 $-k$，截距为 $\ln c_{A,0}$。

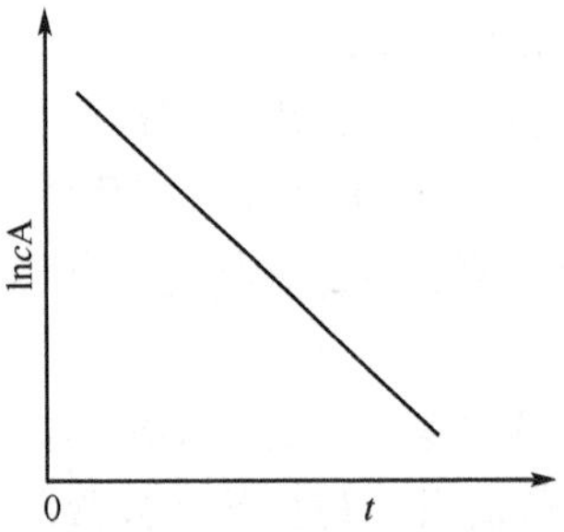

图 3-5　一级反应的 $\ln c_A$-t 图

反应物浓度由 $c_{A,0}$ 变为 $\frac{c_{A,0}}{2}$ 时，亦即反应物浓度消耗一半所需要的时间称为反应的**半衰期**(half–life)，常用 $t_{1/2}$ 表示。代入式(3.13a)得

即

$$t_{1/2}=\frac{\ln 2}{k}=\frac{0.693}{k} \tag{3.14}$$

由上式可看出，一级反应的半衰期是一个与初始浓度无关的常数。半衰期可以用来衡量反应速率，显然半衰期愈大，反应速率愈慢。

放射性元素的蜕变、大多数的热分解反应、部分药物在体内的代谢、分子内的重排反应及异构化反应都属于一级反应。对于浓度不大的物质的水解反应，应是二级反应，但因水是溶剂，大量存在，其浓度可看作常数而不写入速率方程，可按一级反应处理，因而称为**准一级反应**(pseudo–first–order reaction)，如前面提及的蔗糖水解反应。

例 3-2　某药物的初始含量为 $5.0g \cdot L^{-1}$，在室温下放置一年之后，含量降为 $4.2g \cdot L^{-1}$。已知药物分解 30%即谓失效，若此药物分解反应为一级反应，问：(1)半衰期是多少？(2)药物的有效期限？

解　(1) t=1a，此药物分解反应的速率常数为

$$k=\frac{1}{t}\ln\frac{c_{A,0}}{c_A}=\ln\frac{5g\cdot L^{-1}}{4.2g\cdot L^{-1}}=0.17a^{-1}$$

半衰期

$$t_{1/2}=\frac{0.693}{k}=\frac{0.693}{0.17a^{-1}}=4.1a$$

(2)药物的有效期限为

$$t=\frac{1}{k}\ln\frac{c_{A,0}}{c_A}=\frac{1}{0.17a^{-1}}\ln\frac{5g\cdot L^{-1}}{(1-30\%)\times 5g\cdot L^{-1}}=2.1a$$

例 3-3　已知药物 A 在人体内的代谢服从一级反应规律。设给人体注射 0.500g 该药物，然后在不同时间测定血液中药物 A 的含量，得如下数据：

服药后时间 t/h	4	6	8	10	12	14	16
血中药物 A 含量 ρ/(mg · L^{-1})	4.6	3.9	3.2	2.8	2.5	2.0	1.6

试求：(1) 药物 A 代谢的半衰期；(2) 若血液中药物 A 的最低有效量相当于 3.7mg · L^{-1}，则需几小时后注射第二次？

解　反应为一级反应，利用表中数据先求速率常数 k。以 lgρ 对 t 作图，得直线，见图 3-6。

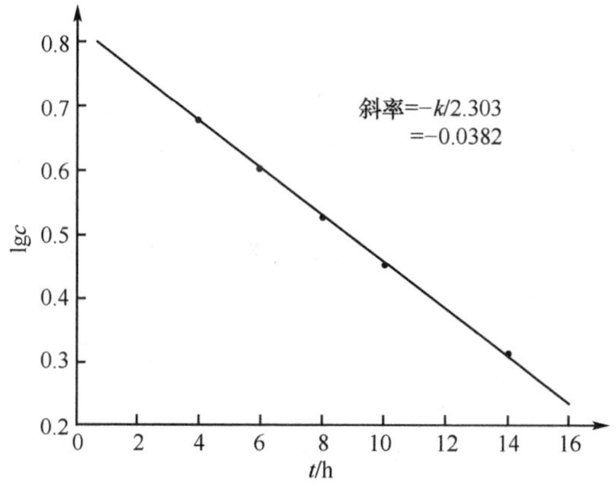

图 3-6　药物 A 在血液中含量的变化

由两点求斜率

$$斜率=\frac{\lg 1.6-\lg 4.6}{16h-4h}=-0.0382h^{-1}$$

$$k=-2.303\times(-0.0382h^{-1})=0.088h^{-1}$$

(1) $t_{1/2}=0.693/k=0.693/0.088h^{-1}=7.9h$

(2) 由图 3-6 可知，t = 0h 时，lg$\rho_{A,0}$=0.81，当 ρ=3.7mg · L^{-1} 时，由 $\lg\frac{\rho_{A,0}}{\rho_A}=\frac{kt}{2.303}$ 得第二次注射的时间为

$$t=\frac{2.303}{k}\lg\frac{\rho_{A,0}}{\rho_A}=\frac{2.303}{0.088h^{-1}}(0.81-0.57)=6.3h$$

计算表明，半衰期为 7.9h，要使血液中药物 A 含量不低于 3.7mg · L^{-1}，应于第一次注射后 6.3h 之前注射第二次。临床上一般控制在 6h 后注射第二次。

(二) 二级反应

反应速率与反应物浓度的二次方成正比的反应称为**二级反应**(second order reaction)。二级反应通常有两种类型

(1) aA ⟶ 产物

(2) aA+bB ⟶ 产物

在第二种类型中，若A和B的初浓度相等，则在数学处理时可视作第一种情况，本章只讨论第一种情况。

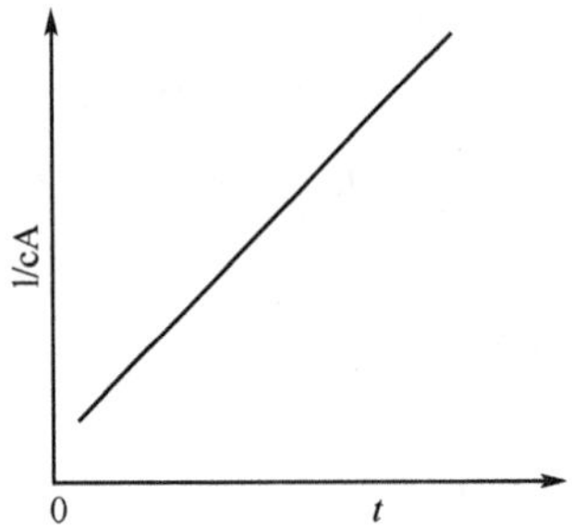

图 3-7　二级反应的 $1/c_A$-t 图

由定义式及速率方程 $v=-\frac{dc}{dt}=kc$ 整理积分可得

$$\frac{1}{c_A}-\frac{1}{c_{A,0}}=kt \tag{3.15}$$

以 $1/c_A$ 对 t 作图得一直线，如图 3-7，斜率为 k。

由半衰期定义可得二级反应的半衰期为

$$t_{1/2}=\frac{1}{kc_{A,0}} \tag{3.16}$$

二级反应是最常见的一种反应，在溶液中进行的许多有机化学反应都是二级反应。如一些加成反应、分解反应、取代反应等。

例 3-4　乙酸乙酯的皂化反应为二级反应。若在 298K 时的速率常数 k 为 $4.5L\cdot mol^{-1}\cdot min^{-1}$，乙酸乙酯和碱的初始浓度均为 $0.020mol\cdot L^{-1}$，试求在此温度下反应的半衰期及 20min 后反应物的浓度。

解　二级反应，$k=4.5L\cdot mol^{-1}\cdot min^{-1}$，$c_{A,0}=0.020mol\cdot L^{-1}$

$$t_{1/2}=\frac{1}{kc_{A,0}}=\frac{1}{4.5L\cdot mol^{-1}\cdot min^{-1}\times 0.020mol\cdot L^{-1}}=11min$$

20min 后反应物的浓度

$$\frac{1}{c_A}=\frac{1}{c_{A,0}}+kt=\frac{1}{0.020mol\cdot L^{-1}}+4.5L\cdot mol^{-1}\cdot min^{-1}\times 20\,min=140$$

$$c_A=7.14\times 10^{-3}mol\cdot L^{-1}$$

(三) 零级反应

反应速率与反应物浓度无关的反应称为**零级反应**(zero order reaction)。温度一定时，反应速率为一常数。零级反应的速率方程为

$$v=-\frac{dc_A}{dt}=kc_A^0=k$$

整理积分得

$$c_{A,0}-c_A=kt \tag{3.17}$$

以 $c\sim t$ 作图得一直线，如图 3-8，斜率为$-k$。由半衰期定义可得零级反应的半衰期为

$$t_{1/2}=\frac{c_{A,0}}{2k} \tag{3.18}$$

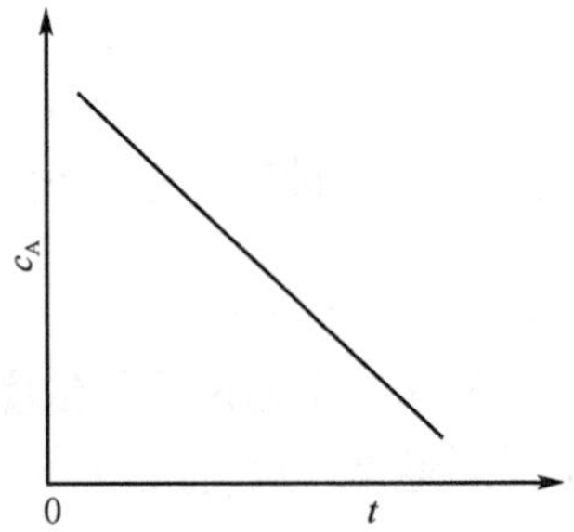

图 3-8　零级反应的 c_A-t 图

反应的总级数为零的反应并不多，最常见的零级反应是在一些表面上发生的反应。如 NH_3 在金属催化剂钨(W)表面上的分解

反应，首先NH_3被吸附在W表面上，然后再进行分解，由于W表面上的活性中心是有限的，当活性中心被占满后，再增加NH_3浓度，对反应速率没有影响，表现出零级反应的特性。

近年来发展的一些缓释长效药，其释药速率在相当长的时间范围内比较恒定，即零级反应。如国际上应用较广的一种皮下植入剂，内含女性避孕药左旋 18–甲基炔诺酮，每天约释药 30μg，可一直维持 5 年左右。

现将以上介绍的几种简单级数反应的特征小结在表 3-2 中。

表 3-2　简单级数反应的特征

反应级数	一级反应	二级反应	零级反应
基本方程式	$\ln c_{A,0}-\ln c_A=kt$	$\dfrac{1}{c_A}-\dfrac{1}{c_{A,0}}=kt$	$c_{A,0}-c_A=kt$
直线关系	$\ln c_A$ 对 t	$1/c_A$ 对 t	c_A 对 t
斜率	$-k$	k	$-k$
半衰期($t_{1/2}$)	$0.693/k$	$1/kc_{A,0}$	$c_{A,0}/2k$
k 的单位	[时间]$^{-1}$	[浓度]$^{-1}$ · [时间]$^{-1}$	[浓度] · [时间]$^{-1}$

第四节　温度对化学反应速率的影响

温度升高，反应速率一般是加快。但温度对不同类型反应的速率影响是不相同的，本节仅讨论反应速率随温度的升高而逐渐加快的反应。

一、van't Hoff 近似规则

1884 年，van't Hoff 根据实验结果归纳出一个近似规则：温度每升高 10K，化学反应速率大约增加到原来的 2～4 倍。温度对反应速率的影响实质上是温度对速率常数的影响。若以 $k(T)$ 和 $k(T+10\text{K})$ 分别表示温度为 T 和 $T+10\text{K}$ 时的速率常数，则有如下关系

$$\frac{k(T+10\text{K})}{k(T)}=\gamma \tag{3.19}$$

式中，γ 称为温度系数，其值约等于 2～4。

当温度由 T 升高到 $T+n\times 10\text{K}$ 时，由式(3.19)可得

$$\frac{k(T+n\times 10\text{K})}{k(T)}=\gamma^n \tag{3.20}$$

利用式(3.20)可以粗略地估计温度对反应速率的影响。

温度对反应速率的影响可用反应速率理论进行解释。当温度升高时，分子的运动速率加快，从而导致反应物分子之间的碰撞次数增加，反应速率增大。计算结果表明：温度每升高 10K，分子间的碰撞次数仅增加 2%左右，显然分子间碰撞次数的增多不是反应速率增大的主要原因。温度升高反应速率增大的主要原因是温度升高必然使一些能量较低的反应物分子吸收能量成为活化分子，使活化分子分数增大，有效碰撞次数显著增大，因此反应速率加快。

图 3-9 可以简明地表示这个道理。图中一条曲线表示 T_1 温度下的分子能量分布，另一条曲线表示升高温度为 T_2 时的分子能量分布。可以看出，温度升高后，曲线变矮，高峰降低，活化分子分数增加，有效碰撞次数增多，因而反应速率增加。

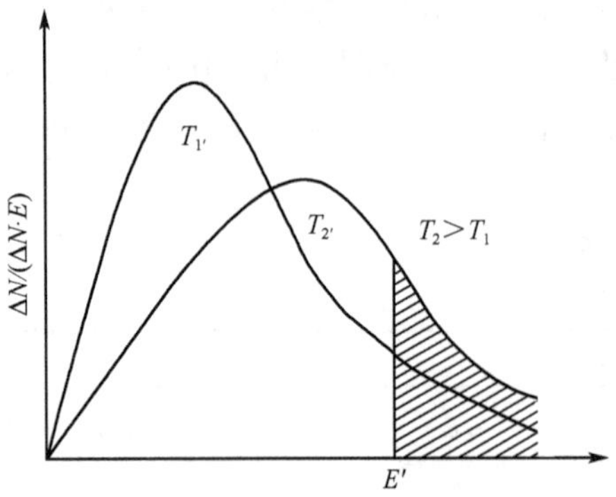

图 3-9 温度升高活化分子分数增大

温度升高与活化分子分数之间有一定量的关系。设活化能 E_a 为 $100\text{kJ}\cdot\text{mol}^{-1}$，且 E_a 不随温度改变，当温度由 298K 升至 308K 时，活化分子分数 f 增大的倍数为

$$\frac{f_{308}}{f_{298}}=\frac{e^{-\frac{100000}{8.314\times 308}}}{e^{-\frac{100000}{8.314\times 298}}}=3.7$$

可见温度从 298K 升至 308K 增加 10K，活化分子分数增大到原来的 3.7 倍，反应速率也增加 3.7 倍，而此时的平均动能仅增加 3%。

二、Arrhenius 方程式

1889 年，Arrhenius 根据大量实验数据总结出反应速率常数 k 与反应温度 T 之间的定量关系，这是一个经验公式，叫做 Arrhenius 方程式，表示为

$$k=Ae^{-\frac{E_a}{RT}} \tag{3.21}$$

或

$$\ln K=-\frac{E_a}{RT}+\ln A \tag{3.21a}$$

$$\lg K=-\frac{E_a}{2.303RT}+\lg A \tag{3.21b}$$

式中，A 为常数，称为指数前因子或频率因子，它与单位时间内反应物的碰撞总数(碰撞频率)有关，也与碰撞时分子取向的可能性(分子的复杂程度)有关，R 为摩尔气体常数($8.314\text{J}\cdot\text{mol}^{-1}\cdot\text{K}^{-1}$)，$E_a$ 为活化能，T 为热力学温度。

从 Arrhenius 方程可以看出：在温度一定时，速率常数 k 的大小取决于反应的活化能 E_a 和指数前因子 A，由于 A 处于对数项中，对 k 的影响远较 E_a 为小，故 k 的大小主要由 E_a 决定。对于一个给定的化学反应，在一定温度范围内活化能 E_a 和指数前因子 A 随温度变化很小，可把 E_a 和 A 看作是与温度无关的常数，因此速率常数的变化取决于温度的改变。

对数形式的 Arrhenius 方程是一个直线方程，将实验测得的不同温度下的 $\ln k$ 值对 $1/T$ 作图，可以得一直线，直线的斜率为 $-E_a/R$，直线在纵坐标上的截距为 $\ln A$，利用斜率和截距可求出 E_a 和 A。若以 $\lg k$ 对 $1/T$ 作图，也得一直线，其斜率为 $-E_a/(2.303R)$。

从 Arrhenius 方程可以得出以下推论

(1) 对于一个给定的化学反应，活化能 E_a 是常数，$e^{-E_a/RT}$ 随温度 T 升高而增大，表明温度升高，k 变大，反应加快。

(2) 当温度一定时，如不同反应的 A 值相近，E_a 愈大则 k 愈小，即活化能愈大，反应愈慢。

(3)对活化能不同的反应，温度对反应速率影响的程度不同。由于 ln$k$ 与 $1/T$ 呈直线关系，而直线的斜率为负值，故 E_a 愈大的反应，直线斜率愈小(愈陡)，即当温度变化相同时，E_a 愈大的反应，k 的变化越大。因此温度对活化能较大的化学反应的速率常数影响较大。

对于可逆反应，温度升高时平衡向吸热方向移动，也是这个道理，因吸热反应的活化能大于放热反应的活化能，温度升高时，吸热反应速率增大较多。

E_a 和 A 的值不仅可以通过作图法求得，也可以根据实验数据，运用 Arrhenius 方程计算而得。设某反应在温度 T_1 时反应速率常数为 k_1，在温度 T_2 时反应速率常数为 k_2，又知 E_a 及 A 不随温度而变，则

(1) $\ln K_1 = -\dfrac{E_a}{RT_1} + \ln A$，(2) $\ln K_2 = -\dfrac{E_a}{RT_2} + \ln A$

(2)式减(1)式得

$$\ln\frac{k_2}{k_1} = \frac{E_a}{R}\left(\frac{T_2 - T_1}{T_1T_2}\right) \tag{3.22}$$

利用这一关系式可以从两个已知温度下的速率常数求出反应的活化能；或者从已知反应的活化能及某一温度下的速率常数求出另一温度下的速率常数。

从式(3.22)中还可看出，对于同一反应，当温度在较低范围内时，速率常数受温度的影响比在温度较高范围内时更显著。

例 3-5 $CO(CH_2COOH)_2$ 在水溶液中的分解反应的速率常数在 273K 和 303K 时分别为 $2.46\times10^{-5}s^{-1}$ 和 $1.63\times10^{-3}s^{-1}$，计算该反应的活化能。

解 反应的活化能为

$$E_a = \frac{RT_1T_2}{T_2 - T_1}\ln\frac{k_{T_2}}{k_{T_1}} = \frac{8.314J\cdot mol^{-1}\cdot K^{-1}\times 273K\times 303K}{303K - 273K}\times\ln\frac{1.63\times10^{-3}s^{-1}}{2.46\times10^{-5}s^{-1}}$$

$$= 9.62\times10^4 J\cdot mol^{-1} = 96.2kJ\cdot mol^{-1}$$

例 3-6 若反应 1 的 E_{a1}=103.3kJ·mol^{-1}，A_1=4.3×10^{13}s^{-1}；反应 2 的 E_{a2}=246.9kJ·mol^{-1}，A_2=1.6×10^{14}s^{-1}；求(1)把反应温度从 300K 提高到 310K，反应 1 和反应 2 的速率常数各增大多少倍？(2)把反应 2 的反应温度从 700K 提高到 710K，反应速率常数将增大多少倍？

解 (1)由 $k= Ae^{-E_a/RT}$ 计算得

反应 1 在 300K 时的 $k_1 = 4.5\times10^{-5}s^{-1}$

在 310K 时的 $k_1' = 1.7\times10^{-4}s^{-1}$

则当温度升高 10K，速率常数增大 $\dfrac{k_1'}{k_1} = \dfrac{1.7\times10^{-4}s^{-1}}{4.5\times10^{-5}s^{-1}} \approx 3.8$ 倍

反应 2 在 300K 时的 $k_2 = 1.7\times10^{-29}s^{-1}$

在 310K 时的 $k_2' = 4.1\times10^{-28}s^{-1}$

则当温度同样升高 10K，速率常数却增大 $\dfrac{k_2'}{k_2} = \dfrac{4.1\times10^{-28}s^{-1}}{1.7\times10^{-29}s^{-1}} \approx 24$倍 。

可见在 A 相差不大的情况下，活化能不同的反应，其反应速率常数随温度的变化差别很大，活化能较大的反应受温度影响大。

(2) 当温度从 700K 升至 710K 时，反应 2 的速率常数分别为

$$K_{700K} = 6.0 \times 10^{-5}s^{-1}$$

$$K_{710K} = 1.1 \times 10^{-4}s^{-1}$$

速率常数增大 $\frac{k_{710K}}{k_{700K}} = \frac{1.1\times10^{-4}s^{-1}}{6.0\times10^{-5}s^{-1}} \approx 1.8$倍

可见对同一反应 2，从较低温度 300K 升至 310K 时，反应速率增加为 24 倍，而从较高温度 700K 升至 710K 时，同样升高 10K，反应速率仅增加为 1.8 倍。说明速率常数受温度的影响在低温范围时比高温范围时显著。

第五节　催化剂对化学反应速率的影响

一、催化剂和催化作用

常温常压下将氢和氧混合，并不发生反应。但如放入少许铂粉或铂片，它们便马上反应化合成水，而铂本身的质量和化学组成却没有变化。这里的铂就是一种催化剂。

能够改变化学反应速率，而其本身的质量和化学性质在反应前后保持不变的物质称为**催化剂**(catalyst)(工业上也称触媒)。催化剂能改变化学反应速率的作用称为**催化作用**(catalysis)。

有些催化剂能加快化学反应速率，这类催化剂称为正催化剂；而有些催化剂能减慢化学反应速率，这类催化剂称为负催化剂，也常称为阻化剂或抑制剂。在实际工作中，并非所有的反应速率都要加快，如防止储存的过氧化氢分解、防止橡胶和塑料的氧化、防止药物的变质等，都需要加入一些抑制剂以减慢反应速率。人们通常所说的催化剂，如果没有加以说明，都是指正催化剂。

有些反应的产物可作为其反应的催化剂，从而使反应速率加快，这一现象称为自动催化。例如高锰酸钾在酸性溶液中与草酸的反应，开始时反应较慢，一旦反应生成了 Mn^{2+} 后，反应就自动加速，产物 Mn^{2+} 就是催化剂。其反应式为

$$2KMnO_4 + 3H_2SO_4 + 5H_2C_2O_4 = 2MnSO_4 + K_2SO_4 + 8H_2O + 10CO_2$$

催化作用是一种极为普通的现象，当代化学工业的迅速发展归功于各种催化剂的应用和改良。在生物体内，几乎所有重要的生化反应都是由各种各样的生物催化剂——酶催化完成的。所以催化作用对国民经济、生理活动等都具有重大意义。

催化剂具有以下的基本特点：

(1) 催化剂在化学反应前后的质量和化学组成不变，但催化剂的作用是化学作用，因此，其物理性质可能变化，如外观改变、晶形消失等。例如 MnO_2 在催化 $KClO_3$ 分解放出氧反应后虽仍为 MnO_2，但其晶体变为细粉。

(2) 由于短时间内催化剂能多次反复再生，所以少量催化剂就能起显著作用。如在每升 H_2O_2 中加入 3μg 的胶态铂，即可显著促进 H_2O_2 分解成 H_2O 和 O_2。

(3) 催化剂能同等程度地加快正反应速率和逆反应速率，缩短到达化学平衡所需的时间，但不能使化学平衡发生移动，也不能改变平衡常数的值。因为催化剂不改变反应的始

态和终态，即不能改变反应的ΔG或$\Delta G^{\ominus}$，因此，催化剂不能使非自发反应变成自发反应。

(4)催化剂有特殊的选择性(特异性)。一种催化剂通常只能加速一种或少数几种反应。同样的反应物应用不同的催化剂可得到不同的产物。例如

$$C_2H_5OH \xrightarrow[\text{铜粉}]{473K\sim523K} CH_3CHO + H_2$$

$$C_2H_5OH \xrightarrow[Al_2O_3]{623K\sim633K} C_2H_4 + H_2O$$

$$2C_2H_5OH \xrightarrow[H_2SO_4]{413K} (C_2H_5)_2O + H_2O$$

二、催化作用理论

催化剂能够加快反应速率的根本原因，是由于催化剂参与了化学反应，生成了中间化合物，改变了反应途径，降低了反应的活化能，从而使更多的反应物分子成为活化分子。催化剂降低反应活化能如图 3-10。

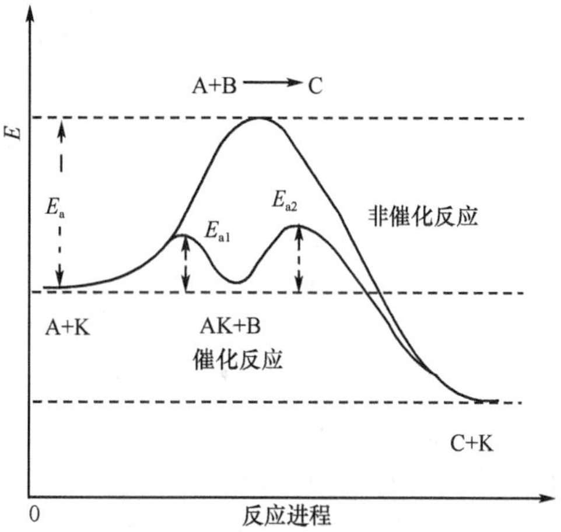

图 3-10 催化剂降低反应活化能

化学反应 A+B ——→ AB，所需的活化能为E_a，在催化剂 K 的参与下，反应按以下两步进行

(1) A + K ——→ AK

(2) AK + B ——→ AB + K

第一步反应的活化能为E_{a1}，第二步反应的活化能为E_{a2}，催化剂存在下反应的活化能E_{a1}和E_{a2}均小于E_a，所以反应速率加快，通过反应催化剂从中间化合物再生出来。从图 3-10 中还可看出，在正向反应活化能降低的同时，逆向反应活化能也降低同样多，故逆向反应也同样得到加速。

图 3-10 形象地说明了有催化剂存在时，由于改变了反应途径，反应沿着一条活化能低的捷径进行因而速率加快。例如 HI 分解的反应，若反应在 503K 进行，无催化剂时E_a是 $184kJ \cdot mol^{-1}$，以 Au 为催化剂时E_a降低至 $104.6kJ \cdot mol^{-1}$。由于活化能降低约 $80\ kJ \cdot mol^{-1}$，致使反应速率增大约 1 千万倍。

对于不同的催化反应，降低活化能的机理是不同的。根据催化剂与反应物是否同处一相，可将催化反应分为均相催化反应和多相催化反应。下面简单介绍均相催化理论和多相催化理论。

(一)均相催化理论—中间产物学说

催化剂处在溶液中或气相内，与反应物形成均匀系统而发挥催化作用称为**均相催化**(homogeneous catalysis)。上述反应 A+B ——→ AB，加入催化剂 K 形成均匀系统后，形成的 AK 即为中间产物，通过形成中间产物而改变了反应途径，降低了活化能，这种理论称为中间产物学说。如乙醛的气态热分解反应，在 791K 时，无催化剂存在的情况下，反应

按下式进行

$$CH_3CHO \longrightarrow CH_4 + CO$$

反应的活化能约为 190kJ · mol^{-1}。如加入少量催化剂碘后，反应途径改变为

(1) $CH_3CHO + I_2 \longrightarrow CH_3I + HI + CO$

(2) $CH_3I + HI \longrightarrow CH_4 + I_2$

第一步是慢反应，活化能较高，为 136kJ · mol^{-1}。但比不加催化剂时的活化能要低 54kJ · mol^{-1}。由于碘的加入，改变了反应历程，降低了反应的活化能，因而反应速率加快。

酸碱催化反应是溶液中较普遍存在的均相催化反应。例如蔗糖的水解、淀粉的水解等，H^+都可以作为催化剂，同样 OH^-离子也可以作为催化剂，如在 H_2O_2 溶液中加碱，将使 H_2O_2 分解成 H_2O 和 O_2 的反应速率加快。而有些反应既能被酸催化，也能被碱催化，因此许多药物的稳定性与溶液的酸碱性有关。

酸碱催化的特点在于催化过程中发生质子(H^+)的转移。因为质子只有一个正电荷，半径又很小，故电场强度大，易接近其他分子的负电一端形成新的化学键(中间产物)，又不受对方电子云的排斥，因而仅需较小的活化能。

(二) 多相催化理论—活化中心学说

催化剂自成一相(常为固相)与反应物构成非均匀系统而发生的催化作用，称为**多相催化**(heterogeneous catalysis)。多相催化反应是在催化剂表面进行的。固态催化剂的特点在于其表面结构的不规则性和化学价键力的饱和性，其表面是超微凹凸不平的，在棱角处及不规则的晶面上的突起部分，化学价键力不饱和，因而能与反应物发生一种松散的化学反应，即是一种比较稳定的、不大可逆的、选择性大的化学吸附，从而使反应物分子内部旧键松弛，失去正常的稳定状态，转变为新物质。这个过程的活化能较原来的低，因而反应速率加快。这些易于发生化学吸附的部位称为活化中心，因此这种理论也称为活化中心学说。由于不同催化剂活化中心的几何排布不同，其价键力的不饱和程度也不同，因而不同的固体催化剂对不同的化学反应呈现不同的催化活性，即催化剂的选择性。如合成氨反应，用铁作催化剂，首先气相中的 N_2 分子被铁催化剂活化中心吸附，使 N_2 分子的化学键减弱、断裂、解离成 N 原子，然后气相中的 H_2 分子与 N 原子作用，逐步生成 NH_3。此过程可简略表示如下

$$N_2 + 2Fe \longrightarrow 2N\cdots Fe$$

$$2N\cdots Fe + 3H_2 \longrightarrow 2NH_3 + 2Fe$$

多相催化比均相催化复杂得多，解释多相催化机理的理论也很多，但均有其局限性，目前的研究尚在不断深入之中。

三、生物催化剂—酶

酶(enzyme)是一种特殊的生物催化剂，是具有催化能力的蛋白质，存在于动物、植物和微生物中。生物体内发生的一切化学反应几乎都是在特定酶的催化作用下进行，人类利用植物或其他动物体中的物质，在体内经过错综复杂的化学反应把这些物质转化为自身的一部分，使人类得以生存、活动、生长和繁殖等，许多化学反应几乎全部是在酶的催化作用下进行的。因此可以认为，没有酶的催化作用就不可能有生命现象。日常生活和工业生

产中也广泛应用酶作催化剂，例如淀粉发酵酿酒和微生物发酵生产抗生素等。被酶所催化的那些物质称为**底物**(substrate)。酶催化作用的原因仍是改变反应途径，降低活化能。酶除了具有一般催化剂的特点外，尚有下列特征：

(1)酶的高度选择性。一种酶只对某一种或某一类的反应起催化作用。例如脲酶只能将尿素迅速转化成氨和二氧化碳，而对于尿素取代物的水解反应没有催化作用。

(2)酶有高度的催化活性。酶的催化能力非常高，对于同一反应而言，酶的催化能力常常比非酶催化高 $10^6 \sim 10^{10}$ 倍。例如存在于血液中的碳酸酐酶能催化 H_2CO_3 分解为 CO_2 和 H_2O，它的反应速率比非催化反应的速率约快 10^{10} 倍。正因为血液中存在如此高效的催化剂，才能及时完成排放 CO_2 的任务，以维持血液的正常生理 pH。又如蛋白质的消化(即水解)，在体外需用浓的强酸或强碱，并煮沸相当长的时间才能完成，但食物中蛋白质在酸碱性都不强，温度仅37℃的人体消化道中，却能迅速消化，就是因为消化液中有蛋白酶等催化的结果。

(3)特定的 pH 范围。酶通常在一定 pH 范围及一定温度范围内才能有效地发挥作用。酶催化反应对 pH 很敏感，因为酶的本质是蛋白质，本身具有许多可电离的基团，由于溶液 pH 改变时，可改变酶的荷电状态，因而影响酶的活性。酶的活性常常在某一 pH 范围内最大，称为酶的最适 pH，体内大多数酶的最适 pH 接近中性；同样酶催化反应对温度很敏感，由于酶是蛋白质，温度过高会使其变性，从而使催化活性下降或全部失去。只有在某一温度时，速率最大，此时的温度称为酶的最适温度，人体大多数酶的最适温度在 37℃左右。

酶的高活性和选择性是因为酶分子中较小的区域内存在着结构复杂的活性中心。这些活性中心由某些具有特定化学结构和空间构型的基团组成，只有当活性中心里各基团结构排列恰好与反应物的某些反应部位的结构相适应，并以氢键或其他形式相结合时，酶才表现出催化活性。酶催化反应的机理为酶(E)与底物(S)首先生成中间络合物(ES)，然后继续反应生成产物(P)，并释放出酶 E。

$$E + S \underset{k_1}{\overset{k_{-1}}{\rightleftharpoons}} ES \xrightarrow{k_2} E + P$$

知识拓展

分子动态学

分子动态学(molecular dynamics)又称**微观化学动力学**(microscopic chemical kinatics)，分子反应动力学，化学基元反应动态学，是当今化学学科最活跃的和最富成果的前沿领域之一。近十多年来，分子动态学研究在促进科学技术的发展和突破方面起到了重要的作用。

分子动态学是化学动力学中涉及微观化学反应的一个新兴学科分支。它借助于分子束、激光等新兴技术，对化学反应进行微观的、分子水平的和量子状态的研究。它可研究个别分子间的单次碰撞及反应行为，获知具有特定能态及方位的反应物分子转化为特定能态的产物分子的“态–态反应”之动力学特征，可涉及分子的碰撞、能量的交换、电荷的转移、中间体构型及寿命、旧键的破坏、新键的生成、产物分子的能态及其分布等全部微观的动态信息。依此可揭示化学反应的微观机理，测得反应的微观动力学参量，进而可得到宏观元反应的有关动力学参量。该学科的发展使人们对于反应动力学之本质的认识达到了更加深入的新水平。

本 章 小 结

本章主要讨论化学反应速率及其影响因素。化学反应速率是衡量化学反应进行快慢的物理量，通常用单位时间内反应物浓度的减少或生成物浓度的增加来表示。反应速率有平均反应速率和瞬时反应速率两种表示方法。碰撞理论认为，只有反应物分子发生有效碰撞才能发生化学反应。能够发生有效碰撞的分子叫活化分子，活化分子较一般分子高出的能量叫活化能。活化能是决定化学反应速率的内因，活化能越低，反应速率越大。不同的反应具有不同的活化能，因此不同的化学反应有不同的反应速率。过渡状态理论认为，在反应物生成产物的过程中首先要形成活化络合物，活化络合物进一步分解才能形成产物。活化能等于活化络合物的平均能量与反应物分子平均能量的差值，是从反应物形成产物过程中的能量障碍。若产物分子的能量比反应物分子的能量低，则发生放热反应；反之为吸热反应。

化学反应速率除了取决于反应物分子的内部结构外，还与浓度、温度以及催化剂等外部因素有关。浓度对基元反应速率的影响符合质量作用定律，即基元反应的反应速率与各反应物浓度幂次方的乘积成正比。

$$a\mathrm{A} + b\mathrm{B} = e\mathrm{E} + f\mathrm{F}$$
$$v = kc^{a}_{\mathrm{A}}c^{b}_{\mathrm{B}}$$

复合反应的速率方程比较复杂，速率方程中浓度项的指数要由实验确定，也可根据反应机理进行推导。反应速率方程中各反应物浓度项的指数之和称为反应级数。具有简单级数的反应具有一定的特征：一级反应 $\ln c_{\mathrm{A}}$ 对 t 呈线性关系，$t_{1/2}$ 与 $c_{\mathrm{A},0}$ 无关；二级反应 $1/c_{\mathrm{A}}$ 对 t 呈线性关系，$t_{1/2}$ 与 $c_{\mathrm{A},0}$ 呈反比；零级反应 c_{A} 对 t 呈线性，$t_{1/2}$ 与 $c_{\mathrm{A},0}$ 呈正比。

温度对反应速率的影响可用 Arrhenius 方程式表示

$$k = Ae^{-\frac{E_{\mathrm{a}}}{RT}}$$

对于一个给定的化学反应，温度越高，反应速率常数 k 越大，反应速率越快；对于不同的反应，活化能越大，温度对反应速率的影响越大。

正催化剂能够加快反应速率，这是因为催化剂参与了化学反应，改变了反应途径，降低了反应的活化能，使更多的反应物分子成为活化分子。催化剂降低活化能的机理有均相催化理论中的中间产物学说和多相催化理论中的活化中心学说等。

习 题

1. 解释下列名词：①化学反应速率；②基元反应；③速率控制步骤；④反应分子数；⑤反应级数；⑥活化能；⑦半衰期；⑧催化剂。

2. 什么是质量作用定律？应用时有什么限制？

3. 温度升高，可逆反应的正、逆化学反应速率都加快，为什么化学平衡还会移动？

4. 催化剂的主要特点是什么？它为什么能改变化学反应速率？又为什么不能使化学平衡移动？

5. 下列叙述是否正确？并加以解释。

(1) 所有反应的反应速率都随时间的变化而改变。

(2) 质量作用定律适用于实际能进行的反应。

(3) 可以从速率常数的单位来推测反应级数和反应分子数。

(4) 正反应的活化能一定大于逆反应的活化能。

6. 若某化学反应的等压反应热$\Delta_r H_m$为 100kJ · mol^{-1}，则其正反应的活化能 E_a 的数值大于、等于还是小于 100kJ · mol^{-1}，或是不能确定？

7. 肺进行呼吸时，吸入的 O_2 与肺脏血液中的血红蛋白 Hb 反应生成氧合血红蛋白 HbO_2，反应式为 $Hb + O_2 \longrightarrow HbO_2$，该反应对 Hb 和 O_2 均为一级，为保持肺脏血液中血红蛋白的正常浓度 (8.0×10^{-6}mol · L^{-1})，则肺脏血液中 O_2 的浓度必须保持为 1.6×10^{-6}mol · L^{-1}。已知上述反应在体温下的速率常数 $k = 2.1\times10^{6}$mol^{-1} · L · s^{-1}。

(1) 计算正常情况下，氧合血红蛋白在肺脏血液中的生成速率。

(2) 患某种疾病时，HbO_2 的生成速率已达 1.1×10^{-4}mol · L^{-1}·s^{-1}，为保持 Hb 的正常浓度，需给患者进行输氧，问肺脏血液中 O_2 的浓度为多少才能保持 Hb 的正常浓度。

8. 科学工作者已经研制出人造血红细胞。这种血红细胞从体内循环中被清除的反应是一级反应，其半衰期为 6.0h。如果一个事故的受害者血红细胞已经被人造血红细胞所取代，1.0h 后到达医院，这时其体内的人造血红细胞占输入的人造血红细胞的分数是多少？

9. 形成烟雾的化学反应之一是 $O_3(g) + NO(g) \longrightarrow O_2(g) + NO_2(g)$。已知此反应对 O_3 和 NO 都是一级，且速率常数为 1.2×10^{7}mol^{-1} · L · s^{-1}。试计算当受污染的空气中 $c(O_3) = c(NO) = 5.0\times10^{-8}$mol · L^{-1} 时，①$NO_2$ 生成的初速率②反应的半衰期③5 个半衰期后的 $c(NO)$。

10. 某放射性同位素进行 β 放射，经 14d 后，同位素的活性降低 6.85%，试计算此同位素蜕变的速率常数和反应的半衰期。此放射性同位素蜕变 90%需多长时间？

11. C^{14} 放射性蜕变的 $t_{1/2}$ 为 5730 年，今一考古样品中测得的 C^{14} 含量只有正常生物体的 72%，请问该样品距今有多少年。

12. 已知某药物分解反应为一级反应，在 100°C 时测得该药物的半衰期为 170d，该药物分解 20%为失效，已知 10°C 时其有效期为 2a(按 700d 计)。若改为室温下(25°C)保存，该药物的有效期为多少天？

13. 某种酶催化反应的活化能是 50.0kJ · mol^{-1}。正常人的体温为 37℃，当病人发烧至 40℃时，此反应的速率增加了多少倍(不考虑温度对酶活力的影响)？

14. 尿素的水解反应为

$$CO(NH_2)_2 + H_2O \longrightarrow 2NH_3 + CO_2$$

25°C 无酶存在时，反应的活化能为 120kJ · mol^{-1}，当有尿素酶存在时，反应的活化能降为 46kJ · mol^{-1}，反应速率为无酶存在时的 9.4×10^{12} 倍，试计算无酶存在时，温度要升到何值才能达到酶催化时的速率？

15. 已知青霉素 G 的水解反应为一级反应，37℃时反应的活化能为 84.80kJ · mol^{-1}，指数前因子为 4.2×10^{12}h^{-1}。试求，37℃时青霉素 G 水解反应的速率常数。

16. 环氧乙烷的分解是一级反应，380℃时反应的半衰期为 363min，反应的活化能 E_a 为 217.57 kJ · mol^{-1}。试计算环氧乙烷在 450℃时分解 75%所需的时间。

17. The reaction rate of $2HI(g) \longrightarrow H_2(g) + I_2(g)$ is $v = kc^2(HI)$, with k=0.080L · mol^{-1} · s^{-1} at 500℃.What is the $t_{1/2}$ of the reaction at this temperature when the initial HI concentration is 0.040 mol · L^{-1}?

18. The reaction $2A \longrightarrow 2B + C$ has an activation energy of 100 kJ · mol^{-1}.It's rate constant at 300℃ is 5.0 L · mol^{-1} · s^{-1}.What is the rate constant at 350℃?

(高　静)

第二模块　溶液与胶体

一种或几种物质分散在另一种连续介质中所形成的系统称为**分散系统**(dispersion system)，简称分散系。其中，被分散的物质称为**分散相**(dispersion phase)，容纳分散相的连续介质称为**分散介质**(dispersion medium)。分散系统形成以后，与分散介质相比，性质将会发生一系列明显的变化，如渗透压、酸碱性、电泳和电渗等等。这些性质的变化与分散相粒子的大小、数量和种类有关。按分散相粒子的大小不同通常将分散系分为溶液、胶体和粗分散系三类。就生物体而言，组织液、血液、淋巴液、乳汁、细胞、肌肉、脏器、软骨、毛发等都属于不同类型的分散系，临床上常用的各种注射液、合剂、洗剂、乳剂、气雾剂等也属于分散系统。由于生物体内发生的许多生理变化和病理变化常与分散系的性质有关，因此要了解生理机能，病理原因和药物疗效都需要以分散系的知识作为基础。本模块主要介绍与医学关系密切的分散系性质，包括溶液的依数性、溶液的酸碱性、溶液中沉淀的形成和溶解以及胶体的特征、制备、破坏和高分子溶液等内容。

第四章　稀溶液的依数性

分散相粒子直径小于 1nm 的分散系称为溶液，溶液是溶质以单个的分子、原子或离子的形式分散在溶剂中所形成的均匀的稳定的系统。生命过程离不开各种溶液，体内的组织液、血液、淋巴液及各种腺体的分泌液等都属于溶液，临床上的许多药物也需要配制成溶液(如生理盐水、葡萄糖溶液等)才能使用。与纯溶剂相比，溶液性质的变化可分为两类：一类与溶质的种类有关，如溶液的颜色、导电性和表面张力等；另一类取决于溶液中溶质与溶剂的相对数量，而与溶质的种类无关，如溶液的蒸气压下降、沸点升高、凝固点降低以及渗透压力等，这类性质具有一定的规律性，统称为**稀溶液的依数性**(colligative properties of dilute solution)。掌握稀溶液的依数性，能够更好地了解细胞内外物质的交换和运输、临床输液、水及电解质代谢等问题。本章主要介绍难挥发性非电解质稀溶液的依数性，对于电解质溶液只作简略介绍。

学习要求

1. 掌握产生渗透现象的条件和溶液渗透压力的概念；掌握渗透压力、渗透浓度的计算及渗透压力在医学上的应用。

2. 熟悉稀溶液的蒸气压下降、沸点升高和凝固点降低的原因、规律和相关计算。

3. 了解晶体渗透压和胶体渗透压，了解稀溶液依数性在医学及日常生活中的应用。

第一节　溶液的蒸气压下降

一、蒸　气　压

在一定温度下，将某纯溶剂(如水)置于一密闭容器中，由于分子的热运动，液面上一些能量较高的水分子将克服液体分子间的引力自液面逸出，成为蒸气分子，形成气相(系统中物理性质和化学性质都相同的组成部分称为相)，这一过程称为**蒸发**(evaporation)。同时，气相中的蒸气分子也会相互聚结重新变为液体，这一过程称为**凝结**(condensation)。开始时，蒸发过程占优势，但随着气相蒸气密度的增大，凝结的速率也随之增大，当液体蒸发的速率与蒸气凝结的速率相等时，**气相**(gas phase)与**液相**(liquid phase)达到平衡

$$H_2O(l) \rightleftharpoons H_2O(g) \tag{4.1}$$

式中，l 代表液相，g 代表气相。这时，水蒸气的密度不再改变，它具有的压力也不再改变，此时，蒸气所具有的压强称为该温度下的饱和蒸气压，简称**蒸气压**(vapor pressure)，用符号 p 表示，单位是 Pa(帕)或 kPa(千帕)。蒸气压的大小与液体的本性和温度有关。一些液体的饱和蒸气压，见表 4-1。

表 4-1　一些液体的饱和蒸气压(20℃)

物质	水	乙醇	苯	乙醚	汞
蒸气压/kPa	2.34	5.85	9.96	57.6	1.6×10^{-4}

由于蒸发是一个吸热过程，温度升高时，式(4.1)所表示的气液两相平衡向右移动，导致蒸气压随温度升高而增大。水的蒸气压与温度的关系见表 4-2。

表4-2　不同温度下水的蒸气压

T/K	p/kPa	T/K	p/kPa
273	0.6106	333	19.9183
278	0.8719	343	35.1574
283	1.2279	353	47.3426
293	2.3385	363	70.1001
303	4.2423	373	101.3247
313	7.3754	423	476.0262
323	12.3336		

不仅液体有蒸气压，固体也有蒸气压。大多数固体的蒸气压都很小，只有少数固体如冰、碘、樟脑、萘等有较大的蒸气压。固体的蒸气压也随温度的升高而增大，表 4-3 列出了不同温度下冰的蒸气压。

表4-3　不同温度下冰的蒸气压

T/K	p/kPa	T/K	p/kPa
248	0.0635	268	0.4013
253	0.1035	272	0.5626
258	0.1653	273	0.6106
263	0.2600		

无论固体还是液体，蒸气压大的称为易挥发性物质，蒸气压小的则称为难挥发性物质。本章讨论稀溶液依数性时，忽略难挥发性溶质自身的蒸气压，只考虑溶剂的蒸气压。

二、溶液的蒸气压下降—Raoult 定律

实验证明，在相同温度下，当难挥发的非电解质溶于溶剂形成稀溶液后，稀溶液的蒸气压比纯溶剂的蒸气压低。这是因为纯溶剂的部分表面被溶质分子所占据，单位时间内从溶液中蒸发出的溶剂分子数比从纯溶剂中蒸发出的分子数少，因此，平衡时溶液的蒸气压必然低于纯溶剂的蒸气压，这种现象称为溶液的**蒸气压下降**(vapor pressure lowering)。由于溶质是难挥发性的，因此这里所说的溶液的蒸气压实际上是指溶液中溶剂的蒸气压。图 4-1 表示纯溶剂和溶液在密闭容器内蒸发-凝聚的情况。显然，溶液的浓度越大，溶液的蒸气压下降就越多。

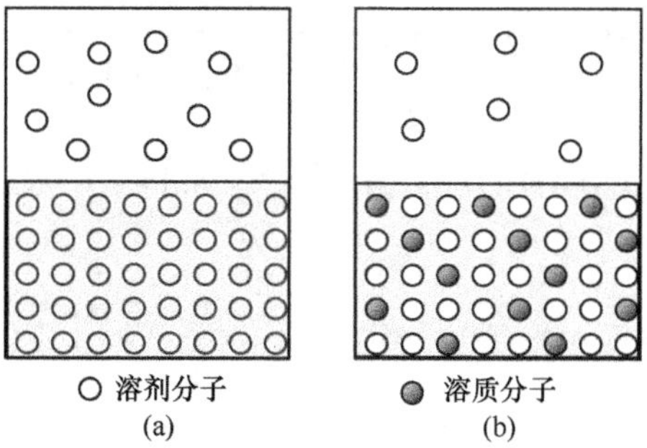

图 4-1　纯溶剂和溶液蒸发-凝聚示意图

(a)纯溶剂蒸发示意图；(b)溶液蒸发示意图

1887 年法国化学家 Raoult F M 根据大量实验结果，总结出如下规律：在一定温度下，难挥发性非电解质稀溶液的蒸气压等于纯溶剂的蒸气压乘以溶液中溶剂的摩尔分数。即

$$p=p^0x_A \tag{4.2}$$

式中，p^0 为纯溶剂的蒸气压，p 为同温度下溶液的蒸气压，x_A 为溶液中溶剂的摩尔分数。因为 $x_A<1$，所以 $p<p^0$。对于只有一种溶质的稀溶液，若 x_B 为溶质的摩尔分数，由于 $x_A+x_B=1$，因此，$p=p^0(1-x_B)$，即

$$\Delta p=p^0x_B \tag{4.3}$$

式(4.3)是 Raoult 定律的另一数学表达式。其中，Δp 为溶液的蒸气压下降。该式表明，在一定温度下，难挥发性非电解质稀溶液的蒸气压下降与溶液中溶质的摩尔分数成正比，而与溶质的本性无关。

在稀溶液中，溶质的物质的量 n_B 远远小于溶剂的物质的量 n_A，所以

$$x_B=\frac{n_B}{n_A+n_B}\approx\frac{n_B}{n_A}=\frac{n_B}{m_A+M_A}$$

$$\Delta p=p^0\frac{n_B}{m_A/M_A}=p^0M_A\frac{n_B}{m_A}=p^0M_Ab_B=Kb_B$$

$$\Delta p=Kb_B \tag{4.4}$$

式中，$K=p^0\cdot M_A$，M_A 为溶剂的摩尔质量，b_B 为质量摩尔浓度(即单位质量的溶剂中所含溶质的物质的量，单位：$mol\cdot kg^{-1}$)。式(4.4)表明稀溶液的蒸气压下降与溶液的质量摩尔浓度成正比。因此，难挥发性非电解质稀溶液的蒸气压下降只与溶剂中所含溶质的微粒数有关，而与溶质的本性无关。

例 4-1　已知 293K 时水的饱和蒸气压为 2.338kPa，将 3.00g 尿素[$CO(NH_2)_2$]溶于 100g 水中，试计算溶液的质量摩尔浓度和蒸气压分别是多少？

解　尿素的摩尔质量 $M=60.0g\cdot mol^{-1}$，溶液的质量摩尔浓度

$$b\left[CO(NH_2)_2\right]=\frac{3.00g}{60.0g\cdot mol^{-1}}\times\frac{1000g\cdot kg^{-1}}{100.0g}=0.500mol\cdot kg^{-1}$$

H_2O 的摩尔分数 $$x(H_2O)=\frac{\frac{100g}{18g\cdot mol^{-1}}}{\frac{100g}{18g\cdot mol^{-1}}+0.500mol\cdot kg^{-1}\times 0.1kg}=0.991$$

尿素溶液的蒸气压 $p=p^0(H_2O)\cdot x(H_2O)=2.338kPa\times 0.991=2.32kPa$

第二节 溶液沸点的升高

一、液体的沸点

液体的蒸气压等于外压时的温度称为液体的**沸点**(boiling point)。液体的**正常沸点**(normal boiling point)是指外压为标准大气压即 101.3kPa 时的沸点。例如水的正常沸点为 373.15K。通常情况下，没有注明压力条件的沸点都是指正常沸点。

液体的沸点随着外界压力的改变而改变。这种性质，常被应用于实际工作中。例如，在药物提取和精制过程中，常采用减压蒸馏或减压浓缩的方法，尤其是对于热稳定性差的物质，因为降低压力，可使物质在较低的温度下沸腾蒸发，一是可以加快蒸发速度，二是可以防止药物在高温下分解。又如，医学上常见的高压灭菌法，采用的则是高压可使液体沸点升高的原理。在密闭的高压消毒器内加热，可用较高的温度对热稳定性好的注射液和某些医疗器械、敷料等消毒灭菌。

二、溶液的沸点升高

实验证明，溶液的沸点高于纯溶剂的沸点，这一现象称为溶液的**沸点升高**(boiling point elevation)。溶液沸点升高的原因是溶液的蒸气压低于纯溶剂的蒸气压。在图 4-2 中，横坐标表示温度，纵坐标表示蒸气压。AA′ 表示纯水的蒸气压曲线，BB′ 表示稀溶液的蒸气压曲线。由于溶液的蒸气压在任何温度下都低于同温度下纯水的蒸气压，所以 BB′ 处于 AA′

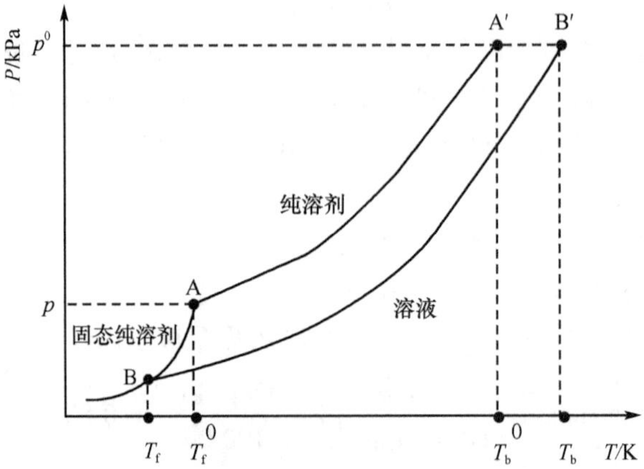

图 4-2 稀溶液的沸点升高和凝固点降低

的下方。当温度为 T_b^0=373.15K 时，纯水的蒸气压等于外压 101.3kPa，纯水开始沸腾，温度 T_b^0 是纯水的沸点。而在此温度下，溶液的蒸气压低于 101.3kPa，溶液并不沸腾，只有将温度升高到 T_b 时，溶液的蒸气压等于外压 101.3kPa，溶液才沸腾，T_b 为溶液的沸点。溶液的沸点升高用 ΔT_b 表示，$\Delta T_b=T_b-T_b^0$。

溶液浓度越大，其蒸气压下降越多，沸点升高就越多，即稀溶液的沸点升高与蒸气压下降成正比

$$\Delta T_b=K'\Delta p$$

根据 Raoult 定律

$$\Delta p=Kb_B$$

得

$$\Delta T_b=K'Kb_B=K_bb_B \tag{4.5}$$

式中，K_b 称为溶剂的沸点升高常数，它只与溶剂有关。表 4-4 列出了常见溶剂的沸点及 K_b 值。

表4-4　常见溶剂的沸点（T_b^0）及沸点升高常数（K_b）

溶剂	T_b^0 /℃	K_b/(K · kg · mol^{-1})
萘	218	5.80
乙酸	118	2.93
水	100	0.512
苯	80	2.53
乙醇	78.4	1.22
四氯化碳	76.7	5.03
氯仿	61.2	3.63
乙醚	34.7	2.02

从式(4.5)可以看出，在一定条件下，难挥发性非电解质稀溶液的沸点升高只与溶液的质量摩尔浓度成正比，而与溶质的本性无关。

第三节　溶液凝固点的下降

一、液体的凝固点

凝固点 T_f(freezing point)是指物质的固、液两相蒸气压相同时的温度。物质的固相和液相蒸气压相同时，可以平衡共存，若两相蒸气压不相同时，则蒸气压较大的一相向蒸气压较小的一相转化，如下图所示

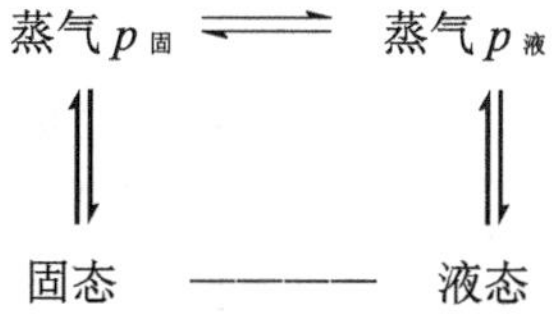

一定温度下，物质的固态和液态各具有一定的蒸气压。若 $p_{固}>p_{液}$，平衡被打破，最终固态会转化为液态；反之，若 $p_{固}<p_{液}$，液态最终会转化为固态。只有当 $p_{固}=p_{液}$时，固、

液两相才可以共存。

常压下(101.325kPa)，纯水的凝固点为 273.15K。即在该温度时水和冰的蒸气压相等，冰与水可以共存。但若在 273.15K 的水中加入难挥发的溶质组成溶液，因为溶液的蒸气压下降，溶液的蒸气压将低于冰的蒸气压，此时，冰与溶液无法共存，最终冰会全部液化为水。如果使溶液中有冰出现，只能降低温度。因此溶液的凝固点低于纯水的凝固点。

如图 4-2 所示，AB 表示冰的蒸气压曲线，AB 与 AA′ 相交于 A 点，此时冰和水两相平衡共存，A 对应的温度即纯水的凝固点 T_f^0=273.15K，但在 273.15K 时水溶液的蒸气压低于纯水的蒸气压，这时溶液与冰不能共存，冰将融化，即溶液在 273.15K 时不能结冰。若温度继续下降，由于冰的蒸气压比溶液的蒸气压随温度降低得更快，当温度降至 T_f时，冰和溶液的蒸气压相等，此时，冰和溶液共存，这个平衡温度 T_f 就是溶液的凝固点。溶液的浓度越大，蒸气压曲线越低，则凝固点下降的幅度越大。

二、溶液的凝固点降低

凝固点降低(freezing point depression) ΔT_f 为纯溶剂的凝固点与溶液的凝固点之差($\Delta T_f=T_f^0-T_f$)。实验证明，溶液的凝固点降低ΔT_f与溶液的蒸气压下降Δp 成正比。对于稀溶液而言

$$\Delta T_f=K''\Delta p$$

而
$$\Delta p=Kb_B$$

所以
$$\Delta T_f=K''Kb_B=K_f\,b_B \tag{4.6}$$

式中，K_f 称为溶剂的凝固点降低常数，它只与溶剂的本性有关。表 4-5 列出了一些溶剂的凝固点 T_f^0 及 K_f 值。从式(4.6)可以看出，难挥发性非电解质稀溶液的凝固点降低与溶液的质量摩尔浓度成正比，而与溶质的本性无关。

表4-5　常见溶剂的凝固点(T_f^0)及凝固点降低常数(K_f)

溶剂	T_f^0/℃	K_f/(K·kg·mol^{-1})
萘	80	6.90
乙酸	17	3.90
苯	5.5	5.10
水	0.0	1.86
四氯化碳	−22.9	32.0
乙醚	−116.2	1.80

由式(4.6)，实验测定溶液的凝固点降低值ΔT_f，即可计算溶质的摩尔质量

$$\Delta T_f=K_f b_B=K_f\frac{m_B}{m_A\cdot M_B}$$

所以
$$M_B=K_f\frac{m_B}{m_A\cdot \Delta T_f} \tag{4.7}$$

式中，m_B 为溶质的质量，m_A 为溶剂的质量，M_B 为溶质的摩尔质量。

例 4-2　黄体酮是一种雌性激素，将 1.50g 黄体酮试样溶于 10.0g 苯中，所得溶液的凝

固点下降 2.45K，求黄体酮的相对分子质量。

解 苯的 K_f=5.10K · kg · mol^{-1}，根据式(4.7)有

$$M_B = 5.10K \cdot kg \cdot mol^{-1} \times \frac{1.50g}{10.0g \times 2.45K} = 0.312kg \cdot mol^{-1} = 312g \cdot mol^{-1}$$

黄体酮的相对分子质量为 312。

通过测定溶液的沸点升高和凝固点降低都可以推算溶质的摩尔质量(或相对分子质量)。但在实际工作中，多采用凝固点降低法。因为大多数溶剂的 K_f 值大于 K_b 值，同一溶液的凝固点降低值比沸点升高值大，因而灵敏度高且相对误差小。而且溶液的凝固点测定是在低温下进行的，不会引起生物样品的变性或破坏，因此，在医学和生物科学实验中凝固点降低法的应用更为广泛。

溶液凝固点降低原理还有许多其他应用。在严寒的冬天，为防止汽车水箱冻裂，常在水箱中加入甘油或乙二醇以降低水的凝固点，防止水结冰体积膨大引起水箱胀裂。在实验室中，常用食盐和冰的混合物作制冷剂，可使温度降至–22℃，用氯化钙和冰混合，可使温度降至–55℃。

第四节 溶液的渗透压

一、渗透现象与渗透压

若在某容器中加入一定量的蔗糖溶液，再在蔗糖溶液的液面上小心地加一层水，在避免任何机械振动的情况下静置一段时间，由于分子本身的热运动，蔗糖分子将由溶液层向水层中运动，水分子由水层向溶液层运动，最后成为一个均匀的蔗糖溶液，这一过程称为**扩散**(diffusion)。

若用一种**半透膜**(semipermeable membrane)将蔗糖溶液和纯水隔开，如图 4-3(a)所示。一段时间后，可以看到蔗糖一侧的液面不断上升，说明水分子不断地通过半透膜转移到蔗糖溶液中。这种溶剂分子通过半透膜进入到溶液中的过程，称为**渗透作用**，简称**渗透**(osmosis)。不同浓度的两种溶液用半透膜隔开，都会发生渗透作用。半透膜的种类很多，通透性也不相同。它是一种只允许某些物质透过，而不允许另一些物质透过的薄膜，如动物的肠衣、动植物的细胞膜、毛细血管壁、人工制备的羊皮纸、火棉胶等等都是半透膜。图 4-3(a)中的半透膜只允许水分子自由透过而不允许蔗糖分子透过。由于膜两侧单位体积内溶剂分子数不相等，单位时间内由纯溶剂进入溶液的溶剂分子数要比由溶液进入纯溶剂的溶剂分子数多，膜两侧渗透速度不同，其结果是溶液一侧的液面升高。因此，渗透现象的产生必须具备两个条件：一是有半透膜存在；二是膜两侧单位体积内溶剂分子数不相等。由此，我们可以知道，渗透现象不仅在溶液和纯溶剂之间可以发生，在浓度不同的两种溶液之间也可以发生。渗透的方向总是溶剂分子从纯溶剂向溶液或是从稀溶液向浓溶液进行渗透。

由于渗透作用，在上述实验过程中蔗糖溶液的液面上升，随着溶液液面的升高，静水压增大，水分子从溶液进入纯水的速度加快。当静水压增大至一定值后，单位时间内从膜

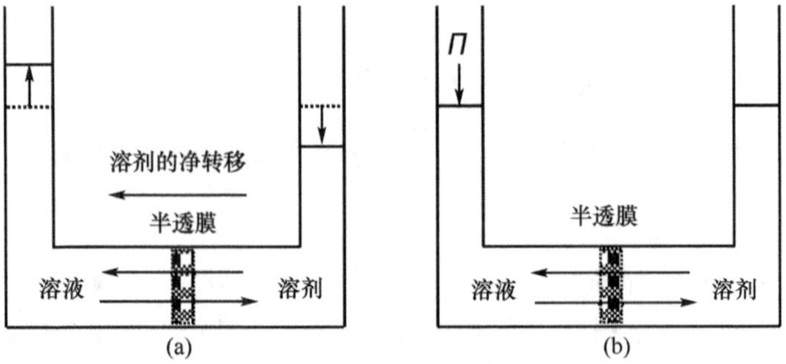

图 4-3　渗透现象与渗透压

(a) 渗透现象；(b) 渗透压

两侧透过的溶剂分子数相等，两侧液面不再发生变化，达到渗透平衡。

如图 4-3(b)所示，为了使渗透现象不发生，必须在溶液液面上施加一额外的压力。**渗透压**(osmotic pressure)在数值上等于：将纯溶剂与溶液以半透膜隔开时，为维持渗透平衡所需要加给溶液的额外压强。渗透压用符号 Π 表示，单位为 Pa 或 kPa。如果被半透膜隔开的是两种不同浓度的溶液，为阻止渗透现象发生，应在浓溶液液面上施加一额外压强，实验证明，此压强是浓溶液与稀溶液的渗透压之差。

若选用一种高强度且耐高压的半透膜将溶液和纯溶剂隔开，在溶液液面上施加大于渗透压的外压，则溶液中将有更多的溶剂分子通过半透膜进入溶剂一侧，这种使渗透作用逆向进行的过程称为**反渗透**(reverse osmosis)。反渗透可应用于溶液浓缩及海水淡化等方面。

二、Van't Hoff 定律

实验证明，在一定温度下，溶液的渗透压与它的浓度成正比；在一定浓度下，溶液的渗透压与绝对温度成正比。1886 年，荷兰物理化学家 van't Hoff 通过实验得出非电解质稀溶液的渗透压与溶液浓度及绝对温度的关系：

$$\Pi = c_B RT \tag{4.8}$$

式中，Π 为溶液的渗透压(kPa)；c_B 为溶液的物质的量浓度($mol \cdot L^{-1}$)；T 为绝对温度(K)；R 为气体常数($kPa \cdot L \cdot K^{-1} \cdot mol^{-1}$)。式(4.8)表明，在一定温度下，稀溶液渗透压的大小仅与单位体积溶液中溶质微粒数的多少有关，而与溶质的本性无关。对于非电解质稀溶液来说，其物质的量浓度与质量摩尔浓度近似相等，即 $c_B \approx b_B$，因此，式(4.8)可改写为

$$\Pi \approx b_B RT \tag{4.9}$$

例 4-3　将 2.00g 蔗糖($C_{12}H_{22}O_{11}$)溶于水，配制成 50.0ml 溶液，求溶液在 37℃时的渗透压。

解　$M(C_{12}H_{22}O_{11})=342g \cdot mol^{-1}$

$$c(C_{12}H_{22}O_{11}) = \frac{n}{V} = \frac{2.00g}{342g \cdot mol^{-1} \times 0.0500L} = 0.117mol \cdot L^{-1}$$

$$\Pi = c_B RT = 0.117mol \cdot L^{-1} \times 8.314kPa \cdot L \cdot K^{-1} \cdot mol^{-1} \times 310.15K = 302kPa$$

通过实验测定难挥发性非电解质稀溶液的渗透压，可以推算溶质的摩尔质量或相对分子质量。

$$\Pi V=n_BRT=\frac{m_B}{M_B}RT$$

所以
$$M_B=\frac{m_BRT}{\Pi V} \tag{4.10}$$

式中，m_B为溶质的质量(g)，M_B为溶质的摩尔质量($g\cdot mol^{-1}$)。

此法主要用于测定高分子物质(如蛋白质)的相对分子质量。例如，浓度为 $1.00\times10^{-4}mol\cdot kg^{-1}$ 的某高分子化合物溶液的凝固点降低值ΔT_f为 $1.86\times10^{-4}K$，一般已无法进行测量，而该溶液的渗透压 Π 为 0.226kPa，还能较准确地测量。因此，常用渗透压法测定高分子化合物的相对分子质量。但是，测定小分子溶质的相对分子质量用测定渗透压的方法则相当困难，故多用凝固点降低法测定。

例 4.4　将 35.0g 血红蛋白溶于适量水中，配制成 1.00L 溶液，在 293.15K 时，测得溶液的渗透压为 1.33kPa，试求血红蛋白的相对分子质量。

解　根据式(4.10)有

$$M_B=\frac{35.5g\times8.314kPa\cdot L\cdot K^{-1}\cdot mol^{-1}\times298.15K}{1.33kPa\times1.00L}=6.52\times10^4g\cdot mol^{-1}$$

所以血红蛋白的相对分子质量为 6.52×10^4。

三、渗透压在医学上的意义

(一)渗透浓度

由于渗透压与溶液中溶质粒子的浓度呈正比，而与溶质的本性无关。为方便起见，在医学上常用能产生渗透作用的溶质微粒的浓度来表达溶液渗透压力的高低。溶液中能产生渗透效应的溶质粒子(分子、离子等)统称为渗透活性物质，渗透活性物质的物质的量除以溶液的体积称为溶液的**渗透浓度**(osmolarity)，用符号 c_{os} 表示，单位为 $mol\cdot L^{-1}$ 或 $mmol\cdot L^{-1}$。根据 van't Hoff 定律，在一定温度下，对于任一稀溶液，其渗透压与溶液的渗透浓度成正比。因此，医学上常用渗透浓度来衡量溶液渗透压的大小。

例 4.5　计算 $50.0g\cdot L^{-1}$ 葡萄糖溶液、$9.00\ g\cdot L^{-1}$NaCl 溶液和 $12.5g\cdot L^{-1}NaHCO_3$ 溶液的渗透浓度(用 $mmol\cdot L^{-1}$ 表示)。

解　葡萄糖($C_6H_{12}O_6$)的摩尔质量为 $180g\cdot mol^{-1}$，$50.0g\cdot L^{-1}$ 葡萄糖溶液的渗透浓度为

$$c_{os}=\frac{50.0g\cdot L^{-1}\times1000mmol\cdot mol^{-1}}{180g\cdot mol^{-1}}=278mmol\cdot L^{-1}$$

NaCl 的摩尔质量为 $58.5g\cdot mol^{-1}$，生理盐水的渗透浓度为

$$c_{os}=2\times\frac{9.0g\cdot L^{-1}\times1000mmol\cdot mol^{-1}}{58.5g\cdot mol^{-1}}=308mmol\cdot L^{-1}$$

$NaHCO_3$ 的摩尔质量为 $84g\cdot mol^{-1}$，$12.5g\cdot L^{-1}NaHCO_3$ 溶液的渗透浓度为

$$c_{os}=2\times\frac{12.5g\cdot L^{-1}\times1000mmol\cdot mol^{-1}}{84g\cdot mol^{-1}}=298mmol\cdot L^{-1}$$

表 4-6 列出了正常人血浆、组织间液和细胞内液中的渗透浓度。

表4-6 正常人血浆、组织间液和细胞内液中各种渗透活性物质的渗透浓度/($mmol \cdot L^{-1}$)

渗透活性物质	血浆	组织间液	细胞内液
Na^+	144	137	10
K^+	5.0	4.7	141
Ca^{2+}	2.5	2.4	
Mg^{2+}	1.5	1.4	31
Cl^-	107	112.7	4.0
HCO_3^-	27	28.3	10
HPO_4^{2-}、$H_2PO_4^-$	2.0	2.0	11
SO_4^{2-}	0.5	0.5	1.0
磷酸肌酸			45
肌肽			14
氨基酸	2.0	2.0	8.0
肌酸	0.2	0.2	9.0
乳酸盐	1.2	1.2	1.5
三磷酸腺苷			5.0
一磷酸己糖			3.7
葡萄糖	5.6	5.6	
蛋白质	1.2	0.2	4.0
尿素	4.0	4.0	4.0
c_{os}	303.7	302.2	302.2

(二) 等渗、低渗和高渗溶液

渗透压相等的溶液互称为**等渗溶液**(isotonic solution)。渗透压不相等的溶液，相对而言，渗透压高的称为**高渗溶液**(hypertonic solution)，渗透压低的则称为**低渗溶液**(hypotonic solution)。

在临床医学上，溶液的等渗、低渗和高渗是以血浆的总渗透压为标准来衡量的。由表 4-6 可知，正常人血浆的渗透浓度约为 303.7$mmol \cdot L^{-1}$，所以临床上规定，凡渗透浓度在 280～320$mmol \cdot L^{-1}$ 范围内的溶液称为等渗溶液；渗透浓度低于 280$mmol \cdot L^{-1}$ 的溶液称为低渗溶液；渗透浓度高于 320$mmol \cdot L^{-1}$ 的溶液称为高渗溶液。生理盐水(9.0$g \cdot L^{-1}$ 的 NaCl 溶液)和 12.5$g \cdot L^{-1}$ 的 $NaHCO_3$ 溶液是临床上常用的等渗溶液。但是，在实际应用时，个别略低于或略高于此范围的溶液，在临床上也看做是等渗溶液，如 50.0$g \cdot L^{-1}$ 的葡萄糖溶液和 18.7$g \cdot L^{-1}$ 的乳酸钠溶液。

体液渗透压的高低对人体的生理功能起着重要作用，现以红细胞在低渗、高渗和等渗溶液中的形态变化为例加以说明。若将红细胞置于低渗溶液中，在显微镜下观察，可以看到红细胞逐渐膨胀，最后破裂，释放出红细胞内的血红蛋白将溶液染成红色，这种现象医学上称之为**溶血**(hemolysis)[图 4-4(b)]。产生这种现象的原因是细胞内溶液的渗透压高于细胞外液，细胞外液的水向细胞内渗透所致。

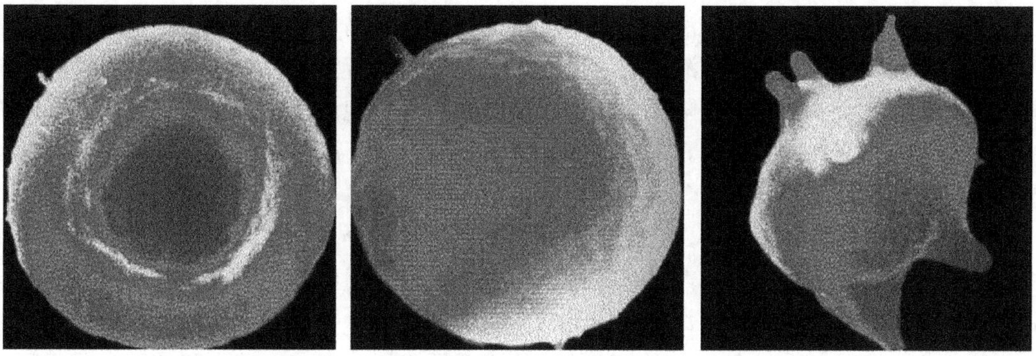

(a)　(b)　(c)

图 4-4　红细胞在不同浓度 NaCl 溶液中的形态变化

(a) $9.0g \cdot L^{-1}$NaCl 溶液；(b) ≪ $9.0g \cdot L^{-1}$NaCl 溶液；(c) ≫ $9.0g \cdot L^{-1}$NaCl 溶液

若将红细胞置于高渗溶液中，在显微镜下观察可见红细胞逐渐皱缩[图 4-4(c)]，皱缩的红细胞互相聚结成团，若此现象发生于血管中，将产生栓塞。产生这种现象的原因是细胞内溶液的渗透压低于细胞外液，红细胞内的水向细胞外渗透所致。

若将红细胞置于生理盐水($9.0g \cdot L^{-1}$ 的 NaCl 溶液)中，从显微镜下观察，红细胞既不会膨胀，也不会皱缩，维持原来的形态不变[图 4-4(a)]。这是由于生理盐水和红细胞内液的渗透压相等，细胞内外液处于渗透平衡状态。

以上实例说明，溶液渗透压的高低直接影响着置于其中的红细胞的存在形态，溶液渗透压过高或过低都会使细胞活性遭到破坏，只有等渗溶液才能维持细胞的正常活性，保持正常的生理功能。所以在临床上，当病人需要大剂量补液时，一般要用等渗溶液。但是，也有使用高渗溶液的情况，如 $2.8mol \cdot L^{-1}$ 的葡萄糖溶液，就是常用的高渗溶液，使用时，应采用小剂量、慢速度的注射方式，使浓溶液逐渐被体液稀释和吸收，不致引起局部高渗而产生不良后果。

(三) 晶体渗透压和胶体渗透压

在血浆等生物体液中含有电解质(如 NaCl、KCl、$NaHCO_3$ 等)、小分子物质(如葡萄糖、尿素、氨基酸等)以及高分子物质(如蛋白质、核酸等)等。在医学上，习惯把电解质和小分子物质统称为晶体物质，它们所产生的渗透压称为**晶体渗透压**(crystalloid osmotic pressure)；把高分子物质称为胶体物质，它们所产生的渗透压称为**胶体渗透压**(colloidal osmotic pressure)。血浆中胶体物质的含量(约为 $70g \cdot L^{-1}$)虽高于晶体物质的含量(约为 $7.5g \cdot L^{-1}$)，但是晶体物质的分子量小，而且其中的电解质可以解离，单位体积血浆中的微粒数较多，而胶体物质的分子量很大，单位体积血浆中的微粒数少，因此，人体血浆的渗透压主要是由晶体物质产生的。如 310.15K 时，血浆的总渗透压约为 7.7×10^2kPa，其中胶体渗透压仅为 2.9～4.0kPa。

由于人体内各种半透膜(如毛细血管壁和细胞膜)的通透性不同，晶体渗透压和胶体渗透压在维持体内水、盐平衡功能上也各不相同。

细胞膜将细胞内液和细胞外液隔开，并且只让水分子自由通过，而 K^+、Na^+等离子却不易通过。因此，晶体渗透压对维持细胞内、外的水盐平衡起主要作用。如果由于某种原因引起人体内缺水，则细胞外液中盐的浓度将相对升高，晶体渗透压增大，于是细胞内液的水分子透过细胞膜向细胞外液渗透，造成细胞内失水。若大量饮水或输入过多葡萄糖溶液，则使细胞外液中盐的浓度降低，晶体渗透压减小，细胞外液中的水分子就向细胞内液中渗透，严重时可产生水中毒。向高温作业者供给盐汽水，就是为了维持细胞外液晶体渗透压的恒定。

毛细血管壁与细胞膜不同，它允许水分子、离子和小分子物质自由透过，而不允许蛋白质等高分子物质透过。因此，晶体渗透压对维持血浆与组织间液两者间的水盐平衡不起作用。胶体渗透压虽然很小，却对维持毛细血管内外的水盐平衡起主要作用。如果由于某种疾病造成血浆蛋白质减少时，则血浆的胶体渗透压降低，血浆中的水和盐等小分子物质就会透过毛细血管壁进入组织间液，造成血容量降低而组织间液增多，这是形成水肿的原因之一。因此，临床上对大面积烧伤或失血的病人，除补给电解质溶液外，还要输给血浆或右旋糖酐等代血浆，以恢复血浆的胶体渗透压并增加血容量。

一般说来，人体血液的渗透压值较为恒定，而尿液渗透压值的变化较大。临床检验时，测定尿液的渗透压值对于评价肾脏功能和作为一些疾病的诊断指标有重要意义。

(四)体液渗透压的测定

由于直接测定溶液的渗透压比较困难，而测定溶液的凝固点降低比较方便，因此，临床上对血液、胃液、唾液、尿液、透析液、组织细胞培养液的渗透压的测定通常是用“冰点渗透压计”测定溶液的凝固点降低值来推算。

例 4.6 测得人体血液的凝固点降低值ΔT_f=0.56K，求在体温 37℃时的渗透压。

解 水的K_f=1.86K · kg · mol^{-1}，根据式 $\Delta T_f=K_f b_B$，得 $b_B=\dfrac{\Delta T_f}{K_f}$

$$\Pi=b_B RT=\frac{\Delta T_f}{K_f}RT=\frac{0.56\text{K}}{1.86\text{K}\cdot\text{kg}\cdot\text{mol}^{-1}}\times 8.314\text{kPa}\cdot\text{L}\cdot\text{K}^{-1}\cdot\text{mol}^{-1}\times(273.15+37)\text{K}=7.8\times10^2\text{kPa}$$

所以人体血液在体温 37℃时的渗透压为 7.8×10^2kPa。

第五节　稀溶液的依数性之间的关系

难挥发性非电解质稀溶液的蒸气压降低、沸点升高、凝固点降低和渗透压都与溶剂中所含溶质的物质的量有关，即与单位体积内溶质的微粒数有关，而与溶质的本性无关，这些性质统称为稀溶液的依数性。

稀溶液的依数性之间有着内在联系，可以相互换算。由于是稀溶液，可以认为质量摩尔浓度 b_B 与物质的量浓度 c_B 近于相等。因此

$$\frac{\Delta p}{K}=\frac{\Delta T_b}{K_b}=\frac{\Delta T_f}{K_f}=\frac{\Pi}{RT}=b_B \tag{4.11}$$

稀溶液的依数性只适用于难挥发性非电解质的稀溶液。对于非电解质稀溶液来说，只要各溶液物质的量浓度相同，则单位体积内溶质的微粒数相同，其渗透压等依数性质的变化也相同，完全符合稀溶液定律。但是，电解质溶液就不一样，由于电解质在溶液中发生

解离，单位体积溶液中溶质的微粒(分子和离子)数比相同浓度的非电解质溶液多，电解质稀溶液依数性的实验测定值与理论计算值之间存在着较大的偏差。为了使稀溶液的依数性公式适用于电解质溶液，van't Hoff 建议在公式中应引入一个校正因子 i，因此沸点升高、凝固点降低和渗透压的公式可改写为

$$\Delta T_b = iK_b\, b_B \tag{4.12}$$

$$\Delta T_f = iK_f\, b_B \tag{4.13}$$

$$\Pi = ic_BRT \approx ib_BRT \tag{4.14}$$

这样计算才能比较符合实验结果。校正因子 i 的数值，严格说来应由实验测得，但由于强电解质在溶液中完全解离，对于强电解质的稀溶液来说，可忽略阴、阳离子间的相互影响，则 i 值就近似等于电解质分子解离出的粒子个数。例如，AB 型强电解质(KCl、$CaSO_4$、$NaHCO_3$等)及 AB_2 或 A_2B 型强电解质($MgCl_2$、Na_2SO_4等)的校正因子 i 分别为 2 和 3。

例 4.7　临床上常用的生理盐水是 $9.0g \cdot L^{-1}$ NaCl 溶液，求该溶液在 310.15K 时的渗透压。

解　NaCl 在稀溶液中完全解离，$i=2$，NaCl 的摩尔质量为 $58.5g \cdot mol^{-1}$，则

$$\Pi = ic_BRT = \frac{2 \times 9.0g \cdot L^{-1}}{58.5g \cdot mol^{-1}} \times 8.314kPa \cdot L \cdot K^{-1} \cdot mol^{-1} \times 310.15K = 7.9 \times 10^2 kPa$$

知识拓展

正渗透——水处理技术的新方法

水是人类及一切生物赖以生存必不可少的源泉，是工农业生产、经济发展和环境改善不可替代的宝贵自然资源。由于地球上淡水资源日益紧张，水处理技术得到了广泛的发展。反渗透技术就是其中发展比较成熟的一种。但是反渗透技术面临着需要外加动力，消耗能源大等缺点。正渗透作为一种新兴的水处理技术，由于不需要外加动力，靠渗透压差进行分离，正受到越来越多的关注，成为目前水处理研究的一个新的热点。

正渗透过程中膜的一侧是浓度较小的溶液(称为原料液)，另一侧是浓度较原料液高的溶液(称为汲取液)，在渗透压作用下水分子透过选择性膜扩散到汲取液一侧。从渗透的原理可以看出，正渗透不需要外加压力，靠渗透压差使水通过渗透膜，而把溶质截留下来，达到脱盐的目的。在日常淡水制备方面，正渗透方法由于不需要外加压力和能量、设备简单、过程易实现等优点也提供了相当的便利。美国 HTI 公司将乙酸纤维素正渗透膜置于水袋中，用运动糖浆作为汲取液，可在远足、军事和被困海上等缺水时利用正渗透方法将就近的水源制备饮用水，并根据不同的需要开发了不同体积的水袋，适用于各种紧急缺水情况。在 2010 年海地大地震发生后，HTI 技术团队为海地送去了大量水袋，可以就地将污水和废水通过正渗透作用净化为可饮用水，保证了至少 6000 人每人每天有 1L 的饮用水，同时其中的糖浆也为虚弱的幸存者提供了足够的能量，保证了地震幸存者的饮水安全。

正渗透技术由于自身的优点(如不需要外加压力、膜的污染少等)在很多工业领域中有着广泛的应用前景。但实际上，目前正渗透技术的应用大多还处于实验室研究阶段，距离真正的工业化应用还有一定的距离。相信随着正渗透膜性能的不断提高，高渗透压且易于回收汲取液的不断开发，正渗透必将得到更多的发展和应用。

本章小结

本章主要介绍难挥发性非电解质稀溶液的依数性，包括溶液的蒸气压下降、沸点升高、凝固点降低以及溶液的渗透压力。相对于纯溶剂来说，由于溶液中溶剂分子的浓度减少，难挥发性非电解质稀溶液的蒸气压低于纯溶剂蒸气压。Raoult 定律指出，在一定温度下，难挥发性非电解质稀溶液的蒸气压下降与溶液的质量摩尔浓度呈正比，而与溶质的本性无关

$$p=p^0 x_A \text{ 或 } \Delta p=Kb_B$$

溶液蒸气压降低必定导致其沸点升高和凝固点下降。实验证明，难挥发性非电解质稀溶液的沸点升高和凝固点降低的幅度也只与溶液的质量摩尔浓度成正比，与溶质本性无关。

$$\Delta T_b=K_b b_B,\ \Delta T_f=K_f b_B$$

医学上，最重要的依数性是溶液的渗透压力。将浓度不同的两溶液用半透膜隔开时，将产生渗透现象。渗透方向总是溶剂分子从纯溶剂向溶液或是从稀溶液向浓溶液渗透。为维持纯溶剂与溶液的渗透平衡需要在溶液一侧施加一个额外压力，这个额外压力称为渗透压。渗透压与溶液浓度和温度的关系可用 van't Hoff 公式表示

$$\Pi=c_B RT\approx b_B RT$$

渗透压与溶液的浓度呈正比，因此，在医学上常用渗透浓度表示渗透压的大小。渗透浓度是指溶液中能产生渗透效应的溶质粒子的总浓度。临床上把与血浆渗透压相同，渗透浓度在 280～320mmol · L^{-1} 范围内的溶液称为等渗溶液。渗透浓度低于 280mmol · L^{-1} 的溶液称为低渗溶液，渗透浓度高于 320mmol · L^{-1} 的溶液称为高渗溶液。临床上大量输液时必须使用等渗溶液。

难挥发非电解质溶液的蒸气压下降、沸点升高、凝固点降低和渗透压等四个依数性均与溶液的浓度呈正比，它们的换算关系为

$$\frac{\Delta p}{K}=\frac{\Delta T_b}{K_b}=\frac{\Delta T_f}{K_f}=\frac{\Pi}{RT}=b_B$$

在电解质溶液中，由于电解质分子的解离，溶液中存在的溶质微粒数要比同浓度非电解质溶液的多，计算依数性时，应在上面的公式中引入校正因子 i。对于强电解质的稀溶液来说，忽略阴、阳离子间的相互影响，i 值近似等于电解质单个分子解离出的粒子个数，因此

$$\Delta T_b=iK_b b_B,\ \Delta T_f=iK_f b_B,\ \Pi=ic_B RT\approx ib_B RT$$

习 题

1. 什么叫稀溶液的依数性？难挥发性非电解质稀溶液的四种依数性之间有什么联系？

2. 每 100ml 血浆含 K^+和 Cl^-分别为 20mg 和 366mg，试计算它们的物质的量浓度，单位用 mmol · L^{-1} 表示。

3. 静脉注射用 KCl 溶液的极限质量浓度为 2.7g · L^{-1}，如果在 250ml 葡萄糖溶液中加入 1 安瓿

(10ml) $100g\cdot L^{-1}KCl$ 溶液，所得混合溶液中 KCl 的质量浓度是否超过了极限值？

4. 293.15K 时水的饱和蒸气压为 2.338kPa，在 100g 水中溶解 18g 葡萄糖($C_6H_{12}O_6$，M=$180g\cdot mol^{-1}$)，求此溶液的蒸气压。

5. 浓度均为 $0.01mol\cdot kg^{-1}$ 蔗糖、葡萄糖、HAc、NaCl、$BaCl_2$，其水溶液凝固点哪一个最高，哪一个最低？

6. 为了防止水在仪器中结冰，可以加入甘油(分子式 $C_3H_8O_3$)以降低其凝固点，如需要冰点降至 271K，则在 100 克水中应加入甘油多少克？

7. 将 5.00g 某难挥发性非电解质固体溶于 100g 水中，测得该溶液的沸点为 100.512℃，试求溶质的相对分子质量及该溶液的凝固点。

8. 为什么在淡水中游泳，眼睛会红肿、疼痛？

9. 将 1.01g 胰岛素溶于适量水中配制成 100ml 溶液，测得 298.15K 时该溶液的渗透压为 4.34kPa，试问该胰岛素的相对分子质量为多少？

10. 一种体液的凝固点是–0.50 ℃，求其沸点及此溶液在 0 ℃时的渗透压(已知水的 K_f=$1.86K\cdot kg\cdot mol^{-1}$，$K_b$=$0.512K\cdot kg\cdot mol^{-1}$)。

11. 临床用的等渗溶液有(a)生理盐水；(b) $12.5g\cdot L^{-1}NaHCO_3$ 溶液；(c) $18.7g\cdot L^{-1}NaC_3H_5O_3$(乳酸钠)溶液。若按下述比例混合，试问这几个混合溶液是等渗、低渗还是高渗溶液？

(1) $\frac{2}{3}(a)+\frac{1}{3}(c)$　　　　(2) $\frac{2}{3}(a)+\frac{1}{3}(b)$

(3)在(a)、(b)、(c)三种等渗溶液中，任意取其中两种且以任意比例混合所得的混合溶液。

12. Glucose, $C_6H_{12}O_6$, is a sugar that occurs in fruits. It is also known as "blood sugar" because it is found in blood and is the body's main source of energy. What is the molality of a solution containing 5.67 g of glucose dissolved in 25.2g of water?

13. Automotive antifreeze consists of ethylene glycol ($C_2H_6O_2$), a nonvolatile nonelectrolyte. Calculate the boiling point and freezing point of a 25.0 mass % solution of ethylene glycol in water.

14. Hemoglobin is a large molecule that carries oxygen in human blood. A water solution that contains 0.263g of hemoglobin (abbreviated here as Hb) in 10.0 ml of solution has an osmotic pressure of 1.00 kPa at 25℃.What is the molar mass of hemoglobin?

(胡　威)

第五章　溶液的酸碱性

溶质分为电解质和非电解质，电解质中的酸和碱可以改变水溶液的酸碱性。由于所溶解的酸碱强度和浓度不同，不同组织的体液呈现不同的酸碱性。如胃液呈强酸性，而血液呈微弱碱性。体液的酸碱性对生物体中各种酶的活性和生化反应有着非常重要的影响，若体液的酸碱性发生了变化并超出了正常范围，则要发生酸中毒或碱中毒。那么，哪些物质属于酸，哪些物质属于碱？酸碱强度怎么表示？酸碱溶液的 pH 怎样计算？本章将围绕这些问题，探讨电解质及酸碱平衡的基本理论。

学习要求

1. 掌握质子酸碱的概念，酸碱反应的实质，酸碱强度的表示方法，共轭酸碱解离平衡常数之间的关系；利用最简式能够熟练地计算一元弱酸弱碱溶液、多元弱酸弱碱溶液、两性物质溶液的 pH。

2. 掌握缓冲溶液 pH 的计算和缓冲容量的影响因素，了解医学上常用的缓冲溶液和标准缓冲溶液的配制方法。熟悉血液中的主要缓冲系及在稳定血液 pH 过程中的作用。

3. 熟悉电解质的分类，理解活度、活度系数、离子强度等基本概念及相互关系。

第一节　强电解质溶液理论

一、强电解质与弱电解质

电解质(electrolyte)是指在水中或在熔融状态下能够导电的化合物。受溶剂分子的作用，电解质在水溶液中不同程度地解离为阴阳离子，根据解离程度的差异，一般将电解质分为强电解质和弱电解质。

在水溶液中能够完全解离成离子的化合物称为**强电解质**(strong electrolyte)。从结构上看，强电解质包括离子型化合物(如 KCl、Na_2SO_4)和强极性共价化合物(如 HCl)。在水溶液中，强电解质完全解离成离子。例如

$$KCl \longrightarrow K^+ + Cl^-$$(离子型化合物)

$$HCl \longrightarrow H^+ + Cl^-$$(强极性共价化合物)

在水溶液中只能部分解离的化合物称为**弱电解质**(weak electrolyte)。弱电解质一般为极性共价化合物，如 HAc、$NH_3 \cdot H_2O$ 等。它们在水溶液中只有一部分分子解离成离子，这些离子互相吸引又可以重新结合成分子，因而其解离过程是可逆的，在溶液中存在一个动态的解离平衡。例如乙酸的解离

$$HAc \rightleftharpoons H^+ + Ac^-$$

电解质的解离程度可以定量地用解离度来表示。**解离度** α(degree of dissociation)是指在

一定温度下，电解质达到解离平衡时，已解离的分子数和原有的分子总数之比。

$$\alpha=\frac{\text{已解离的分子数}}{\text{原有分子总数}}\times 100\% \tag{5.1}$$

解离度α可通过测定电解质溶液的依数性如ΔT_b、ΔT_f或Π等求得。

例 5-1　实验测得 $0.1\text{mol}\cdot\text{L}^{-1}$HA 溶液的凝固点降低值$\Delta T_f$为 0.19K，求 HA 的解离度。

解　设 HA 的解离度为α，HA 在水溶液中达到解离平衡时，有

$$HA \rightleftharpoons H^+ + A^-$$

平衡时各物质浓度　　$0.1-0.1\alpha$　　0.1α　　0.1α

溶液中所含溶质微粒的总浓度为

$$c_B=c(HA)+c(H^+)+c(A^-)=[(0.1-0.1\alpha)+0.1\alpha+0.1\alpha]\text{mol}\cdot\text{L}^{-1}=0.1(1+\alpha)\text{mol}\cdot\text{L}^{-1}$$

$K_f(H_2O)=1.86\text{K}\cdot\text{kg}\cdot\text{mol}^{-1}$，在稀水溶液中，$b_B\approx c_B$，根据$\Delta T_f=K_f b_B$，数据代入公式得

$$\alpha=0.022=2.2\%$$

由于分子结构不同，在相同条件下，不同电解质的解离度不同。α越小，表示解离程度越小，也就是电解质越弱。

二、强电解质溶液理论

在理论上，强电解质在水中完全解离，它们的解离度应为 100%，然而根据溶液的依数性和导电性实验测得的解离度却小于 100%，见表 5-1。

表5-1　几种强电解质的表观解离度（298.15K，$0.1\text{mol}\cdot\text{L}^{-1}$）

电解质	HCl	HNO_3	H_2SO_4	NaOH	KCl	$ZnSO_4$
表观解离度/%	92	92	61	91	86	40

（一）离子互吸理论

为了解释强电解质的实测解离度小于 100%实验事实，1923 年，Debye P 和 Hückel E 根据阴阳离子之间的相互作用，提出了**离子互吸理论**（ion interaction theory）。由于该理论是以强电解质为研究对象，故又称为强电解质溶液理论。离子互吸理论认为，强电解质在溶液中是全部解离的，离子之间通过静电力相互作用，不同电荷之间的相互吸引和相同电荷之间的相互排斥，使得离子在溶液中的分布不均匀，形成所谓**离子氛**（ion atmosphere）。从统计的角度来看，离子氛呈球形对称分布，如图 5-1 所示。

由于阳离子被阴离子氛包围着，阴离子被阳离子氛包围着，同时，每一个离子氛的中心离子又是另一个离子氛的组成部分，导致强电解质溶液中的离子并不能独立自由运动。在外电场作用下，中心离子和它的离子氛向相反方向迁移，在迁移过程中，离子氛不断被拆散又随时形成，导致离子迁移的速率显然要比没有离子氛时慢一些。正是由于离子氛的存在，导致溶液的导电性降低，宏观上表现为溶液中离子数目减少了。离子浓度较

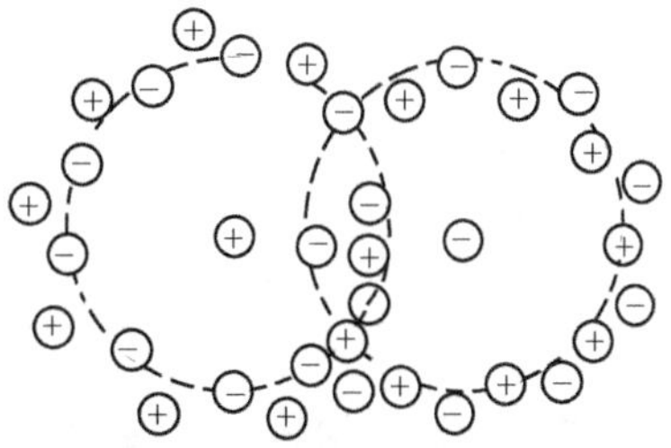

图 5-1　离子氛示意图

高时，阴阳离子之间除了存在离子氛，还可能部分缔合形成离子对。离子对作为独立单位进行运动，进一步降低了自由离子的数目。因此，强电解溶液的导电性比理论上要低一些，溶液的沸点升高、凝固点下降数值，以及用依数性或导电性测得的解离度与理论值之间都存在着一定的偏差。所以，实验测出的解离度，并不代表强电解质在溶液中的实际解离度，故称为表观解离度。

(二)活度和活度因子

由于离子之间的相互牵制，强电解质溶液中离子的活动能力降低，因此能够起作用的离子浓度，即离子的有效浓度比理论浓度小。Lewis 将离子的有效浓度称为**活度**(activity)，它是电解质溶液中实际上能起作用的离子浓度的数值，通常用 a_B 表示，单位为 1。活度 a_B 与质量摩尔浓度 b_B 的关系为

$$a_B=\gamma_B \cdot b_B/b^{\ominus} \tag{5.2}$$

式中，γ_B 称为溶质 B 的**活度因子**(activity factor)，$b^{\ominus}$为标准质量摩尔浓度($1mol \cdot kg^{-1}$)。近似计算时，在稀水溶液中，可以用物质的量浓度 c_B 代替 b_B。

由于 $a_B<c_B$，故 $\gamma_B<1$。溶液离子浓度越大，离子所带电荷越多，离子间的牵制作用愈强，活度与浓度间的差别愈大，活度因子就越小。当溶液中离子浓度很小，且离子所带的电荷数也较少时，活度接近浓度，即 $\gamma_B\approx1$。对于弱电解质溶液，因其离子浓度很小，一般把弱电解质的活度因子视为 1。中性分子也有活度和浓度的区别，但差别很小，通常把中性分子的活度因子视为 1。

在电解质溶液中，由于正、负离子同时存在，单种离子的活度因子不能由实验测定，但可用实验方法测出离子的平均活度因子 $\gamma_\pm$。电解质的离子平均活度因子 $\gamma_\pm$是其阳离子和阴离子活度因子的几何平均值。对于 1∶1 的电解质

$$\gamma_\pm=\sqrt{\gamma_+ \cdot \gamma_-} \tag{5.3}$$

式中，γ_+、γ_-分别表示阳离子、阴离子的活度因子。电解质的离子平均活度等于阳离子和阴离子活度的几何平均值。对于 1∶1 的电解质

$$a_\pm=\sqrt{a_+ \cdot a_-} \tag{5.4}$$

表 5-2 列出了一些强电解质的离子平均活度因子。

表5-2 一些强电解质的离子平均活度因子(298.15K)

$c/(mol \cdot L^{-1})$	0.001	0.005	0.01	0.05	0.1	0.5	1.0
HCl	0.966	0.928	0.904	0.803	0.796	0.753	0.809
KOH	0.96	0.93	0.90	0.82	0.80	0.73	0.76
KCl	0.965	0.927	0.901	0.815	0.769	0.651	0.606
H_2SO_4	0.830	0.637	0.544	0.340	0.265	0.154	0.130
$Ca(NO_3)_2$	0.88	0.77	0.71	0.54	0.48	0.38	0.35
$CuSO_4$	0.74	0.53	0.41	0.21	0.16	0.068	0.047

对于一般稀溶液，活度因子接近于 1，浓度与活度在数值上差别并不大。在一般化学计算中，准确度要求不高，为简便起见，通常用浓度代替活度进行计算。

(三) 离子强度

实验证明，在稀的电解质溶液中，影响活度因子的主要因素是离子的浓度和离子所带的电荷，美国化学家 Lewis G N 根据这些事实提出了**离子强度** (ionic strength) 的概念，其定义为*

$$I \stackrel{\text{def}}{=} \frac{1}{2}\sum_{\mathrm{i}} b_{\mathrm{i}} z_{\mathrm{i}}^2 \tag{5.5}$$

式中，b_{i} 和 z_{i} 分别为溶液中离子 i 的质量摩尔浓度和电荷数。稀水溶液中，可以用 c_{i} 代替 b_{i}。

例 5-2　计算 $0.10\mathrm{mol \cdot L^{-1}}$ KCl 溶液的离子强度。

解　$I=\frac{1}{2}[c(\mathrm{K^+})\cdot z^2(\mathrm{K^+})+c(\mathrm{Cl^-})\cdot z^2(\mathrm{Cl^-})]$

$=\frac{1}{2}[0.10\mathrm{mol \cdot L^{-1}}\times(+1)^2+0.10\mathrm{mol \cdot L^{-1}}\times(-1)^2]$

$=0.10\mathrm{mol \cdot L^{-1}}$

例 5-3　正常人血浆中主要电解质离子的浓度见表 5-3，试计算人血浆中的离子强度。

表5-3　人体血浆中主要电解质离子浓度

阳离子	浓度 ($\mathrm{mmol \cdot L^{-1}}$)	阴离子	浓度 ($\mathrm{mmol \cdot L^{-1}}$)
Mg^{2+}	1.5	SO_4^{2-}	0.5
Ca^{2+}	2.5	HPO_4^{2-}	1
K^+	5	HCO_3^-	27
Na^+	142	Cl^-	103

解　$I=\frac{1}{2}\sum_{\mathrm{i}} c_{\mathrm{i}} z_{\mathrm{i}}^2$

$=\frac{1}{2}[1.5\times(+2)^2+2.5\times(+2)^2+5\times(+1)^2+142\times(+1)^2+0.5\times(-2)^2$

$+1\times(-2)^2+27\times(-1)^2+103\times(-1)^2]\times10^{-3}\mathrm{mol \cdot L^{-1}}$

$=0.15\mathrm{mol \cdot L^{-1}}$

离子强度 I 反映了溶液中离子间作用力的强弱，离子浓度越大，I 值越大，离子间的作用力越强，活度因子就越小；相反，浓度越小，I 值就越小，离子间的作用力越弱，活度因子则越大。Debye—Hückel 从电学和分子运动论出发推导出了活度因子与溶液离子强度的关系

$$\lg\gamma_{\mathrm{i}} = \frac{-Az_{\mathrm{i}}^2\sqrt{I}}{1+\sqrt{I}} \tag{5.6}$$

*根据我国国家标准 GB3102.8–93 的规定，离子强度的定义如式 (5.5)。以前也有用物质的量浓度 c 代替质量摩尔浓度 b 者。在稀水溶液中，在计算活度因子时，使用质量摩尔浓度和物质的量浓度，差别不大。

式中，z_i 为离子 i 的电荷数，A 为与溶剂有关的常数，在 298.15K 的水溶液中，A 值约等于 0.509。在实际计算过程中，常用离子的平均活度因子 $\gamma_{\pm}$来代替 γ_i，式(5.6)可改为下列形式

$$\lg\gamma_{\pm}=\frac{-A|z_{+}\cdot z_{-}|\sqrt{I}}{1+\sqrt{I}} \tag{5.7}$$

由离子强度和活度因子的关系可知，溶液越稀，离子强度越小，活度系数越大，活度与浓度之间的差别越小。因此，除特别指明外，对于稀溶液特别是弱电解质的水溶液，一般不考虑离子强度的影响。但在生物体内，离子强度对酶、激素和维生素的功能影响有时不能忽视。

例 5-4 已知 NaCl 溶液的浓度为 $0.010\text{mol}\cdot\text{L}^{-1}$，试计算该溶液的离子强度、活度因子、活度和渗透压(温度为 298.15K)。

解 $I=\frac{1}{2}\sum_{i}c_i z_i^2$

$$=\frac{1}{2}[0.010\text{mol}\cdot\text{L}^{-1}\times(+1)^2+0.010\text{mol}\cdot\text{L}^{-1}\times(-1)^2]=0.010\text{mol}\cdot\text{L}^{-1}$$

$$\lg\gamma_{\pm}=\frac{-0.509|z_{+}\cdot z_{-}|}{1+\sqrt{I}}\sqrt{I}=\frac{-0.509\times|(+1)(-1)|\times\sqrt{0.010}}{1+\sqrt{0.010}}=-0.046$$

$$\gamma_{\pm}=0.90$$

$$a_{\pm}=\gamma_{\pm}\cdot c/c^{\ominus}=0.90\times0.010=0.0090$$

根据 $\Pi=iaRT$，$i=2$

$$\Pi=2\times0.0090\times8.314\times298.15(\text{kPa})=44.6(\text{kPa})$$

实验测得 Π 值为 43.1kPa，与上面计算出的 Π 值比较接近。如若不考虑溶液的活度因子而直接用浓度进行表示，Π 的计算值为 49.6kPa，与实验值偏差较大。

第二节 酸碱理论

酸和碱是两类重要的电解质。人们对酸碱的认识是逐步深入的。在化学发展史上，出现过多种酸碱理论，其中比较重要的有酸碱电离理论、酸碱质子理论和酸碱电子理论。1887 年，瑞典化学家 Arrhenius S A 根据电解质在水中的解离情况提出了酸碱电离理论，酸碱电离理论认为，在水中能解离出 H^+的物质叫做酸，能解离出 OH^-的物质叫做碱，酸碱反应的实质是 H^+与 OH^-反应生成 H_2O。电离理论成功地揭示了一部分含有 H^+和 OH^-的物质在水溶液中的酸碱性，但它把酸碱限制在能解离出 H^+或 OH^-的物质，把酸碱反应局限于水溶液中，因而无法解释氨水的碱性，也不能说明非水溶剂中的酸碱反应。1923 年，丹麦的 Brønsted J N 与英国的 Lowry T M 根据物质与质子的关系提出了酸碱质子理论，同年，美国化学家 Lewis G N 根据分子的电子结构又提出了酸碱电子理论。它们克服了电离理论的局限性，为化学的发展做出了积极的贡献。本节主要介绍酸碱质子理论。

一、酸碱质子理论

(一)酸碱的定义

酸碱质子理论(proton theory of acid and base)认为：凡能给出质子(H^+)的物质都是**酸**(acid)，凡能接受质子(OH^-)的物质都是**碱**(base)。酸是质子的给予体，常称为质子酸；碱是质子的接受体，常称为质子碱。例如

$$HCl \rightleftharpoons H^+ + Cl^-$$
$$HAc \rightleftharpoons H^+ + Ac^-$$
$$H_2CO_3 \rightleftharpoons H^+ + HCO_3^-$$
$$HCO_3^- \rightleftharpoons H^+ + CO_3^{2-}$$
$$NH_4^+ \rightleftharpoons H^+ + NH_3$$
$$H_3O^+ \rightleftharpoons H^+ + H_2O$$
$$H_2O \rightleftharpoons H^+ + OH^-$$

关系式左边的物质都可以给出质子，所以都是酸；关系式右边的物质都可以接受质子，因而都是碱。酸给出质子变成碱，碱接受质子即为酸，酸碱通过质子可以相互转换，这种转换关系可用下面通式表示

$$\underset{\text{共轭酸}}{HA} \rightleftharpoons \underset{\text{共轭碱}}{H^+ + A^-}$$

表示酸碱之间转化关系的式子称为**酸碱半反应**(half reaction of acid–base)。通过一个质子即可相互转化的酸和碱称为一个**共轭酸碱对**(conjugated pair of acid–base)。在一个酸碱半反应中，一种酸释放一个质子形成其**共轭碱**(conjugate base)，一种碱结合一个质子形成其**共轭酸**(conjugate acid)。由此可见，酸和碱相互依存，又可以互相转化。

(1)从质子酸碱的概念可以看出：质子酸碱既可以是中性分子(如 H_2CO_3、NH_3)，又可以是阴、阳离子(如 CO_3^{2-}、NH_4^+)。相对于酸碱电离理论，质子理论大大扩大了酸碱的范围。

(2)像 HCO_3^-、H_2O 等，既能给出质子做酸，又能接受质子做碱的物质称为**两性物质**(amphoteric substance)。H_2O 对于 OH^-是酸，但对于 H_3O^+却是碱；HCO_3^- 对 CO_3^{2-} 是酸，但对 H_2CO_3 却是碱。再如，$H_2PO_4^-$、HPO_4^{2-}、氨基酸等都是两性物质。

(3)酸碱质子理论中没有“盐”的概念。如 Na_2CO_3，在电离理论中称为盐，而在质子理论中，CO_3^{2-} 为质子碱，Na^+是非酸非碱物质，因而 Na_2CO_3 属于质子碱，它的水溶液显碱性。

(二)酸碱反应的实质

酸碱半反应仅仅表示共轭酸碱之间相互转化的关系，并不代表一个真正的反应。例如 HAc 分子不可能自发地解离为 Ac^-和氢质子，因为质子非常小，电荷密度非常大，在溶液

中不可能单独存在。但在乙酸水溶液中确实存在 Ac^-，那么，Ac^-是怎样得到的呢？欲使酸表现出酸性，成为质子的给予体，必须有一种物质来接受质子，接受质子的物质为碱。当酸将质子传递给碱以后，酸转化为其自身的共轭碱，而碱则转化为其自身的共轭酸，即酸碱之间发生了化学反应。

$$\overset{H^+}{\overbrace{HAc + H_2O}} \rightleftharpoons Ac^- + H_3O^+$$

HAc 将质子传递给 H_2O，HAc 转化成 Ac^-，H_2O 转变成 H_3O^+。如果没有 HAc 与 H_2O 之间的质子转移，则 HAc 就不能发生解离反应。所以说，**酸碱反应的实质是酸碱之间质子的传递或转移**。质子在两种物质之间的传递既可以发生在水溶液中，也可以发生在非水溶剂或气相中，因此酸碱反应并不局限在水溶液中。

根据质子理论对酸碱反应本质的认识，电离理论中水的解离，弱酸、弱碱的解离，盐类的水解等都可以归结为质子传递的酸碱反应。例如

$$\overset{H^+}{\overbrace{H_2O + H_2O}} \rightleftharpoons OH^- + H_3O^+$$

$$\overset{H^+}{\overbrace{HCN + H_2O}} \rightleftharpoons CN^- + H_3O^+$$

$$\overset{H^+}{\overbrace{H_2O + NH_3}} \rightleftharpoons OH^- + NH_4^+$$

$$\overset{H^+}{\overbrace{H_2O + Ac^-}} \rightleftharpoons OH^- + HAc$$

$$\overset{H^+}{\overbrace{NH_4^+ + H_2O}} \rightleftharpoons NH_3 + H_3O^+$$

$$\overset{H^+}{\overbrace{HCl(g) + NH_3(g)}} \rightleftharpoons NH_4Cl(g)$$

上述反应中，一种酸和一种碱反应，总是导致一种新酸和一种新碱的生成，因此酸碱之间的质子传递反应可用下面通式表示

$$HA + B^- \rightleftharpoons A^- + HB$$

在酸碱反应中，存在着争夺质子的过程，其结果必然是强碱夺取强酸的质子，强碱转化为它的共轭酸(弱酸)，强酸转化为它的共轭碱(弱碱)。也就是说，酸碱反应总是由较强的酸和较强的碱作用，向着生成较弱的酸和较弱的碱的方向进行。相互作用的酸和碱愈强，反应就进行得愈完全。例如

$$HC1 + NH_3 \rightleftharpoons NH_4^+ + C1^-$$

因为 HC1 的酸性比 NH_4^+的强，NH_3 的碱性比 $C1^-$的强，所以上述反应强烈地向右方进行。又如

$$Ac^- + H_2O \rightleftharpoons HAc + OH^-$$

HAc 的酸性比 H_2O 的强，OH^-的碱性比 Ac^-的强，上述反应明显地偏向左方。

(三)酸碱强度的表示方法

1. 酸碱强度及影响因素　根据酸碱质子理论，酸或碱的强度是指它们给出质子或接受质子能力的大小。酸释放质子的能力越强，则酸越强；碱接受质子的能力越强，则碱越强。在共轭酸碱对中，酸越容易释放质子，则其共轭碱越不容易接受质子，即酸越强则其共轭碱越弱，反之亦然。例如，HCl 的酸性比 HAc 强，则 Cl^-的碱性比 Ac^-弱。NaCl 的水溶液显中性，而 NaAc 的水溶液显碱性。

酸碱强度主要取决于酸碱的本性。例如，在水中，$HClO_4$、HCl 都是强酸，它们在水中几乎全部解离。而对于 HAc 分子来说，由于它释放质子的能力比较差，在水中只能发生部分解离，因而乙酸在水中属于弱酸。

一种物质酸碱性的强弱，除了与其本性有关外，还与溶剂有关。例如：HAc 在水中是弱酸，但在液氨中却是强酸，这是由于液氨接受质子的能力比水强。又如，HNO_3 在水中为强酸，但在冰乙酸中却为弱酸。由于化学反应一般是在水溶液中进行的，通常以水作为衡量各种物质酸碱性强弱的标准。

2. 酸碱强度的表示方法　酸碱强度是相对于水来说的。在水中，酸越容易将质子传递给水，则说明酸的酸性越强，碱越容易从水中夺取质子说明碱的碱性越强，因此，可以用酸或碱与水反应的平衡常数定量地表达酸碱的强度。

(1)一元弱酸、弱碱的解离平衡常数：在水溶液中，一元弱酸 HA 与 H_2O 的质子转移反应为

$$HA + H_2O \rightleftharpoons A^- + H_3O^+ \qquad K_a = \frac{[H_3O^+][A^-]}{[HA]}$$

$[H_3O^+]$、$[A^-]$和[HA]分别为平衡时 H_3O^+、A^-和 HA 的相对平衡浓度。K_a 称为**酸的解离平衡常数**(dissociation constant of acid)，简称酸常数。K_a 越大，说明反应的完成程度越高，弱酸 HA 释放质子的能力越强，HA 的酸性就越强。因此，可以用 K_a 来衡量同类型酸的强弱。例如 HAc、NH_4^+和 HCN 的 K_a 分别为 1.75×10^{-5}、5.6×10^{-10} 和 6.2×10^{-10}，则这三种酸的强弱顺序为 HAc＞HCN＞NH_4^+。

一元弱碱 A^-与水的反应为

$$A^- + H_2O \rightleftharpoons HA + OH^- \qquad K_b = \frac{[HA][OH^-]}{[A^-]}$$

K_b 称为**碱的解离平衡常数**(dissociation constant of base)，简称碱常数。K_b 值越大，碱性越强。例如 Ac^-、NH_3 的 K_b 分别为 5.9×10^{-10}、1.8×10^{-5}，则 NH_3 的碱性比 Ac^- 的碱性强。

一些弱酸、弱碱的 K_a、K_b 值非常小，为使用方便，也常用 pK_a 或 pK_b 表示酸碱的强弱，pK_a、pK_b 分别为质子酸、碱解离平衡常数的负对数，即

$$pK_a=-\lg K_a;\quad pK_b=-\lg K_b \tag{5.8}$$

显然，pK_a 越小，酸性越强；pK_b 越大，碱性越弱。

(2)多元弱酸、弱碱的解离平衡常数：多元弱酸弱碱与水的质子转移反应是分步进

行的，例如 H_3PO_4 为三元弱酸，其质子转移分三步进行，每一步都有相应的质子转移平衡常数。

$$H_3PO_4 + H_2O \rightleftharpoons H_2PO_4^- + H_3O^+ \qquad K_{a1} = \frac{[H_2PO_4^-][H_3O^+]}{[H_3PO_4]} = 6.9\times10^{-3}$$

$$H_2PO_4^- + H_2O \rightleftharpoons HPO_4^{2-} + H_3O^+ \qquad K_{a2} = \frac{[HPO_4^{2-}][H_3O^+]}{[H_2PO_4^-]} = 6.1\times10^{-8}$$

$$HPO_4^{2-} + H_2O \rightleftharpoons PO_4^{3-} + H_3O^+ \qquad K_{a3} = \frac{[PO_4^{3-}][H_3O^+]}{[HPO_4^{2-}]} = 4.8\times10^{-13}$$

在以上各步反应中，反应方程式左边的 H_3PO_4、$H_2PO_4^-$、HPO_4^{2-} 都是酸，它们的解离平衡常数或酸常数分别是 H_3PO_4 的三级解离平衡常数 K_{a1}、K_{a2}、K_{a3}。多元弱酸的解离平衡常数逐级减小，因为从一个带负电荷的离子中释放一个质子要比从中性分子中释放质子困难得多。

PO_4^{3-} 为三元弱碱，它与水的反应也分三步进行。

$$PO_4^{3-} + H_2O \rightleftharpoons HPO_4^{2-} + OH^- \qquad K_{b1} = \frac{[HPO_4^{2-}][OH^-]}{[PO_4^{3-}]} = 2.1\times10^{-2}$$

$$HPO_4^{2-} + H_2O \rightleftharpoons H_2PO_4^- + OH^- \qquad K_{b2} = \frac{[H_2PO_4^-][OH^-]}{[HPO_4^{2-}]} = 1.6\times10^{-7}$$

$$H_2PO_4^- + H_2O \rightleftharpoons H_3PO_4 + OH^- \qquad K_{b3} = \frac{[H_3PO_4][OH^-]}{[H_2PO_4^-]} = 1.4\times10^{-12}$$

在这些反应中，方程式左边的 PO_4^{3-}、HPO_4^{2-}、$H_2PO_4^-$都作为碱，它们的解离平衡常数或碱常数分别是三个反应的平衡常数 K_{b1}、K_{b2}、K_{b3}。多元弱碱的解离平衡常数逐级减小，因为离子所带负电荷越少，接受质子的能力越弱。

3. 共轭酸碱的解离平衡常数的关系 在一个共轭酸碱对中，酸越强则其共轭碱越弱。酸的解离平衡常数 K_a 与其共轭碱的解离平衡常数 K_b 之间存在确定的对应关系。例如，在 HA 和 A^-共存的水溶液中，存在如下质子转移反应

$$HA + H_2O \rightleftharpoons A^- + H_3O^+ \qquad K_a(HA) = \frac{[H_3O^+][A^-]}{[HA]}$$

$$A^- + H_2O \rightleftharpoons HA + OH^- \qquad K_b = \frac{[HA][OH^-]}{[A^-]}$$

$$H_2O + H_2O \rightleftharpoons OH^- + H_3O^+ \qquad K_w=[H_3O^+][OH^-]$$

K_w 为水的解离平衡常数，又称为水的离子积，298.15K 时，$K_w=1.00\times10^{-14}$。系统平衡后，溶液中各种物质的浓度之间存在平衡常数所限定的关系。三个关系式中[HA]、$[A^-]$、$[H_3O^+]$、$[OH^-]$均相同，将 $K_a(HA)$、$K_b(A^-)$ 相乘得

$$K_a \cdot K_b = K_w \tag{5.9}$$

酸的解离平衡常数与其共轭碱的解离平衡常数的乘积等于水的离子积。利用(5.9)式，已知酸的解离平衡常数 K_a，就可求出共轭碱的解离平衡常数 K_b，反之亦然。

例 5-5 已知 NH_3 的 K_b 为 1.8×10^{-5}，求 NH_4^+ 的 K_a。

解 NH_4^+ 是 NH_3 的共轭酸，故

$$K_a\left(NH_4^+\right) = \frac{K_w}{K_b\left(NH_3\right)} = \frac{10^{-14}}{1.8 \times 10^{-5}} = 5.6 \times 10^{-10}$$

例 5-6 写出 H_3PO_4 各级解离平衡常数（K_{a1}、K_{a2}、K_{a3}、K_{b1}、K_{b2}、K_{b3}）之间的关系。

解 K_{a1}、K_{a2}、K_{a3} 分别是 H_3PO_4、$H_2PO_4^-$、HPO_4^{2-} 的酸常数，K_{b1}、K_{b2}、K_{b3} 分别是 PO_4^{3-}、HPO_4^{2-}、$H_2PO_4^-$ 的碱常数。

H_3PO_4 与 $H_2PO_4^-$ 是共轭酸碱，故 H_3PO_4 的酸常数 K_{a1} 与 HPO_4^{2-} 的碱常数 K_{b3} 的乘积等于水的离子积。即 $K_{a1}K_{b3}=K_w$。同理，$H_2PO_4^-$ 与 HPO_4^{2-} 是共轭酸碱，HPO_4^{2-} 与 PO_4^{3-} 是共轭酸碱，所以，$K_{a2}K_{b2}=K_w$，$K_{a3}K_{b1}=K_w$。

通过上面的讨论可知，相对于酸碱电离理论，酸碱质子理论扩大了酸碱及酸碱反应的范围，能说明一些无溶剂或非水溶剂中的酸碱反应，它建立了酸碱强度与质子转移反应之间的关系，并能把酸或碱的强度与溶剂的性质联系起来，直到今天，质子理论仍然是应用最广泛的酸碱理论。

二、酸碱电子理论

质子理论优点很多，但也有一定的局限性，它的突出缺陷是把酸局限于能够给出质子的物质，即酸中必须含有氢元素，而将早已为实验证实的酸性物质如 SO_3、BF_3 等排除在酸的行列之外。1923 年，美国化学家 Lewis G N 提出了**酸碱的电子理论**(electron theory of acid and base)，按照这个理论定义的酸碱常称为 Lewis 酸碱。

(一)酸碱的定义

酸碱电子理论认为：凡是能接受电子对的物质称为 Lewis 酸，酸是电子对的接受体；凡是能给出电子对的物质都是 Lewis 碱，碱是电子对的给予体。例如

$$H^+ + :NH_3 \rightleftharpoons NH_4^+$$

$$Cu^{2+} + 4(:NH_3) \rightleftharpoons \left[H_3N-\overset{\overset{\displaystyle NH_3}{|}}{\underset{\underset{\displaystyle NH_3}{|}}{Cu}}-NH_3\right]^{2+}$$

$$\overset{\overset{\displaystyle F}{|}}{\underset{}{F-B-F}} + (:\overset{..}{\underset{..}{F}}:)^- \rightleftharpoons \left[\overset{\overset{\displaystyle F}{|}}{\underset{\underset{\displaystyle F}{|}}{F-B-F}}\right]^-$$

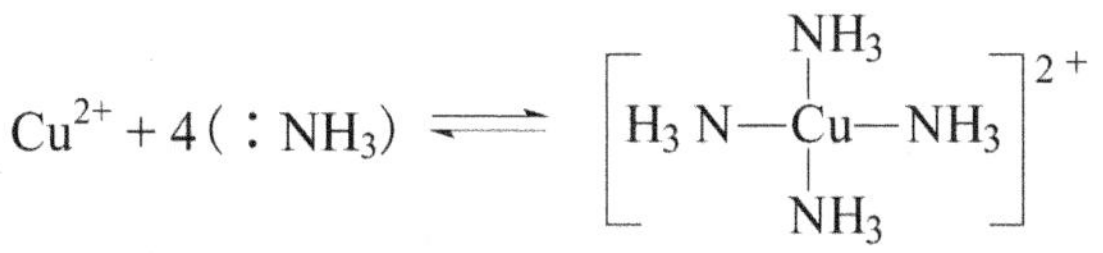

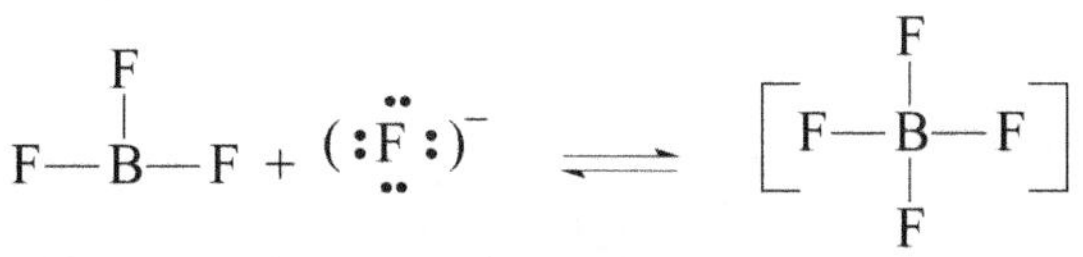

H^+、Cu^{2+}、BF_3 等是缺电子试剂，可以接受电子对，属于 Lewis 酸；NH_3、F^- 等能够给出电子对，属于 Lewis 碱。

(二)酸碱反应的实质

酸碱电子理论的实质是配位键的形成，即 Lewis 酸与 Lewis 碱形成酸碱配合物。

Lewis 酸碱反应可用下列通式表示

$$\underset{\text{酸}}{A}+\underset{\text{碱}}{:B} \rightleftharpoons \underset{\text{酸碱配合物}}{A:B}$$

含有配位键的物质普遍存在，所以酸碱配合物包罗的范围非常广泛。按照 Lewis 酸碱理论，Arrhenius 理论所谓的盐类、金属氧化物和各种配合物等大多数无机化合物都是酸碱配合物。除此之外，许多有机化合物也可看作是酸碱配合物。例如乙醇，可看作是由 $C_2H_5^+$(酸)和 OH^-(碱)组成的酸碱配合物；再如乙酸乙酯，可认为是由 CH_3CO^+(酸)和 $C_2H_5O^-$(碱)组成的酸碱配合物；甚至烷烃也可想象为 H^+和烃阴离子(R^-)所形成的酸碱配合物。根据酸碱电子理论，可把酸碱反应分为以下几种类型：

酸碱加合反应，如：$Ag^+ + 2NH_3 \rightleftharpoons Ag(NH_3)_2^+$

碱取代反应，如：$[Cu(NH_3)_4]^{2+} + 2OH^- \rightleftharpoons Cu(OH)_2 + 4NH_3$

酸取代反应，如：$[Cu(NH_3)_4]^{2+} + 4H^+ \rightleftharpoons Cu^{2+} + 4NH_4^+$

双取代反应，如：$HCl + NaOH \rightleftharpoons NaCl + H_2O$

电子理论对酸碱的定义立足于物质的普遍组成——电子，以电子对的授受说明酸碱的属性和酸碱反应的本质。它摆脱了酸必须含有氢元素的限制，也不受溶剂的束缚，相对于 Arrhenius 的电离理论和 Brønsted–Lowry 的质子理论，酸碱电子理论进一步扩大了酸碱的范围，并可把酸碱概念用于许多有机反应和无溶剂系统，这是它的优点，而带来的缺点是酸碱概念过于笼统，同时，对酸碱的强弱也不能给出定量的标度。

第三节　酸碱溶液 pH 的计算

一、溶液酸度的表示方法

溶液的酸碱性是根据 H_3O^+和 OH^-浓度的相对含量来划分的。$[H_3O^+]=[OH^-]$的溶液称为中性溶液，$[H_3O^+]>[OH^-]$的溶液称为酸性溶液，$[H_3O^+]<[OH^-]$的溶液称为碱性溶液。水溶液中$[H_3O^+]$与$[OH^-]$之间存在特征的限定关系，这种限定关系由水的离子积来确定。

水分子是一种两性物质，在水分子之间也发生质子转移反应

$$H_2O + H_2O \overset{H^+}{\rightleftharpoons} OH^- + H_3O^+$$

这种发生在同种分子之间的质子传递反应称为**质子自递反应**(proton self–transfer reaction)。水是极弱的电解质，在整个反应的过程中，水分子浓度基本不变，可以看成是一常数，因此，水的质子自递反应的平衡常数可表示为

$$K_w=[H_3O^+][OH^-]$$

K_w是平衡常数的一种，不仅适用于纯水，也适用于所有稀水溶液。K_w与温度有关。表 5-4 列出了不同温度下水的 K_w数值。

表5-4　K_w与温度T的关系

T/K	K_w	T/K	K_w
273	1.1×10^{-15}	323	5.5×10^{-14}
283	2.9×10^{-15}	333	9.6×10^{-14}
298	1.0×10^{-14}	353	2.5×10^{-13}
313	2.9×10^{-14}	373	5.5×10^{-13}

从表中可以看出，温度变化对K_w的影响不大，常温下可认为$K_w=1.0\times10^{-14}$。

由此可见，不管是酸的溶液还是碱的溶液，H_3O^+和OH^-同时存在，而且在一定温度下，两种离子浓度的乘积为一个常数。因此，可以直接利用溶液中H_3O^+或OH^-浓度的高低表示溶液的酸度。常温下

$$[H_3O^+]=1.0\times10^{-7}mol\cdot L^{-1}=[OH^-]\text{，为中性溶液}$$

$$[H_3O^+]>1.0\times10^{-7}mol\cdot L^{-1}>[OH^-]\text{，为酸性溶液}$$

$$[H_3O^+]<1.0\times10^{-7}mol\cdot L^{-1}<[OH^-]\text{，为碱性溶液}$$

在生产和科学研究中，经常使用一些H_3O^+浓度很小的溶液，如血清中$[H_3O^+]=3.98\times10^{-3}mol\cdot L^{-1}$，为了书写方便，常用pH来表示溶液的酸碱性。pH为氢离子活度的负对数，即$pH=-\lg a(H^+)$。在稀溶液中，浓度和活度的数值十分接近，用相对浓度代替活度。则有

$$pH=-\lg[H_3O^+] \tag{5.10}$$

溶液的酸碱性也可用pOH表示，pOH是OH^-离子活度的负对数值

$$pOH=-\lg a(OH^-)\quad\text{或}\quad pOH=-\lg[OH^-]$$

在298.15K时，水溶液中$[H_3O^+][OH^-]=1.0\times10^{-14}$，故有pH+pOH=14。通常溶液pH在0～14范围内，其中，中性溶液，pH=7；碱性溶液，pH＞7；酸性溶液，pH＜7。当H_3O^+浓度为$1mol\cdot L^{-1}$～$10^{-14}mol\cdot L^{-1}$时，pH范围在0～14。如果H_3O^+浓度或OH^-浓度大于$1mol\cdot L^{-1}$时，可直接用H_3O^+或OH^-的浓度表示溶液的酸度。

pH在医学、生物学中具有重要的意义。如各种生物催化剂酶只有在一定pH时才具有活性，人体的各种体液也都有一定的pH范围。如pH超出此范围，将影响机体的正常生理活动。表5-5列出了正常人各种体液的pH范围。

表5-5　人体各种体液的pH

体液	pH	体液	pH
血清	7.35～7.45	大肠液	8.3～8.4
成人胃液	0.9～1.5	乳汁	6.0～6.9
婴儿胃液	5.0左右	泪水	7.4左右
唾液	6.35～6.85	尿液	4.8～7.5
胰液	7.5～8.0	脑脊液	7.35～7.45
小肠液	7.5左右		

二、酸碱溶液pH的计算

电解质中的酸和碱溶于水，可以改变水溶液的酸碱性，根据溶液中各物质浓度的关系，

可以计算溶液中的$[H_3O^+]$或 pH。在计算过程中根据情况可进行合理的近似。

(一)一元弱酸、弱碱溶液

一元弱酸 HA 的水溶液中，存在以下两种质子传递平衡

$$HA + H_2O \rightleftharpoons H_3O^+ + A^- \qquad K_a = \frac{[H_3O^+][A^-]}{[HA]}$$

$$H_2O + H_2O \rightleftharpoons H_3O^+ + OH^- \qquad K_w=[H_3O^+][OH^-]$$

H_3O^+、A^-、OH^-和 HA 四种物质的浓度都是未知的，要精确求得$[H_3O^+]$，计算相当麻烦。为此，可考虑采用下面的方法近似处理。

(1) HA 溶液中的H_3O^+来自 HA 和H_2O的解离。因为 HA 的酸性比H_2O强，所以 HA 提供的H_3O^+的量比H_2O提供的多。若 HA 的强度和浓度足够大，溶液中的$[H_3O^+]$则主要来源于弱酸 HA 的解离。

设 HA 的起始浓度为c_r，当$K_a \cdot c_r \geqslant 20K_w$时，可忽略水的解离，认为$H_3O^+$全部来自于 HA 的解离，即$[H_3O^+]=[A^-]$，$[HA]=c_r-[H_3O^+]$，则

$$HA + H_2O \rightleftharpoons H_3O^+ + A^-$$

平衡浓度 $\qquad c_r-[H_3O^+] \qquad [H_3O^+] \qquad [H_3O^+]$

$$K_a = \frac{[H_3O^+][A^-]}{[HA]} = \frac{[H_3O^+]^2}{c_r - [H_3O^+]}$$

整理得

$$[H_3O^+] = \frac{-K_a + \sqrt{K_a^2 + 4K_a c_r}}{2} \qquad (5.11)$$

式(5.11)是计算一元弱酸溶液H_3O^+浓度的近似公式，使用条件为：$K_a c_r \geqslant 20K_w$。

(2) 在一定温度下，弱电解质 HA 的解离度与溶液中 HA 的浓度及解离平衡常数K_a有关。设弱酸分子的解离度为α，则$[H_3O^+]=[A^-]=c_r\alpha$，$[HA]=c_r(1-\alpha)$。

$$K_a = \frac{[H_3O^+][A^-]}{[HA]} = \frac{c_r\alpha \cdot c_r\alpha}{c_r - c_r\alpha} = \frac{c_r\alpha^2}{1-\alpha}$$

当K_a很小时，反应的完成程度很低，HA 的解离程度很小，$1-\alpha \approx 1$

所以 $\qquad K_a = c_r\alpha^2 \qquad$ 或 $\qquad \alpha = \sqrt{\dfrac{K_a}{c_r}}$

该式表明，弱电解质的浓度越大，解离平衡常数越小，解离度越小。

当$K_a \cdot c_r \geqslant 20K_w$，$c_r/K_a \geqslant 500$时，弱酸 HA 的解离度极小，$c_r-[H_3O^+] \approx c_r$，式(5.11)转化为

$$[H_3O^+] = \sqrt{K_a c_r} \qquad (5.12)$$

式(5.12)为计算一元弱酸溶液中$[H_3O^+]$浓度的最简公式。使用此式需满足两个条件$c_rK_a \geqslant 20K_w$和$c_r/K_a \geqslant 500$，此时的计算误差较小，在 5%以内。

同理可导出一元弱碱溶液的计算公式

当$K_b \cdot c_r \geqslant 20K_w$时

$$[OH^-]=\frac{-K_b+\sqrt{K_b^2+4K_bc_r}}{2} \tag{5.13}$$

当 $K_b \cdot c_r \geqslant 20K_w$，且 $c_r/K_b \geqslant 500$ 时

$$[OH^-]=\sqrt{K_bc_r} \tag{5.14}$$

式(5.14)为计算一元弱碱溶液中$[OH^-]$的最简公式。

例 5-7 计算 0.100 mol · L^{-1}HAc 溶液的 pH，已知 K_a=1.75×10^{-5}。

解 $K_a \cdot c_r$=0.100×1.75×10^{-5}=1.75×10^{-6}≥$20K_w$

c_r/K_a=0.100/(1.75×10^{-5})=5714≥500，可用式(5.12)计算

$$[H_3O^+]=\sqrt{K_ac_r}=\sqrt{1.75\times10^{-5}\times0.100}=1.32\times10^{-3}\text{，pH=2.88}$$

例 5-8 已知 K_a(HAc)=1.75×10^{-5}，计算 0.100 mol · L^{-1}NaAc 溶液的 pH。

解 HAc 与 Ac^-为共轭酸碱对，已知 K_a(HAc)=1.75×10^{-5}，则

$$K_b(Ac^-)=\frac{K_w}{K_a(HAc)}=\frac{1.0\times10^{-14}}{1.75\times10^{-5}}=5.8\times10^{-10}$$

因为 $K_b \cdot c_r \geqslant 20K_w$，$c_r/K_b$=0.100/(5.8×$10^{-10}$)＞500，

则 $$[OH^-]=\sqrt{K_bc_r}=\sqrt{5.8\times10^{-10}\times0.100}=7.6\times10^{-6}$$

$$pOH=5.11\text{，}pH=14-5.11=8.89$$

(二) 多元弱酸、弱碱溶液

H_2CO_3、$H_2C_2O_4$、H_3PO_4 等是多元弱酸，S^{2-}、$C_2O_4^{2-}$、PO_4^{3-} 等是多元弱碱，它们在水溶液中的质子传递是分步进行的。例如，二元弱酸 H_2A 在水溶液中存在以下三种质子传递平衡

第一步反应：$H_2A + H_2O \rightleftharpoons HA^- + H_3O^+$　　$K_{a1}=\frac{[H_3O^+][HA^-]}{[H_2A]}$

第二步反应：$HA^- + H_2O \rightleftharpoons A^{2-} + H_3O^+$　　$K_{a2}=\frac{[H_3O^+][A^{2-}]}{[HA^-]}$

水的质子自递反应：$H_2O + H_2O \rightleftharpoons H_3O^+ + OH^-$　　$K_w=[H_3O^+][OH^-]$

溶液中 H_3O^+来源于以上三个反应。三个平衡常数的表达式中的$[H_3O^+]$相同，是溶液中 H_3O^+的总浓度，等于三个反应提供的总和。由于 $K_{a1}>K_{a2}>K_w$，因此，H_2A 提供的 H_3O^+的量比 HA^-和 H_2O 提供的多。又因为 HA^-是由弱酸 H_2A 解离出来的，相对于 H_2A，HA^-的浓度很小。另外，受到第一步反应所得 H_3O^+的抑制，HA^{2-}及 H_2O 解离出的$[H_3O^+]$更少。因此，只要 K_{a1} 比 K_{a2} 大得多，则 H_3O^+主要来源于第一个反应。在计算误差 RE≤5%的范围内，当 $K_{a1}c_r \geqslant 20K_w$ 时，可忽略水的质子自递传递；当 $K_{a1}/K_{a2}>10^2$ 时，可忽略第二步反应所产生的 H_3O^+，将 H_2A 作为一元弱酸进行处理。其他多元弱酸与此类似。据此，可得多元弱酸溶液中$[H_3O^+]$的计算公式如下

当 $K_{a1}c_r \geqslant 20K_w$，$K_{a1}/K_{a2}>10^2$ 时

$$[H_3O^+]=\frac{-K_{a1}+\sqrt{K_{a1}^2+4K_{a1}c_r}}{2} \tag{5.15}$$

当 $K_{a1}c_r \geqslant 20K_w$，$K_{a1}/K_{a2} > 10^2$，且 $c_r/K_{a1} \geqslant 500$ 时

$$[H_3O^+] = \sqrt{K_{a1}c_r} \tag{5.16}$$

式(5.15)是计算多元弱酸溶液中$[H_3O^+]$的近似式，式(5.16)是计算多元弱酸溶液中 $[H_3O^+]$的最简式。对于多元弱碱溶液，$[OH^-]$的计算与多元弱酸类似，即

当 $K_{b1}c_r \geqslant 20K_w$，$K_{b1}/K_{b2} > 10^2$ 时

$$[OH^-] = \frac{-K_{b1} + \sqrt{K_{b1}^2 + 4K_{b1}c_r}}{2} \tag{5.17}$$

当 $K_{b1}c_r \geqslant 20K_w$，$K_{b1}/K_{b2} > 10^2$，且 $c_r/K_{b1} \geqslant 500$ 时

$$[OH^-] = \sqrt{K_{b1}c_r} \tag{5.18}$$

式(5.17)是计算多元弱碱溶液中 $[OH^-]$的近似式，式(5.18)是计算多元弱碱溶液中 $[OH^-]$的最简式。多元弱酸或弱碱溶液中其他物质的浓度，可根据$[H_3O^+]$或$[OH^-]$及各种解离平衡常数进行计算。

例 5-9 计算 $0.10mol \cdot L^{-1} H_3PO_4$溶液的 pH，并求出$[H_2PO_4^-]$、$[HPO_4^{2-}]$和$[PO_4^{3-}]$。已知 H_3PO_4的 $K_{a1}=6.9\times10^{-3}$，$K_{a2}=6.1\times10^{-8}$，$K_{a3}=4.8\times10^{-13}$。

解 H_3PO_4为三元弱酸，由于 $c_r=0.10$；$K_{a1}c_r \geqslant 20K_w$，$K_{a1}/K_{a2} > 10^2$，$c_r/K_{a1} < 500$，按近似式(5.15)计算$[H_3O^+]$。

$$[H_3O^+] = \frac{-K_{a1} + \sqrt{K_{a1}^2 + 4K_{a1}c_r}}{2}$$

$$= \frac{-6.9\times10^{-3} + \sqrt{(6.9\times10^{-3})^2 + 4\times0.10\times6.9\times10^{-3}}}{2} = 2.3\times10^{-2}$$

$$pH=1.64$$

$K_{a1}/K_{a2} > 10^2$，只考虑第一步解离，则：$[H_3O^+]=[H_2PO_4^-]=2.3\times10^{-2}$

根据 $K_{a2} = \frac{[HPO_4^{2-}][H_3O^+]}{[H_2PO_4^-]} = 6.1\times10^{-8}$，得：$[HPO_4^{2-}]=6.1\times10^{-8}$

根据 $K_{a3} = \frac{[PO_4^{3-}][H_3O^+]}{[HPO_4^{2-}]} = 4.8\times10^{-13}$，得：$[PO_4^{3-}]=1.3\times10^{-18}$

例 5-10 已知 H_2CO_3的 $K_{a1}=4.5\times10^{-7}$，$K_{a2}=4.7\times10^{-11}$，计算 $0.100mol \cdot L^{-1} Na_2CO_3$溶液的 pH，并求$[HCO_3^-]$，$[H_2CO_3]$和$[OH^-]$。

解 CO_3^{2-}为二元弱碱，$K_{b1}=K_w/K_{a2}=1.0\times10^{-14}/(4.7\times10^{-11})=2.1\times10^{-4}$

$$K_{b2}=K_w/K_{a1}=1.0\times10^{-14}/(4.5\times10^{-7})=2.2\times10^{-8}$$

$K_{b1}c_r \geqslant 20K_w$，$K_{b1}/K_{b2} > 10^2$，$c_r/K_{b1} > 500$，可按最简式(5.18)计算$[OH^-]$

$$[OH^-] = \sqrt{K_{b1}c_r} = \sqrt{2.1\times10^{-4}\times0.100} = 4.6\times10^{-3}$$

$$pOH=2.33，pH=14.00-2.33=11.67$$

因为 $K_{b1}/K_{b2} > 10^2$，只考虑第一步解离，则：$[HCO_3^-]=[OH^-]=4.6\times10^{-3}$

$$K_{b2}=\frac{[OH^-][H_2CO_3]}{[HCO_3^-]}=[H_2CO_3]=2.2\times10^{-8}$$

由例题可知：在多元弱酸溶液中，第一步质子转移反应所得共轭碱的浓度约等于$[H_3O^+]$，第二步质子转移反应所得共轭碱的浓度约等于 K_{a2}；在多元弱碱的溶液中，第一步质子转移反应所得共轭酸的浓度约等于$[OH^-]$，第二步质子转移反应所得共轭酸的浓度约等于 K_{b2}。例如

H_3PO_4 溶液中：$[H_3O^+]\approx[H_2PO_4^-]$，$[HPO_4^{2-}]\approx K_{a2}$

Na_3PO_4 溶液中：$[HPO_4^{2-}]\approx[OH^-]$，$[H_2PO_4^-]\approx K_{b2}$

（三）两性物质溶液

两性物质包括多元酸的酸式盐（如 $NaHCO_3$、NaH_2PO_4、Na_2HPO_4）、弱酸弱碱盐（如 NH_4Ac）和氨基酸（如 H_2NCH_2COOH）等。

两性物质在水溶液中既能给出质子又能接受质子，其质子传递平衡十分复杂，现以 $NaHCO_3$ 为例说明两性物质溶液酸度的计算方法。假设 $NaHCO_3$ 溶液的浓度为 c_r，在 $NaHCO_3$ 溶液中存在下列平衡：

（1）HCO_3^-做酸：$HCO_3^-+H_2O \rightleftharpoons H_3O^++CO_3^{2-}$

$$K_a=\frac{[CO_3^{2-}][H_3O^+]}{[HCO_3^-]}=2.1\times10^{-4}$$

（2）HCO_3^-做碱：$HCO_3^-+H_2O \rightleftharpoons OH^-+H_2CO_3$

$$K_b=\frac{[H_2CO_3][OH^-]}{[HCO_3^-]}=2.2\times10^{-8}$$

（3）水的质子自递：$H_2O+H_2O \rightleftharpoons H_3O^++OH^-$

$$K_w=[H_3O^+][OH^-]=1.0\times10^{-14}$$

其中，K_a、K_b 为两性物质 HCO_3^- 本身的酸常数和碱常数，注意 $K_a\cdot K_b\neq K_w$，这是因为 HCO_3^- 与其自身并不是共轭酸碱对。

在反应过程中，反应物 HCO_3^-、H_2O 都可以得到质子，HCO_3^- 每获得一个质子可转化为一个 H_2CO_3 分子，H_2O 每获得一个质子可转化为一个 H_3O^+ 离子，平衡系统中得质子的总量相当于$[H_3O^+]+[H_2CO_3]$；反应物 HCO_3^-、H_2O 又都可以失去质子，HCO_3^- 每失去一个质子可得一个 CO_3^{2-} 离子，H_2O 每失去一个质子可得一个 OH^- 离子，失质子总量为$[CO_3^{2-}]+[OH^-]$。反应中得失质子的总量应该相等，据此可写出下列关系式

$$[H_3O^+]+[H_2CO_3]=[CO_3^{2-}]+[OH^-]$$

根据 HCO_3^- 及 H_2O 的解离平衡关系，得到

$$[H_3O^+]+\frac{K_b[HCO_3^-][H_3O^+]}{K_w}=\frac{K_a[HCO_3^-]}{[H_3O^+]}+\frac{K_w}{[H_3O^+]}$$

令 $K_a' = K_w / K_b$，上式转换为

$$[H_3O^+] + \frac{[H_3O^+][HCO_3^-]}{K_a'} = \frac{K_a[HCO_3^-]}{[H_3O^+]} + \frac{K_w}{[H_3O^+]}$$

整理得

$$[H_3O^+] = \sqrt{\frac{K_a'(K_a[HCO_3^-] + K_w)}{K_a' + [HCO_3^-]}}$$

这是计算两性物质溶液$[H_3O^+]$的近似式。其中 K_a'是两性物质共轭酸的酸常数。由于 HCO_3^- 的酸式解离和碱式解离的倾向都很小。因此，溶液中 HCO_3^- 的消耗量很少，HCO_3^- 的平衡浓度近似等于其初始浓度，即 $[HCO_3^-] \approx c_r$，代入上式，得到

$$[H_3O^+] = \sqrt{\frac{K_a'(K_a c_r + K_w)}{K_a' + c_r}} \tag{5.19}$$

当 $K_a c_r > 20K_w$，且 $c_r > 20K_a'$时，$K_a c_r + 20K_w \approx K_a c_r$，$K_a' + c_r \approx c_r$，故

$$[H_3O^+] = \sqrt{K_a' \cdot K_a} \quad 或 \quad pH = \frac{1}{2}(pK_a' + pK_a) \tag{5.20}$$

式(5.19)是计算两性物质酸度的近似式，式(5.20)为最简式。应该注意，最简式只有在两性物质的浓度不是很小，且水的解离可以忽略的情况下才能应用。式中 K_a 是两性物质的酸常数，K_a'是两性物质共轭酸的酸常数。其他两性物质水溶液的$[H_3O^+]$照此计算，关键是选对酸常数。例如

NaH_2PO_4：$K_a = K_{a2}$，$K_a' = K_{a1}$

Na_2HPO_4：$K_a = K_{a3}$，$K_a' = K_{a2}$

其中，K_{a1}、K_{a2}、K_{a3} 分别是 H_3PO_4 的三级解离平衡常数。

例 5-11 已知 H_2CO_3 的 $K_{a1} = 4.5 \times 10^{-7}$，$K_{a2} = 4.7 \times 10^{-11}$，计算 25℃时 $0.10 mol \cdot L^{-1}$ $NaHCO_3$ 溶液的 pH。

解 HCO_3^- 为两性物质，其共轭酸为 H_2CO_3，则 $K_a' = K_{a1}$，$K_a = K_{a2}$。因 $K_a c_r > 20K_w$，且 $c_r > 20K_a$，符合最简式(5.20)的计算条件，所以

$$[H_3O^+] = \sqrt{K_{a1}K_{a2}} = \sqrt{4.5 \times 10^{-7} \times 4.7 \times 10^{-11}} = 4.6 \times 10^{-9}$$

$$pH = -\lg(4.6 \times 10^{-9}) = 8.34$$

例 5-12 计算 $0.10 mol \cdot L^{-1}$ NH_4CN 溶液的 pH。已知 NH_3 的 K_b 为 1.8×10^{-5}，HCN 的 $K_a = 6.2 \times 10^{-10}$。

解 NH_4CN 为强电解质，其在水中完全解离，生成 NH_4^+ 和 CN^-。NH_4^+ 作为一元弱酸，CN^-作为一元弱碱，故 NH_4CN 为两性物质。K_a 为 NH_4^+ 的解离常数，K_a' 为 CN^-共轭酸的解离常数，即 HCN 的解离常数。则

$$K_a = K_a(NH_4^+) = K_w/K_b(NH_3) = 1.0 \times 10^{-14}/1.8 \times 10^{-5} = 5.6 \times 10^{-10}$$

$$K_a' = K_a(HCN) = 6.2 \times 10^{-10}$$

由于 $K_a \cdot c_r > 20K_w$，且 $c_r > 20K'_a$，符合最简式(5.20)的计算条件，所以

$$[H_3O^+] = \sqrt{\frac{K_w}{K_b(NH_3)} \times K_a(HCN)} = \sqrt{5.6\times10^{-10}\times6.2\times10^{-10}} = 5.9\times10^{-10}$$

$$pH = -\lg(5.9\times10^{-10}) = 9.23$$

例 5-13　已知氨基乙酸(NH_2CH_2COOH)在水中发生下面两个反应，计算 0.10 mol · L^{-1} 氨基乙酸(NH_2CH_2COOH)溶液的 pH。

$$NH_2CH_2COOH + H_2O \rightleftharpoons NH_2CH_2COO^- + H_3O^+ \qquad K_a=1.6\times10^{-10}$$

$$NH_2CH_2COOH + H_2O \rightleftharpoons NH_3^+CH_2COOH + OH^- \qquad K_b=2.2\times10^{-12}$$

解　H_2CH_2COOH 是两性物质，其共轭酸为 $NH_3^+CH_2COOH$。

$K'_a = K_w/K_b = 1.0\times10^{-14}/(2.2\times10^{-12}) = 4.5\times10^{-3}$。$K_a c_r > 20K_w$，且 $c_r > 20K'_a$，可采用式(5.20)计算

$$[H_3O^+] = \sqrt{K'_a \cdot K_a} = \sqrt{4.5\times10^{-3}\times1.6\times10^{-10}} = 8.5\times10^{-7}$$

$$pH=6.1$$

第四节　缓 冲 溶 液

一、缓冲溶液的组成和作用机制

(一)缓冲作用

298K 时纯水的 pH 为 7.0。若向 1L 纯水中加入 0.01mol HCl，其 pH 则由 7.0 下降至 2.0，减小 5 个 pH 单位；若改为加入 0.01mol NaOH，其 pH 则由 7.0 上升至 12.0，增加 5 个 pH 单位。这说明纯水的 pH 不易保持稳定，容易受外界因素的影响而发生改变。然而，向 1L 含 HAc 和 NaAc(浓度均为 0.10mol · L^{-1})的混合溶液中，加入相同量的 HCl 或 NaOH 后，溶液的 pH 从 4.75 下降到 4.66 或上升到 4.84，pH 仅仅改变了 0.09 个 pH 单位。若向 HAc 和 NaAc 的混合溶液中加入少量水稀释时，其 pH 也基本不变。将这种能抵抗少量外来强酸、强碱或有限稀释而保持 pH 基本不变的溶液称为**缓冲溶液**(buffer solution)。缓冲溶液对强酸、强碱或稀释的抵抗作用称为**缓冲作用**(buffer action)。

(二)缓冲溶液的组成

缓冲溶液一般是由足够浓度、适当比例的共轭酸碱对组成。如在 HAc 与 NaAc 组成的缓冲溶液中，HAc 为共轭酸，Ac^-为共轭碱；在 NaH_2PO_4 与 Na_2HPO_4 组成的缓冲溶液中，$H_2PO_4^-$ 为共轭酸，HPO_4^{2-} 为共轭碱等。通常，将组成缓冲溶液共轭酸碱对的两种物质称为**缓冲系**(buffer system)或**缓冲对**(buffer pair)。一些常见的缓冲溶液的缓冲系列于表 5-6 中。

表5-6 常见的缓冲系

缓冲系	弱酸	共轭碱	pK_a(25℃)
HAc–NaAc	HAc	Ac^-	4.76
H_2CO_3–$NaHCO_3$	H_2CO_3	HCO_3^-	6.35
H_3PO_4–NaH_2PO_4	H_3PO_4	$H_2PO_4^-$	2.16
Tris · HCl–Tris	$Tris \cdot H^+$	Tris	7.85
$H_2C_8H_4O_4$– $KHC_8H_4O_4$	$H_2C_8H_4O_4$	$HC_8H_4O_4^-$	2.89
NH_4Cl–NH_3	NH_4^+	NH_3	9.25
$CH_3NH_3^+Cl$– CH_3NH_2	$CH_3NH_3^+$	CH_3NH_2	10.63
NaH_2PO_4–Na_2HPO_4	$H_2PO_4^-$	HPO_4^{2-}	7.21
Na_2HPO_4–Na_3PO_4	HPO_4^{2-}	PO_4^{3-}	12.32

(三)缓冲作用机制

现以 HAc–NaAc 组成的缓冲溶液为例，来说明缓冲作用原理。水中加入 HAc 和 NaAc，将会发生如下反应

$$NaAc \longrightarrow Na^+ + Ac^-$$
$$HAc + H_2O \rightleftharpoons H_3O^+ + Ac^-$$

NaAc 是强电解质，在溶液中完全解离成 Na^+和 Ac^-。HAc 是弱电解质，仅有小部分解离，受 NaAc 解离出的大量 Ac^-影响，质子转移平衡向左移动，使得 HAc 的解离程度进一步减小。因此，当系统达到平衡时，[HAc]约等于 HAc 的初始浓度，$[Ac^-]$约等于 NaAc 的初始浓度。由于 HAc 与 NaAc 的初始浓度较大，所以溶液中存在着较多的 HAc 分子和 Ac^-。

当向此溶液中加入少量强酸(如 HCl)时，共轭碱 Ac^-与增加的 H_3O^+结合，使平衡向左移动，生成 HAc 和 H_2O 分子。达到新平衡时，溶液中$[H_3O^+]$并无明显增大，从而保持 pH 基本不变。在这个过程中 Ac^-起到了抵抗少量外来强酸的作用，故将 Ac^-称为缓冲系的抗酸成分。当向溶液中加入少量强碱(如 NaOH)时，OH^-会与溶液中的 H_3O^+作用，生成 H_2O。$[H_3O^+]$浓度的改变，促使质子传递平衡向右移动。HAc 分子的进一步解离，补充了被消耗掉的 H_3O^+。当达到新的平衡时，$[H_3O^+]$浓度并无明显下降，仍保持 pH 基本不变。在这个过程中 HAc 起到了抵抗少量外来强碱的作用，故将 HAc 称为缓冲系的抗碱成分。

综上所述，由于缓冲溶液中同时含有足量的抗碱成分和抗酸成分，可以通过共轭酸碱之间质子转移平衡的移动来抵抗外加少量的强酸、强碱，因而可以维持溶液的 pH 基本不变。

二、缓冲溶液 pH 的计算

(一)缓冲溶液 pH 的计算

以 HA 表示缓冲系的共轭酸，A^-表示缓冲系的共轭碱，它们在水溶液中存在如下的质子传递平衡

$$HA+H_2O \rightleftharpoons H_3O^+ + A^- \qquad K_a = \frac{[H_3O^+][A^-]}{[HA]}$$

公式可转化为$[H_3O^+]=K_a \cdot \dfrac{[HA]}{[A^-]}$，等式两边同取负对数，得

$$pH = pK_a + \lg\frac{[A^-]}{[HA]} \tag{5.21}$$

式(5.21)为计算缓冲溶液 pH 的 Henderson–Hassebalch 方程式，又称为缓冲公式。pK_a为共轭酸解离平衡常数的负对数，$[A^-]$和$[HA]$均为相对平衡浓度，$[A^-]/[HA]$称为**缓冲比**(buffer-component ratio)，$c_{总}=[A^-]+[HA]$称为缓冲溶液总浓度。

在缓冲溶液中，HB 是弱酸，解离度较小；同时，溶液中又有足量的共轭碱A^-存在，使 HA 的解离度更小，故[HA]和$[A^-]$可分别用初始浓度$c_r(HA)$和$c_r(A^-)$来表示，上式又可以表示为

$$pH = pK_a + \lg\frac{c_r(B^-)}{c_r(HB)} \tag{5.22}$$

若以$n(HA)$和$n(A^-)$分别表示体积为V的缓冲溶液中所含共轭酸碱对的物质的量，则

$$pH = pK_a + \lg\frac{n(A^-)}{n(HA)}$$

由以上各式可知：缓冲溶液的 pH 主要取决于缓冲系中共轭酸的pK_a。缓冲系选定后，溶液 pH 则随缓冲比的改变而改变。缓冲比等于 1 时，$pH=pK_a$。若向缓冲溶液加水稀释，由于共扼酸碱对的浓度受到同等程度的影响，其缓冲比不变，则 pH 不变。但稀释会引起溶液离子强度的改变，使 HA 和A^-的活度因子受到影响，因此溶液的 pH 也会发生微小的改变。如果过分稀释，缓冲系将会因浓度太低而丧失缓冲能力。

例 5-14　计算 50ml $0.20mol \cdot L^{-1}$ HAc 溶液与 $0.10mol \cdot L^{-1}$ NaAc 溶液等体积混合所得溶液的 pH。已知 HAc 的$pK_a=4.75$。

解　根据缓冲公式得

$$pH = pK_a + \lg\frac{n(Ac^-)}{n(HAc)} = 4.75 + \lg\frac{0.10\times0.05}{0.20\times0.05} = 4.45$$

例 5-15　计算Na_2HPO_4和NaH_2PO_4浓度均为$0.10mol \cdot L^{-1}$的缓冲溶液的 pH。若在 50ml 该溶液中加入 0.05ml $1.0mol \cdot L^{-1}$ HCl 溶液或 0.05ml $1.0mol \cdot L^{-1}$NaOH 溶液，溶液 pH 如何变化？已知，H_3PO_4的$pK_{a1}=2.12$，$pK_{a2}=7.21$，$pK_{a3}=12.32$。

解　(1) $[H_2PO_4^-]=0.10mol \cdot L^{-1}$，$[HPO_4^{2-}]=0.10mol \cdot L^{-1}$，代入缓冲公式，得

$$pH = pK_{a2} + \lg\frac{[HPO_4^{2-}]}{[H_2PO_4^-]} = 7.21 + \lg\frac{0.1}{0.1} = 7.21$$

(2) 加入 HCl 后，H_3O^+与溶液中的HPO_4^{2-}结合生成$H_2PO_4^-$，故

$$[H_2PO_4^-] = \frac{(0.10\times50+1.0\times0.05)\times10^{-3}}{50.05\times10^{-3}} = 0.101$$

$$[HPO_4^{2-}] = \frac{(0.10\times50-1.0\times0.05)\times10^{-3}}{50.05\times10^{-3}} = 0.099$$

$$pH = pK_{a2} + \lg\frac{[HPO_4^{2-}]}{[H_2PO_4^-]} = 7.21 + \lg\frac{0.099}{0.101} = 7.21 - 0.009 = 7.20$$

溶液的 pH 比原来降低了约 0.01。

(3) 加入 NaOH 后，OH^-与溶液中的 $H_2PO_4^-$ 结合生成 HPO_4^{2-}，故

$$[H_2PO_4^-] = \frac{(0.10 \times 50 - 1.0 \times 0.05) \times 10^{-3}}{50.05 \times 10^{-3}} = 0.099$$

$$[HPO_4^{2-}] = \frac{(0.10 \times 50 + 1.0 \times 0.05) \times 10^{-3}}{50.05 \times 10^{-3}} = 0.101$$

$$pH = pK_{a2} + \lg\frac{[HPO_4^{2-}]}{[H_2PO_4^-]} = 7.21 + \lg\frac{0.101}{0.099} = 7.22$$

溶液的 pH 比原来升高了约 0.01。

(二) 缓冲溶液 pH 计算公式的校正

利用 Henderson–Hassebalch 方程式计算缓冲溶液的 pH 是一个近似值，它没有考虑离子强度的影响。为减少计算误差，应在缓冲公式中引入活度因子，以活度代替相对平衡浓度，则式(5.21)可改写为

$$pH = pK_a + \lg\frac{a(A^-)}{a(HA)} = pK_a + \lg\frac{\gamma(A^-)}{\gamma(HA)} + \lg\frac{[A^-]}{[HA]}$$

式中，γ(HA) 和 $\gamma(A^-)$ 分别为溶液中 HA 和 A^-的活度因子，$\lg\frac{\gamma(A^-)}{\gamma(HA)}$ 为缓冲溶液的校正因数。校正因数共轭酸的电荷和溶液的离子强度有关。表 5-7 列出了不同离子强度 I 与电荷数 z 的缓冲系的校正因数。

表5-7 不同I和z时缓冲溶液的校正因数(20℃)

I	z=+1	z=0	z=−1	z=−2
0.01	+0.04	−0.04	−0.13	−0.22
0.05	+0.08	−0.08	−0.25	−0.42
0.10	+0.11	−0.11	−0.32	−0.53

例 5-16 将 $0.10mol \cdot L^{-1}$ KH_2PO_4 溶液和 $0.050 mol \cdot L^{-1}$ NaOH 溶液各 50ml 混合，求此混合溶液的近似 pH 和校正 pH。

解 (1) 当两种溶液混合后，组成 $H_2PO_4^- - HPO_4^{2-}$ 缓冲溶液

$$n(H_2PO_4^-) = n(HPO_4^{2-}) = 2.5mmol$$

$$pH = pK_{a1} + \lg\frac{n(HPO_4^{2-})}{n(H_2PO_4^-)} = 7.21 + \lg\frac{2.5}{2.5} = 7.21$$

(2) 混合溶液中各离子浓度为

$$c(K^+) = 0.050mol \cdot L^{-1}，c(Na^+) = 0.025mol \cdot L^{-1}$$

$$c(HPO_4^{2-})=0.025mol \cdot L^{-1},\ c(H_2PO_4^-)=0.025mol \cdot L^{-1}$$

$$I=\frac{1}{2}(0.050\times1^2+0.025\times1^2+0.025\times2^2+0.025\times1^2)mol\cdot L^{-1}=0.10mol\cdot L^{-1}$$

缓冲溶液的 I 为 0.10，弱电解质 $H_2PO_4^-$ 的 z 为–1，查表得校正因数为–0.32。故此缓冲溶液校正后的 pH 为

$$pH=7.21+(-0.32)=6.89$$

三、缓冲容量和缓冲范围

(一) 缓冲容量

缓冲溶液具有抵抗少量外来强酸、强碱而保持溶液的 pH 基本不变的能力。但当加入的强酸或强碱超过一定量时，缓冲溶液的 pH 将发生较大的变化，因此任何一种缓冲溶液的缓冲能力都是有限的。1922 年，Slyke V 提出用**缓冲容量**(buffer capacity) β 表示溶液的缓冲能力的大小。它在数值上等于使单位体积(1L 或 1ml)缓冲溶液的 pH 改变 1 个单位所需加入的一元强酸或一元强碱的物质的量(mol 或 mmol)。其数学表示式为

$$\beta \overset{\text{def}}{=\!=} \frac{\Delta n_{a(b)}}{V|\Delta pH|} \tag{5.23}$$

式中，V 为缓冲溶液的体积，$\Delta n_{a(b)}$ 是缓冲溶液中加入的一元强酸或一元强碱的物质的量，$|\Delta pH|$ 为缓冲溶液 pH 的改变量。$\Delta n_{a(b)}$ 和 V 一定时，$|\Delta pH|$ 越小，β 值越大，溶液的缓冲能力就越强。

向 50.0ml 总浓度分别为 $0.2mol \cdot L^{-1}$ 和 $0.02mol \cdot L^{-1}$ 的 $HAc-Ac^-$ 缓冲溶液中，各加入 0.05ml $1.0mol \cdot L^{-1}$ NaOH 溶液，根据不同缓冲比时各溶液 pH 的变化情况，计算出相应溶液的缓冲容量 β，见表 5-8。

表5-8　$HAc-Ac^-$ 的缓冲容量 β 与总浓度 $c_总$ 和缓冲比 $[Ac^-]/[HAc]$ 的关系

编号	$c_总/(mol \cdot L^{-1})$	$[Ac^-]/[HAc]$	加入前 pH	加入后 pH	ΔpH	β
1	0.2	1∶1	4.75	4.76	0.01	0.10
2	0.2	1∶9	3.80	3.83	0.03	0.03
3	0.2	9∶1	5.70	5.72	0.02	0.05
4	0.02	1∶1	4.75	4.83	0.08	0.01

通过上表分析可知，缓冲容量 β 与缓冲溶液的总浓度 $c_总$ 以及共轭酸碱对的缓冲比 $[B^-]/[HB]$ 有关。

(1) 对于同一缓冲溶液，当缓冲比一定时，总浓度越大，则抗酸、抗碱成分越多，缓冲容量就越大；反之，浓度较小时，缓冲容量也较小。

(2) 对于同一缓冲溶液，当总浓度一定时，缓冲比越接近于 1，缓冲容量越大；缓冲比越远离于 1，缓冲容量越小。当缓冲比等于 1 时，缓冲容量最大。

(二) 缓冲范围

当缓冲比大于 10 或小于 1/10 时，即缓冲溶液的 pH＞pK_a+1 或 pH＜pK_a–1 时，缓冲容量已经很小，可以认为缓冲溶液已经失去了缓冲能力。缓冲溶液可以发挥缓冲作用的 pH 范围 (pH=pK_a±1) 称为缓冲溶液的**缓冲范围** (buffer effective range)。不同缓冲系中，因共轭酸的 pK_a 不同，缓冲范围也各不相同。

需要说明的是，强酸或强碱的浓溶液虽然不属于共轭酸碱组成的缓冲溶液，但它们的缓冲能力却很强，这是由于溶液中 H_3O^+或 OH^-浓度很大，外加的少量强酸或强碱对溶液 pH 影响不大。

四、缓冲溶液的配制

(一) 缓冲溶液的配制方法

在实际工作中经常需要配制一定 pH 的缓冲溶液，其配制原则和步骤如下：

(1) 选择合适的缓冲系 所需配制的缓冲溶液 pH 应包含在所选缓冲系的缓冲范围之内，并尽量接近共轭酸的 pK_a，以求较大的缓冲容量。例如配制 pH 为 4.50 的缓冲溶液，可选择 HAc–NaAc 而不能选择 NH_3–NH_4Cl，因为 HAc 的 pK_a=4.75 与 4.5 接近，NH_4^+ 的 pK_a=9.25 与 4.5 相差很远。同时，所选缓冲系中的组分不能对主反应产生干扰。对医用缓冲系，还应无毒、具有一定的热稳定性，对酶稳定，能透过生物膜等。例如：硼酸–硼酸盐的缓冲系有毒，不能作为培养细菌或注射用的缓冲溶液。

(2) 设置适当的总浓度 缓冲系的总浓度太低，缓冲容量小；总浓度太高，离子强度太大或渗透压过高而不适用，并且造成试剂的浪费。一般地，总浓度在 0.05～0.2mol · L^{-1} 内为宜。

(3) 计算所需缓冲对的用量 根据 Henderson–Hassebalch 方程式计算所需共轭酸及其共轭碱的量。为配制方便，常常使用相同浓度的共轭酸和共轭碱来配制。此时缓冲比也等于共轭碱与共轭酸的体积比。即

$$pH = pK_a + \lg\frac{V_{B^-}}{V_{HB}} \tag{5.24}$$

(4) pH 的校正 根据 Henderson–Hassebalch 方程配制的缓冲溶液，由于未考虑离子强度等因素的影响，计算结果与实测值常有差别。对溶液 pH 要求严格时，可在酸度计的监控下，通过加强酸或强碱的方法，对所配缓冲溶液的 pH 进行校正。

例 5-17 已知 $pK_b(NH_3)$=4.75，利用 0.1mol · L^{-1} NH_3 溶液和 0.1mol · L^{-1} NH_4Cl 溶液，如何配制 pH=10.00 的缓冲溶液 500ml。

解 NH_3 与 NH_4^+为共轭酸碱，$pK_a(NH_4^+)$=14–4.75=9.25

$$pH = pK_a + \lg\frac{V(NH_3)}{V(NH_4^+)}$$

$$10.00 = 9.25 + \lg\frac{V(NH_3)}{V(NH_4^+)}，得：\frac{V(NH_3)}{V(NH_4^+)} = 5.62$$

$V(NH_4^+)+V(NH_3)$=500ml，得：$V(NH_4^+)$=76ml，$V(NH_3)$=424ml

将 424ml 0.1mol · L^{-1} NH_3 溶液和 76ml 0.1mol · L^{-1} NH_4Cl 溶液混合，可得到 500ml pH=10.00 的缓冲溶液，必要时可用 HAc 溶液或 NaAc 溶液进行 pH 校正。

例 5-18　用 0.100mol · L^{-1} 的某二元弱酸 H_2A 溶液配制 pH=6.00 的缓冲溶液，问应在 450ml H_2A 溶液中加入 0.200mol · L^{-1} NaOH 溶液多少毫升？已知 H_2A 的 pK_{a1}=1.52、pK_{a2}=6.30。

解　根据配制原则，应选 HA^-–A^{2-}缓冲系，质子转移反应分两步进行：

$$(1)\ H_2A + NaOH = NaHA + H_2O$$

$$(2)\ NaHA + NaOH = Na_2A + H_2O$$

将 H_2A 完全中和为 NaHA，反应(1)所需 NaOH 的量与原始溶液中 H_2A 的量相同。所需 NaOH 溶液体积

$$V_1 = (450ml \times 0.100mol \cdot L^{-1})/0.200mol \cdot L^{-1} = 225ml$$

得到 NaHA 的量=450ml×0.100mol · L^{-1}=45.0mmol

设中和部分 NaHB 需要 NaOH 溶液 V_2ml，根据反应(2)，应得到 0.200V_2mmol Na_2A，剩余(45.0–0.200 V_2) mmol NaHA。

$$pH = pK_{a2} + \lg\frac{n(A^{2-})}{n(HA^-)}$$

$$6.00 = 6.30 + \lg\frac{0.200V_2}{(45.0 - 0.200V_2)}$$

得：V_2=75ml

共需 NaOH 溶液的体积为：$V=V_1+V_2$=225ml + 75ml=300ml

为了能准确而又方便地配制所需 pH 的缓冲溶液，科学家们曾对缓冲溶液的配制进行过系统研究，并制订了许多准确配制缓冲溶液的配方。如在医学上广泛使用三(羟甲基)甲胺及其盐酸盐(Tris 和 Tris · HCl)缓冲系，其配制方法列于表 5-9 以供参考。

表5-9　Tris和Tris · HCl组成的缓冲溶液

缓冲溶液组成/(mol · kg^{-1})			pH	
Tris	Tris · HCl	NaCl	25℃	37℃
0.02	0.02	0.14	8.220	7.904
0.05	0.05	0.11	8.225	7.908
0.006 667	0.02	0.14	7.745	7.428
0.016 67	0.05	0.11	7.745	7.427
0.05	0.05		8.173	7.851
0.016 67	0.05		7.699	7.382

Tris 是一种弱碱，其性质稳定，易溶于体液且不会使体液中的钙盐沉淀，对酶的活性几乎无影响。因而广泛应用于生理、生化研究中。在 Tris 缓冲溶液中加入 NaCl 是为了调

节离子强度至 0.16，使得溶液与生理盐水等渗。

（二）标准缓冲溶液

所谓**标准缓冲溶液**（standard buffer solution）是指缓冲溶液的 pH 在一定温度下是准确可靠的，常作为测量溶液 pH 时的参比液，如校准 pH 计等。通常是由规定浓度的某些标准解离常数较小的单一两性物质或由共轭酸碱对组成。一些常用标准缓冲溶液的 pH 及温度系数列于表 5-11。

表5-11 标准缓冲溶液

溶液	浓度/(mol·L^{-1})	pH（25℃）	温度系数/(ΔpH·℃$^{-1}$)
$KHC_4H_4O_6$	饱和	3.557	−0.001
$KHC_8H_4O_4$	0.05	4.008	+0.001
KH_2PO_4–Na_2HPO_4	0.025，0.025	6.865	−0.003
KH_2PO_4–Na_2HPO_4	0.008695，0.03043	7.413	−0.003
$Na_2B_4O_7 \cdot 10H_2O$	0.01	9.180	−0.008

在表 5-11 中，酒石酸氢钾、邻苯二甲酸氢钾和硼砂标准缓冲溶液，都是由一种化合物配制而成的。这些化合物溶液之所以具有缓冲作用，一种情况是由于化合物溶于水解离出大量的两性离子所致。如酒石酸氢钾溶于水完全解离成 K^+和 $HC_4H_4O_6^-$，而 $HC_4H_4O_6^-$ 是两性离子，可接受质子生成其共轭酸（$H_2C_4H_4O_6$），也可给出质子生成其共轭碱（$C_4H_4O_6^{2-}$），形成 $H_2C_4H_4O_6$– $HC_4H_4O_6^-$ 和 $HC_4H_4O_6^-$ – $C_4H_4O_6^{2-}$ 两个缓冲系。在这两个缓冲系中，$H_2C_4H_4O_6$ 和 $HC_4H_4O_6^-$ 的 pK_a（分别为 2.98 和 4.30）比较接近，使它们的缓冲范围重叠，增强了缓冲能力。由于酒石酸氢钾饱和溶液中的抗酸、抗碱成分均有足够的浓度，因而用酒石酸氢钾一种化合物就可配成满意的缓冲溶液。另一种情况是化合物溶液的组成成分就相当于一对缓冲对，如硼砂溶液中，1mol 的硼砂相当于 2mol 的偏硼酸（HBO_2）和 2mol 的偏硼酸钠（$NaBO_2$），使得硼砂溶液中存在同浓度的弱酸（HBO_2）和共轭碱（BO_2^-）。因此，用硼砂一种化合物也可以配制缓冲溶液。

五、缓冲溶液在医学上的意义

缓冲溶液在医学上有着广泛地应用，如微生物的培养、组织切片与细菌染色、血液的冷藏、生物化学实验等都需要一定 pH 的缓冲溶液。缓冲作用在人体内也很重要。正常人体血液的 pH 总是维持在 7.35～7.45 的范围，血液能保持如此狭窄的 pH 范围，其中一个重要因素就是血液中存在着多种缓冲对。例如，血浆中的 H_2CO_3– HCO_3^-、$H_2PO_4^-$ – HPO_4^{2-}、H_nP–$H_{n-1}P^-$（H_nP 代表蛋白质）；红细胞中的 H_2b–Hb^-（H_2b 代表血红蛋白）、H_2bO_2– HbO_2^-（H_2bO_2 代表氧合血红蛋白）、H_2CO_3– HCO_3^-、$H_2PO_4^-$ – HPO_4^{2-} 等。

在这些缓冲系中，H_2CO_3– HCO_3^- 缓冲系的浓度最高，在维持血液 pH 的正常范围中发挥的作用最重要。H_2CO_3 与 HCO_3^- 存在以下平衡：

$$\begin{array}{ccc} CO_2 + H_2O & \rightleftharpoons & H_2CO_3 \\ & & + \\ & & H_2O \rightleftharpoons H_3O^+ + HCO_3^- \end{array}$$

正常人血浆中，$[HCO_3^-]/[H_2CO_3]$=24mmol · L^{-1}/1.2mmol · L^{-1}=20∶1，在 37℃时，校正后 H_2CO_3 的 pK_a'=6.10，血浆的 pH 为 7.4。

当体内酸性物质增加时，血液中大量存在的抗酸成分 HCO_3^- 与 H_3O^+作用生成 H_2CO_3，上述平衡向左移动。生成的 H_2CO_3 由血液循环到肺部，由肺加快对 CO_2 的呼出，损失的 HCO_3^- 由肾减小对 HCO_3^- 的排泄而得到补偿，因此血浆的 pH 可基本维持恒定。由于 HCO_3^- 是血浆中含量最多的抗酸成分，在一定程度上可代表血浆对体内产生酸性物质的缓冲能力，故习惯上把 HCO_3^- 称为碱储。

当体内碱性物质增加时，血浆中的 H_3O^+与碱结合生成水，上述平衡向右移动，使大量存在的抗碱成分 H_2CO_3 解离，以补充消耗的 H_3O^+。减少的 H_2CO_3 可由肺控制减少对 CO_2 的呼出来补偿，HCO_3^- 离子增多的部分则由肾脏排出体外，从而使血浆的 pH 保持基本恒定。

正常血浆中碳酸缓冲系的缓冲比为 20∶1，已超出正常缓冲比范围，但仍具有较强的缓冲能力，这是因为人体内是一个“敞开系统”，当缓冲系发生缓冲作用后，缓冲系的浓度改变可由肺呼吸作用和肾的生理功能来调节，使血液中碳酸缓冲系中的 HCO_3^- 和 H_2CO_3 的浓度及比值始终保持相对稳定。

综上所述，由于血液中各种缓冲对的缓冲作用和肺、肾的共同调节作用，正常人血液的 pH 才得以维持在 7.35～7.45 的狭小范围。如果机体某一方面调节作用出现障碍，体内蓄积的酸过多，血液的 pH 就会小于 7.35，从而发生**酸中毒**(acidosis)。而当体内蓄积的碱过多时，血液的 pH 就会大于 7.45，从而发生**碱中毒**(alkalosis)，若血液的 pH 小于 6.8 或大于 7.8，就会导致死亡。

知识拓展

pH 与药物载送材料的选择

ZIF–8 为硝酸锌与 2-甲基咪唑形成的一种新型无机有机杂化材料，它拥有类似蜂窝的孔状结构，孔的直径约为 1.2nm，可以吸附一系列小分子化合物，例如：苯、甲苯、5-氟尿嘧啶、咖啡因、阿霉素等。ZIF-8 材料在水中、空气中以及碱性环境中具有良好的稳定性，而在酸性环境中，材料的稳定性较差，会不断的分解垮塌。利用其在酸碱溶液中稳定性的差异，ZIF-8 作为难溶性抗癌药物的良好载体具有很好的应用前景。

正常情况下，血液及体内组织往往处在碱性环境中，而肿瘤细胞一般存在于 pH 为 5.5～6.0 的微酸环境中。孔状结构有利于大量药物的填装，而在碱性环境中的稳定性降低了药物在血液运输中的损失，酸性环境中的不稳定性，有利于药物在肿瘤细胞中的释放。在碱性环境中，使 5-氟尿嘧啶、阿霉素等一系列抗癌药物载入到 ZIF-8 材料上，到达肿瘤细胞周围的酸性环境中时，ZIF-8 材料分解缓慢释放药物。这可以提高药物的利用效率，降低补药周期，同时有效地减轻病人的经济负担。

本 章 小 结

本章主要介绍了电解质中的酸与碱对溶液 pH 的影响。

电解质分为强电解质和弱电解质。在水溶液中，完全解离的物质称为强电解质，部分解离的物质称为弱电解质。电解质的解离程度用解离度表示。解离度是指电解质达到解离平衡时，已解离的分子数和原有的分子总数之比。理论上，强电解质在溶液中是全部解离的，但由于离子之间存在静电作用，在溶液中形成“离子氛”或“离子对”，离子之间互相牵制，使电解质溶液中离子的有效浓度即活度降低。

$$a_B=\gamma_B \cdot b_B/b^{\ominus}$$

活度因子与溶液的离子强度有关。离子强度取决于溶液中各离子浓度和所带电荷数。

$$I \stackrel{\text{def}}{=\!=} \frac{1}{2}\sum_i b_i z_i^2$$

离子强度与活度因子的关系可用 Debye-Hückel 方程描述

$$\lg\gamma_i=\frac{-Az_i^2\sqrt{I}}{1+\sqrt{I}} \qquad \lg\gamma_\pm=\frac{-A|z_+\cdot z_-|\sqrt{I}}{1+\sqrt{I}}$$

电解质中的酸和碱溶于水可以改变水溶液的酸碱性。酸碱质子理论认为：凡能给出质子的物质都是酸，凡能接受质子的物质都是碱，酸碱反应的实质是酸碱之间质子的转移。

$$\overset{\quad H^+ \quad}{\overbrace{HA + B^-}} \rightleftharpoons A^- + HB$$

反应中，酸释放一个质子形成其共轭碱，碱结合一个质子形成其共轭酸。酸碱反应总是由较强的酸和较强的碱作用，向着生成较弱的酸和较弱的碱的方向进行。酸或碱的强度是指它们给出质子或接受质子能力的大小。酸碱强度可以用酸或碱与水反应的平衡常数来表达。

$$HA+H_2O \rightleftharpoons A^-+H_3O^+ \qquad K_a(HA)=\frac{[H_3O^+][A^-]}{[HA]}$$

$$A^-+H_2O \rightleftharpoons HA+OH^- \qquad K_b(A^-)=\frac{[HA][OH^-]}{[A^-]}$$

K_a、K_b 越大，表示酸、碱的强度越大。对于，弱电解质由于 K_a、K_b 非常小，为使用方便，也常用 pK_a 或 pK_b 表示酸碱的强弱，pK_a、pK_b 分别是质子酸、碱解离平衡常数的负对数。在一个共轭酸碱对中，酸越强则其共轭碱越弱。酸的解离平衡常数与其共轭碱的解离平衡常数的乘积等于水的离子积。

$$K_a \cdot K_b=K_w$$

根据酸碱质子理论，水是两性物质，水分子之间发生存在质子自递反应。一定温度下，水溶液中$[H_3O^+][OH^-]=K_w$。因此，可以利用$[H_3O^+]$或 pH 表示溶液的酸碱性。计算酸碱度的公式归纳于表 5-12。

表5-12　酸碱度计算公式

	近似式		最简式	
一元弱酸	$K_ac_r \geqslant 20K_w$	$[H_3O^+]=\dfrac{-K_a+\sqrt{K_a^2+4K_ac_r}}{2}$	$K_ac_r \geqslant 20K_w$, $K_ac_r \geqslant 500$	$[H_3O^+]=\sqrt{K_ac_r}$
一元弱碱	$K_bc_r \geqslant 20K_w$	$[OH^-]=\dfrac{-K_b+\sqrt{K_b^2+4K_bc_r}}{2}$	$K_bc_r \geqslant 20K_w$ $c_r/K_b \geqslant 500$	$[OH^-]=\sqrt{K_bc_r}$
多元弱酸	$K_{a1}c_r \geqslant 20K_w$ $K_{a1}/K_{a2}>10^2$	$[H_3O^+]=\dfrac{-K_{a1}+\sqrt{K_{a1}^2+4K_{a1}c_r}}{2}$	$K_{a1}c_r \geqslant 20K_w$ $K_{a1}/K_{a2}>10^2$ $c_r/K_a \geqslant 500$	$[H_3O^+]=\sqrt{K_{a1}c_r}$
多元弱碱	$K_{b1}c_r \geqslant 20K_w$ $K_{b1}/K_{b2}>10^2$	$[OH^-]=\dfrac{-K_{b1}+\sqrt{K_{b1}^2+4K_{b1}c_r}}{2}$	$K_{b1}c_r \geqslant 20K_w$ $K_{b1}/K_{b2}>10^2$ $c_r/K_b \geqslant 500$	$[OH^-]=\sqrt{K_{b1}c_r}$
两性物质		$[H_3O^+]=\sqrt{\dfrac{K_a'(K_ac_r+K_w)}{K_a'+c_r}}$	$K_ac_r>20K_w$ $c_r>20K_a'$	$[H_3O^+]=\sqrt{K_a'K_a}$
缓冲溶液				$pH=pK_a+\lg\dfrac{c_r(B^-)}{c_r(HB)}$

由足够浓度、适当比例的共轭酸碱对组成的溶液，具有抵抗少量外来强酸、强碱或有限稀释而保持 pH 基本不变的作用，这类溶液称为缓冲溶液。缓冲溶液的缓冲能力用缓冲容量 β 表示。缓冲容量 β 与溶液总浓度和缓冲比有关，缓冲溶液的总浓度越大，缓冲容量就越大；缓冲比越接近于 1，缓冲容量越大。缓冲溶液的缓冲范围为 $pH=pK_a \pm 1$。配制缓冲溶液时，需要选择合适的缓冲系，设置适当的总浓度，必要时应该用标准缓冲溶液进行校正。

习　　题

1. 计算 $0.001mol \cdot L^{-1}$ NaCl 溶液的离子强度。

2. 指出下列各酸的共轭碱：H_2O、$^+NH_3CH_2COO^-$、NH_4^+、H_2S、HSO_4^-、$H_2PO_4^-$、H_2CO_3、$[Zn(H_2O)_4]^{2+}$。

3. 指出下列各碱的共轭酸：H_2O、$NH_2CH_2COO^-$、S^{2-}、PO_4^{3-}、NH_3、CN^-、$H_2PO_4^-$、$[Zn(H_2O)_3(OH)]^+$。

4. 将下列溶液按酸性由强到弱的顺序排列起来：

(1) $[H^+]=10^{-5}mol \cdot L^{-1}$　　(2) $[OH^-]=10^{-3}mol \cdot L^{-1}$　　(3) pH=8

(4) pH=2　　(5) $[OH^-]=10^{-10}mol \cdot L^{-1}$

5. 乳酸 $HC_3H_5O_3$ 是糖酵解的最终产物，在体内积蓄会引起机体疲劳和酸中毒，已知乳酸的 $K_a=1.4\times10^{-4}$，试计算浓度为 1.0×10^{-3} $mol \cdot L^{-1}$ 乳酸溶液的 pH。

6. 水杨酸(邻羟基苯甲酸，$C_7H_4O_3H_2$)为二元酸，有时可用它作为止痛药代替阿司匹林，但它有较强的酸性，能引起胃出血。已知 $K_{a1}=1.1\times10^{-3}$，$K_{a2}=3.6\times10^{-14}$，3.2g 水杨酸加水配制 500ml 溶液，计算该溶液的 pH。

7. 计算下列混合溶液的 pH。

(1) 20ml $0.1mol \cdot L^{-1}$HCl 与 20ml $0.1mol \cdot L^{-1}$NaOH

(2) 20ml $0.10mol \cdot L^{-1}$HCl 与 20ml $0.10mol \cdot L^{-1}NH_3 \cdot H_2O$

(3) 20ml $0.10mol \cdot L^{-1}$HAc 与 20ml $0.10mol \cdot L^{-1}$NaOH

(4) 20ml $0.10mol \cdot L^{-1}$HAc 与 20ml $0.10mol \cdot L^{-1}NH_3 \cdot H_2O$

8. 什么是缓冲溶液？以 NaH_2PO_4–Na_2HPO_4 为例说明缓冲作用原理。

9. 什么是缓冲容量？影响缓冲容量的因素有哪些？

10. 在下列溶液中，选择能配制缓冲溶液的缓冲对。

HCl，HAc，NaOH，NaAc，H_2CO_3

11. 求下列各缓冲溶液的 pH。

(1) 0.20mol · L^{-1} HAc 50ml 和 0.10mol · L^{-1} NaAc 100ml 的混合溶液。

(2) 0.10mol · L^{-1} $NaHCO_3$ 和 0.10mol · L^{-1} Na_2CO_3 各 50ml 的混合溶液。

(3) 0.50mol · L^{-1} NH_3 100ml 和 0.10mol · L^{-1} HCl 200mL 的混合溶液。

12. 若在 50.0ml 0.150mol · L^{-1} NH_3(aq) 和 0.200mol · L^{-1} NH_4Cl 组成的缓冲溶液中，加入 0.100ml 1.00mol · L^{-1} 的 HCl，求加入 HCl 前后溶液的 pH 各为多少？

13. 尿液的 pH 为 6.85，若有 NaH_2PO_4 和 Na_2HPO_4 组成的缓冲对来维持，则尿中[NaH_2PO_4]和[Na_2HPO_4]的比例为多少？

14. 柠檬酸(缩写为 H_3Cit)及其盐为多质子酸缓冲体系，常用于配制培养细菌生长的缓冲溶液。如用 0.20mol · L^{-1} 柠檬酸 500ml，需加入多少 0.40mol · L^{-1}NaOH 溶液，才能配成 pH 等于 5.00 的缓冲溶液(已知柠檬酸的 pK_{a1}=3.14，pK_{a2}=4.77，pK_{a3}=6.39)。

15. 三位住院患者的化验报告如下：

(1) 甲：[HCO_3^-]=24.00mmol · L^{-1}，[H_2CO_3]=1.20mmol · L^{-1}

(2) 乙：[HCO_3^-]=21.60mmol · L^{-1}，[H_2CO_3]=1.35mmol · L^{-1}

(3) 丙：[HCO_3^-]=56.00mmol · L^{-1}，[H_2CO_3]=1.40mmol · L^{-1}

在血浆中校正后的 $pK_{a1}'(H_2CO_3)$=6.10，计算三位患者血浆的 pH，并判断是否正常。

16. 配制 pH=10.00 的缓冲溶液 100ml：

(1) 现有缓冲系 HAc–NaAc、KH_2PO_4–Na_2HPO_4、NH_4Cl–NH_3，问选用何种缓冲系最好？

(2) 如果选用的缓冲系的总浓度为 0.200mol · L^{-1}，需要固体酸多少克(不考虑体积的变化)和 0.500mol · L^{-1} 的共轭碱溶液多少毫升？

17. 已知 pK_a(HAc)=4.76，pK_b(NH_3)=4.75，计算 0.20mol · L^{-1}HAc 与 0.20mol · $L^{-1}$$NH_3 \cdot H_2O$ 等体积混合所得溶液的 pH。

18. When monoprotic weak base (MOH) 0.500 g is dissolved in 50.0 ml water at 298 K，measurement of the solution pH is 11.30. Calculate K_b of the MOH (the molecular weight of MOH is 125).

19. Ephedrine ($C_{10}H_{15}ON$) as monoprotic weak base is often used in prevention and treatment of bronchial asthma and nasal mucosal swelling，low blood pressure，etc. When the pH of the aqueous solution is 10.26，calculate the concentration of ephedrine. For $C_{10}H_{15}ON$，K_b=2.33×10^{-5}.

20. Benzoic acid (C_6H_5COOH)，as a drug or food preservatives，can also be topical treatment of fungal infections of the skin. Due to the poor solubility of benzoic acid in water，its sodium salt is commonly used. When 2.0 grams of 100.0 ml sodium benzoate in water solution， calculate the solution pH. For C_6H_5COOH，K_a=6.25×10^{-5}.

（王 雷）

第六章　沉淀的形成和溶解

溶质溶于水中，不仅能够改变溶液的依数性和酸碱性；同时，电解质溶质的离子之间还可能发生反应形成沉淀。有些沉淀反应是有益的，例如骨骼和牙齿的形成；而有些沉淀反应则是有害的，例如结石的形成。那沉淀的形成和溶解需要什么条件，怎样才能有目的地促进有益沉淀的形成和不良沉淀的溶解？本章将围绕这些问题，学习难溶强电解质的沉淀溶解平衡相关知识。

学习要求

1. 掌握溶度积和溶解度的基本概念;
2. 正确理解溶度积和溶解度之间的关系，掌握溶度积规则及其应用;
3. 熟悉沉淀平衡的移动，了解沉淀平衡在医学上的应用。

第一节　溶度积规则

一、溶解度与溶度积

(一)溶解度

任何难溶的物质在水中总是或多或少地溶解，绝对不溶解的物质是不存在的。在一定温度下，溶解达到饱和时被溶解物质的浓度称为**溶解度**(solubility)，以符号 S 表示，单位 $mol \cdot L^{-1}$ 或 $g \cdot L^{-1}$。溶解度也可以用 100g 水中所能溶解的溶质克数表示。S 数值越大，说明物质的溶解能力越强。

按照溶解度的大小，电解质一般分为易溶电解质和难溶电解质两大类。习惯上把 298.15K 时在水中的溶解度小于 $0.1 g \cdot L^{-1}$ 的电解质称为难溶电解质。例如 AgCl、$CaCO_3$、PbS 等在水中的溶解度很小，但溶解的部分是完全解离的，这类难溶电解质称为**难溶强电解质**(slightly soluble strong electrolyte)。

(二)溶度积

难溶强电解质的饱和溶液中，存在着难溶强电解质与其解离的离子之间的平衡。例如，在 AgCl 的水溶液中，一方面，固态的 AgCl 微量解离为 Ag^+和 Cl^-，这个过程称为**溶解**(dissolution)；另一方面 Ag^+和 Cl^-又不断地从溶液回到晶体表面而析出，这个过程称为**沉淀**(precipitation)。在一定条件下，当沉淀速率与溶解速率相等时便达到平衡，这种平衡称为难溶强电解质的**沉淀溶解平衡**(solubility equilibria)，不同于易溶性弱电解质的解离平衡，沉淀溶解平衡属于多相平衡。AgCl 的沉淀溶解平衡可表示为

$$AgCl(s) \rightleftharpoons Ag^{+}(aq) + Cl^{-}(aq)$$

该反应的平衡常数为

$$K_{sp}(AgCl)=[Ag^{+}][Cl^{-}]$$

其中各物质的浓度为相对平衡浓度。K_{sp}称为**溶度积**(solubility product)。K_{sp}越大，表明溶解能力越强。对于A_aB_b型的难溶强电解质，溶度积表达式为

$$A_aB_b(s) \rightleftharpoons aA^{n+} + bB^{m-}$$

$$K_{sp}=[A^{n+}]^a[B^{m-}]^b \qquad (6.1)$$

式(6.1)表明，在一定温度下，难溶强电解质的溶度积常数等于溶解平衡时各离子浓度幂次方的乘积。其中，浓度上标的方次等于方程式中各物质的计量系数。严格地说，溶度积应以离子活度幂之乘积来表示，但在稀溶液中，离子强度很小，活度因子趋近于 1，可用浓度代替活度。一些常见的难溶电解质的溶度积常数列于书末附录中。

K_{sp}作为沉淀溶解反应的平衡常数，其数值反映了难溶电解质溶解能力的大小，与其他平衡常数一样，K_{sp}也随温度变化而改变。例如，298.15K 时，$K_{sp}(BaSO_4)=1.1\times10^{-10}$；323.15K 时，$K_{sp}(BaSO_4)=6.0\times10^{-10}$。$K_{sp}$的大小与电解质离子的浓度无关。只要达到沉淀溶解平衡，有关离子的平衡浓度就满足溶度积的关系式。

(三)溶解度与溶度积的关系

溶解度和溶度积均可以反映难溶强电解质的溶解能力，两者之间既有区别又存在着内在联系。

(1)通常情况下，溶解度可以表述任何物质的溶解能力，而溶度积一般只用于描述难溶强电解质的溶解能力。

(2)对于同类型的难溶电解质，溶解度愈大，溶度积也愈大；对于不同类型的难溶电解质，不能直接根据溶度积来比较溶解度的大小。例如 AgCl 的溶度积比 Ag_2CrO_4 的大，但 AgCl 的溶解度反而比 Ag_2CrO_4 的小。这是由于 Ag_2CrO_4 的溶度积的表示式与 AgCl 的不同，前者与 Ag^{+}浓度的平方成正比。几种物质在水中的溶解度和溶度积数据，见表 6-1。

表6-1　几种难溶强电解质的溶度积与溶解度

化学式	K_{sp}	$S/(mol \cdot L^{-1})$
AgCl	1.77×10^{-10}	1.33×10^{-5}
AgBr	5.35×10^{-13}	7.31×10^{-7}
AgI	8.52×10^{-17}	9.23×10^{-9}
Ag_2CrO_4	1.12×10^{-12}	6.54×10^{-5}

表 6-1 中，Ag_2CrO_4 的溶解度最大，溶解能力最强，但其溶度积并非最大。因此，对于不同类型的难溶强电解质，必须将溶度积转化为溶解度才能比较溶解能力的大小。

对于 A_aB_b 型难溶电解质，在纯水中溶解达到平衡时，其溶解度 S 和溶度积 K_{sp} 之间关系为

$$A_aB_b(s) \rightleftharpoons aA^{n+} + bB^{m-}$$

离子平衡浓度　　　　　　　　　aS　　bS

$$K_{sp}=[A^{n+}]^a[B^{m-}]^b=(aS)^a(bS)^b=a^ab^bS^{a+b}$$

$$S=\sqrt[(a+b)]{\frac{K_{sp}}{a^ab^b}}$$

式中，溶解度是相对浓度。对于 1∶1 型难溶强电解质，例如 AgCl、$BaSO_4$ 等，$K_{sp}=S^2$；对于 1∶2(或者 2∶1)型难溶强电解质，例如 $Mg(OH)_2$、Ag_2CrO_4 等，$K_{sp}=4S^3$。

例 6-1　AgCl 在 298.15 K 时的溶解度为 1.91×10^{-3} g · L^{-1}，求其溶度积。

解　AgCl 的摩尔质量 M(AgCl) 为 143.4g · mol^{-1}，以 mol · L^{-1} 表示的 AgCl 的溶解度 S 为

$$S=\frac{1.91\times10^{-3}\text{g}\cdot\text{L}^{-1}}{143.4\text{g}\cdot\text{mol}^{-1}}=1.33\times10^{-5}\text{mol}\cdot\text{L}^{-1}$$

所以 $[Ag^+]=[Cl^-]=S=1.33\times10^{-5}$ mol · L^{-1}

$$AgCl(s) \rightleftharpoons Ag^+(aq)+Cl^-(aq)$$

$$K_{sp}(AgCl)=[Ag^+][Cl^-]=S^2=(1.33\times10^{-5})^2=1.77\times10^{-10}$$

例 6-2　已知 $Mg(OH)_2$ 在 298.15K 时的 K_{sp} 值为 5.61×10^{-12}，求该温度时 $Mg(OH)_2$ 的溶解度。

解

$$Mg(OH)_2(s) \rightleftharpoons Mg^{2+}+2OH^-$$

设 $Mg(OH)_2$ 的溶解度为 S，在饱和溶液中 $[Mg^{2+}]=S$，$[OH^-]=2S$，则有

$$K_{sp}(Mg(OH)_2)=[Mg^{2+}][OH^-]^2=S(2S)^2=4S^3=5.61\times10^{-12}$$

$$S=\sqrt[3]{\frac{5.61\times10^{-12}}{4}}=1.12\times10^{-4}(\text{mol}\cdot\text{L}^{-1})$$

例 6-3　已知 Ag_2CrO_4 在 298.15K 时的溶解度为 6.54×10^{-5}mol · L^{-1}，计算其溶度积。

解

$$Ag_2CrO_4(s) \rightleftharpoons 2Ag^+(aq)+CrO_4^{2-}(aq)$$

在 Ag_2CrO_4 饱和溶液中，每生成 1mol CrO_4^{2-}，同时生成 2mol Ag^+，即

$$[Ag^+]=2S=2\times6.54\times10^{-5}\text{mol}\cdot\text{L}^{-1},\ [CrO_4^{2-}]=S=6.54\times10^{-5}\text{mol}\cdot\text{L}^{-1}$$

$$K_{sp}(Ag_2CrO_4)=[Ag^+]^2[CrO_4^{2-}]=(2\times6.54\times10^{-5})^2(6.54\times10^{-5})=1.12\times10^{-12}$$

(3) 在一定温度下，难溶强电解质的溶度积常数 K_{sp} 为定值，但溶解度 S 除了与温度有关以外，还与外界压力以及溶液中共存的其他物质等因素有关。

例 6-4　分别计算 Ag_2CrO_4：(1) 在 0.10mol · L^{-1} $AgNO_3$ 溶液中的溶解度；(2) 在 0.10mol · L^{-1} Na_2CrO_4 溶液中的溶解度。已知 $K_{sp}(Ag_2CrO_4)=1.12\times10^{-12}$。

解　(1) 在 0.10mol · L^{-1} $AgNO_3$ 溶液中，沉淀溶解平衡时，设 Ag_2CrO_4 的溶解度为 S，则

$$Ag_2CrO_4(s) \rightleftharpoons 2Ag^+ + CrO_4^{2-}$$

平衡时离子浓度　　$2S+0.10 \approx 0.10$　　S

$$K_{sp}(Ag_2CrO_4)=[Ag^+]^2[CrO_4^{2-}]=0.10^2S$$

$$S=\frac{K_{sp}}{0.10^2}=\frac{1.12\times10^{-12}}{0.10^2}=1.12\times10^{-10}(\text{mol}\cdot\text{L}^{-1})$$

(2) 在有 CrO_4^{2-} 存在的溶液中，沉淀溶解达到平衡时，设 Ag_2CrO_4 的溶解度为 S，则

$$Ag_2CrO_4(s) \rightleftharpoons 2Ag^+ + CrO_4^{2-}$$

平衡时离子浓度　　　　　　　　　　$2S$　　　$S+0.10\approx 0.10$

$$K_{sp}(Ag_2CrO_4)=[Ag^+]^2[CrO_4^{2-}]=(2S)^2(0.10)=0.40S^2$$

$$S=\sqrt{\frac{K_{sp}}{0.40}}=\sqrt{\frac{1.12\times10^{-12}}{0.40}}=1.67\times10^{-16}(\mathrm{mol\cdot L^{-1}})$$

由例 6-3 和例 6-4 可知，在不同溶液中，同一种物质的溶解度是不一样的。与在水中相比，Ag^+或 CrO_4^{2-} 存在时，Ag_2CrO_4 的溶解度显著降低。向难溶电解质的溶液中，加入含有共同离子的电解质，使难溶电解质的溶解度降低的现象称为**同离子效应**(common ion effect)。向 Ag_2CrO_4 的溶液中加入 KNO_3 时，由于溶液离子强度的增加，将会导致 Ag_2CrO_4 的溶解度比在纯水中的大。这种因加入不含与难溶电解质相同离子的易溶强电解质，从而使难溶强电解质的溶解度略微增大的现象称为**盐效应**(salt effect)。需要注意的是，产生同离子效应的同时必定会产生盐效应，由于盐效应很弱，当两种效应同时存在时，可忽略盐效应的影响。

二、溶度积规则

(一) 离子积

难溶强电解质离子浓度幂次方的乘积称为**离子积**(ion product)，用 I_p 表示。I_p 和 K_{sp} 的表达形式类似，但其中的浓度不一定是平衡的浓度。对于任一沉淀溶解反应

$$A_aB_b(s) \rightleftharpoons aA^{n+}+bB^{m-}$$

$$I_p=[\frac{c(A^{n+})}{c^\ominus}]^a\cdot[\frac{c(B^{m-})}{c^\ominus}]^b=c_r^a(A^{n+})\cdot c_r^b(B^{m-})$$

$c_r(A^{n+})$、$c_r(B^{m-})$分别表示离子的相对浓度。从离子积的表达式可以看出，离子积是难溶强电解质溶解反应的反应商，而溶度积是该反应的平衡常数。沉淀溶解平衡时，$I_p=K_{sp}$。根据化学反应的恒温方程式

$$\Delta_r G=-RT\ln\frac{K}{Q}=-RT\ln\frac{K_{sp}}{I_p}$$

可根据 I_p 与 K_{sp} 的相对大小判断沉淀溶解反应的方向。

(二) 溶度积规则

(1) $I_p=K_{sp}$ 时，$\Delta_r G=0$。沉淀与溶解达到动态平衡，表示溶液达到饱和。

(2) $I_p<K_{sp}$ 时，$\Delta_r G<0$。沉淀溶解反应正向进行，表示溶液是不饱和的，若加入难溶强电解质，则会继续溶解。

(3) $I_p>K_{sp}$ 时，$\Delta_r G>0$。沉淀溶解反应逆向进行，表示溶液为过饱和状态，溶液里将会有难溶物析出。

溶度积规则是难溶电解质沉淀溶解平衡移动规律的总结，也是判断沉淀生成和溶解的依据。

第二节 沉淀溶解平衡的移动

一、沉淀的形成

难溶强电解质的沉淀溶解平衡是固态难溶电解质与溶液中的离子间的多相动态平衡。平衡是暂时的、有条件的，如果条件改变，沉淀平衡就会发生移动。根据溶度积规则，改变条件可以使溶液中的离子形成沉淀，或使沉淀溶解。

(一)沉淀的形成

根据溶度积规则，当溶液中 $I_p > K_{sp}$，将会有沉淀生成，这是产生沉淀的必要条件。若要促使沉淀形成，只要设法提高其离子积即可。

例 6-5 判断下列条件下是否有沉淀生成(均忽略体积的变化)：(1)将 $0.020mol \cdot L^{-1}$ $CaCl_2$溶液 10ml 与等体积同浓度的 $Na_2C_2O_4$溶液相混合；(2)在 $1.0mol \cdot L^{-1}$ $CaCl_2$溶液中通入 CO_2气体至饱和。

解 (1)溶液等体积混合后 $c(Ca^{2+})=0.010mol \cdot L^{-1}$，$c(C_2O_4^{2-})=0.010mol \cdot L^{-1}$，

$$CaC_2O_4 \rightleftharpoons Ca^{2+} + C_2O_4^{2-} \qquad K_{sp}(CaC_2O_4)=2.32\times10^{-9}$$

$$I_p=c_r(Ca^{2+})\,c_r(C_2O_4{}^{2-})=(1.0\times10^{-2})\times(1.0\times10^{-2})=1.0\times10^{-4}$$

$I_p > K_{sp}(CaC_2O_4)$，因此溶液中有 CaC_2O_4 沉淀析出。

(2)饱和 CO_2 水溶液中，$[CO_3^{2-}]=K_{a2}=4.68\times10^{-11}mol \cdot L^{-1}$，则

$$CaCO_3 \rightleftharpoons Ca^{2+} + CO_3^{2-} \qquad K_{sp}(CaCO_3)=3.36\times10^{-9}$$

$$I_p=c_r(Ca^{2+})\ c_r(CO_3^{2-})=1.0\times(4.68\times10^{-11})=4.68\times10^{-11}$$

$I_p < K_{sp}(CaCO_3)$，因此溶液中无 $CaCO_3$ 沉淀析出。

(二)分级沉淀

如果溶液中有两种或两种以上的离子可与同一试剂反应产生沉淀，首先析出的是离子积最先达到溶度积的难溶强电解质。这种按先后顺序沉淀的现象称为**分级沉淀**(fractional precipitate)。对于相同类型的难溶强电解质来说，溶度积小的先沉淀，溶度积大的后沉淀。利用分级沉淀可进行离子间的相互分离。两种沉淀的溶度积差别越大，后沉淀离子的浓度越小，分离效果越好。

例如，在含有相同浓度的 I^-和 Cl^-的溶液中，逐滴加入 $AgNO_3$ 溶液，最先看到淡黄色 AgI 沉淀，继续加入 $AgNO_3$ 溶液，才能生成白色 AgCl 沉淀，这是因为 AgI 的溶度积比 AgCl 小得多，离子积最先达到 AgI 溶度积而首先沉淀。

例 6-6 在 $0.010mol \cdot L^{-1}$ K_2CrO_4 和 $0.100mol \cdot L^{-1}$ KCl 的混合溶液中，滴加 $AgNO_3$ 溶液，CrO_4^{2-} 和 Cl^-哪个离子先沉淀？能否利用分步沉淀的方法将两者分离？

解

$$Ag_2CrO_4 \rightleftharpoons 2Ag^+ + CrO_4^{2-}$$

Ag_2CrO_4沉淀所需条件为 $I_p(Ag_2CrO_4)=c_r^2(Ag^+)c_r(CrO_4^{2-})\geqslant K_{sp}(Ag_2CrO_4)$

$$c_r(Ag^+)\geqslant\sqrt{\frac{K_{sp}(Ag_2CrO_4)}{c_r(CrO_4^{2-})}}=\sqrt{\frac{1.11\times10^{-12}}{0.0100}}=1.05\times10^{-5}$$

$$AgCl \rightleftharpoons Ag^+ + Cl^-$$

AgCl 沉淀所需条件为 $I_p(AgCl)=c_r(Ag^+)c_r(Cl^-)\geqslant K_{sp}(AgCl)$

$$c_r(Ag^+)\geqslant\frac{K_{sp}(AgCl)}{c_r(Cl^-)}=\frac{1.77\times10^{-10}}{0.100}=1.77\times10^{-9}$$

因为 AgCl 沉淀所需 Ag^+浓度小，所以 AgCl 先沉淀。当 Ag_2CrO_4 开始沉淀时，溶液中 $c_r(Ag^+)\geqslant1.05\times10^{-5}mol\cdot L^{-1}$，此时，溶液中残留的 Cl^-浓度为

$$c_r(Cl^-)\leqslant\frac{K_{sp}(AgCl)}{c_r(Ag^+)}=\frac{1.77\times10^{-10}}{1.05\times10^{-5}}=1.69\times10^{-5}$$

可见，当 CrO_4^{2-} 开始沉淀时，Cl^-已基本沉淀完全。因此，分级沉淀可以将 CrO_4^{2-} 与 Cl^- 分离。

形成沉淀是一种常用的去除杂质离子的方法。通常情况下，当溶液中某种离子的浓度小于 $1.0\times10^{-5}mol\cdot L^{-1}$ 时，常规方法已经无法检测离子的存在，可以认为离子已经沉淀完全。

例 6-7 在 $1mol\cdot L^{-1}$ $CuSO_4$溶液中含有少量 Fe^{3+}杂质，溶液的 pH 控制在什么范围才能有效除去 Fe^{3+}而不形成 $Cu(OH)_2$ 沉淀？$K_{sp}[Fe(OH)_3]=2.79\times10^{-39}$，$K_{sp}[Cu(OH)_2]=2.20\times10^{-20}$。

解 (1)若使 $Fe(OH)_3$沉淀完全，溶液中剩余的 $c(Fe^{3+})\leqslant10^{-5}mol\cdot L^{-1}$。

$$Fe(OH)_3 \rightleftharpoons Fe^{3+}+3OH^- \qquad K_{sp}[Fe(OH)_3]=2.79\times10^{-39}$$

$$I_p=c_r(Fe^{3+})\ c_r(OH^-)^3\geqslant K_{sp}=2.79\times10^{-39}$$

$$c_r(OH^-)\geqslant\sqrt[3]{\frac{K_{sp}}{c_r(Fe^{3+})}}=\sqrt[3]{\frac{2.79\times10^{-39}}{1.0\times10^{-5}}}=6.53\times10^{-12}\text{，pOH}\leqslant11.2\text{，pH}\geqslant2.8$$

(2)若使 Cu^{2+}不沉淀，则

$$Cu(OH)_2 \rightleftharpoons Cu^{2+}+2OH^- \qquad K_{sp}[Cu(OH)_2]=2.20\times10^{-20}$$

$$I_p=c_r(Cu^{2+})c_r(OH^-)^2\leqslant K_{sp}=2.20\times10^{-20}$$

$$c_r(OH^-)\leqslant\sqrt{\frac{K_{sp}}{c_r(Cu^{2+})}}=\sqrt{\frac{2.20\times10^{-20}}{1.0}}=1.48\times10^{-10}\text{，pOH}\geqslant9.8\text{，pH}\leqslant4.2$$

溶液的 pH 控制在 2.8～4.2，既能有效除去杂质 Fe^{3+}，又可保证 Cu^{2+}不生成沉淀。

利用沉淀反应来分离离子或除去杂质用得最多的是难溶的硫化物、氢氧化物及碳酸盐等。对同一种金属离子来说，硫化物具有最小的溶解度，用硫化物沉淀金属离子可将溶液中残留离子的浓度控制到很低的程度。不同的难溶金属硫化物具有不同的溶度积，因此可以分步沉淀而得到分离。

例 6-8 溶液中含有 $0.10mol\cdot L^{-1}$ Cd^{2+}和 $0.10mol\cdot L^{-1}$ Zn^{2+}。为了使 Cd^{2+}形成 CdS 沉淀与 Zn^{2+}分离，应控制 S^{2-}浓度在什么范围？

解　查表得 $K_{sp}(CdS)=3.6\times10^{-29}$，$K_{sp}(ZnS)=1.2\times10^{-23}$

则沉淀 Cd^{2+}时所需 S^{2-}浓度为

$$c_r(S^{2-})\geqslant\frac{K_{sp}(CdS)}{c_r(Cd^{2+})}=\frac{3.6\times10^{-29}}{0.10}=3.6\times10^{-28}$$

不使 ZnS 沉淀，溶液中 S^{2-}的最高浓度为

$$c_r(S^{2-})\leqslant\frac{K_{sp}(ZnS)}{c_r(Zn^{2+})}=\frac{1.2\times10^{-23}}{0.10}=1.2\times10^{-22}$$

所以，为使 Cd^{2+}形成 CdS 沉淀，而 Zn^{2+}仍留在溶液中，应控制 S^{2-}在 $3.6\times10^{-28}\sim1.2\times10^{-22}mol\cdot L^{-1}$。当 S^{2-}浓度等于 $1.2\times10^{-22}mol\cdot L^{-1}$时，溶液中残留的 Cd^{2+}为

$$c_r(Cd^{2+})\geqslant\frac{K_{sp}(CdS)}{c_r(S^{2-})}=\frac{3.6\times10^{-29}}{1.2\times10^{-22}}=3.0\times10^{-7}$$

此时 Cd^{2+}已经沉淀完全。从以上计算可知，Cd^{2+}和 Zn^{2+}可以分离完全。

(三)沉淀的转化

将一种沉淀转化为另一种沉淀的过程称为**沉淀的转化**(transformation of precipitation)。在实际工作中，有时进行沉淀转化。例如，锅炉中的水垢中除了含有 $CaCO_3$ 和 $Mg(OH)_2$ 以外，还含有微溶性 $CaSO_4$。$CaSO_4$很难用酸除去。在工业上，通常用饱和 Na_2CO_3溶液处理，使 $CaSO_4$转化为疏松的且易溶于酸的 $CaCO_3$，再用酸清除掉，其转化过程的反应式为

$$CaSO_4(s)+CO_3^{2-}\rightleftharpoons CaCO_3(s)+SO_4^{2-}$$

反应平衡常数为

$$K=\frac{[SO_4^{2-}]}{[CO_3^{2-}]}=\frac{[SO_4^{2-}][Ca^{2+}]}{[CO_3^{2-}][Ca^{2+}]}=\frac{K_{sp}(CaSO_4)}{K_{sp}(CaCO_3)}=\frac{7.10\times10^{-5}}{4.96\times10^{-9}}=1.4\times10^{4}$$

$K_{sp}(CaCO_3)<K_{sp}(CaSO_4)$，$K>1$，因此，在标准态下，上述沉淀转化反应能够正向进行。沉淀转化也可用平衡移动的原理进行解释。

$$CaSO_4\ (s)\rightleftharpoons Ca^{2+}+SO_4^{2-}$$

$$+$$

$$CO_3^{2-}\rightleftharpoons CaCO_3(s)$$

向 $CaSO_4$的溶液中加入 Na_2CO_3溶液时，CO_3^{2-}与 Ca^{2+}生成溶解度更小的 $CaCO_3$沉淀，与 $CaSO_4$平衡的 Ca^{2+}浓度降低，促使 $CaSO_4$的沉淀溶解平衡向溶解的方向移动，从而实现了沉淀的转化。

二、沉淀的溶解

根据溶度积规则，要使沉淀溶解，就必须降低难溶电解质在溶液中的相关离子浓度，使 $I_p<K_{sp}$。降低离子浓度的方法有：

(一)生成易溶性弱电解质

在难溶电解质的溶液中加入适当试剂，使之与难溶电解质的某一离子结合生成弱电解质，从而降低难溶电解质的离子浓度，促使沉淀溶解。弱电解质包括水、弱酸、弱碱、配离子和其他难解离的分子等。

1. 金属氢氧化物沉淀的溶解 向 $Mg(OH)_2$ 的沉淀溶解平衡系统中加入酸，酸解离出的 H^+ 与溶液中的 OH^- 反应生成弱电解质 H_2O，OH^- 浓度降低，$I_p(Mg(OH)_2) < K_{sp}(Mg(OH)_2)$，于是沉淀溶解。

$$Mg(OH)_2(s) \rightleftharpoons Mg^{2+} + 2OH^-$$
$$+ \quad 2H^+ \rightleftharpoons 2H_2O$$

2. 碳酸盐沉淀的溶解 如果向 $CaCO_3$ 的沉淀溶解平衡中加入酸，酸解离出的 H^+ 将与溶液中的 CO_3^{2-} 反应生成难解离的 HCO_3^-（或者 CO_2 气体和水），使溶液中$[CO_3^{2-}]$降低，导致 $I_p(CaCO_3)<K_{sp}(CaCO_3)$，使沉淀溶解。

$$CaCO_3(s) \rightleftharpoons Ca^{2+} + CO_3^{2-}$$
$$+ \quad H^+ \rightleftharpoons HCO_3^-$$

3. 金属硫化物沉淀的溶解 向 ZnS 的沉淀溶解平衡系统中加入酸，酸解离出的 H^+ 与 S^{2-} 结合生成 HS^-（或者进而再与 H^+ 结合生成 H_2S 气体），使 $I_p(ZnS) < K_{sp}(ZnS)$，沉淀溶解。

$$ZnS(s) \rightleftharpoons Zn^{2+} + S^{2-}$$
$$+ \quad H^+ \rightleftharpoons HS^-$$

4. $PbSO_4$ 沉淀的溶解 向 $PbSO_4$ 的沉淀溶解平衡系统中加入 NH_4Ac，形成难解离的 $Pb(Ac)_2$，使溶液中 Pb^{2+} 浓度降低，导致 $PbSO_4$ 的 $I_p(PbSO_4) < K_{sp}(PbSO_4)$，沉淀溶解。

$$PbSO_4(s) \rightleftharpoons SO_4^{2-} + Pb^{2+}$$
$$+ \quad 2Ac^- \rightleftharpoons Pb(Ac)_2$$

5. 形成难解离的配离子 向 AgCl 的沉淀溶解平衡中加入氨水，由于 Ag^+ 可以和氨水中的 NH_3 结合成难解离的配离子$[Ag(NH_3)_2]^+$，使溶液中 Ag^+ 浓度降低，导致 AgCl 沉淀溶解。

$$AgCl(s) \rightleftharpoons Cl^- + Ag^+$$
$$+ \quad 2NH_3 \rightleftharpoons [Ag(NH_3)_2]^+$$

(二)利用氧化还原反应使沉淀溶解

金属硫化物的 K_{sp} 相差很大，它们在酸中的溶解情况差异也很大。像 ZnS、PbS、FeS

等 K_{sp} 较大的金属硫化物都能溶于盐酸；而 Ag_2S、CuS 等 K_{sp} 很小的金属硫化物不能溶于盐酸，只能通过加入氧化剂如 HNO_3，将溶液中的 S^{2-} 氧化为游离的 S，使 S^{2-} 浓度降低，导致硫化物溶解，其反应式为

$$CuS(s) \rightleftharpoons Cu^{2+} + S^{2-}$$

$$\downarrow +$$

$$HNO_3 \longrightarrow S\downarrow + NO\uparrow$$

总反应式为

$$3CuS + 8HNO_3 \rightleftharpoons 3Cu(NO_3)_2 + 3S\downarrow + 2NO\uparrow + 4H_2O$$

S^{2-} 被 HNO_3 氧化为单质硫，因而降低了 S^{2-} 浓度，导致 CuS 沉淀的溶解。

第三节　沉淀溶解平衡在医学中的应用

一、骨骼的形成

骨骼的主要无机成分是羟基磷灰石，其次是碳酸盐、柠檬酸盐以及少量氯化物和氟化物。羟基磷灰石占骨骼重量 55%～75%，其化学式可表示成 $Ca_{10}(OH)_2(PO_4)_6$。在 37℃、pH 为 7.4 的生理条件下，Ca^{2+} 和 PO_4^{3-} 混合时，首先析出无定形磷酸钙，而后转变成磷酸八钙，最后变成最稳定的羟基磷灰石。在生物体内，这种羟基磷灰石又叫生物磷灰石。骨骼的形成涉及了沉淀的生成与转化的原理。当血钙浓度增加时，可促进骨骼的形成；反之，当血钙浓度降低时，羟基磷灰石溶解，可造成骨质疏松，骨骼存在着造骨与侵蚀的动态平衡。

二、龋齿的产生及防护

牙齿的化学组成与骨骼大致相同。牙齿的表层为牙釉质，其中羟基磷灰石所占比例超过 93%，结构非常严密，成为人体中最硬的部分，对牙齿咀嚼、磨碎食物具有重要意义。而牙本质中羟基磷灰石占 70%左右。它们的结构与骨类似。牙齿一旦形成和钙化后，新陈代谢就降到最低程度。当羟基磷灰石溶解时，相关离子进入了唾液，发生下面的反应

$$Ca_{10}(OH)_2(PO_4)_6(s) + 8H^+ \rightleftharpoons 10Ca^{2+} + 6HPO_4^{2-} + 2H_2O$$

在正常情况下，此反应向右进行的程度是很小的。该反应的逆过程叫再矿化作用，是人体自身的防蛀过程。然而，当人们用餐后，口腔中的食物被细菌分解产生有机酸，特别是像糖果、冰淇淋和含糖高的物质，产生的酸更多。酸性物质增加，导致口腔 pH 减小，反应正向进行促进了羟基磷灰石溶解。羟基磷灰石溶解时间过长，保护性的釉质层被削弱时，则会产生龋齿。为了防止龋齿的产生，除注意口腔卫生外，适当地使用含氟牙膏也是降低龋齿病的措施之一。含氟牙膏中的氟离子和牙釉质中的羟基磷灰石的氢氧根离子交换形成更难溶的氟磷灰石，能提高牙釉质的抗酸能力。其反应为

$$Ca_{10}(OH)_2(PO_4)_6(s) + 2F^- \rightleftharpoons Ca_{10}F_2(PO_4)_6(s) + 2OH^-$$

羟基磷灰石的 K_{sp} 为 6.8×10^{-37}，而氟磷灰石的 K_{sp} 为 1.0×10^{-60}，具有更强的抗酸能力。含氟牙膏能降低龋齿发病率约 25%，最适宜牙齿尚在生长期的儿童和青少年使用。

三、尿结石的形成与防治

尿是生物体液通过肾脏排泄出来的液体。其中包括人体代谢产生的有机物和无机物，如 Ca^{2+}、Mg^{2+}、CO_3^{2-}、$C_2O_4^{2-}$、PO_4^{3-} 等，这些物质可以形成尿结石。在人体内，尿形成的第一步是进入肾脏的血在肾小球的组织内过滤，把蛋白质、细胞等大分子物质滤掉，出来的滤液就是原始的尿，这些尿经过肾小管进入膀胱。通常，来自肾小球的滤液中草酸钙是过饱和的，即 $c_r(Ca^{2+})\cdot c_r(C_2O_4^{2-})>K_{sp}(CaC_2O_4)$，但由于血液中有蛋白质等大分子成石抑制物的保护作用，草酸钙难以形成沉淀。经过肾小球过滤后，蛋白质等大分子被去掉，血液黏度大大降低，因此在进入肾小管之前或在肾小管以内会有 CaC_2O_4 结晶形成。这种现象在许多没有尿结石病的人的尿中也会发生，不过不能形成大的结石堵塞通道，这种 CaC_2O_4 小结石在肾小管中停留时间短，容易随尿液排出，不会形成结石。有些人之所以形成结石，是因为尿中成石抑制物浓度太低，或肾功能不好，滤液流动速率太慢，在肾小管内停留时间较长，CaC_2O_4 等结晶微小晶体黏附于尿中脱落细胞或细胞碎片表面，形成结石的核心，以此核心为基础，晶体不断地沉淀、生长和聚集，最终形成结石。因此，医学上常用加快排尿速率(降低滤液停留时间)、加大尿量(减小 Ca^{2+}、$C_2O_4^{2-}$ 的浓度)等方法防治尿结石。多饮水，也是防治尿结石的一种方法。

四、钡　　餐

X 线造影检查时，由于人体各种器官、组织的密度和厚度不同，所以显示出深浅不同的自然层次。但在人体的某些部位，尤其是腹部，因为各种器官组织的密度大体相似，必须导入造影剂才能达到理想的检查效果。由于 X 射线不能透过钡原子，诊断肠胃道疾病时，临床上常用钡盐作 X 光造影剂。然而 Ba^{2+} 对人体有害，理想的 X 光造影剂是不溶性硫酸钡。硫酸钡的溶度积为 1.08×10^{-10}，根据同离子效应，加入 Na_2SO_4 可以减少 $BaSO_4$ 在体内的溶解度，降低毒性。硫酸钡的制备方法是以 $BaCl_2$ 和 Na_2SO_4 为原料，在适当的稀氯化钡热溶液中，缓慢加入硫酸钠，发生下列反应

$$BaCl_2 + Na_2SO_4 \rightleftharpoons 2NaCl + BaSO_4$$

沉淀析出后，静置使沉淀颗粒变大，过滤可得纯净的硫酸钡晶体。临床上使用的钡餐造影剂由 $BaSO_4$、加适量 Na_2SO_4 和矫味剂制成的干混悬剂，使用时加水制成混悬液口服或灌肠。$BaSO_4$ 在体内的溶解度极低，钡餐检查安全无毒。

知识拓展

沉淀法制备纳米颗粒

纳米微粒具有一系列既不同于单个原子、分子，也不同于宏观物体的理化特征，目前已经成为研究的热点。沉淀法是液相合成高纯度纳米微粒的方法之一，它包括直接沉淀法、均匀沉淀法和共沉淀法等。

1. 直接沉淀法 在金属盐溶液中加入沉淀剂，沉淀析出后将阴离子除去，经洗涤、热分解等处理可制得超细产物。常见的沉淀剂有 $NH_3 \cdot H_2O$、$NaOH$、$(NH_4)_2CO_3$、$(NH_4)_2C_2O_4$ 等。以制备 ZnO 为例，以 $NH_3 \cdot H_2O$ 为沉淀剂，发生如下反应

$$Zn^{2+} + NH_3 \cdot H_2O \rightleftharpoons Zn(OH)_2 + 2NH_4^+$$

$$Zn(OH)_2 \rightleftharpoons ZnO(s) + H_2O$$

直接沉淀法操作简便易行，对设备技术要求不高，不易引入杂质，产品纯度高，成本低。其缺点是洗除原溶液中的阴离子较困难，得到的粒子粒径分布较宽，分散性较差。

2. 均匀沉淀法 控制溶液中的沉淀剂浓度. 使之缓慢增加，在接近于平衡状态下使沉淀缓慢均匀地出现，这种方法称为均匀沉淀法。均匀沉淀法通常是借助于化学反应使沉淀剂慢慢地生成，从而克服由外部直接加入而造成沉淀剂分布不均的缺点。在均匀沉淀过程中，构晶离子的过饱和度在整个溶液中比较均匀，所得沉淀物的颗粒均匀而细密，便于洗涤过滤。目前，常用的均匀沉淀剂有六次甲基四胺和尿素。例如，以 $MgCl_2$ 和 $CO(NH_2)_2$ 为原料，采用均匀沉淀法制备纳米 MgO，所得纳米 MgO 分散性良好，粒度分布均匀，其反应原理为

$$CO(NH_2)_2 + 3H_2O \rightleftharpoons CO_2 + 2NH_3 \cdot H_2O$$

$$Mg^{2+} + 2NH_3 \cdot H_2O \rightleftharpoons Mg(OH)_2 + 2NH_4^+$$

$$Mg(OH)_2 \rightleftharpoons MgO + H_2O$$

3. 共沉淀法 共沉淀法是液相合成金属氧化物和盐类纳米微粒的经典方法。在含有两种或多种阳离子的溶液中加入沉淀剂，可得各种成分均一的沉淀。例如，以硝酸钙、磷酸混合水溶液为前驱体，以氨水为沉淀剂，可以制备出粒度小、分散性好的纳米羟基磷灰石粒子。改变工艺条件以及加入适当的有机助剂，可以得到不同成分、不同形貌的纳米微粒。其反应原理为

$$NH_3 \cdot H_2O + H_2O \rightleftharpoons NH_4^+ + OH^-$$

$$10Ca(NO_3)_2 + 6H_3PO_4 + 20NH_3 \cdot H_2O \rightleftharpoons Ca_{10}(PO_4)_6(OH)_2 + 20NH_4NO_3 + 18H_2O$$

共沉淀法具有工艺流程简单、成本较低，纳米粉体的结晶程度与粒径可控等优点。

本章小结

难溶强电解质的沉淀溶解平衡是生物体中普遍存在的现象，在医学上也具有广泛的应用。以 A_aB_b 难溶强电解质为例，在溶液中存在如下沉淀溶解平衡

$$A_aB_b(s) \rightleftharpoons aA^{n+} + bB^{m-}$$

$$K_{sp}=[A^{n+}]^a[B^{m-}]^b$$

这里 K_{sp} 称为溶度积，其数值可表示难溶强电解质在水溶液中的溶解能力。对于相同类型的难溶强电解质，K_{sp} 的数值越大，说明其溶解能力越强。在指定温度下，某种难溶强电解质的溶度积是个常数，只与难溶物的本性及温度有关；然而溶解度 S 除了与本性及温度有关之外，还受到溶液中存在的其他离子的影响。虽然溶度积与溶解度存在很多不同之处，但它们之间也可以相互转化，对于 A_aB_b 型难溶强电解质，转化关系为

$$K_{sp}=a^ab^bS^{a+b}$$

溶度积 K_{sp} 只能表示沉淀溶解平衡时离子浓度的关系，而任一条件下离子浓度幂次方的乘积称为离子积 I_p，根据体系中离子积与溶度积的关系，可以判断难溶强电解质沉淀溶解平衡移动的方向。如果 $I_p=K_{sp}$ 时，表示沉淀与溶解达到动态平衡，既无沉淀析出又无沉淀溶解，这时溶液是饱和的；如果 $I_p<K_{sp}$ 时，表示溶液是不饱和的，若加入难溶性强电解质，则会继续溶解；如果 $I_p>K_{sp}$ 时，表示溶液为过饱和状态，溶液将会有沉淀析出。这就是溶度积规则。它是难溶电解质沉淀溶解平衡移动规律的总结，也是判断沉淀生成和溶解的依据。根据溶度积原理，我们可以有针对性地改变体系中某种或者某几种离子的浓度，从而实现沉淀的生成、溶解、转化及分级沉淀。

习 题

1. 试述难溶强电解质的溶解度和溶度积之间的关系。

2. 试述离子积和溶度积的区别及联系。

3. 解释为什么 $BaSO_4$ 在生理盐水中的溶解度大于在纯水中的溶解度，而 AgCl 的溶解度在生理盐水中却小于在纯水的溶解度。

4. (1) 已知25℃时 PbI_2 在纯水中溶解度为 $1.29\times10^{-3}mol\cdot L^{-1}$，求 PbI_2 的溶度积。(2) 已知25℃时 $BaCrO_4$ 在纯水中溶解度为 $2.91\times10^{-3}g\cdot L^{-1}$，求 $BaCrO_4$ 的溶度积。

5. (1) 在 10ml $1.5\times10^{-3}mol\cdot L^{-1}$ $MnSO_4$ 溶液中，加入 5.0ml $0.15mol\cdot L^{-1}$ 氨水溶液，能否生成 $Mn(OH)_2$ 沉淀？(2) 若在 10ml$1.5\times10^{-3}mol\cdot L^{-1}MnSO_4$ 溶液中，先加入 0.495g 固体 $(NH_4)_2SO_4$，然后再加入 5.0ml $0.15mol\cdot L^{-1}$ 氨水溶液，能否生成 $Mn(OH)_2$ 沉淀？（设加入 $(NH_4)_2SO_4$ 固体后，溶液的体积不变。）

6. 假设溶于水中的 $Mg(OH)_2$ 完全解离，试计算：

(1) $Mg(OH)_2$ 在水中的溶解度 ($mol{\cdot}L^{-1}$)；(2) $Mg(OH)_2$ 饱和溶液中的 Mg^{2+} 和 OH^- 的浓度；(3) $Mg(OH)_2$ 在 $0.10mol\cdot L^{-1}$ NaOH 溶液中的溶解度（假如 $Mg(OH)_2$ 在 NaOH 溶液中不发生其他变化）；(4) $Mg(OH)_2$ 在 $0.20mol{\cdot}L^{-1}$ $MgCl_2$ 溶液中的溶解度。

7. 已知 $K_{sp}[Cu(OH)_2]=2.2\times10^{-20}$，$K_b(NH_3\cdot H_2O)=1.8\times10^{-5}$，向含 $c(NH_3{\cdot}H_2O)=0.20\ mol\cdot L^{-1}$，$c(NH_4Cl)=0.20\ mol{\cdot}L^{-1}$ 的溶液中加入等体积的 $0.020\ mol\cdot L^{-1}CuSO_4$，是否有 $Cu(OH)_2$ 沉淀？

8. 据研究调查，有相当一部分的肾结石是由 CaC_2O_4 组成的。正常人每天排尿量约为 1.4L，其中约含 0.1g Ca^{2+}。为了不使尿中形成 CaC_2O_4 沉淀，其中 $C_2O_4^{2-}$ 离子的最高浓度为多少？对肾结石患者来说，医生总让其多次饮水，试简单加以解释。

9. $K_{sp}(BaCrO_4)=1.17\times10^{-10}$，在 $0.10\ mol\cdot L^{-1}$ $BaCl_2$ 溶液中，加入等体积 $0.20\ mol\cdot L^{-1}$ K_2CrO_4 溶液。通过计算说明能否生成 $BaCrO_4$ 沉淀？若能生成沉淀，Ba^{2+} 能否沉淀完全？

10. 在含有 $0.01mol\cdot L^{-1}$ I^- 和 $0.01mol\cdot L^{-1}$ Cl^- 的溶液中，滴加 $AgNO_3$ 溶液时，哪种离子最先沉淀？当第二种离子刚开始沉淀时，溶液中的第一种离子浓度为多少？（忽略溶液体积的变化）。

11. K_{sp} for $BaSO_4$ is 1.08×10^{-10}. (1) Calculate the solubility of $BaSO_4$ in H_2O. (2) What would be the solubility of $BaSO_4$ in a solution of $0.1000\ mol\cdot L^{-1}Na_2SO_4$?

12. (1) A solution is $0.15mol\cdot L^{-1}$ of Pb^{2+} and $0.20\ mol\cdot L^{-1}$ of Ag^+. If a solid of Na_2SO_4 is added slowly to this solution， which will precipitate first? (2) The addition of Na_2SO_4 is continued until the second cation just starts to precipitate as the sulfate. What is the concentration of the first cation at this point? K_{sp} for $PbSO_4=2.53\times10^{-8}$， $Ag_2SO_4=1.20\times10^{-5}$.

（李嘉霖）

第七章　胶　　体

分散相粒子的直径在 1～100nm 的分散系称为**胶体**(colloidal dispersed system)。由于高度分散而产生巨大的表面能，胶体具有许多不同于溶液和粗分散系的特征。胶体不仅在工农业生产中应用广泛，而且与生命科学密切相关。从胶体的观点来说，人体就是一个典型的胶体系统：构成机体组织的基础物质如蛋白质、核酸、糖原等都是胶体物质；体液如血浆、组织液、淋巴液、细胞内液等都具有胶体性质；细胞、肌肉、脏器、软骨、毛发等都属于胶体；另外，许多药物、消毒剂、杀虫剂等也是以胶体形式进行生产和使用。因此，对于医学生来说，学习胶体的知识是十分必要的。本章在简要叙述表面现象的基本概念和规律的基础上，重点阐述表面活性剂、溶胶和高分子溶液的相关性质及其在生物医学上的一些应用。

学习要求

1. 熟悉溶胶的动力学性质和光学性质；掌握溶胶的电学性质和胶团结构；掌握溶胶稳定存在的原因和破坏措施；了解电解质聚沉能力的影响因素。

2. 掌握分散系的分类；熟悉表面能产生的原因及降低表面能的措施；了解表面活性剂的相关概念、特性及其应用。

3. 了解高分子的结构，了解高分子溶液的渗透压、盐析、电性以及膜平衡等特征。

第一节　表 面 现 象

一、胶体的分类

分散系是分散相的粒子分散在介质中所形成的混合系统。根据分散相和分散介质间有无界面，分散系可分为均相分散系和多相分散系两类。当分散相粒子以单个分子或离子分散在分散介质中时，分散相与分散介质之间没有界面，是均相分散系，如 NaCl 水溶液。当分散相的粒子是多个分子、离子或原子的聚集体时，分散相与分散介质存在界面，则属于多相分散系。如云雾、牛奶和泥浆等。按照分散相粒子的大小，分散系分为真溶液、胶体分散系和粗分散系三类。真溶液的分散相粒子直径小于 1nm，粗分散系分散相粒子的直径大于 100nm，介于两者之间的是胶体分散系。不同分散系具有不同的扩散速率、膜和滤纸的通透性能，见表 7-1。

胶体分散系的分散相粒子的直径为 1～100nm。按分散相粒子的组成不同，胶体分散系分为**溶胶**(sol)、**高分子溶液**(macromolecular solution)和**缔合胶体**(association colloid)等。根据分散相和分散介质有无界面，胶体分散系也有均相和多相之分。溶胶是由许多固态分子、离子和原子构成的聚集体(胶核)分散在液体介质中所形成的胶体分散系。分散相

表7-1　分散系的分类

类型		分散相粒子	粒子直径	性质	举例
溶液		单个分子、原子或离子	＜1m	均相，热力学稳定系统，扩散快，能透过半透膜及滤纸	氯化钠、蔗糖水溶液
胶体	溶胶	胶粒（原子、分子或离子的聚集体）	1～100nm	多相，热力学不稳定系统，扩散慢，不能透过半透膜，能透过滤纸	氢氧化铁溶胶
	高分子溶液	单个高分子		均相，热力学稳定系统，扩散慢，不能透过半透膜，能透过滤纸	蛋白质、明胶水溶液
粗分散系		粗颗粒或液滴	＞100nm	多相，热力学不稳定系统，扩散慢或不扩散，不能透过半透膜及滤纸，形成悬浮液或乳状液	泥浆、牛奶

粒子与分散介质之间有很大的相界面，属于多相分散系，如氢氧化铁溶胶、金溶胶等。高分子溶液是以单个高分子分散在液体介质中所形成的胶体分散系，属于均相分散系，由于其分子大小在 1～100nm，故又属于胶体分散系，如蛋白质水溶液等。

胶体是物质存在的一种特殊状态，只要分散相粒子直径在 1～100nm 范围，即形成胶体。

二、表 面 现 象

非均相系统中，相与相之间存在着界面。常见的相界面有固-固、固-液、固-气、液-液、液-气界面等。习惯上将与气体的接触面称为表面。界面有几个分子的厚度，处于界面上的分子性质与相内存在明显差别。物质在相界面上发生的一切物理、化学现象称为界面现象或表面现象。

(一)表面能

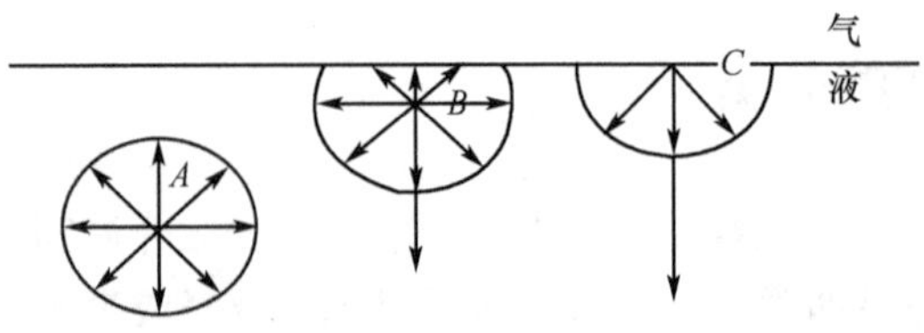

图 7-1　液体内部及表面分子受力示意图

任何两相界面上的分子与其内部分子所处状况是不同的。图 7-1 为气-液表面分子及内部分子受力情况示意图。A 为处于液体内部的分子，四周分子对它的作用力是相等的，合力为零，所以分子 A 在液体内部移动时无需外界对其做功。B 和 C 处于液体表面，液体内部分子对它的吸引力大，而气体分子对它的吸引力小，合力指向液体内部，所以液体表面都有自动缩小的趋势。若要增大表面，就必须克服内部分子的引力，将内部分子移向表面而做功，所做的功以位能的形式储存于表面分子。所以表面层的分子要比内部分子多出一部分能量，这一能量称为**表面能**。

根据热力学定律，当增加表面面积ΔA 时，在恒温恒压和可逆条件下，环境所做的非体积功 W_f，全部用于系统 Gibbs 能的增加ΔG，因此，表面能又称为**表面 Gibbs 能**（surface Gibbs energy）。增加的表面面积越大，环境所做的功越大，系统表面能越多，即

$$\Delta G=W_{\mathrm{f}}=\sigma\Delta A \tag{7.1}$$

σ 为恒温恒压下增加 $1m^2$ 表面时环境所做的功或系统单位表面所多出的能量，称比表面能，单位为 $J\cdot m^{-2}$。因 $J=N\cdot m$，所以比表面能的单位为 $N\cdot m^{-1}$。N 是力的单位，实际上，比表面能就是平行作用于表面单位长度上使表面收缩的力，故又称**表面张力**(surface tension)。影响表面张力的因素有相间差别、分子间的作用力、温度和溶解于液体中的其他物质等。出于界面上的两相性质差别越大，表面张力越大；对于纯液体来说，分子间作用力越大，表面张力越大；温度越高，表面张力越小。

表面能与系统的分散程度有关。一定量的物体，分散度程度越大，则表面面积越大，表面能越高。例如质量为 1g 的球形水珠，表面积为 $4.84\times10^{-4}m^2$，表面能为 $3.5\times10^{-5}J$。若将它分散成直径为 $10^{-9}m$ 的微小液滴，则其总表面积达 $3000m^2$，这时的总表面能高达 216J。用这些能量加热 1g 水，可使其温度升高 51.4 度。微米或纳米级的分散系统具有极大的表面能，是高度不稳定系统，这种系统不能忽略表面能。

由于表面能的大小取决于表面张力 σ 和截面积 A，故可通过减小界面面积或降低表面张力的方式来达到降低界面能的目的。例如，水珠成球形；几个水珠靠近时，会自动合并成较大的水珠，溶液中的沉淀分子可以聚集等，都是减小界面面积以降低表面能的例子。另一方面，由于表面张力是因表面分子受力不均引起的，因此，吸附也是降低表面能，使系统处于稳定状态的一种方式。

(二) 吸附

吸附(adsorption)是一种物质的分子、原子或离子自动地附着在另一种物质表面上的现象。例如，在充满红棕色 Br_2 气的瓶中放入少量活性炭，不久可看到红棕色气体减少，这是由于活性炭吸附了 Br_2 气的结果。像活性炭这样具有吸附作用的物质称为吸附剂，被吸附的物质称为吸附质。

1. 固体界面上的吸附　为降低系统的界面张力，固体界面能自动吸附环境中的气体分子或固体颗粒。在吸附系统中，被吸附的物质一方面在固体表面上聚集，另一方面，由于分子的热运动，也会脱离固体表面而解吸。当吸附速率与解吸速率相等时达到吸附平衡。一般地，被吸附物质的量随吸附质的浓度或分压的升高而增大，随温度的升高而降低。根据吸附分子和固体表面的作用力不同，吸附可以分为物理吸附和化学吸附。物理吸附是吸附质分子通过范德华力吸附在吸附剂表面，吸附过程中没有化学键的生成和破坏。化学吸附是吸附质的分子、原子或离子与吸附剂表面分子或原子形成化学键而被吸附，其实质是一种化学反应。实际上，在一个吸附系统中，物理吸附和化学吸附往往同时存在。

固体表面上的吸附有着广泛的实际应用。例如，活性炭可作除臭剂、防毒面具的去毒剂；硅胶可作为食物、药品、器械的除湿剂等。

2. 液体界面上的吸附　在一定温度下，纯液体具有一定的表面张力。若在纯液体(如水)中加入溶质，由于不同分子之间的作用力不同，所得溶液的表面张力将随溶质的性质和浓度而改变。水是极性物质，若在水中加入极性较大的溶质，则会因水分子所受作用力增大而致溶液的表面张力升高；反之，若加入极性较小的溶质，水分子所受作用力将减小而使溶液的表面张力下降。表面张力随溶质浓度而变化的规律大致有三种情况，如图 7-2 所示。

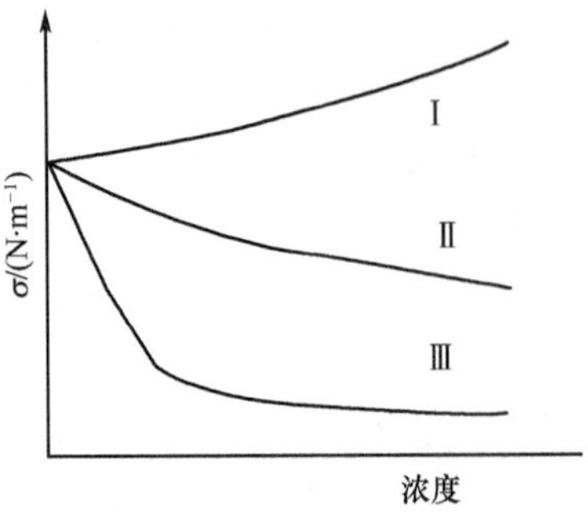

图 7-2 表面张力与浓度的关系

第一种情况是表面张力随溶质浓度的增加而升高(图 7-2 Ⅰ)，如 NaCl 等无机盐类，以及蔗糖等多羟基有机物；第二种情况是表面张力随溶质浓度增加而降低，但降低幅度较为缓慢(图 7-2 Ⅱ)，如醇、醛、酸、酯等绝大部分有机物都属这一类；第三种是表面张力在开始时急剧下降，至一定浓度后趋近于恒定(图 7-2 Ⅲ)，如肥皂、8 碳以上直链有机酸的碱金属盐以及苯磺酸盐等。能够使溶液表面张力升高的物质称为**表面惰性物质**(surface non–active substance)，表面惰性物质的分子在溶液中所受作用力较大，为了使系统的表面能趋向最低，就自动浓集于溶液内部，使溶液表面的浓度小于溶液本体的浓度，这种吸附称为负吸附。在第三种情况中的溶质在低浓度时就能够显著降低系统表面张力，这类物质称为**表面活性物质**(surface active substance)或**表面活性剂**(surfactant， surface active agent)。表面活性剂的分子在溶液中所受作用力较小，能自动浓集于表面，使溶液表面的浓度大于溶液本体的浓度，此类吸附称为正吸附。

表面活性剂在生命科学的作用非常重要。如构成细胞膜的脂类(磷脂、糖脂等)，由胆囊分泌出的胆汁酸盐等都是表面活性物质，在药物学方面，表面活性物质可以通过增溶作用促进脂溶性药物在人体内的分布和吸收等。

三、表面活性剂

(一)表面活性剂的分类

表面活性剂由具有亲水性的极性基团和具有憎水性的非极性基团构成。从表面活性剂的用途出发，可将其分为乳化剂、洗涤剂、起泡剂、润湿剂、分散剂、铺展剂、渗透剂、增溶剂等。根据表面活性剂溶于水后是否电离又分为离子型的和非离子型的。离子型的表面活性剂又按其活性成分所带电荷分为阳离子型、阴离子型、两性型及混合型。

(二)表面活性剂的结构特征

1. 表面活性剂的双亲结构 表面活性剂之所以具有表面活性，是因为它具有特殊的双亲结构。任何一种表面活性剂都是由两种不同性质的基团构成：一种是非极性的亲油基团，一种是极性的亲水性基团。这两种性质不同的基团连接在一起，形成矛盾的统一体，使表面活性剂既具有亲水性又具有亲油性。如图 7-3 所示，亲油基是易溶于油而难溶于水的非极性基团，通常为直链或带侧链的有机烃基；亲水基是易溶于水而难溶于油的极性基团，如—COOH、—SO_3H、—SH、—OH 等。表面活性剂的非对称结构决定了它的表面吸附、分子的定向排列以及在溶液内部形成胶束等基本性质。

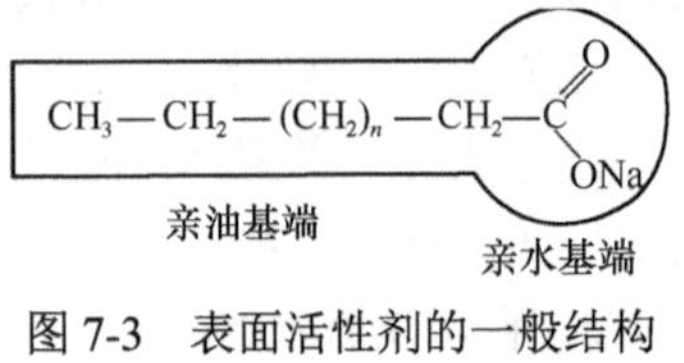

图 7-3 表面活性剂的一般结构

2. 表面活性剂的亲水–亲油平衡值 良好的表面活性剂不但具有亲水性和亲油性，而且其亲水性和亲油性强度比要适当。亲水性太强，表面活性剂会进入水相；亲油性太强，表面活性剂会进入油相。无论是亲水性太强还是亲油性太强都会使其丧失表面活性剂应有的特征。为了定量地描述表面活性剂的亲水亲油性的相对强弱，Griffin 提出**亲水亲油平衡值**(HLB 值，hydrophile–lipophile balance number)的概念，规定：完全疏水的碳氢化合物石蜡的 HLB=0，完全亲水的十二烷基硫酸钠 HLB=40。其余物质的 HLB 值在 0～40。HLB 值越小，疏水性越强；HLB 值越大，亲水性越强。HLB 值是表征表面活性剂的重要参数，不同的 HLB 值的表面活性剂的性能和用途不同。表 7-2 列举不同应用时需要的 HLB 值范围。

表7-2　表面活性剂不同用途时需要的HLB值范围

名称	化学组成	HLB 值	应用
石蜡	碳氢化合物	0	HLB 1～3 消沫剂
油酸	直链脂肪酸	1	
Span85	失水山梨醇三油酸酯	1.8	
Span65	失水山梨醇三硬脂酸脂	2.1	
Span80	失水山梨醇单油酸酯	4.3	
Span60	失水山梨醇单硬脂酸酯	4.7	HLB 3～8 W/O 型乳化剂
LAE-2	聚氧乙烯月桂酸酯-2	6.1	
Span40	失水山梨醇单棕榈酸酯	6.7	HLB 7～11 润湿剂、铺展剂
OE-4	聚氧乙烯油酸酯-4	7.7	
阿拉伯胶	阿拉伯胶	8.0	
MOA-4	聚氧乙烯十二醇醚-4	9.5	
甲基纤维素	甲基纤维素	10.5	
ABS	十四烷基苯磺酸钠	11.7	HLB 12～15 去污剂
西黄蓍胶	西黄蓍胶	13.2	
Tween80	聚氧乙烯失水山梨醇油酸单酯	15.0	
Tween20	聚氧乙烯失水山梨醇月桂酸单酯	16.7	HLB 16 以上 增溶剂
钠皂	油酸钠	18.0	
钾皂	油酸钾	20.0	
十二烷基硫酸钠	十二烷基硫酸钠	40.0	

(三)表面活性剂在溶液表面的定向排列

表面活性剂分子产生正吸附，且在溶液表面上定向排列。由于溶液含有大量水，其极性强于溶液表面上部气相的极性。加入表面活性剂后，表面活性剂的亲水基受到极性强的水分子吸引趋于钻入水中，而疏水基则倾向于远离水相进出极性小的气相中，从而在两相的表面上，表面活性剂分子亲水基向水，亲油基向外产生定向排列，如图 7-4(a)所示。溶液浓度较小时，表面活性剂分子稀疏地分布于表面上；溶液浓度增大时，增加的表面活性剂基本上都分布在表面上，同时表面上表面活性剂的排列愈加规整；当达到饱和吸附浓度时，表面活性剂在表面上定向排列，可形成单分子表面膜。若继续增加表面活性剂浓度，由于表面上空位已被表面活性剂分子所占领，表面活性剂分子只能分布在溶液内部。为了降低系统的 Gibbs 能，表面活性剂分子的非极性基聚集在一起，而极性基团朝向水相，这种存在于溶液内部的表面活性剂分子的聚集体称为**胶束或胶团**(micelle)，如图 7-4(b)、图 7-4(c)所示。若溶剂是非极性溶剂，则形成的胶束极性基团朝内，非极性基团朝向溶剂相，这种胶束称为**逆胶束**或**反胶束**(reverse micelle)。

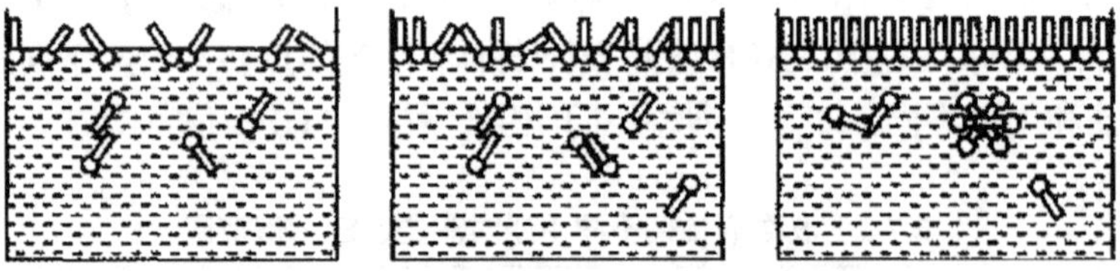

图 7-4　表面活性剂的活动情况和浓度关系示意图
(a)低浓度；(b)中浓度；(c)高浓度

低浓度下，表面活性剂分子主要以单体存在，但不排除有少量的二聚体、三聚体存在的可能，这种二聚体、三聚体可称为简单胶束或预胶束。当超过饱和吸附浓度时，胶束开始大量生成，初始时基本上可认为形成的是球形胶束。当浓度增大或更高时，胶束的不对称性增强，开始有棒状、椭球状、层状胶束形成，甚至在浓度高时可以形成液晶，这种液晶即所谓的溶致液晶。反胶束的尺寸较小，一般都是球形或椭球形。

胶束开始形成的最低浓度称为**临界胶束浓度**(critical micelle concentration， CMC)。临界胶束浓度约为饱和吸附浓度的 1.3 倍。胶束形成后，溶液的电导、渗透压、蒸气压等发生明显变化，实验上可以利用这些性质测量临界胶束浓度。

(四)表面活性剂的作用

1. 润湿作用　液体润湿固体的能力取决于表面活性剂的表面张力。表面张力越低，润湿能力越强。因为水中存在氢键，所以水的表面张力较大，在水与一些非极性固体构成的系统中，水不容易在固体表面上铺展。向水中加入表面活性剂可以有效地降低水的表面张力，故表面活性剂常作为润湿剂加到水中以改善其润湿能力。如喷洒农药杀害虫时，如果药液对植物茎叶表面的润湿不好，则杀虫效果不可能好。若在药液中加入些许表面活性剂，药液在茎叶表面的铺展面大幅度提高，农药的利用率和杀虫效果则会明显改善。

2. 增溶作用　一般地，非极性有机化合物在水中的溶解度是很小的，但当向水中加入一定量的表面活性剂后，这些有机物却能“溶解”于其中形成完全透明、外观和真溶液相似的系统。表面活性剂的这种使微溶或不溶于水的有机物溶解度显著增加的现象，称为表面活性剂的**增溶作用**(solubilization)。例如，常温下苯在水中的溶解度为 $0.7\text{g}\cdot\text{L}^{-1}$，而在 $100\text{g}\cdot\text{L}^{-1}$ 的油酸钠(表面活性剂)水溶液中的溶解度为 $70\text{g}\cdot\text{L}^{-1}$。

表面活性剂的增溶作用是由于有机物进入胶束的结果。由于胶束的特殊结构，从它的内核到水相提供了从非极性到极性的全程过渡。各类极性和非极性的有机溶质在胶束溶液中都可以找到合适的溶解环境存身其中。显然，只有在临界胶束浓度以上，胶束大量生成后，表面活性剂的增溶作用才能明显显现出来。

增溶作用的应用十分广泛。在医药卫生方面，药物制剂中常需加入表面活性剂以改善难溶药物的溶解度和稳定性，以提高药物的利用率。另外，一些生理现象也与增溶作用有关，例如脂肪类食物只有靠胆汁的增溶作用溶解后才能被人体有效吸收。

3. 乳化作用　一种液体以小液滴的形式分散到另一种与之不相溶的液体中形成具有一定稳定性的系统，称为**乳状液**(emulsion)。根据分散形式的不同，乳状液常分为两种类型：水包油型和油包水型。若有机物的小液滴分散在溶剂水中，称为水包油型，记作 O/W(oil in water)。若是水的小液滴分散在油中，称为油包水型，记作 W/O(water in oil)。乳状液的类型与加入的表面活性剂有关。HLB 值在 8～16 的表面活性剂可以形成 O/W 型乳状液；相反，HLB 值在 3～8 的表面活性剂可以形成 W/O 型乳状液。

乳状液不稳定，一般需要向系统中加入某种表面活性剂使其稳定，这种表面活性剂又称为**乳化剂**。它们定向的吸附在液液界面上，一方面降低系统的界面张力；另一方面在液滴周围形成具有一定机械强度的单分子保护膜，使乳状液稳定。有时，需要将乳状液破坏，这要用到表面活性剂的去乳化作用。例如，向用负离子表面活性剂乳化形成的乳状液中加入正离子表面活性剂，两种表面活性剂的极性基相互结合，使其丧失表面活性作用，则原本稳定的乳状液就会因界面能急剧增加而遭到破坏。

乳化作用在生物医药实践中具有很重要的作用。油脂在体内的消化、吸收和运输都依赖于乳化作用，临床上的外用剂和内服剂、人造血液、静脉注射液、抗菌防腐剂等都应用到乳化剂；同时消毒、杀菌等药剂常制成乳状液以提高药效。

第二节　溶　　胶

一、溶胶的基本性质

溶胶是难溶固体的分子、原子或离子的聚集体分散于水中所形成的系统，具有多相性、高度分散性和热力学不稳定性等三个基本特征。溶胶的光学性质、动力学性质和电学性质都是三个基本特征的反映。

(一)溶胶的光学性质

1. Tyndall 效应　1869 年，英国物理学家 Tyndall 发现，当一束光线透过胶体时，从入射光垂直方向可以观察到胶体里出现一条光亮的“通路”，这种现象叫**丁达尔效应**(Tyndall effect)，如图 7-5 所示。

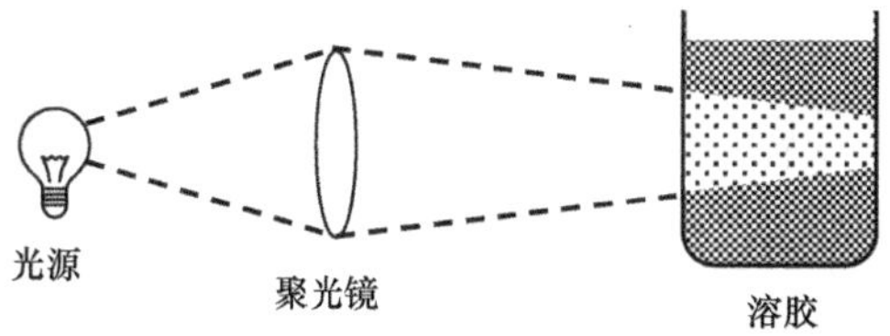

图 7-5　Tyndall 现象

2. Tyndall 效应的本质　Tyndall 效应是 Rayleigh 散射的必然结果。当溶胶受到入射光照射时，入射光使溶胶粒子中的电子与入射光同频强迫振动，致使粒子本身像一个新的光源从各个方向发出与入射光同频率的光。对于球形无色非金属稀溶胶粒子，散射光强度可用 Rayleigh 公式表示

$$I = \frac{24\pi^2 A^2 \nu V^2}{\lambda^4}\left(\frac{n_1^2 - n_2^2}{n_1^2 + 2n_2^2}\right)^2 I_0 \tag{7.2}$$

式中，A 是入射光的振幅；λ 是入射光的波长；v 是单位体积内粒子数；V 是每个粒子的体积；n_1 和 n_2 分别是分散相和分散介质的折射率；I 和 I_0 分别是散射光和入射光的强度。从公式(7.2)可知，多种因素影响散射光的强度：

(1)入射光的波长 散射光的强度和入射光波长的四次方成反比。波长越短，散射越强烈。当入射光为白光时，蓝色光因为波长较短而被强烈散射，所以当从入射光的侧面观察溶胶时看到的是被散射的蓝色光，从正面观察到的是波长较长的红色光。

(2)粒子的浓度 单位体积内的粒子数目越多，散射越强。

(3)粒子的体积 散射光强度和粒子体积的平方成正比。

(4)分散相和分散介质的折射率 分散相和分散介质的折射率差值越大，散射光强度越大。

粗分散系中，尽管分散相粒子体积较大，分散相和分散介质的折射率差别明显，但粗分散系的分散程度低，分散相粒子浓度很少，故散射光很弱；溶液中的分散相粒子是单个的分子、原子或离子，体积很小，且溶液为均相系统，无分散相和分散介质间的折射率差别，所以溶液不存在散射现象。溶胶具有适当的粒子浓度和体积，分散相和分散介质的折射率差值较大，因此，只有溶胶具有明显的 Tyndall 效应，故可用 Tyndall 效应区分粗分散系、溶胶和真溶液。

(二)溶胶的动力学性质

1. Brown 运动 1827 年，英国植物学家 Brown 在显微镜下观察到悬浮在水中的花粉颗粒作永不停息的无规则折线运动，这种运动称为 Brown **运动**(brown movement)(图 7-6)。Brown 运动是分散系统中分子热运动的体现。实验表明，粒子越小，温度越高，介质黏度越小，Brown 运动越剧烈。

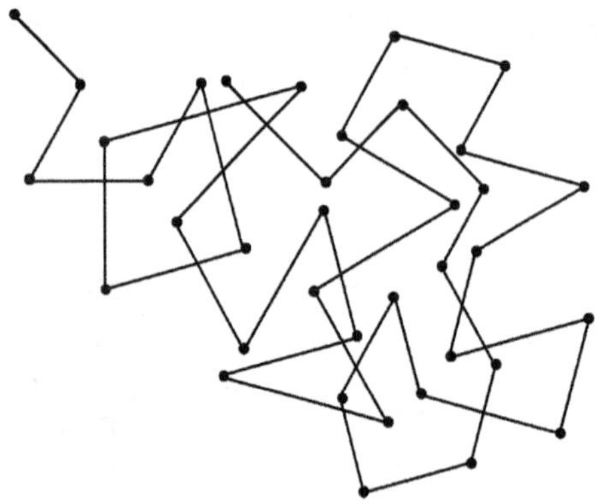

图 7-6 Brown 运动

2. 扩散 当溶胶存在浓度差时，溶胶粒子在介质中由高浓度区自发地向低浓度区迁移，这种现象称为**扩散**(diffusion)。显然，粒子的扩散是由 Brown 运动引起的。胶粒在介质中的扩散速率比小分子慢得多。胶粒的扩散，能透过滤纸，但不能透过半透膜。利用胶粒不能透过半透膜这一性质，可除去溶胶中的小分子杂质，使溶胶得以净化。

3. 沉降与沉降平衡 分散相粒子在重力场作用下逐渐下沉的现象称为**沉降**(sedimentation)。沉降的结果使系统下层粒子的浓度变大，破坏了粒子分布的均匀性，另一方面由于 Brown 运动使胶粒扩散，又有促使浓度均匀的趋势。当沉降速率与扩散速率相等时，体系达到平衡状态，这种现象称为**沉降平衡**(sedimentation equilibrium)。平衡时，底层浓度最大，但随着高度的增加逐渐降低，形成了一定的浓度梯度，如图 7-7 所示。这时粒子的分布与地球大气层的分布相似。

扩散和沉降可以发生在任何分散系中，但在溶液中，由于分散相粒子小，扩散速度快，不管溶液放置多长时间，溶液浓度始终是均匀的，不会出现浓度梯度；而对于粗分散系，分散相粒子质量大，运动速度慢，沉降趋势超过扩散趋势，因而放置一定时间，分散相粒子会因下沉而使系统分层。

实际上，由于溶胶颗粒很小，达到沉降平衡需要的时间非常长，所以很难看到溶胶的浓度梯度现象。为了加速沉降平衡的建立，使用超速离心机，在比地球重力场大数十万倍的离心力场的作用下，可使溶胶迅速达到沉降平衡。超速离心技术是研究蛋白质、核酸、病毒及其他高分子的重要手段，也是分离提纯各种细胞器不可缺少的重要工具。在临床诊断中，也用于发现和检查病变血清蛋白质。

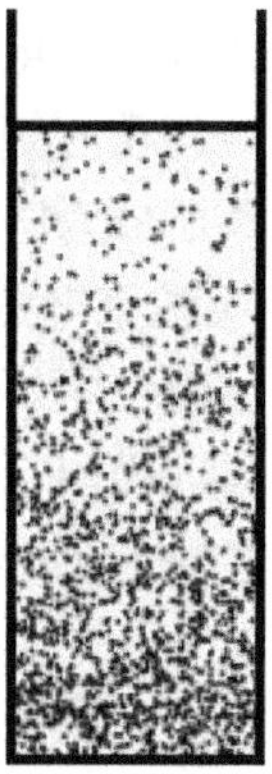

图 7-7　沉降平衡示意图

(三)溶胶的电学性质

1. 电泳和电渗

(1)电泳：在外电场作用下，溶胶中的分散相粒子在分散介质中做定向移动的现象称为**电泳**(electrophoresis)。在 U 形管中注入棕红色的 $Fe(OH)_3$ 溶胶，如图 7-8 所示，小心地在液面上加入无色导电溶液，如 KCl、NaCl 等，使有色溶胶与无色溶液间有明显的分界面。将两电极插入无色溶液中，通电一段时间后，可以看到负极一端棕红色的 $Fe(OH)_3$ 溶胶界面上升，颜色加深，而正极一端的界面下降，颜色变浅。溶胶粒子在电场中发生定向移动，说明胶粒带电。$Fe(OH)_3$ 溶胶泳向负极，说明其溶胶粒子带正电荷。

(2)电渗：由于整个胶体系统是电中性的，若胶体粒子带某种电荷，则分散介质必定带相反电荷。与电泳现象相反，使胶粒不动而液体介质在电场中发生定向移动的现象，称为**电渗**(electroosmosis)。把溶胶浸渍在具有多孔性物质如棉花或凝胶中，使溶胶粒子被吸附而固定，在多孔性物质两侧施加电场后，可以观察到电渗现象(图 7-9)。电泳和电渗的本质是相同的，都是带电粒子在电场中的定向移动。在同一电场下，电渗和电泳往往同时发生。

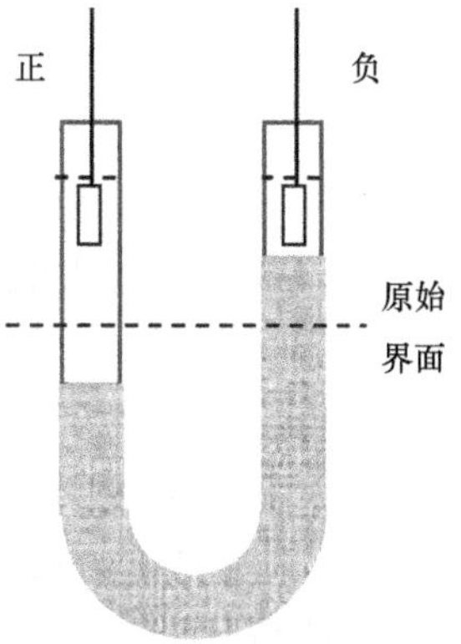

图 7-8 电泳示意图

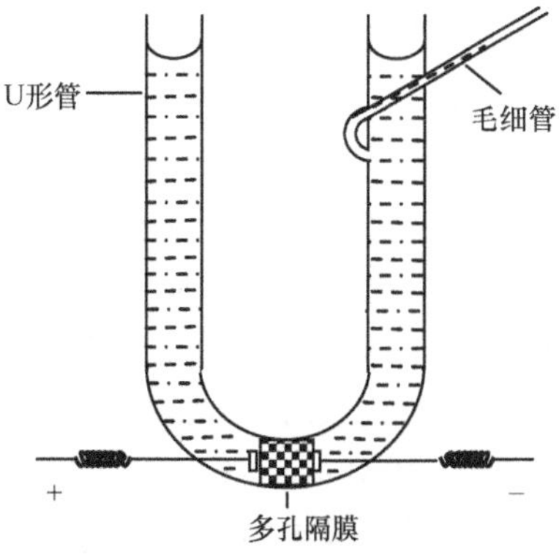

图 7-9　电渗示意图

由于不同粒子所带电荷的种类和数量不同，在电场中移动的速度不同，据此可将物质进行电泳分离。电泳技术除了用于小分子物质的分离分析外，最主要用于蛋白质、核酸、酶，甚至病毒与细胞的研究。由于某些电泳法设备简单，操作方便，具有高分辨率及选择性特点，已成为医学检验中常用的技术。

2. 胶粒带电的原因

(1)选择性吸附：溶胶为纳米系统，分散程度很大，表面能很高，为降低系统的表面能，胶粒会自动吸附系统中的其他物质。按照相似相吸的道理，溶胶粒子将优先吸附与自身具有相同成分的离子。例如，用 $FeCl_3$ 制备 $Fe(OH)_3$ 溶胶时，在沸水中滴加 $FeCl_3$，发生如下反应

$$FeCl_3 + 3H_2O = Fe(OH)_3 + 3HCl$$

$$2Fe(OH)_3 + FeCl_3 = 3FeOCl + 3H_2O$$

$$FeOCl = FeO^+ + Cl^-$$

反应生成的 $Fe(OH)_3$ 颗粒吸附溶液中的 FeO^+，因此，$Fe(OH)_3$ 胶粒带正电荷，在电场中向负极移动。再如，用 $AgNO_3$ 和 KI 制备 AgI 溶胶时，若 $AgNO_3$ 过量，则 AgI 粒子将吸附过剩的 Ag^+而带正电，若 KI 过量，则吸附过剩的 I^-带负电。在没有与溶胶粒子组成相同的离子存在时，固体表面通过对阴阳离子的不等量吸附而获得电荷。固体表面的吸附与离子的水化能力有关。水化能力强的离子往往留在溶液中，水化能力弱的离子易被吸附于固体表面。由于阴离子的水化能力通常比阳离子弱，因而阴离子往往被优先吸附，这也是大多数溶胶粒子带负电荷的原因。

(2)表面分子的解离：有些分散相粒子在介质中可以解离，其中一种离子扩散到介质中，另一种则留在颗粒表面使之带电。例如，典型的溶胶粒子硅胶，其分散相粒子由许多 $xSiO_2 \cdot yH_2O$ 分子组成，表面硅羟基与水作用发生如下反应

$$-Si-OH + H_2O \rightleftharpoons -Si-O^- + H_3O^+$$

H_3O^+扩散到介质中，因而使胶核表面带负电荷，生成负溶胶。

两性物质形成的溶胶粒子，其带电状态与溶液的 pH 有关。例如，蛋白质分子中含有羧基和氨基，当介质 pH 较低时，蛋白质中的氨基接受质子发生碱式解离，带正电；当介质 pH 较高时，蛋白质中的羧基失去质子发生酸式解离，带负电。若 pH 处于某个合适的数值，蛋白质不带电荷。

3. 溶胶粒子的结构 溶胶的特性不仅与其分散程度有关，还与溶胶粒子的组成有关。溶液中的分子或离子一般来说是比较简单的个体，而溶胶胶团的结构则比较复杂。胶体粒子的中心称为**胶核**(colloidal nucleus)，它是许多原子或分子的聚集体。自动吸附或表面解离使胶核表面附着一层荷电粒子(称为定位离子)。由于静电引力的作用，定位离子中会夹杂部分带相反电荷的离子(称为反离子)和溶剂分子。定位离子、反离子和溶剂组成吸附层。胶核和吸附层组成**胶粒**(colloidal particle)，胶粒中的胶核和吸附层在电场中作为一个整体移动。吸附层以外的反离子组成扩散层。胶核、吸附层和扩散层总称为**胶团**(colloidal micell)。整个胶团是电中性的。例如，以 $AgNO_3$ 和 KI 制备 AgI 溶胶时，多个 AgI 分子构成胶核；KI 过量时，I^-为定位离子，吸附在胶核表面，K^+作为反离子，一部分进入吸附层，余下的进入扩散层。其胶团结构式如图 7-10 所示。

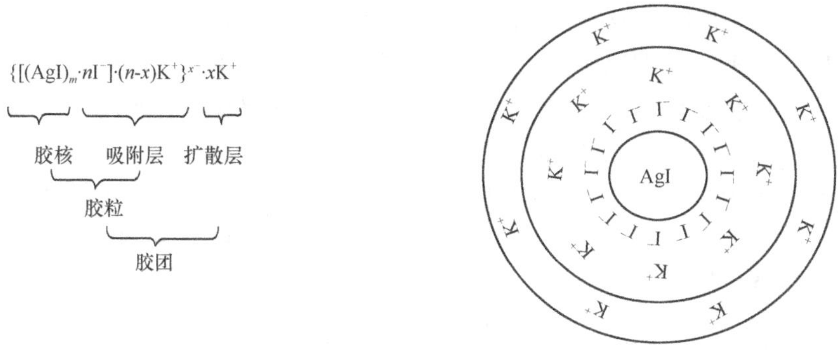

(a) (b)

图 7-10 AgI 胶团结构

(a)胶团结构表示式；(b)胶团结构示意图

图中，m 表示胶核中 AgI 的分子数；n 为胶核吸附 I^- 的数目，n 较 m 小很多；x 是扩散层中 K^+ 的数目；$(n-x)$ 是吸附层中 K^+ 的数目。整个胶团中 I^- 所带负电荷的数目与 K^+ 所带正电荷的相等。若制备时 $AgNO_3$ 过量，则 Ag^+ 为定位离子，NO_3^- 为反离子。需要说明的是，在外电场作用下，吸附层与扩散层之间裂开，具有溶剂化吸附层的胶粒向与其电性相反的电极移动，而溶剂化的扩散层则向另一电极移动：这种胶粒和扩散层做相对运动的界面或电泳时裂开的界面称为滑动面或滑移界面。

4. 电动电势 电动电势是指胶粒带电表面(滑动面)与均匀液相之间的电势差，用 ξ 表示。电动电势 ξ 越大，意味着胶粒所带电荷越多，扩散层越厚，电泳速率越大。ξ 电势对外加电解质非常敏感，当向溶液中加入一定量的电解质后，迫使部分反离子进入吸附层，则 ξ 电势的绝对值降低，扩散层厚度也相应变薄。如果继续加入电解质，使其达到某一浓度，ξ 电势趋近于零，扩散层的厚度也近乎为零，进入吸附层的反离子基本完全中和了胶粒表面的电荷，胶粒不带电而处在等电状态。若过量地加入电解质时，又导致 ξ 电势的符号发生逆转，称为再带电现象。

二、溶胶的稳定性与聚沉

在科学实验和生产生活中，有时需要制备胶体，有时又需要将胶体破坏。要想任意地控制胶体的形成和破坏，必须了解胶体稳定存在的原因。

(一)溶胶的稳定性

溶胶是高度分散的多相系统，有很大的表面能，因而是热力学不稳定系统。胶粒间有自动聚结而降低表面能的趋势。但有的溶胶却能稳定存在很长时间，溶胶稳定的原因可以归纳为以下几个方面：

1. 动力学稳定性 溶胶粒子颗粒较小，Brown 运动非常激烈，能够克服重力作用而不下沉。溶胶的这种性质称为动力学稳定性。溶胶的分散度越大，胶粒的布朗运动越强烈，则其动力学稳定性越强。

2. 电学稳定性 同一溶胶的胶粒带有相同符号的电荷，当胶粒相互靠近到一定程度时，强烈的静电斥力能阻止或减少胶粒间因聚结而产生的沉降。

3. 溶剂化稳定性 溶胶吸附的离子和反离子都是溶剂化的，胶粒被水分子包围形成一层水化膜，当胶粒相互靠近时，水化膜被挤压变形，而水化膜具有弹性，成为胶粒接近时的机械阻力，从而可以阻止胶粒的聚结沉降。

以上三种因素中，胶粒带电和水化膜的存在是溶胶稳定的主要因素。胶粒的带电量和水化膜的厚度与ξ 电势有关。ξ 电势越大，标志着胶粒带电量越多、扩散层也越厚，水化膜越厚，溶胶也就越稳定。

(二) 溶胶的聚沉

溶胶的稳定因素一旦被削弱或破坏，胶粒就会聚结变大，当布朗运动阻止不了胶粒的重力作用时，胶粒便从介质中析出，这种现象称为**聚沉**(coagulation)。使溶胶聚沉的方法很多，主要的有外加电解质和溶胶的相互作用。

1. 外加电解质使溶胶聚沉 外加电解质对溶胶稳定性的影响具有双重性。浓度较小的电解质有助于胶粒带电而使溶胶稳定，浓度较大时，由于电解质的反离子中和胶粒所带电荷，降低ξ 电势的绝对值，使胶粒间的静电斥力减少，引起聚沉。当电动电势ζ 降低至零，溶胶聚沉趋势最大。电解质对溶胶的聚沉能力常用**临界聚沉浓度**(coagulation value)表示。临界聚沉浓度是使一定量溶胶在一定时间内完全聚沉所需电解质的最低浓度，以 $mmol \cdot L^{-1}$ 表示。临界聚沉浓度越小，电解质对溶胶的聚沉能力越大。

(1) 电解质的聚沉能力主要取决于反离子的价数，价数越高，聚沉能力越大。实验证明，对于给定的溶胶，电解质的临界聚沉浓度大约与其反离子价数的 6 次方成反比，这个规则称为 Schulze-Hardy 规则。例如，聚沉正溶胶时，NaCl、Na_2SO_4、Na_3PO_4 的临界聚沉浓度比大约为

$$(1/1)^6 : (1/2)^6 : (1/3)^6 = 100 : 1.6 : 0.14$$

应当指出，并不是所有电解质都符合这个规则，例如，H^+虽为一价，却有很高的聚沉能力，又如有机化合物离子的聚沉能力都很强，几乎与它们的价数无关。

(2) 相同价数的反离子聚沉能力接近，但也存在细微差异，特别是一价离子表现得比较明显。例如一价阳离子对负溶胶的聚沉能力大小顺序为

$$H^+ > Cs^+ > Rb^+ > NH_4^+ > K^+ > Na^+ > Li^+$$

一价阴离子对正溶胶的聚沉能力顺序为

$$F^- > H_2PO_4^- > Cl^- > Br^- > NO_3^- > I^- > CNS^-$$

同价离子聚沉能力的这一顺序称为**感胶离子序**(lyotropic series)。它与离子的水化半径次序大体一致，这可能是因为水化离子半径越小，离子越容易靠近胶体粒子的缘故。

(3) 某些有机物离子具有非常强的聚沉能力，特别是一些表面活性剂如脂肪酸盐和聚酰胺类化合物的离子，这可能是有机离子能被胶核强烈吸附的缘故。

利用电解质使溶胶聚沉的实例很多。在江海接界处，常有清水和浑水的分界面。这实际上是海水中的电解质对江河中带负电荷的土壤溶胶聚沉的结果。三角洲就是这样形成的。

2. 溶胶的相互聚沉 将两种带相反电荷的溶胶相互混合，也将发生聚沉。溶胶相互聚沉的例子很多。例如，纯蓝墨水和蓝墨水是不能混用的，这是因为纯蓝墨水是酸性染料制

作的溶胶，蓝墨水是由碱性染料制作的，当它们混合时，由于所带电荷不同，就会发生相互聚沉。又如，在浑水中加入明矾($KAl(SO_4)_2 \cdot 12H_2O$)，水中的悬浮物带负电，而明矾的水解产物 $Al(OH)_3$ 溶胶则带正电，两种电性相反的溶胶混合后相互聚沉，使水得以净化。

另外，加热、增加溶胶浓度、改变介质的 pH 等也能使溶胶聚沉。

三、溶胶的制备与净化

(一)溶胶的制备

胶体的制备方法有分散法和凝聚法。粗分散系的粒度大于 100nm，用分散法将粒度变小可以制得胶体；分子分散系的粒度小于 1nm，将小的粒子聚结在一起使粒度变大，也可制得胶体。

1. 分散法 将较大的固体颗粒通过物理或化学方法分散成胶体颗粒的方法称为分散法。分散法主要分为胶体磨法、超声波粉碎法、冷冻干燥法、胶溶法。其中最常用的方法为胶溶法。胶溶法是将新生成的固体沉淀物在适当条件下重新分散而制得胶体。例如，$Fe(OH)_3$ 沉淀中加入少量 $FeCl_3$ 溶液，剧烈搅拌，可形成较稳定的 $Fe(OH)_3$ 溶胶。其中，$FeCl_3$ 中的 Fe^{3+} 作为定位离子，能减少沉淀粒子间的相互吸引，使 $Fe(OH)_3$ 胶粒彼此分开。

2. 凝聚法 使分散的原子、分子或离子相互凝聚而成胶粒的方法称为**凝聚法**。凝聚法分为化学凝聚法和物理凝聚法。

(1)化学凝聚法：利用化学反应，控制反应条件，使析出产物控制在胶粒范围。例如：金溶胶的制备：

$$2HAuCl_4 + 5K_2CO_3 = 2KAuO_2 + 5CO_2 + 8KCl + H_2O$$

$$2KAuO_2 + 3HCHO + K_2CO_3 = 2Au(\text{溶胶}) + 3HCOOK + KHCO_3 + H_2O$$

(2)物理凝聚法：物理凝聚法主要分为蒸汽冷凝法、电弧法、包膜法及更换溶剂法，最重要的方法为更换溶剂法。如向饱和了硫的乙醇溶液中注入部分水，由于硫难溶于水，硫原子相互聚集，形成硫溶胶；餐饮业中常用的固体酒精也是用更换溶剂法制得的，先将硬脂酸与氢氧化钠混合，发生如下反应

$$C_{17}H_{35}COOH + NaOH = C_{17}H_{35}COONa + H_2O$$

反应得到硬脂酸钠溶液，在加热情况下向硬脂酸钠溶液中加入酒精，然后冷却，硬脂酸钠在酒精中因溶解度降低而析出形成凝胶，此时酒精分子被束缚在相互连接的硬脂酸钠分子之间，呈不流动的固体状态，故称固体酒精。

(二)溶胶的净化

制备胶体过程中往往加入较多的电解质，过量的电解质对胶体的稳定有不利的影响，必须进行净化处理。溶胶的净化常用渗析法和超滤法。

1. 渗析法 借助于胶粒不能透过半透膜，而小分子和小离子能透过的性质，将溶胶放入半透膜袋内，然后将半透膜袋浸入盛有大量蒸馏水的容器内。溶胶内的电解质浓度由于大于纯水中的浓度，将通过半透膜浸入蒸馏水内，连续更换容器内的水，使溶胶纯化，称为**渗析**(dialysis)。渗析用半透膜分天然膜和人工膜。天然膜多为动物肠衣或膀胱膜，人工

膜最早用的是火棉胶膜，后来多用人工合成的高分子膜。

有时为了加快渗析速度，在渗析器的两侧加上电场，使电解质离子迅速透过半透膜向两级移动，这种渗析法称为**电渗析**(electrodialysis)。渗析法不仅可以提纯溶胶、高分子化合物、生物物质等，在工业上也常用于污水处理、海水淡化、水的纯化等。

2. 超滤法 用半透膜粘贴在布氏漏斗或其他密封漏斗内，通过加压或减压抽滤等操作，将溶胶与分散介质分离，称为**超滤**(ultrafiltration)。超滤技术发展迅速，广泛用于浓缩、脱盐、除菌等。

在临床上，通常将透析和超滤两种方法结合起来，用人工合成的高分子膜(如聚甲基丙烯酸甲酯薄膜等)作半透膜制成“人工肾”，可以帮助肾衰竭患者清除血液中的毒素或者过量的药物，使血液得以净化。

第三节 高分子溶液

高分子溶液(macromolecule solution)是指分子大小在 1～100 nm、相对分子质量从几千到几百万的高分子化合物形成的溶液。高分子化合物可以是天然的有机化合物，如蛋白质、淀粉、核酸、纤维素、天然橡胶等；也可以是人工合成的有机化合物，如酚醛树脂、合成纤维、合成橡胶等。高分子溶液广泛存在于生物体内部，血液、体液等各种组织液都是高分子溶液，它们在新陈代谢、水盐平衡等生理过程中起着十分重要的作用；血浆代用液、药物制剂等大多也属于高分子溶液。

一、高分子化合物的结构

高分子化合物的分子是由一种或几种小的结构单位以共价键重复连接而成的。每个结构单位称为**链节**，链节重复的次数叫**聚合度**，以 n 表示。如天然橡胶的分子由几千个异戊二烯单位(—C_5H_8—)连接而成，其化学式可以写成$(C_5H_8)_n$，聚合度 n 为 2000～20000；蛋白质的分子由许多氨基酸单位(NH_2RCH_2COOH)通过肽键—CO—NH—连接而成；纤维素、淀粉、糖原等聚糖类高分子是由许多个葡萄糖单位(—$C_6H_{10}O_5$—)连接而成。高分子化合物是不同聚合度的同系物分子组成的混合物，因而高分子化合物的相对分子质量实际上是一个平均值。

二、高分子溶液的特征

由于分散相颗粒是单个大分子，因此高分子溶液是均相稳定系统，又因单个大分子已达胶粒的大小，故高分子溶液的某些性质又与溶胶相似，例如，扩散速率慢，不能透过半透膜等。除此之外，高分子溶液还有不同于一般溶液和溶胶的其他特征。

(一) 高分子溶液对溶胶的保护作用

在溶胶中加入足量的亲水性高分子(如动物胶、蛋白质、淀粉等)，能显著提高溶胶的稳定性，这种现象称为高分子化合物对溶胶的保护作用。例如，在金溶胶中加入某种电解质可引起聚沉，但若先加入一定量的动物胶，再加同样量的电解质，金溶胶就不会发生聚沉。保护作用的原因是足量高分子被吸附在胶粒表面，包围住胶粒使其水化能力增强，同时也防止了胶粒之间及胶粒与电解质离子间的直接接触，从而增加了溶胶的稳定性。

高分子的保护作用在医药、卫生中都有着广泛用途。例如，血液中的碳酸钙、磷酸钙等难溶盐能以溶胶形式存在，就是由于血液中蛋白质的保护作用，当发生某些疾病使血液中的蛋白质减少时，这些微溶性盐类就可能沉积在肝、肾等器官中形成结石；医药中的杀菌剂蛋白银就是由蛋白质保护的银溶胶，用于胃肠造影的硫酸钡合剂，就含有足量高分子化合物阿拉伯胶，当患者服用后，硫酸钡溶胶能均匀地黏附在胃肠道壁上形成薄膜，从而有利于造影检查。

需要说明的是，只有当高分子化合物足以完全覆盖胶粒时，才能对溶胶起到保护作用。如果高分子化合物的加入量很少，不足以将胶粒表面完全覆盖，则不仅起不到保护作用，反而会降低溶胶的稳定性，甚至发生聚沉，产生这种现象的原因是溶胶中的多个胶粒同时被吸附在一个高分子链上，限制了胶粒的自由运动，其作用相当于胶粒以较远距离聚结，最后失去了动力学稳定性而下沉，这种现象称为高分子对溶胶的敏化作用。高分子化合物的敏化作用常用于污水处理、药物分离、矿泥有效成分回收等领域。

(二) 高分子溶液的渗透压

渗透压是高分子化合物溶液的依数性之一，利用它可以测定高分子化合物的相对分子质量。但是，与低分子稀溶液不同，高分子溶液的渗透压并不完全符合 Van't Hoff 公式。浓度改变时渗透压的增加比浓度的增加要大得多。产生这种现象的原因是呈卷曲状的高分子长链空隙间束缚着大量溶剂，随着浓度增大，自由移动的溶剂分子数迅速减少，高分子有效浓度的增加速率加快。另外，由于高分子的柔性，一个高分子可以在空间形成不同的结构域(即相当于较小分子的结构单位)，这些结构域具有相对独立性，这可能使得一个高分子产生相当于多个较小分子的渗透效应。因此，高分子溶液在低浓度范围内不是理想溶液，其渗透压 Π 与溶液的质量浓度 ρ_B (单位为 $g \cdot L^{-1}$) 的关系近似的符合下面的校正公式

$$\frac{\Pi}{\rho_B} = RT\left(\frac{1}{M_r} + \frac{B\rho_B}{M_r}\right) \tag{7.3}$$

式中，M_r 为高分子化合物的相对分子质量；B 是常数。通过测定溶液的渗透压，以 Π/ρ_B 对 ρ_B 作图得到一条直线，外推至 $\rho_B=0$ 时的截距为 RT/M_r，可计算出高分子化合物的相对分子质量。

在生物体内，由蛋白质等高分子化合物引起的胶体渗透压，对维持血容量和血管内外水、电解质的相对平衡起着重要作用。

(三) 高分子电解质溶液的电性

在水溶液中可以解离成离子的高分子化合物称为**高分子电解质**(macro molecular electrolyte)。根据解离后高分子离子的带电情况，高分子电解质可以分为阳离子型(如聚乙烯胺、血红素等)、阴离子型(如果胶、羧甲基纤维素钠、肝素等)和两性型(如明胶、乳清蛋白、γ 球蛋白等)等几种类型。在溶液中，高分子电解质的每个链节都带有电荷，电荷密

度很大，对极性溶剂分子具有强烈的亲和力，可形成比溶胶更厚、更紧密的溶剂化层。高度溶剂化是高分子电解质溶液稳定存在的主要原因。另外，在非等电状态时高分子离子所带电荷对稳定性也起到增强的作用。

对两性高分子电解质溶液，溶液酸度对高分子电解质的电性具有重要的影响。现以蛋白质为例说明 pH 对两性高分子溶液性质的影响。蛋白质分子是由若干个氨基酸分子以肽链连接而成的两性高分子电解质。蛋白质分子中含有一定数目的羧基和氨基，在水中按下式解离

$$
\begin{array}{c}
P\!\!\begin{array}{l} \diagup COOH \\ \diagdown NH_2 \end{array} \\
\updownarrow \\
P\!\!\begin{array}{l} \diagup COO^- \\ \diagdown NH_2 \end{array} \underset{OH^-}{\overset{H^+}{\rightleftharpoons}} P\!\!\begin{array}{l} \diagup COO^- \\ \diagdown NH_3^+ \end{array} \underset{OH^-}{\overset{H^+}{\rightleftharpoons}} P\!\!\begin{array}{l} \diagup COOH \\ \diagdown NH_3^+ \end{array} \\
pH>pI \qquad\qquad pH=pI \qquad\qquad pH<pI \\
带负电 \qquad\qquad 等电点 \qquad\qquad 带正电
\end{array}
$$

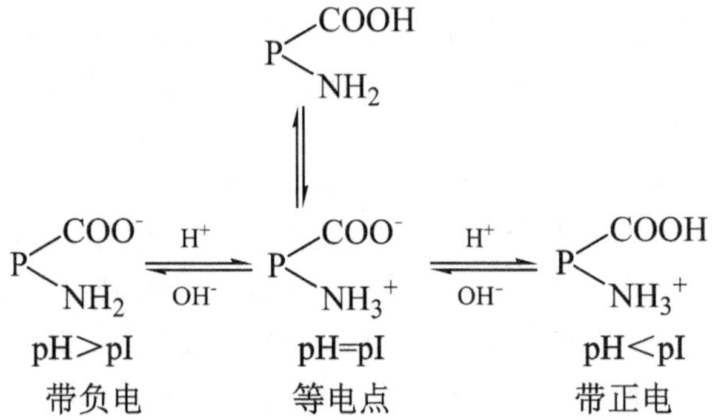

当溶液 pH 较低时，平衡右移，蛋白质发生碱式解离带正电荷；当溶液 pH 较高时，平衡左移，蛋白质发生酸式解离带负电荷；当溶液 pH 调至某一数值时，可使高分子蛋白质链上的—NH_3^+与—COO^-数目相等，这时蛋白质处于等电状态，该 pH 称为蛋白质的**等电点**（isoelectric point），以 pI 表示。pH 大于等电点时，蛋白质分子上—COO^-数目多于—NH_3^+数目，蛋白质带负电；反之，则带正电。不同的蛋白质，其结构不同，等电点也各不相同。在等电点时不发生电泳现象，而且蛋白质溶液的黏度、渗透压、溶解度、电导以及稳定性等都降至最低。当介质的 pH 偏离蛋白质等电点时，蛋白质分子链上的净电荷量增多，分子链舒张展开，水合程度也随之提高，因而蛋白质的溶解度也相应增大。

在电场作用下，带电高分子的电泳速度取决于高分子所带电荷的数目、分子的大小和形状结构等因素。利用电泳速度的不同，可对蛋白质、氨基酸和核酸等物质进行分离和鉴定。例如，在生化检验中，常用电泳法分离血清中的各种蛋白质，为疾病的诊断提供依据。

（四）高分子电解质溶液的盐析

与电解质对溶胶的聚沉情况不同，少量电解质的加入并不能使高分子溶液聚沉，即使到了等电点，高分子溶液仍能稳定存在。只有加入更多的电解质，才能使其发生聚沉现象。这是因为，电解质对高分子溶液的聚沉作用不是由于中和了高分子的电荷所引起的，而是一种盐析作用。所谓盐析作用就是有机物在水中的溶解度因无机盐的加入而减小的现象。盐析作用的发生是因为离子在水溶液中要发生水化作用，当高浓度电解质加入到高分子溶液中时，大量离子的水化作用，减少了溶液中的自由水分子数量，致使原来高度水化的高分子化合物发生去水化作用，所以它们在水中的溶解度减小，以致发生聚沉作用。

实践证明，电解质的盐析能力，主要取决于离子的种类，在盐析中起主要作用的是负离子。负离子在弱碱性(pH>pI)介质中对蛋白质的盐析能力从大到小的顺序为

柠檬酸根＞酒石酸根＞SO_4^{2-}＞醋酸根＞Cl^-＞NO_3^-＞ClO_3^-；

除盐析作用以外，向蛋白质溶液中加入酒精或丙酮等脱水剂，也能降低蛋白质的水化程度，可使之沉淀出来。盐析或加入脱水剂使蛋白质析出的过程都可以在低温下迅速完成，常用于蛋白质的分离和纯化。

(五) 高分子电解质溶液的膜平衡

高分子电解质 M_nR 在溶液中的解离平衡可表示为

$$M_nR \rightleftharpoons nM^+ + R^{n-}$$

式中 R^{n-}表示高分子离子，即大离子；M^+表示小离子。当用半透膜将聚电解质溶液与小分子电解质溶液隔开时，小离子能透过半透膜自由扩散，而大离子不能透过半透膜，被束缚在膜内一侧。由于大离子所带电荷的静电引力作用，使得小离子扩散达平衡时，在膜两侧的浓度不等。这种因高分子电解质大离子的存在导致小分子电解质在膜两侧分布不均的现象称为 Donnan **平衡**，又称**膜平衡**。膜平衡在生物学和医学上有着重要意义，了解一些膜平衡原理对于理解生物系统中的膜平衡是十分必要的。下面简单介绍膜平衡建立的条件。为处理方便，设半透膜两侧溶液的体积相等，而且平衡时体积不变，以蛋白质钠盐 Na_nP 和小分子电解质 NaCl 溶液为例来说明，如图 7-11 所示。

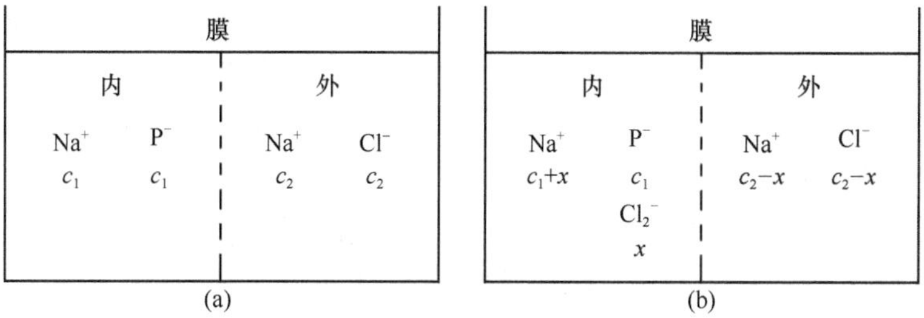

图 7-11 膜平衡示意图

(a) 开始时；(b) 平衡时

用半透膜将 Na_nP 溶液和 NaCl 溶液隔开，设膜内 Na_nP 溶液的浓度为 c_1，膜外 NaCl 溶液的浓度为 c_2。膜内由于大离子 P^{n-}不能透过半透膜，其 Na^+受 P^{n-} 吸引也不能透过膜扩散到膜外，而膜外 Cl^-向着无 Cl^-的膜内扩散，设进入膜内的 Cl^- 浓度 $x\text{moL}\cdot\text{L}^{-1}$，为保持膜两侧溶液的电中性，必然有等量的 Na^+从膜外也进入膜内。在一定温度下，离子通过膜的速率分别与膜内外 Na^+和 Cl^-浓度的乘积成正比。设由膜外进入膜内的速率为 v_1，由膜内进入膜外的速率为 v_2，则

$$v_1=k_1[Na^+]_{外}\cdot[Cl^-]_{外} \qquad v_2=k_2[Na^+]_{内}\cdot[Cl^-]_{内}$$

达平衡时，$v_1=v_2$，得

$$k_1[Na^+]_{外}\cdot[Cl^-]_{外}=k_2[Na^+]_{内}\cdot[Cl^-]_{内}$$

因为膜两侧温度相等，膜、溶剂和通过的离子相同，所以 $k_1=k_2$，则

$$[Na^+]_{外}\cdot[Cl^-]_{外}=[Na^+]_{内}\cdot[Cl^-]_{内} \tag{7.4}$$

式(7.4)表明达到平衡时，组成电解质的离子在膜两侧的浓度乘积相等，这就是建立 Donnan 平衡的条件。将各相应的平衡浓度代入式(7.4)，则

$$(nc_1+x)\cdot x=(c_2-x)^2$$

$$x=\frac{c_2^2}{nc_1+2c_2} \tag{7.5}$$

由式(7.5)可知，达到膜平衡时，膜外 Na^+和 Cl^-透过膜进入膜内的浓度 x 取决于膜内 Na_nP 的最初浓度 c_1 和膜外 NaCl 的最初浓度 c_2。

$$当 c_1>>c_2 时，\ x=\frac{c_2^2}{nc_1+2c_2}\approx 0$$

这表明膜外 NaCl 中的 Na^+和 Cl^-几乎一点也不透入膜内。

$$当 c_1<<c_2 时，\ x=\frac{c_2^2}{nc_1+2c_2}\approx\frac{c_2}{2}$$

这表明膜外 NaCl 中的 Na^+和 Cl^-有近一半透入膜内，即膜内外 NaCl 基本上均匀分布。达膜平衡时，膜外与膜内 NaCl 浓度之比为

$$\frac{c_{外}(\mathrm{NaCl})}{c_{内}(\mathrm{NaCl})}=\frac{c_2-x}{x}=1+\frac{nc_1}{c_2}>1$$

这表明平衡时 NaCl 在不含 Na_nP 的溶液中的浓度较大，可透过膜的小离子在膜内外分布不均等。

以上讨论说明，由于高分子离子 R^{n-}的存在，使小离子在膜两侧的分布受到制约，其结果造成膜两侧电解质的不均等。Donnan 平衡的存在，不仅造成离子的不均匀分布，而且对用渗透压法测定高分子化合物的相对分子质量产生影响，还使膜两侧存在 Donnan 电势，即生物医学中常说的膜电势。

Donnan 平衡是生理上常见的一种现象。细胞膜相当于半透膜，细胞内聚电解质和细胞外的体液(电解质溶液)处于膜平衡状态，这就保证了具有重要生理功能的金属离子在细胞内外保持一定比例，同时膜平衡条件还能使细胞内部的组成相对稳定，从而维持生物体正常的生理功能。

知识拓展

胶体药物递送系统

药物递送系统是指在空间、时间及剂量上全面调控药物在生物体内分布的技术体系。其目标是在恰当的时机将适量的药物递送到正确的位置，从而增加药物的利用效率，提高疗效，降低成本，减少毒副作用。药物递送系统是医学、工学(材料、机械、电子)及药学的融合学科，其研究对象既包括药物本身，也包括搭载药物的载体材料、装置，还包括对药物或载体等进行物理化学改性、修饰的相关技术。

药物递送系统的目的主要有以下几类：①药物控释(controlled release) 通常是指给药后能在机体内缓慢释放药物，使血液中或特定部位的药物浓度能够在较长时间内维持在有效浓度范围内，从而减少给药次数，并降低产生毒副作用的风险。随着技术的发展，现在的控释技术不仅能够实现药物的缓释，而且能够对药物释放的空间、时间及释药曲线进行更加精确、智能的调控。②药物靶向(targeting) 靶向药物是使药物瞄准特定的病变部位，在局部形成相对高的浓度，减少对正常组织、细胞的伤害。根据标靶的不同，药物靶向可分为组织器官水平、细胞水平、及亚细胞水平几个层次。根据靶向机理的不

同，药物靶向可分为被动靶向、主动靶向、物理靶向等几类。③增强药物的水溶性、稳定性，调节药物代谢时间。通过水溶性高分子(如 PEG)等的直接修饰，或利用胶束、脂质体等载体包裹难溶性药物，从而改善难溶性药物的溶解度和溶出率；此外，可通过表面修饰、改性等手段在药物或其载体表面构筑一个保护层，保护药物免受体内吞噬细胞的清除及各种酶的攻击，从而提高药物在体内的稳定性。综合利用以上技术，还可以起到调控药物在体内的代谢速度的效果。④促进药物吸收及通过生物屏障 促进药物通过肠道黏膜、皮肤等的吸收效率；或者通过表面修饰等方式(如修饰转铁蛋白受体、Tat 穿膜肽等)增加药物穿透特定生物屏障(如血脑屏障、细胞膜)的能力，提高药效。

药物递送所涉及的材料及载体类型药物递送系统所涉及的材料主要包括无机材料、高分子材料、稳定剂以及控制药物释放速率的阻滞剂、促进溶解与吸收的促进剂等。其中高分子材料可分为天然高分子材料(如明胶、阿拉伯胶、海藻酸盐、白蛋白、壳聚糖、淀粉)、半合成高分子材料(如纤维素衍生物)、及合成高分子材料(如乙烯—乙酸乙烯共聚物、聚酯类)。此外，根据载体的形态结构，可将其分为胶束、脂质体、乳剂、微球、胶囊等多种类型。

本 章 小 结

分散相粒子直径在 1～100nm 的分散系称为胶体。胶体分散系主要包括溶胶和高分子溶液。溶胶属于多相分散系统，高分子溶液是均相稳定系统。对于非均相分散系统，两相界面上的分子与相内分子所处的环境不同，表面层分子比内部分子多出一部分能量，这部分多出来的能量称为表面能。表面能与表面面积和表面张力有关：表面面积越大，表面张力越高，系统的表面能越大。降低系统表面能的措施有两条，一是减少表面面积，二是降低表面张力。能显著降低溶液表面张力的物质称为表面活性物质或表面活性剂。表面活性剂分子在溶液中定向排列，超过临界胶束浓度(CMC)时便形成各种形式的胶束。表面活性剂具有增溶、乳化等作用。

溶胶是由许多固态小分子、原子或离子的聚集体分散在液体介质中形成的系统。高度分散性、多相性和热力学不稳定性是其主要特征。这些特征决定了溶胶的动力学、光学和电学性质。①动力学性质：溶胶中的粒子在介质中不停地做无规则运动称为 Brown 运动。当溶胶存在浓度差时，Brown 运动使胶粒从浓度大的区域向浓度小的区域扩散。沉降平衡时，在溶胶中形成由下而上逐渐减少的浓度梯度。②光学性质：用一束光线照射溶胶时，在与入射光垂直的方向可以看到一条发亮的光柱，称为 Tyndall 现象。利用 Tyndall 现象这一特性，可以区别溶胶与溶液和粗分散系。③电学性质：在电场作用下，胶粒定向移动的现象称为电泳，分散介质定向移动的现象称为电渗。电泳和电渗现象说明胶体粒子带有电荷。溶粒表面电荷的来源主要有两个，一是胶粒表面的选择性吸附，二是胶粒表面分子的解离。由于胶粒带电，使其具有特殊的结构。胶体粒子的中心称为胶核，由于静电引力，带电胶核表面吸附与电荷相反的离子，形成吸附层，胶核和吸附层合称胶粒，吸附层以外的反离子组成扩散层。胶核、吸附层和扩散层总称为胶团。溶胶稳定存在的原因有三：①Brown 运动，②胶粒带电，③水化层的保护。在溶胶中加入电解质能够中和胶粒所带电荷，破坏其水化膜，从而导致溶胶聚沉。电解质的聚沉能力主要由反离子引起，反离子价数越高，聚沉能力越强。

高分子溶液的分散相颗粒是单个大分子，为均相稳定系统，但因单个大分子已达胶粒的大小，故高分子溶液的某些性质又与溶胶相似。除此之外，高分子溶液还有不同于一般溶液和溶胶的其他特征：①足量高分子对溶胶有保护作用；②具有较高的渗透压；③高浓度电解质可使高分子溶液发生盐析作用；④两性高分子具有等电点；⑤存在 Donnan 平衡，当有高分子电解质存在时，静电作用使小分子电解质离子在膜两边的浓度不均等。

习 题

1. 何谓胶体？胶体分哪几种类型？与溶液和粗分散系相比，胶体有哪些特征？

2. 溶胶有哪些基本特征和性质？胶粒为什么会带电？何时带正电？何时带负电？

3. 高分子溶液和溶胶同属胶体分散系，其主要异同点是什么？

4. 溶胶和高分子溶液的稳定性因素各有哪些？溶胶的聚沉作用与高分子溶液的盐析作用有何不同？

5. 什么是表面活性剂？试从其结构特点说明它能降低水的表面张力的原因。

6. 什么叫乳状液？为什么乳化剂能使乳状液稳定存在?

7. 有未知带电荷的 A 和 B 两种溶胶，溶胶 A 中加入少量 $BaCl_2$ 和多量 NaCl 有同样的聚沉能力；溶胶 B 中加入少量 Na_2SO_4 和多量 NaCl 有同样的聚沉能力，问 A 和 B 两种溶胶带有何种电荷？

8. 混合 0.05 mol · L^{-1}KBr 溶液 50ml 和 0.01 mol · L^{-1} $AgNO_3$ 溶液 30ml 以制备 AgBr 溶胶，试写出胶团结构示意图，并比较 $MgSO_4$、$K_3[Fe(CN)_6]$、$AlCl_3$ 对此溶胶的聚沉能力。

9. 于三个试管中分别加入 20ml 某溶胶，为使该溶胶聚沉，需要在第一试管中加 2.1ml 1mol · L^{-1}KCl 溶液，第二试管中加入 12.5ml 0.01mol · L^{-1} 的 Na_2SO_4 溶液，第三试管中加入 7.4ml 0.001mol · L^{-1} 的 Na_3PO_4 溶液，试比较三种物质的聚沉能力，并确定胶粒的电荷符号。

10. 为制备 AgI 负溶胶，应向 25ml0.016mol · L^{-1}KI 溶液中最多加入多少毫升 0.005mol · L^{-1} $AgNO_3$ 溶液？

11. 沸水中加入 $FeCl_3$ 溶液制备 $Fe(OH)_3$ 溶胶。(1)写出胶团的结构式；(2)电泳时胶粒向哪一个电极移动?(3)比较 Na_3PO_4、$MgSO_4$、$AlCl_3$ 对该溶胶的聚沉能力。

12. Indiate the fundamental difference between a colloidal dispersion and a true solution.

13. List the methods used to prepare colloidal dispersions and briefly explain how each is accomplished.

（魏光成）

第三模块　物质结构与性质

宇宙间的物质种类繁多、性质各异，不同的物质之所以表现出各种不同的性质，其根本原因在于物质的分子结构不同。分子是由原子构成的，原子的性质与什么因素有关？原子之间如何相互结合形成分子？分子之间又如何聚集在一起构成一类物质？物质的性质与结构之间有何关系？回答这些问题，需要学习和研究物质结构包括原子结构、分子结构及配位化合物的结构等知识，会帮助我们更好地掌握物质的性质及其变化规律，对在分子水平上研究现代生物医学具有十分重要的意义。

第八章　原子结构与元素周期律

自然界存在着无数种单质和化合物，尽管性质千变万化，但它们都是由 110 多种元素的原子按照一定的数目和方式结合而成的。性质取决于结构，原子结构的知识是了解物质性质的基础。由于化学反应一般只涉及核外电子运动状态的改变，所以原子结构主要探讨的是原子核外电子的运动状态。本章运用量子力学的观点研究原子核外电子的运动状态及其规律，揭示原子结构和元素性质之间的关系，为学习分子的结构及性质提供重要基础。

学习要求

1. 掌握四个量子数的取值规则和物理意义，熟悉波函数、概率密度、电子云等基本概念，掌握 s 轨道、p 轨道的角度分布图，了解原子轨道的径向分布函数图。

2. 掌握多电子原子轨道的能级次序和核外电子排布的三个规律，能熟练书写 36 号以内元素的核外电子构型和价层电子组态。

3. 熟悉价层电子组态与元素性质之间的关系，了解原子半径、元素电负性及电离能等元素性质的周期性变化规律。

4. 了解微观粒子运动的量子化和波粒二象性特征，了解量子力学描述电子运动状态的思路及方法。

第一节　微观粒子运动的特性

我们肉眼可见的宏观物体，都是大量分子或原子的聚集体，这些物体的质量和体积都较大，运动速度比光速要小得多，如汽车、飞机、子弹等。宏观物体的运动遵守牛顿力学定律，其运动状态可以用运动轨迹来描述。而组成物质的微观粒子，如光子、电子、原子、中子等，其质量和体积都很小，但运动速度却非常快。微观粒子的运动不符合经典力学定律，它们的运动具有波粒二象性的特征。

一、微观粒子的量子化特征

1911 年，英国物理学家 Rutherford E 根据α粒子散射实验，提出了类似于太阳系的有核原子模型，他认为，原子由带正电荷的原子核和带负电的核外电子所组成，原子核居于原子中心，电子绕核做高速运动，就像行星绕着太阳运转一样。自从这个模型建立以来，人们就提出这样一个非常重要的问题：原子为什么能够稳定存在？根据经典物理学理论，绕核运动的电子应该连续不断地向外发射电磁波，致使能量不断减少，最终堕入原子核，导致“原子毁灭”。但事实并非如此，多数原子是可以稳定存在的。此外，由于原子发射电磁波的能量取决于绕核运动的电子能量，倘若电子能量逐渐降低，原子发射电磁波的频率或波长应该是连续的。然而，19 世纪中叶以来，人们就已熟知，每一种元素的原子都有其特征的线状光谱，就像人的指纹一样，可用来鉴定这种原子的存在(图 8-1)。原子的线状光谱表明，原子内电子的能量变化是不连续的，即能量是量子化的。

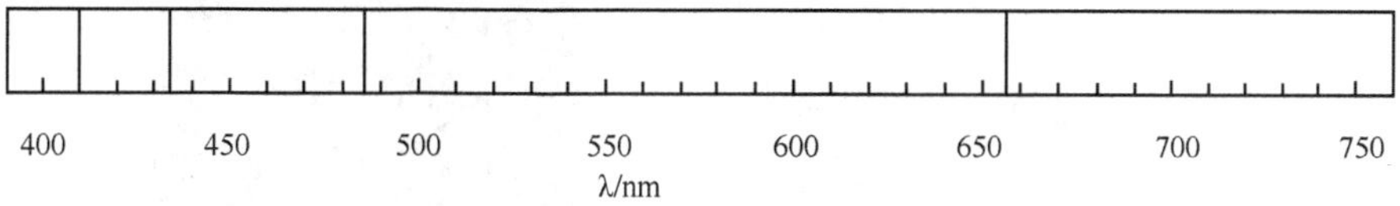

图 8-1　氢原子光谱

以上这些事实说明，原子中电子的运动状态并不符合经典的牛顿力学定律。为了解释原子的稳定存在及线状光谱的事实，Rutherford E 的学生，丹麦的物理学家 Bohr N 于 1913 年在牛顿力学的基础上，将德国 Planck M 的量子论应用于 Rutherford E 模型，建立了“定态原子模型”。Bohr 认为：

(1) 原子核外的电子只能在某些能量确定的圆形轨道上运动，电子在这些轨道上运动时既不吸收能量也不辐射能量，这种状态称为**定态**(stationary state)。能量最低的状态称为**基态**(ground state)，其余称为**激发态**(excited state)。

(2) 原子轨道能级是不连续的，即量子化的。

(3) 当原子从一个定态跃迁到另一个定态时，会辐射或吸收能量，辐射或吸收的能量等于两个定态的能量差。由于各能级是确定的，量子化的，发出的光子的频率也是特定的量子化的。

Bohr 理论可以解释原子稳定存在的原因和氢原子的线状光谱，但不能解释多电子原子的线状光谱，甚至不能说明氢原子光谱的精细结构。Bohr 理论把电子看做是沿固定轨道运动的经典力学粒子，尽管人为引入了量子化条件，但没有建立起量子化条件与电子运动本质的联系，因此无法完全揭示微观粒子的特性及运动规律。

二、微观粒子的波粒二象性

1924 年，法国物理学家 de Broglie L 在光的波粒二象性的启发下，认为所有微观粒子如电子、原子等也具有波粒二象性。他将反映光的波粒二象性的公式应用到微粒上，提出了“物质波”的 de Broglie **关系式**(de Broglie relation)，即

$$\lambda = \frac{h}{p} = \frac{h}{mv} \tag{8.1}$$

式中，p 为微粒的动量，m 为微粒的质量，v 为微粒的运动速度，λ 为微粒波的波长，h 为 Plank 常数。

1927 年，de Broglie 的假设分别被美国 Davisson C J 和 Germer L H 的电子束在镍单晶上的反射和英国 Thomson G P 的电子衍射实验所证实。如图 8-2 所示，当电子射线穿过一薄层镍的晶体打在后面的屏幕上时，在荧光屏上得到了与光的衍射图相类似的衍射图像。由电子衍射图测得的电子波波长与式(8.1)计算的数值完全相符。电子能发生衍射现象，说明电子的运动与光相似，具有波动性。后来进一步通过实验证实了中子、质子、原子等微

观粒子都具有波动性，波粒二象性是微观粒子的基本属性。

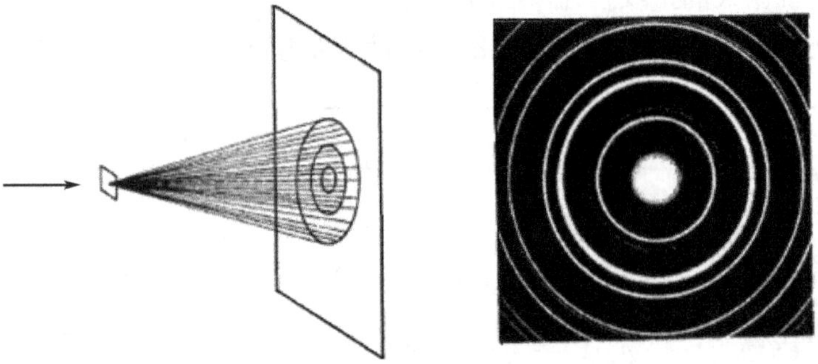

图 8-2 电子衍射图

需要说明的是，电子波是概率波，与经典的机械波、电磁波的物理意义不同，机械波和电磁波是质点和电磁波的振动在空间的传播，而电子波明暗环纹是电子运动的统计结果。波的衍射强度大的地方说明电子出现几率大，衍射强度小的地方，说明电子出现的几率小。

三、测不准原理

具有波动性的物质运动符合测不准原理，即它们的位置和动量不能够同时准确测定。它的位置测得越准确，则其动量测得就越不准确；反过来，它的动量测得越准确，其位置测得就越不准确。1927 年，德国科学家 Heisenberg W 根据衍射现象推导出了著名的**测不准原理**(uncertainty principle)

$$\Delta x \cdot \Delta P_x \geqslant h \tag{8.2}$$

式中，Δx 为 x 方向位置的测不准量，Δp_x 为动量在 x 方向的测不准量，h 是 Planck 常数。

例 8-1 电子在原子核附近运动的速度约为 $6\times10^6 \text{m}\cdot\text{s}^{-1}$，原子半径约 10^{-10} m。若速度误差为±1%，电子的位置误差 Δx 有多大？

解 $\Delta v=6\times10^6 \text{m}\cdot\text{s}^{-1}\times0.01=6\times10^4 \text{m}\cdot\text{s}^{-1}$，

根据测不准原理，有

$$\Delta_x \geqslant \frac{h}{m\Delta v}=\frac{6.626\times10^{-34}\text{kg}\cdot\text{m}^2\cdot\text{s}^{-1}}{9.1\times10^{-31}\text{kg}\times6\times10^4\text{m}\cdot\text{s}^{-1}}=1\times10^{-8}\text{m}$$

即原子中电子的位置误差比原子半径大 100 倍，电子在原子中无精确的位置可言。

对于宏观物体，由于其质量很大，它们的位置和动量可以同时准确测定。例如，导弹、人造卫星等的运动，根据经典力学理论，在任何瞬间，我们都能准确地同时测定它的位置和动量，也能精确地预测出它的运行轨迹。而像电子这类微观粒子的运动，由于其质量很小，我们无法同时准确测定它的运动坐标和动量，因此无法像处理宏观物体一样描述其运动轨迹，也就是说，微观粒子的运动规律不能用经典力学的方式来描述。尽管如此，由于电子在核外空间出现的几率服从波动性规律，因此可以用量子力学来描述它们的运动状态。

第二节　核外电子运动状态的描述

一、波函数与原子轨道

电子具有波粒二象性，其运动规律必须用量子力学来描述。1926 年，奥地利物理学家 Schrödinger 根据 de Broglie 物质波的观点，提出了描述微观粒子运动的量子力学波动方程，即 Schrödinger **方程**(Schrödinger's equation)

$$\frac{\partial^2\psi}{\partial x^2}+\frac{\partial^2\psi}{\partial y^2}+\frac{\partial^2\psi}{\partial z^2}+\frac{8\pi^2 m}{h^2}(E-V)\psi=0 \tag{8.3}$$

式中，ψ 为波函数；m 是电子的质量；x，y，z 是电子的空间坐标；E 是原子的总能量，约等于电子的动能和势能之和；V 是电子的势能，$E-V$ 是电子的动能；h 是 Plank 常数。

Schrödinger 方程是个二阶偏微分方程，方程的解是一系列数学函数式，每一个函数式表示一个波动方程 $\psi_{n,\ l,\ m}(x,\ y,\ z)$。Schrödinger 方程的合理解，可用来描述电子运动状态，该函数称为**波函数**(wave function)。一个波函数 ψ 确定后，电子在核外空间的某种状态便已确定，也就可以确定电子离核的平均距离和能量。所以习惯上把波函数称为原子轨道函数简称**原子轨道**(atomic orbit)。需要说明的是，这里所说的原子轨道仅仅是一个数学函数式，和宏观物体的运动轨迹不同，它不代表电子运动的固定路径，只反映核外电子运动的波动性和统计性规律。

氢原子是所有原子中最简单的原子，它的 Schrödinger 方程可以精确求解，在求解 Schrödinger 方程的过程中，需要将直角坐标(x，y，z)转换为球坐标(r，θ，φ)。球坐标与直角坐标的关系如图 8-3 所示。

$$\underset{\text{直角坐标}}{\psi(x,\ y,\ z)} \xrightarrow{\text{坐标转换}} \underset{\text{球坐标}}{\psi(r,\ \theta,\ \varphi)}$$

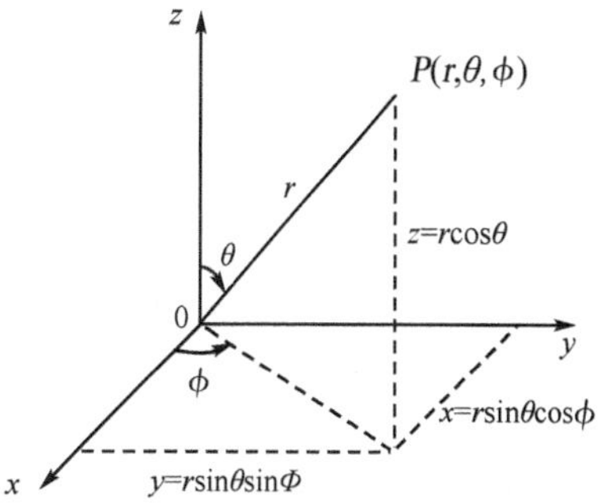

图 8-3　球坐标与直角坐标系的转换

坐标转换后求解 Schrödinger 方程，所得波函数 $\psi_{n,\ l,\ m}(r,\ \theta,\ \varphi)$ 是包含三个常数项 n、l、m 和球极坐标 r、θ、φ的函数。通过变量分离，每一个波函数 $\psi_{n,\ l,\ m}(r,\ \theta,\ \varphi)$ 都可以写成两个函数 $R_{n,\ l}(r)$ 和 $Y_{l,\ m}(\theta,\ \varphi)$ 的乘积

$$\psi_{n,\ l,\ m}(r,\ \theta,\ \varphi)=R_{n,\ l}(r)\cdot Y_{l,\ m}(\theta,\ \phi) \tag{8.4}$$

式中，$R_{n,\ l}(r)$ 是与核距离 r 的函数，称为波函数的径向部分或**径向波函数**(radial wave function)，它与 n 和 l 两个参数有关。$Y_{l,\ m}(\theta,\varphi)$ 是方位角 θ 和 φ 的函数，称为波函数的角度部分或**角度波函数**(angular wave function)，它与 l 和 m 两个参数有关。氢原子的某些波函数 $\psi_{n,\ l,\ m}(r,\ \theta,\ \phi)$ 及其能量列于表 8-1 中。

Schrödinger 方程把作为粒子特征的电子质量、位能和系统的总能量与运动状态的波函数列在同一个数学方程式中，体现了波动性和粒子性的结合，从而更真实、更全面地反映了电子的运动本质。利用 Schrödinger 方程可以求出波函数以及与其对应的能量，这样就可了解电子运动的状态和能量的高低。

表 8-1　氢原子的一些波函数及其能量

轨道	$\psi_{n,l,m}(r,\theta,\varphi)$	$R_{n,l}(r)$	$Y_{l,m}(\theta,\varphi)$	E/J
1s	$A_1e^{-Br}\sqrt{\frac{1}{4\pi}}$	A_1e^{-Br}	$\sqrt{\frac{1}{4\pi}}$	-2.18×10^{-18}
2s	$A_2re^{-Br/2}\sqrt{\frac{1}{4\pi}}$	$A_2re^{-Br/2}$	$\sqrt{\frac{1}{4\pi}}$	$-2.18\times10^{-18}/2^2$
$2p_z$	$A_3re^{-Br/2}\sqrt{\frac{3}{4\pi}}\cos\theta$	$A_3re^{-Br/2}$	$\sqrt{\frac{3}{4\pi}}\cos\theta$	$-2.18\times10^{-18}/2^2$
$2p_x$	$A_3re^{-Br/2}\sqrt{\frac{3}{4\pi}}\sin\theta\cos\varphi$	$A_3re^{-Br/2}$	$\sqrt{\frac{3}{4\pi}}\sin\theta\cos\varphi$	$-2.18\times10^{-18}/2^2$
$2p_y$	$A_3re^{-Br/2}\sqrt{\frac{3}{4\pi}}\sin\theta\sin\varphi$	$A_3re^{-Br/2}$	$\sqrt{\frac{3}{4\pi}}\sin\theta\sin\varphi$	$-2.18\times10^{-18}/2^2$

A_1、A_2、A_3、B 均为常数

二、量子数及其物理意义

Schrödinger 方程在数学上有很多解，但并不是每一个解都是合理的，只有满足特定条件的解才可以描述核外电子的运动状态。因此，在求解方程时必须引入一些符合特定条件的参数 n、l、m，这些参数称为**量子数**(quantum number)。只有当 n、l、m 取值一定并合理组合时，才能得到一个合理的波函数 $\psi_{n,l,m}(x,y,z)$ 或原子轨道。事实上，每一个波函数都与一套特定的量子数组合相对应，因此，可以用一套 n、l、m 组合表示一个原子轨道。这三个量子数的取值规则和物理意义如下：

(一) 主量子数 n

主量子数(principal quantum number) n 的取值可以为 1，2，3，4，5…非零的任意正整数。在光谱学上，当 n=1，2，3，4，5，6，7 时，分别用符号 K，L，M，N，O，P，Q 表示。

n 表示电子出现几率最大的区域离核的远近，是决定原子轨道能量高低的主要因素。n 值越大，电子出现概率最大的区域离核越远，电子的能量越高。对于单电子原子来说，原子轨道能量完全由主量子数 n 决定。n 也称为**电子层数**(electron shell number)。

(二) 轨道角动量量子数 l

轨道角动量量子数(angular quantum number)，简称角量子数，也叫副量子数。l 的取值受主量子数 n 的限制，只能取 0，1，2，3…(n−1)，共 n 个数值。按光谱学的习惯，l=0、1、2、3…时，分别用符号 s、p、d、f…来表示。在表示不同 l 的轨道时，通常在前面冠以主量子数 n，如 2s 轨道、2p 轨道等。由于原子轨道实质上是电子的运动状态，所以 s 轨道上的电子常称为 s 电子，p 轨道上的电子称为 p 电子等。

轨道角动量量子数决定原子轨道的形状。l=0 时，原子轨道呈球形分布；l=1 时，原子轨道呈双球形分布等。在多电子原子中，轨道角动量量子数与主量子数一起决定电子能量的高低。当主量子数 n 相同时，l 的数值越大，电子具有的能量就越高，即在同一电子层中

的电子还可分为若干个**能级**(energy level)。

多电子原子：$E_{ns} < E_{np} < E_{nd} < E_{nf}$

单电子原子：$E_{ns} = E_{np} = E_{nd} = E_{nf}$

(三)磁量子数 m

磁量子数(magnetic quantum number) m 的取值受轨道角动量量子数 l 的限制。m 可以取 0、±1、±2、…、$\pm l$ 等整数，共 $2l+1$ 个数值。

磁量子数决定原子轨道在空间的伸展方向。例如 $l=1$ 时，磁量子数可以有三个取值，即 $m=0$、±1，说明 p 轨道在空间有三种不同的伸展方向，即共有三个 p 轨道，这三个轨道分别沿 x、y、z 轴伸展，分别用 p_x、p_y、p_z 表示。磁量子数与电子的能量无关。n 与 l 相同时，m 不同的原子轨道，其能量相同，称为**简并轨道**(equivalent orbital)或**等价轨道**(degenerate orbital)。

量子数 n、l、m 的组合很有规律。$n=1$ 时，l 和 m 只能等于 0，三个量子数组合只有一种(1，0，0)，即第一电子层只有一个能级，也只有一个轨道，简称 1s 轨道。$n=2$ 时，n、l、m 的组合有四种，当 $n=2$、$l=0$ 时，m 只能等于 0，这是 2s 轨道；$n=2$、$l=1$ 时，m 可以等于 0、±1，这三个轨道分别记为 $2p_x$、$2p_y$ 和 $2p_z$ 轨道。所以第二电子层共有两个能级，四个轨道。依此类推，每个电子层的轨道总数为 n^2。见表 8-2。

表 8-2　三个量子数及对应的原子轨道

n	l	m	轨道名称	轨道数	轨道总数 n^2
1	0	0	1s	1	1
2	0	0	2s	1	4
	1	−1，0，+1	$2p_x$，$2p_y$，$2p_z$	3	
3	0	0	3s	1	9
	1	−1，0，+1	$3p_x$，$3p_y$，$3p_z$	3	
	2	−2，−1，0，+1，+2	$3d_{xy}$，$3d_{xz}$，$3d_{yz}$，$3d_{x^2-y^2}$，$3d_{z^2}$	5	

其中，同一层上的三个 p 轨道(np_x，np_y，np_z)、五个 d 轨道(nd_{xy}，nd_{yz}，nd_{xz}，$nd_{x^2-y^2}$，nd_{z^2})、七个 f 轨道等都属于简并轨道。

(四)自旋量子数 m_s

电子本身有自旋，要描述电子的运动状态除了指明它所处的原子轨道以外，还必须指明它的自旋情况，这就需要有第四个量子数——**自旋角动量量子数** m_s(spin angular momentum quantum number)。电子自旋有两种相反的方向，即顺时针方向和逆时针方向，自旋角动量量子数 m_s 只有两个数值：+1/2 和−1/2。电子自旋可用正反两个箭头符号"↑"和"↓"表示。两个电子的自旋方向相同时用同方向箭头表示，反之用反方向箭头表示。自旋量子数 m_s，不是解 Schrödinger 方程得出的，而是根据实验结果，为描述电子的自旋方向而人为规定的。

以上四个量子数就可以完整描述电子在核外的运动状态。例如，Na 原子的最外层电子处于 3s 轨道，其运动状态用量子数就可以表示为(3，0，0，+1/2)或(3，0，0，−1/2)。四个量子数中，n 和 l 两个量子数可以确定电子能量的大小，即可以确定一个能级；n、l、m 三个量子数可以确定一个原子轨道；n、l、m、m_s 四个量子数可以确定某一个电子在核外的运动状态。

三、原子轨道和电子云的图形

量子力学以波函数描述核外电子的运动状态。为了形象化地了解波函数或原子轨道，需要绘制波函数的几何图形。但波函数是三维空间坐标 (r, θ, φ) 的函数，很难用简单的直观图形表示清楚。通常是根据(8.4)式，从径向和角度分布两个方面了解原子轨道的形状和方向

$$\psi_{n, l, m}(r, \theta, \varphi)=R_{n, l}(r)\cdot Y_{l, m}(\theta, \varphi)$$

径向波函数 $R_{n, l}(r)$ 对 r 的图形叫**原子轨道的径向分布图**(radial distribution plots of orbitals)，角度波函数 $Y_{l, m}(\theta, \varphi)$ 对角度 (θ, φ) 的图形叫**原子轨道的角度分布图**(angular distribution plots of orbitals)。

波函数本身的物理意义并不明确，但波函数绝对值的平方却有明确的物理意义。$|\psi|^2$ 相当于波的强度，表示电子在原子核外空间某处 (r, θ, φ) 出现的**概率密度**(probability density)，即在该点附近单位体积内电子出现的概率。

$$|\psi_{n, l, m}(r, \theta, \varphi)|^2=R^2_{n, l}(r)\cdot Y^2_{l, m}(\theta, \varphi)$$

$R^2_{n, l}(r)$ 对 r 的图形称为概率密度的径向分布图，$Y^2_{l, m}(\theta, \varphi)$ 对 (θ, φ) 的图形称为概率密度的角度分布图。原子轨道角度分布图对于讨论化学键的形成和分子的几何构型具有重要的意义。本书重点介绍原子轨道的角度分布图。

(一) 角度分布图

1. 原子轨道和概率密度的角度分布图 角度波函数 Y 只与量子数 l 和 m 有关，l、m 均相同的原子轨道其角度分布图相同，如 1s、2s、3s 等轨道的角度分布图相同，$2p_x$、$3p_x$、$4p_x$ 等轨道的角度分布图相同。以原子核为坐标原点，从原点引出方向为 (θ, φ)，长度取 Y 值的线段，所有这些线段的端点连起来在空间形成一个曲面，即为原子轨道的角度分布图。同理，可得概率密度的角度分布图。

(1) s 轨道：s 轨道的角度波函数 Y 为

$$Y_s=\sqrt{\frac{1}{4\pi}} \qquad Y_s^2=\frac{1}{4\pi}$$

不管在哪一个方向上，Y 值均为 $\sqrt{1/(4\pi)}$，因此，s 轨道的角度分布图是以原子核为圆心，半径为 $\sqrt{1/(4\pi)}$ 的球形。同理，s 轨道概率密度的角度分布图是以原子核为圆心，半径为 $1/(4\pi)$ 的球形。

(2) p 轨道：p 轨道的角度波函数的值随方位角 θ 和 φ 的变化而改变。以 p_z 轨道为例，其角度波函数为

$$Y_{p_z}=\sqrt{\frac{3}{4\pi}}\cos\theta \qquad Y_{p_z}^2=\frac{3}{4\pi}\cos^2\theta$$

方位角 θ 从 0°到 180°，计算相应各 θ 对应的 Y 值及 Y^2 值，列于表 8-3。在 xz 平面内作

$Y \sim \theta$ 图，得一双圆图形(图 8-4)。由于 Y_{p_z} 不受 φ 的影响，将双圆图形绕 z 轴旋转 360°，在空间所得到的双球形闭合曲面就是 p_z 轨道的角度分布图，其形状如同两个相切的球体，图中的正、负号是由原子轨道波函数的数学表达式决定的，在讨论化学键的形成时有重要意义。$Y^2 \sim (\theta, \varphi)$ 图为哑铃型，图中没有正负号。

表 8-3　不同 θ 对应的 Y_{p_z} 及 $Y_{p_z}^2$

θ	0°	30°	60°	90°	120°	150°	180°
$\cos\theta$	1	0.866	0.5	0	−0.5	−0.866	−1
Y_{p_z}	0.489	0.423	0.244	0	−0.244	−0.423	−0.489
Y^2P_z	0.239	0.179	0.060	0	0.060	0.179	0.239

其他原子轨道角度分布图可以用类似的方法画出。图 8-5 分别是 s、p、d 原子轨道角度分布图。从图中可以看出，s 轨道的角度分布是一个球形正值区域。p 轨道的角度分布有三种不同取向，p_x、p_y、p_z 分别沿 x 轴、y 轴和 z 轴方向有极大值，且形状都是双球形，并各有一个正值区域和一个负值区域。d 轨道的角度分布共有五种不同取向，其中 d_{xy}、d_{xz}、d_{yz} 轨道的角度分布图分别通过 xy、xz、yz 平面，其极大值分别在对应坐标轴的夹角平分线上，$d_{x^2-y^2}$ 通过 xy 平面，极大值在 x 轴和 y 轴上，d_z^2 通过 z 轴且极大值在 z 轴上。d_z^2 的图形负波瓣呈环状，但和其他 d 轨道是等价的。这些图形一般各有两个节面，波瓣呈橄榄形。原子轨道角度分布的形状和伸展方向对于讨论化学键的形成和分子的几何构型具有重要的意义。

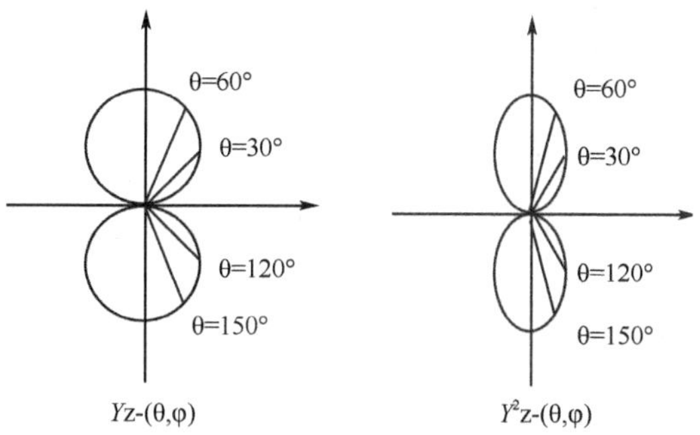

图 8-4　p_z 轨道的角度分布图

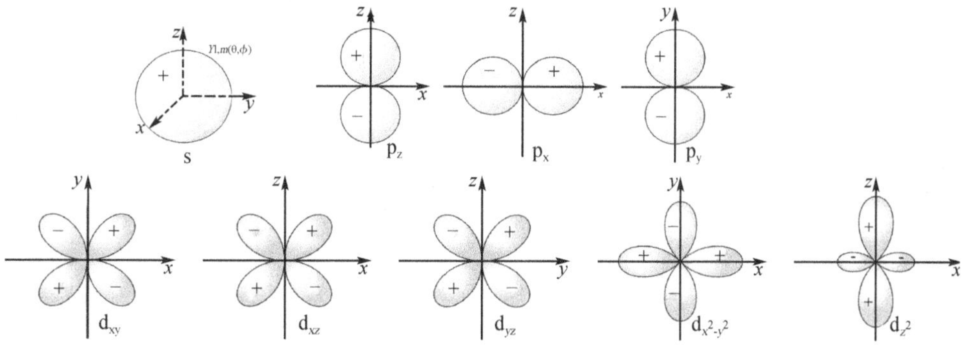

图 8-5　s、p、d 原子轨道角度分布图

原子轨道角度分布图中的正、负号表示角度波函数 Y 的正负，并不代表该区域的带电情况，主要反映了电子运动的波动性特征，类似于机械波中的波峰与波谷，当两个波相遇产生干涉时，同号则相互加强，异号则相互减弱或抵消。这一点对于后面学习原子间是否成键以及键的强弱具有重要的意义。图 8-6 分别是 s、p、d 轨道的概率密度角度分布图。

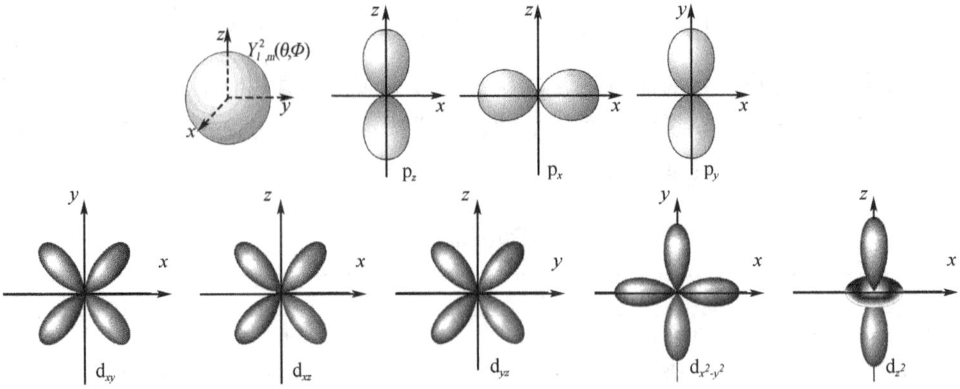

图 8-6　s，p，d 轨道的概率密度的角度分布图

概率密度的角度分布图反映了电子在核外空间不同方向上的分布情况。这种图形和原子轨道的角度分布图相似，只是“瘦”且没有负号。

(二) 径向分布图

$R_{n,\ l}(r)$对 r 的图形称为原子轨道的径向分布图，$R^2_{n,\ l}(r)$对 r 的图形称为概率密度的径向分布图。概率密度的径向分布图反映了电子在核外空间出现的概率密度与离核距离的变化情况。

(三) 电子云图

为了形象地表示原子核外电子出现的概率密度的分布情况，常用小黑点的疏密程度表示$|\psi|^2$ 值的大小，这种在单位体积内小黑点的数目与$|\psi|^2$ 成正比的图形称为**电子云**(electron cloud)。因此，概率密度的角度分布图又常称为电子云的角度分布图，概率密度的径向分布图又常称为电子云的径向分布图。需要说明的是，这些图形只能表示出电子在空间不同角度或不同距离所出现的几率大小，并不能表示出电子在核外空间出现的整体情况。要表示电子在核外空间的整体分布情况，必须综合考虑径向和角度两个方面。例如处于 1s 轨道、2s 轨道及 3s 轨道上的电子，尽管电子云的角度分布图相同，但由于径向分布图不同，电子在核外空间出现的区域是不一样的(图 8-7)。

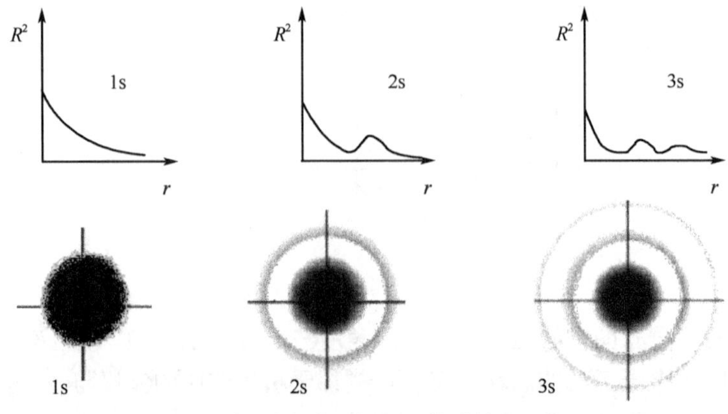

图 8-7　氢原子 1s、2s、3s 轨道的电子云

电子云图中黑色深的地方表示电子出现的概率密度大，浅色的地方表示电子出现的概率密

度小。注意：电子云并非众多电子弥散在核外空间，而是电子出现概率密度的形象表现。

电子具有波粒二象性，其运动状态不能通过经典力学来描述，但可以通过求解 Schrödinger 方程得到电子运动的波函数及其相应的能量。虽然我们不知道每一个电子运动的具体途径，但从统计的结果却可以知道某种运动状态的电子在哪一个空间出现的概率大，哪一个空间出现的概率小。

第三节　多电子原子的原子结构

原子核外有两个以上电子的原子称为多电子原子。在多电子原子中，电子除受原子核的吸引之外，还受到其他电子的排斥，电子的运动十分复杂，其精确波函数难以解出。然而，氢原子结构的结论仍然可近似地用于多电子原子：多电子原子中，描述电子运动状态的波函数也取决于量子数 n、l、m，量子数的取值及组合与氢原子的相同；波函数的角度部分 $Y(\theta,\ \varphi)$ 和氢原子的相似；多电子原子的能量近似等于各能级电子能量的总和。描述多电子原子中电子的运动状态，实质上就是如何把所有电子恰当地排在这些原子轨道上。

一、多电子原子轨道的能级

单电子如氢原子和类氢离子中，核外只有一个电子，电子只受原子核的吸引，原子轨道的能量只与主量子数 n 有关；在多电子原子中，电子除了受原子核的吸引作用外，还受到其他电子的排斥作用。电子之间的相互影响，使得原子轨道的能量取决于 n 和 l 两个量子数。1939 年，美国化学家 Pauling L 根据大量的光谱实验数据总结出多电子原子的原子轨道近似能级顺序为

$$E_{1s}<E_{2s}<E_{2p}<E_{3s}<E_{3p}<E_{4s}<E_{3d}<E_{4p}<E_{5s}$$
$$<E_{4d}<E_{5p}<E_{6s}<E_{4f}<E_{5d}<E_{6p}<E_{7s}\cdots$$

图 8-8 为原子轨道近似能级图。图中按原子轨道能量高低的顺序排列，下方的轨道能量低，上方的轨道能量高。图中虚线按能级由低到高的顺序贯穿各原子轨道。在原子轨道近似能级图中，Pauling 将能量相近的能级划分为 1 个能级组，目前共分为 7 个能级组。图中每一个大的方框为一个能级组。每个能级组中，用“□”表示 1 个原子轨道，3 个 p 等价轨道、5 个 d 等价轨道、7 个 f 等价轨道能量相等列成一排。除第一能级组外，其他能级组中原子轨道的能级存在差别，这是由相邻轨道中电子之间的相互影响所致。

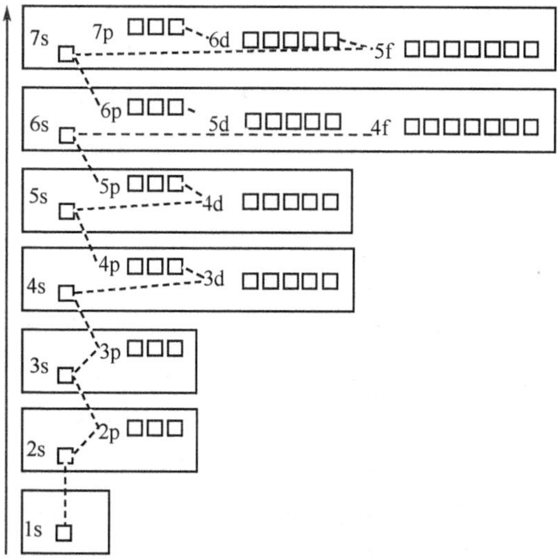

图 8-8　原子轨道近似能级图

我国化学家徐光宪教授，提出了估算原子轨道能级次序的“$n+0.7l$”规则。即用轨道的主量子数 n 与轨道角动量量子数 l 的 0.7 倍进行加和，“$n+0.7l$”的数值愈大，

轨道能级愈高。并把“$n + 0.7l$”整数部分相同的轨道划分为一个能级组。根据徐光宪能级分组规则得到的能级顺序与 Pauling 近似能级顺序一致。

应该指出的是，原子轨道近似能级顺序是假定所有元素原子中的能级高低顺序都是相同的，用一个能级图来表示所有元素的原子轨道能级顺序不可能适合所有实际情况，但尽管存在一些误差，该能级顺序基本能够反映多电子原子的能级以及基态原子的电子填充顺序。进一步探讨这问题，可参阅物质结构相关资料。

二、基态原子的电子组态

原子核外的电子排布式又称为**电子组态**(electronic configuration)。在基态的多电子原子中，核外电子排布遵守下面三条基本规律。

(一) Pauli 不相容原理

1925 年，奥地利物理学家 Pauli W 提出：在同一原子中，不可能存在四个量子数完全相同的两个电子，也就是在同一原子中没有运动状态完全相同的电子。这就是 Pauli **不相容原理**(Pauli exclusion principle)。如果两个电子的 n、l、m 三个量子数相同，那么自旋量子数 m_s 必然相反。假若在一个轨道上已经存在两个自旋方向相反的电子，再填入第三个电子，这第三个电子的运动状态必定与前两个中的一个完全相同，这违背不相容原理，是不可能的。因此，一个原子轨道中最多只能容纳两个自旋方向相反的电子。一个电子层有 n^2 个原子轨道，最多可以容纳的电子数为 $2n^2$。

(二) 能量最低原理

系统的能量越低越稳定，这是自然界的普遍规律，原子中的电子也不例外。在不违背 Pauli 不相容原理的前提下，核外电子排布时，总是先占据能量最低的轨道，当低能量轨道占满后，才排入高能量的轨道，使整个原子能量最低。这就是能量最低原理。能量最低原理表明，基态原子中电子的填充顺序应与原子轨道的近似能级顺序一致。例如，B 原子有 5 个电子，在不违背 Pauli 不相容原理的前提下，按照能量最低原理，前两个电子应排在 1s 轨道，第 3、第 4 个电子排在 2s 轨道，最后一个电子排在 2p 轨道，因此，基态 B 原子的电子组态为：$1s^22s^22p^1$。其中轨道上的上角标表示该轨道所含有的电子数。

例 8-2 按核外电子排布的规律，写出 22 号元素 Ti 的基态电子组态。

解 根据能量最低原理，将 22 个电子从能量最低的 1s 轨道上排起，每个轨道只能排 2 个电子。1s 轨道上排布 2 个电子，2s 轨道上排布 2 个电子，2p 能级有三个轨道，可以填 6 个电子，再以后填入 3s、3p，填满后是 18 个电子。因为 4s 能量比 3d 低，所以第 19、20 个电子应先填入 4s 轨道。此时已填入 20 个电子，剩下的 2 个电子填入 3d。

所以 22 号元素 Ti 的基态电子组态为：$1s^22s^22p^63s^23p^63d^24s^2$。

注意，按原子轨道能级次序，电子先填入 4s 轨道，后填入 3d 轨道，但书写电子组态时，同层轨道要排列在一起。当原子失去电子时，先失最外层电子，后失内层电子。例如 Fe 原子的电子组态应写为 $1s^22s^22p^63s^23p^63d^64s^2$，而不是 $1s^22s^22p^63s^23p^64s^23d^6$。当反应生成 Fe^{2+}时，失去的是 4s 轨道上的 2 个电子，所以 Fe^{2+}离子的电子组态是 $1s^22s^22p^63s^23p^63d^6$。

(三) Hund 规则

德国科学家 Hund F 指出：电子在能量相同的轨道(即简并轨道)上排布时，总是尽可能以自旋相同的方向分占不同的轨道，因为这样的排布方式总能量最低，这就是 Hund **规则**(Hund's rule)。例如基态 N 原子组态是 $1s^22s^22p^3$，三个 2p 电子的运动状态是

$$2,\ 1,\ 0,\ +\frac{1}{2};\ 2,\ 1,\ 1,\ +\frac{1}{2};\ 2,\ 1,\ -1,\ +\frac{1}{2}$$

用原子轨道方框图表示为

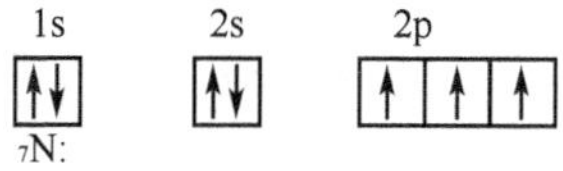

基态 C 原子的电子组态轨道表示式为

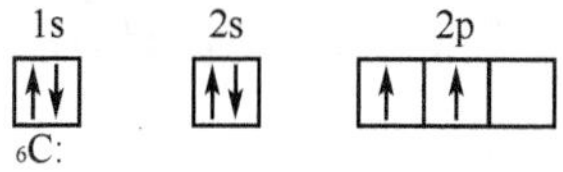

Hund 通过光谱实验还进一步提出了补充规则：简并轨道全充满(如 p^6、d^{10}、f^{14})，半充满(如 p^3、d^5、f^7)或全空(如 p^0、d^0、f^0)的状态比较稳定。全充满、半充满或全空电子排布的对称性较好，排布后的原子能量较低。例如 $_{24}$Cr 原子基态的电子排布式为 $1s^22s^22p^63s^23p^63d^54s^1$，而不是 $1s^22s^22p^63s^23p^63d^44s^2$。

例 8-3　写出 $_{29}$Cu 原子的基态电子组态。

解　根据能量最低原理，将 Cu 的 29 个电子从能量最低的 1s 轨道排起，1s 轨道只能排 2 个电子，第 3、4 个电子填入 2s 轨道，2p 能级有三个简并轨道，填 6 个电子，再填入 3s、3p，3p 填满后共填入 18 个电子。因为 4s 能量比 3d 低，所以应先填入 4s 轨道两个电子，剩下的电子填入 3d，写为 $1s^22s^22p^63s^23p^63d^94s^2$，但根据 Hund 规则，4s 轨道调整一个电子进入 3d 轨道，因此 Cu 的基态电子组态为：$1s^22s^22p^63s^23p^63d^{10}4s^1$。

为简化电子组态的书写，通常把内层已充满至稀有气体电子层构型的部分，用稀有气体的元素符号加方括号表示，称为**原子实**(atomic kernel)。例如 Co 的基态可写为[Ar]$3d^74s^2$，Ag 的基态可写为[Kr]$4d^{10}5s^1$。

离子的电子组态可以在原子电子组态的基础上加上(负离子)或减去(正离子)相应的电子数。例如 Co^{2+}：[Ar]$3d^7$，Cl^-：[Ar]$3s^23p^6$。

根据能量最低原理、Pauli 不相容原理和 Hund 规则，可以确定绝大多数元素原子的基态电子组态。少数不符合的，必须尊重事实，按实际情况进行。

三、价层电子组态

在化学反应中，原子实部分的电子不发生化学变化，发生化学反应的是**价层电子**(valence electron)，价层电子所处的轨道称为**价层轨道**(valence orbital)。主族元素和副族元素的价层所包含的轨道不同。主族元素的价层轨道为中性基态原子中，电子占据的最外层轨道，即 *n*s、*n*p 轨道；副族元素的价层轨道包括中性基态原子中，电子占据的最外层轨道、次外层 d 轨道以及倒数第三层的 f 轨道，即 $(n-2)$f、$(n-1)$d、*n*s、*n*p 轨道。例如：

$_{11}$Na 为主族元素，电子组态为 $1s^22s^22p^63s^1$，价层电子组态是 $3s^1$。

$_{17}$Cl 为主族元素，电子组态为 $1s^22s^22p^63s^23p^5$，价层电子组态是 $3s^23p^5$。

$_{30}Zn$ 为副族元素，电子组态为 $1s^22s^22p^63s^23p^53d^{10}4s^2$，价层电子组态是 $3d^{10}4s^2$。

价层电子组态决定元素的化学性质。例如，$_{11}Na$ 原子的价层轨道中只有一个电子，若失去该电子其电子组态就可转化 $2s^22p^6$ 的全满稳定结构，所以 Na 很容易失去电子转化为 Na^+，因此，Na 为很强的金属元素；再如，$_{17}Cl$ 原子的价层电子组态为 $3s^23p^5$，若得到一个电子，电子组态就转化为 $3s^23p^6$ 的稳定结构，因此 Cl 是很强的非金属。一般地，在发生化学反应时，元素的最高氧化数等于其价层电子总数，最低氧化数为填满价层轨道所需要的电子数。例如，$_{17}Cl$ 的最高氧化数为+7（$HClO_4$），最低氧化数为–1（HCl）。

第四节　元素周期表与元素性质的周期性

一、元素周期表

随着原子序数的增加，元素原子的价电子层结构发生周期性变化，必将导致元素性质的周期性变化。元素周期表是原子结构和元素性质周期性变化的表现形式。原子的核外电子层结构是构成元素周期表的基础。

（一）族

中性基态原子的最后一个电子填入 ns 或 np 轨道上的属于主族元素，填入 $(n-1)d$ 或 $(n-2)f$ 轨道上的属于副族元素。同族元素的价层电子组态相同或相似，化学性质相近。关于元素周期表中族的划分，目前主要有两种方法。一种是 IUPAC 于 1986 年推荐的，每一个纵行为一族，共 18 族，从左到右用阿拉伯数字 1～18 标明族数；另一种我国流行的划分方法是分为 16 族，除 8、9、10 这三个纵行为ⅧB 族外，其余每一纵行为一族。周期表中共有 8 个主族（ⅠA～ⅧA 族）和 8 个副族（ⅠB～ⅧB 族）。

1. 主族　周期表中共有 8 个主族，用罗马数字ⅠA～ⅧA 表示。元素所属主族数等于其价层电子的总数，即 ns、np 轨道上的电子总数。例如元素 $_{13}Al$，核外电子组态是 $1s^22s^22p^63s^23p^1$，电子最后填入 3p 轨道，价层电子组态为 $3s^23p^1$，价层电子数为 3，故为ⅢA 族。ⅧA 为惰性气体，价层电子全满，呈稳定结构，一般不参与化学反应。

2. 副族　周期表中共有 8 个副族，用罗马数字表示为ⅠB～ⅧB。副族全是金属元素。

(1) ⅢB～ⅦB 族价电子组态为 $(n-1)d^{1\sim5}ns^2$，族数等于其价层电子总数。

(2) ⅧB 族价电子组态为 $(n-1)d^{6\sim10}ns^{0\sim2}$，电子总数是在 8～10 个，处在周期表的中间，共有三个纵列，由于其性质相似，划归为同一副族。

(3) ⅠB、ⅡB 族价电子组态为 $(n-1)d^{10}ns^{1\sim2}$，族数等于 ns 轨道电子数。

ⅢB 族包含镧系和锕系元素，镧系和锕系元素因其电子层结构和性质较特殊，在元素周期表中下方单列。

例如，元素 $_{25}Mn$ 的电子组态为 $1s^22s^22p^63s^23p^63d^54s^2$，最后一个电子填入 3d 轨道，为副族元素，其价层电子组态是 $3d^54s^2$，价电子数为 7，所以属于ⅦB 族。

（二）周期

在元素周期表中，每一横行组成一个周期，共七个周期。除第一周期外，每一周期的元素原子的最外层电子组态从 ns^1 开始到 np^6 结束，呈现明显的周期性变化。元素在周期表中所在周期数等于该元素中性基态原子的电子层数。

(1)周期表中的每一个周期对应一个能级组，周期数等于能级组序数。第一、二、三周期为短周期，第四周期以后为长周期，第七周期是未完全周期。

(2)周期表中每一周期的元素数目，等于相应能级组内各轨道所能容纳的电子总数。例如第 2 能级组内包含 2s、2p 轨道，所以第 2 周期有 8 个元素。第四能级组内包含 4s、3d、4p 轨道，因此第四周期有 18 个元素。

(三)区

根据价层电子组态的特点，可将周期表分为 5 个区，如图 8-9 所示。

1. s 区元素 中性基态原子的最后一个电子填入 s 轨道的属于 s 区元素。价层电子组态为 $ns^{1\sim2}$ 的元素，位于周期表的左侧，包括ⅠA 和ⅡA 族元素。除 H 元素外，s 区元素都是化学性质活泼的金属元素，在化学反应中容易失去电子形成+1 或+2 价离子，在化合物中没有可变的氧化值。

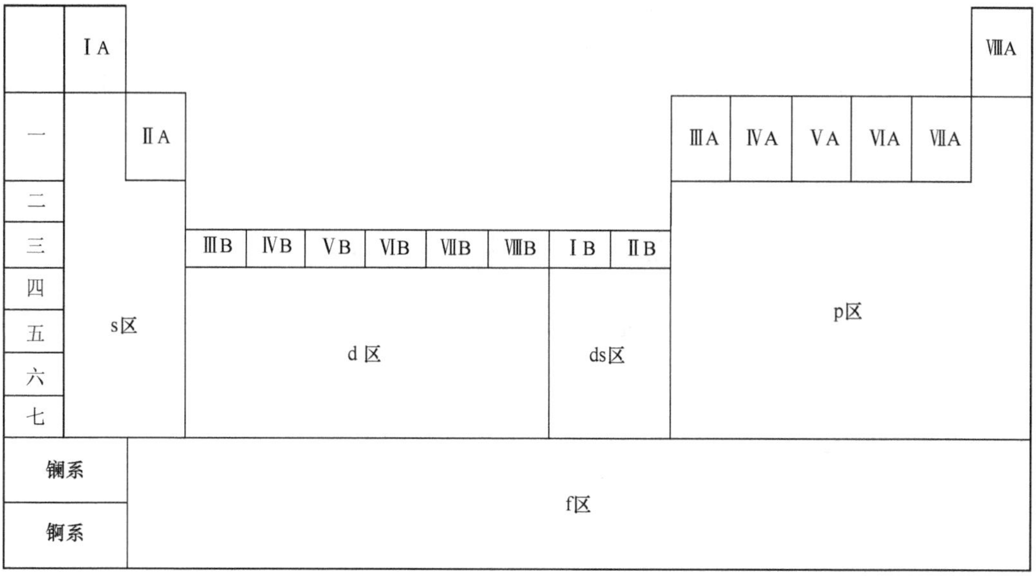

图 8-9 周期表中元素的分区

2. p 区元素 中性基态原子的最后一个电子填入 p 轨道的属于 p 区元素。价层电子组态为 $ns^2np^{1\sim6}$(He 为 $1s^2$)，位于周期表的右侧，包括ⅢA～ⅧA 族元素。大部分是非金属元素，多有可变的氧化数。

3. d 区元素 中性基态原子的最后一个电子填入 d 轨道的属于 d 区元素。价层电子组态一般为$(n-1)d^{1\sim9}ns^{1\sim2}$，包括ⅢB～ⅧB 族元素，特点是最后一个电子填入 d 轨道，次外层的$(n-1)$d 轨道尚未充满。d 区元素都是金属，每种元素都有多种氧化数。

4. ds 区元素 包括ⅠB 族、ⅡB 族，价层电子组态为$(n-1)d^{10}ns^{1\sim2}$，特点是最后一个电子填入 d 轨道，但不同于 d 区元素，它们次外层$(n-1)$d 轨道是充满的，比较稳定，能提供的价电子数比较少。

5. f 区元素 中性基态原子的最后一个电子填入 f 轨道的属于 f 区元素(La 例外)。价层电子组态一般为 $(n-2)f^{0\sim14}(n-1)d^{0\sim1}ns^2$，包括镧系和锕系元素。该族元素原子的最外层电子数目、次外层电子数目大都相同，只有 $(n-2)$ 层电子数目不同，所以系内各元素化学性质极为相似。

d 区、ds 区和 f 区元素都属于**过渡元素**(transition elements)，f 区元素又称为**内过渡元素**(inner transition elements)。

元素的电子组态与元素在周期表中的位置密切相关。一般可以根据元素的原子序数，写出该原子的电子组态并推断出它在周期表中的位置，进而预测它的一些性质，反之亦可。

例 8-4 写出原子序数为 26 的元素原子的电子组态，并指出该元素在周期表中所属周期、族和区，并预测元素的最高氧化数和在化合物中的稳定状态。

解 该元素的原子核外有 26 个电子。根据电子填充顺序，其电子组态为 $1s^22s^22p^63s^23p^63d^64s^2$，价层电子组态为 $3d^64s^2$。其最后一个电子填 3d 轨道，属于副族元素，位于周期表的 d 区；

最外层为第 4 层，所以属于第四周期；

最外层 4s 轨道上 2 个电子，次外层 3d 轨道上 6 个电子，因此该元素位于ⅧB 族。

结论：该元素位于中期表周的第四周期，ⅧB 族，d 区，为金属元素，其最高氧化数为+8，在化合物中的氧化数有+2、+3、+8，其中+3 为稳定状态，因为其电子组态为 $3d^5$，为半充满的稳定结构。

二、元素性质的周期性

原子结构和元素的基本性质有着内在的联系，这种联系可以通过原子半径、电离能、电子亲和能和电负性的周期性变化体现出来。

(一) 原子半径

从量子力学的观点看，一个孤立的自由原子的核外电子，从原子核附近到距核无穷远都可能出现，所以严格地说，原子没有固定的半径。通常所说的**原子半径**(atomic radius)是指原子在分子或晶体中所表现的大小。一般来说有三种：以共价单键结合的两个相同原子核间距离的一半称为**共价半径**(covalent radius)；单质分子晶体中相邻分子间两个非键合原子核间距离的一半称为 van der Waals **半径**(van der Waals radius)；金属单质的晶体中相邻两个原子核间距离的一半称为**金属半径**(metallic radius)，见图 8-10。表 8-4 列出了各种原子的原子半径，表中除稀有气体为 van der Waals 半径外，其余均为共价半径。

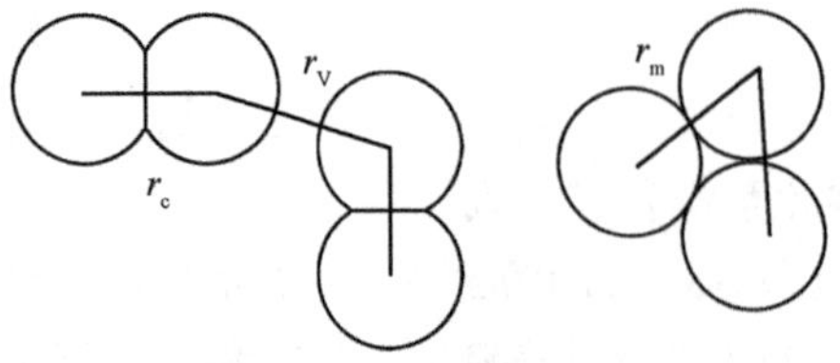

图 8-10 原子半径示意图

r_c — 共价半径，

r_V — van der Waals 半径，

r_m—金属半径

表 8-4　元素原子的共价半径(pm)

H 32																	He 93
Li 123	Be 89											B 81	C 77	N 70	O 66	F 64	Ne 112
Na 154	Mg 136											Al 118	Si 117	P 110	S 104	Cl 89	Ar 154
K 203	Ca 174	Sc 144	Ti 132	V 122	Cr 118	Mn 117	Fe 117	Co 116	Ni 115	Cu 117	Zn 125	Ga 125	Ge 122	As 121	Se 117	Br 114	Kr 169
Rb 216	Sr 191	Y 162	Zr 145	Nb 134	Mo 130	Tc 127	Ru 125	Rh 125	Pd 128	Ag 134	Cd 1148	In 144	Sn 140	Sb 141	Te 137	I 133	Xe 190
Cs 235	Ba 198	La 169	Hf 144	Ta 134	W 130	Re 128	Os 126	Ir 127	Pt 130	Au 134	Hg 144	Tl 148	Pb 147	Bi 146	Po 148	At 145	Rn 222

La 169	Ce 165	Pr 164	Nd 164	Pm 163	Sm 162	Eu 185	Gd 162	Tb 161	Dy 160	Ho 158	Er 158	Tm 158	Yb 170	Lu 158

由表 8-4 可知，随原子序数的增加，原子半径呈现周期性变化。

对于主族元素，同一周期，从左到右原子半径逐渐减少；同一主族，从上到下原子半径逐渐增大。这是因为原子核中每增加一个正电荷，核外相应地增加一个电子。核电荷数的增加使原子核对外层电子的吸引力增强，原子半径减少；而电子数的增多又加剧电子之间的排斥，使原子半径增加。同一周期的主族元素，电子层数相同，随着核电荷数的增加，核对外层电子的吸引力起主要作用，因此从左到右，原子半径逐渐减少。而同一主族元素，电子层数增加起主要作用，所以原子半径从上到下明显增大。

对于副族元素，同一周期中从左到右，增加的电子排布在 $(n-1)$d 轨道上，核电荷数的增加几乎被增加的 $(n-1)$d 电子抵消，原子核对外层电子的吸引力增加很少，因此原子半径减少较慢。同一副族从上到下，原子半径的变化趋势与主族相似，但原子半径增加幅度较小。对于 f 区元素，从左到右，由于增加的电子排在 $(n-2)$f 轨道上，电子层层数不变，核对最外层电子的吸引力变化不大，原子半径几乎不变。表中稀有气体原子半径突然增大，因为它们属于 van der Waals 半径。

(二)元素的电负性

1932 年，Pauling 首先提出元素的**电负性**(electronegativity)的概念。元素的电负性是指元素的原子在分子中吸引成键电子的能力。电负性越大，原子在分子中吸引电子的能力越强，反之就越弱。Pauling 指定最活泼的非金属元素 F 的电负性为 4.0，根据热化学的数据和分子的键能计算出其他元素电负性的相对数值，见表 8-5。

表 8-5　Pauling 的元素电负性

H 2.1																	He 0.6
Li 1.0	Be 1.5											B 2.0	C 2.6	N 3.0	O 3.5	F 4.0	Ne 1.1
Na 0.9	Mg 1.2											Al 1.5	Si 1.9	P 1.9	S 2.6	Cl 3.1	Ar 1.5
K 0.8	Ca 1.0	Sc 1.3	Ti 1.5	V 1.6	Cr 1.6	Mn 1.5	Fe 1.8	Co 1.8	Ni 1.8	Cu 1.9	Zn 1.6	Ga 1.6	Ge 1.9	As 2.0	Se 2.4	Br 2.8	Kr 1.7
Rb 0.8	Sr 1.0	Y 1.3	Zr 1.6	Nb 1.6	Mo 1.8	Tc 1.9	Ru 2.2	Rh 2.2	Pd 2.2	Ag 1.9	Cd 1.7	In 1.7	Sn 1.8	Sb 2.0	Te 2.3	I 2.6	Xe 2.0
Cs 0.7	Ba 0.9	La 1.2	Hf 1.3	Ta 1.3	W 1.7	Re 1.9	Os 2.2	Ir 2.2	Pt 2.2	Au 2.4	Hg 1.9	Tl 1.8	Pb 1.8	Bi 1.9	Po 2.0	At 2.2	Rn 2.2

主族元素的电负性也呈现周期性的变化：同一周期中，从左到右电负性递增；同一主族中，从上到下电负性递减。副族元素电负性没有明显的变化规律。

元素电负性的大小反映元素金属性和非金属性的强弱。一般地，金属元素的电负性在2.0以下，Fr的电负性最小，等于0.7，位于同期表的左下角，是金属性最强的元素；非金属的电负性在 2.0 以上，氟电负性最大，位于周期表的右上方，是非金属性最强的元素。应注意，电负性小于或大于 2，并不是区分金属和非金属的严格界限。元素的电负性应用广泛，除比较元素金属性和非金属性的相对强弱外，利用元素电负性的差值还可以判断分子的极性和键型。两原子的电负性差值为 0 时，该分子为同核双原子分子，属于非极性共价键，如 H_2、Cl_2 等；两原子的电负性差值小于 1.7 时，该分子为异核双原子分子，相应的化学键属于极性共价键，如 HCl、HBr 等；两原子的电负性差值大于 1.7 时，所形成的为离子型化合物(离子晶体)，化学键为离子键，如 NaCl、KCl 等。

(三)原子的电离能

电离能(ionization energy)是使基态的气态原子或离子失去电子形成基态阳离子时所需要的最低能量，单位 $kJ \cdot mol^{-1}$。使基态的气态原子失去一个电子形成+1价气态阳离子时所需要的最低能量称为第一电离能，用 I_1 表示；从+1价气态阳离子再失去一个电子形成+2价气态阳离子时所需要的最低能量称为第二电离能，用 I_2 表示；依次类推。同一元素的各级电离能依次增大。通常所说的电离能 I 是指元素的第一电离能。电离能反映了原子失去电子的难易程度，电离能越大，原子越难失去电子，元素的金属性越弱。

电离能与核电荷数、原子半径以及原子的电子层结构有关。一般来说，同一周期的元素具有相同的电子层数，核电荷数越多，原子半径越小，核对外层电子的吸引力越大，电离能越大。因此，每一周期，电离能最低的是碱金属，越往右电离能越大。同一族元素，原子半径增大起主要作用。半径越大，核对电子的吸引力越小，越易失去电子，电离能越小。

过渡元素的最后一个电子填入内层，部分抵消了核电荷增加所产生的影响，因此它们的第一电离能变化不大。

第五节　元素和人体健康

随着生活水平的提高，身体健康越来越引起人们的关注。在生命科学中元素与健康的关系为众所周知，与人们的生理、病理、生长、发育、遗传、健康等都有关系。研究化学元素与人体关系，尤其是微量元素与人体健康的关系，对于了解生命现象具有十分重要的意义。

一、必需元素和非必需元素

至今已经收录和命名了119种元素，其中92种存在于自然界，93～119号为人工元素。在人体内含有自然界中存在的92种元素中的80余种，它们在体内的分布和含量有着较大的差异，各自发挥着不同的生理功能，总称为**生命元素**(biological element)。在正常人体中，必需元素的含量基本上是恒定的，按元素在人体内含量多少划分，占人体质量 0.05%以上的称为**常量元素**(macro element)，有 11 种。含量低于 0.05%为**微量或痕量元素**(micro element or trace element)。按元素对人体正常生命的作用可将元素分为**必需元素**(essential element)和**非必需元素**(non–essential element)。必需元素包括常量元素和微量元素，见表 8-6。

表 8-6　人体所含元素的总量及组成

常量元素		体内总量/g	重量组成/%	必需微量元素		体内总量/g	重量组成/%
O	氧	43000	61	Fe	铁	4.2	0.006
C	碳	16000	23	F	氟	2.6	0.0037
H	氢	7000	10	Zn	锌	2.3	0.0033
N	氮	1800	2.6	Br	溴	0.20	0.00029
Ca	钙	1000	1.4	Cu	铜	0.072	0.00010
P	磷	780	1.1	Sn	锡	<0.017	0.00002
S	硫	140	0.20	Se	硒	0.015	0.00002
K	钾	140	0.20	Mn	锰	0.012	0.00002
Na	钠	100	0.14	I	碘	0.013	0.00002
Cl	氯	95	0.12	Ni	镍	0.010	0.00001
Mg	镁	19	0.027	Mo	钼	<0.0093	0.00001
				Cr	铬	<0.0018	0.000003
				Co	钴	0.0015	0.000002
				U	铀	0.00005	
					硒		

由于环境污染或从饮食中摄取量过大，时间过长，对人体健康有害的元素称为**有毒或有害元素**(poisonous or harmful element)，例如，铅、镉、汞等。

常量元素集中在周期表中前 20 号元素之内，包括钠、钾、钙、镁四种金属。微量元素中大部分为过渡金属元素。s 区、p 区元素对生命体的作用，从上到下，营养作用减弱，毒性加强。从左到右也是如此。

应该说明的是，人体必需和非必需元素的划分是相对的，随着科学技术的发展，目前认为是非必需的某种元素，将来可能发现该元素是人体所必需的。例如，1974 年联合国卫生组织公布的必需微量元素只有 Fe、I、Co、F、Zn、Cu、Cr、Mo、Se 9 种，后来又相继发现 Mn、V、Sn、Si、B、Ni、Ge、As 等也是人体必需微量元素。另外，一种元素有毒无毒也不是绝对的，有严格的量的范围，即使是必需元素，过量摄入也会变得有毒。

二、必需元素的生物功能简介

生命元素在体内以不同的形式存在，金属元素大多以与各种生物配体(大环化合物、氨基酸、蛋白质、肽、核酸、维生素等)形成金属配合物的形式存在。生命元素的生物功能涉及生命活动的各个方面。下面对常见的微量金属元素的生物功能作一简单介绍。

1. 铁　铁是人体内含量最丰富的微量元素，几乎体内所有组织都含有铁。在体内大部分以同蛋白质结合或形成配合物的形式存在。铁是血红蛋白和肌红蛋白的组成部分，在体内参与氧的运输和贮存。它也是细胞色素的组成成分，参与氧的利用。铁在血红蛋白、肌红蛋白和细胞色素中都以Fe(Ⅱ)与原卟啉形成配合物。铁还是很多酶的活性中心。膳食中若铁含量长期不足或机体吸收利用不良以及失铁过多，可引起缺铁性贫血。

2. 锌 锌分布在人体各个组织，视觉神经中含量最高，其次是精液。现在发现生物体内的含锌酶超过200种，主要有碳酸酐酶、碱性磷酸酶、RNA和DNA聚合酶等。锌也是体内主要激素胰岛素的组成成分。因此，锌在组织呼吸，机体代谢，蛋白质合成以及DNA复制和转录中起着重要作用。缺锌将使许多酶活性下降，引起代谢紊乱，发育和生长受阻，影响生殖和视力。

3. 铜 正常成人体内含铜0.1g左右。体内的铜除了少量以Cu^{2+}、Cu^{+}游离态在胃中存在外，大部分以结合状态的金属蛋白质和金属酶的形式存在于肌肉、骨骼、肝脏和血液中。它主要参与造血过程，影响铁的运输和代谢。血液中的铜大部分与α球蛋白结合在一起，以铜蓝蛋白形式存在。铜蓝蛋白的主要生物功能是具有铁氧化酶的作用，能动员体内的铁在有氧条件下将Fe^{2+}氧化为Fe^{3+}，参与铁的运输和代谢，促进铁进入骨髓，加速血红蛋白的合成。

4. 钴 钴在人体内的含量仅1.1～1.5mg，主要以维生素B_{12}(钴胺素)的形式存在，并通过维生素B_{12}发挥其生物功能。维生素B_{12}又称辅酶B_{12}，它参与核酸及与造血有关物质的代谢，能促进红细胞的生长发育和成熟。钴缺乏可引起巨幼红细胞贫血。

5. 锰 锰在体内的含量为12～20mg，分布于一切组织中。体内的锰主要是以金属酶的形式存在。锰作为辅助因子参与多个酶系统，能激活多种酶，参与蛋白质和能量代谢，还参与遗传信息的传递。缺锰地区癌症发病率增高。

三、环境污染中对人体有害的元素

工业发展在使社会物质文明获得极大进步的同时，也给环境带来了严重污染。某些重金属环境污染问题日益引起人们的重视，这些元素包括铅、镉、汞、铊等。对有害的重金属元素的毒理学研究表明，其毒性机制主要是阻断生物高分子表现活性所必需的功能基团、取代生物高分子中的必需金属离子，或者改变生物高分子具有活性的构象，从而破坏人体免疫系统，产生神经毒性或者致癌。

1. 铅 铅及其化合物对人体均有较大毒性，成人血铅浓度超过$0.8mg \cdot L^{-1}$时，临床上就会出现明显的中毒症状。铅及其化合物主要危害造血系统、心血管系统、神经系统、肾脏，对儿童智能产生不可逆的影响。铅是危害儿童健康的头号环境因素，主要来源于使用含四乙基铅防爆剂汽油的汽车尾气，我国许多城市已禁止使用含铅汽油。另外，染料、油漆、陶瓷器皿、杀虫剂、橡胶、冶炼等工业生产过程中的三废也常常造成铅中毒。

2. 汞 我国明代(1637年)宋应星就记录了对汞中毒的预防。汞及其大部分化合物都有毒，汞蒸气易于扩散，并且是脂溶性的，易被人体吸收，导致蛋白凝固。有机汞的毒性大于无机汞，主要危害中枢神经系统和肾脏。汞中毒极难治愈。震惊世界的日本熊本县水俣镇1956年发生的水俣病，就是甲基汞中毒，致使上千人患病，二百余人死亡。污染源是一家氮肥工厂，工厂废水中的有机汞造成鱼中毒，通过食物链造成人中毒。

3. 镉　镉是毒性极强的金属，在自然界以乙酸盐和硝酸盐的形式存在，是世界最优先研究的污染物。镉可以造成急性中毒导致死亡，也可以在人体内积蓄造成慢性中毒，典型的症状是骨痛病。二次大战后，日本富山县神通川流域发生的骨通病是镉造成。患者 258 人，死亡 128 例，发病年龄 30～70 岁，几乎全是女性，以 47～54 岁绝经前后发病最多。污染源是上游一家锌冶炼厂，它的含镉废水污染了稻田，居民吃了“镉米”慢性中毒。

4. 砷　少量的砷是强壮剂，是人体必需的微量元素之一，过量的砷对人体十分有害。砷的三价化合物毒性很大，五价化合物毒性较小。有机砷化合物毒性一般小于无机砷。工业污染多是三价砷，可在体内积蓄造成慢性中毒，主要危害神经系统，抑制酶活性，影响新陈代谢致使细胞死亡。口服砷的中毒剂量（以 As_2O_3 计）为 550mg，致死量为 0.06～0.3g。

知识拓展

空间尺度最小的微观粒子——夸克

20 世纪 30 年代物理学家们已经知道所有的物质都由三种粒子组成：电子、中子和质子。然而一系列意想不到的其他粒子却开始出现，例如：中微子、正电子、反质子、π 介子、μ 介子、K 介子、λ 粒子和 Σ 粒子。到 20 世纪 60 年代中期，探测到的所谓基本粒子已达一百多种，局面混乱。1964 年，美国物理学家默里·盖尔曼和乔治·茨威格各自独立提出了中子、质子这一类强子是由更基本的单元——夸克组成的。它们具有分数电荷，是基本电量的 2/3 或–1/3 倍，自旋为 1/2，遵守 Pauli 不相容原理。其空间尺度是微观粒子中最小的，大约小于 10^{-19} 米。到 1995 年在费米实验室被观测到的顶夸克为止，夸克的六种味已经全部被加速器实验所观测到。

夸克（英语：quark，又译“层子”或“亏子”）是构成物质的基本单元。夸克互相结合，形成一种复合粒子，叫强子。强子中最稳定的是质子和中子，它们是构成原子核的单元。由于一种叫“夸克禁闭”的现象，夸克不能够直接被观测到或是被分离出来，只能够在强子里面找到夸克。夸克有六种，夸克的种类被称为“味”，它们是上、下、粲(càn)、奇、底和顶。上及下夸克的质量是所有夸克中最低的。较重的夸克会通过一个叫粒子衰变的过程，来迅速地变成上或下夸克。粒子衰变是一个从高质量态变成低质量态的过程。就是因为这个原因，上及下夸克一般来说很稳定，所以它们在宇宙中很常见，而奇、粲、顶及底则只能经由高能粒子的碰撞产生(例如宇宙射线及粒子加速器)。

早期认为所有的强子由三个夸克组成，如质子由 2 个上夸克和 1 个下夸克组成，中子是由 2 个下夸克和 1 个上夸克组成。1997 年，俄国物理学家戴阿科诺夫等人预测，存在一种由五个夸克组成的粒子，质量比氢原子大 50%。2001 年，日本物理学家在 SP 环–8 加速器上用 γ 射线轰击一片塑料时，发现了五夸克粒子存在的证据。随后得到了美国托马斯·杰裴逊国家加速器实验室和莫斯科理论和实验物理研究所的物理学家们的证实。这种五夸克粒子是由 2 个上夸克、2 个下夸克和 1 个反奇异夸克组成的，它并不违背粒子物理的标准模型。这是第一次发现多于 3 个夸克组成的粒子。研究人员认为，这种粒子可能仅是“五夸克”粒子家族中第一个被发现的成员，还有可能存在由 4 或 6 个夸克组成的粒子。

本 章 小 结

本章主要介绍了原子结构与元素性质的关系及其周期性变化规律。元素性质取决于原子核外电子的运动状态，因此本章的重点是核外电子运动状态的描述。电子为微观粒子，具有波粒二象性，符合测不准原理，因而无法用经典的牛顿力学即运动轨迹来描述其运动状态。但电子的运动满足波动性的规律，它在核外空间出现的概率密度相当于光的强度。据此，量子力学通过求解一个原子的二价偏微分波动方程——Schrödinger 方程，得到一系列波函数 ψ，用波函数描述电子的运动状态。ψ 本身的物理意义并不明确，但$|\psi|^2$ 相当于波的强度，表示电子在原子核外空间某处出现的概率密度。ψ 只要确定，则电子在核外出现的区域、离核的平均距离和能量便可确定，因此，波函数又称为原子轨道。

原子轨道对应的波函数非常复杂，但可以用其对应的三个量子数表达，即主量子数 n，轨道角动量量子数 l 和磁量子数 m。三个量子数的取值和组合确定，则波函数便唯一确定。n 可取任意正整数，n 值越大，电子出现概率最大的区域距核越远，能量越高；l 的取值受 n 限制，可取 0、1、2、3、…、$(n-1)$，$l=0$、1、2、3 时分别用 s、p、d、f 表示，l 决定原子轨道的形状，在多电子原子中，与 n 一起决定电子能量的高低；m 的取值受 l 限制，可取 0、±1、±2、±3、…、$\pm l$，m 决定原子轨道的空间取向。三个量子数(n、l、m)确定一个原子轨道，两个量子数(n、l)确定一个原子轨道的能量，因此，在第 n 层上有 n^2 个原子轨道，有 n 种不同的能级状态。电子自身有自旋，因此详细描述电子的运动状态还需要自旋角动量量子数 m_s。自旋只有顺时针和逆时针两种方向，故 m_s 取值只有+1/2 和−1/2，自旋方向相同时用同向箭头表示，反之，用逆向箭头表示。

波函数是三维空间坐标(r，θ，ϕ)的函数，无法直接得到其几何图形，但波函数可分解为径向波函数 R 和角度波函数 Y 的乘积，$\psi_{n,\ l,\ m}(r,\ \theta,\ \varphi)=R_{n,\ l}(r)\cdot Y_{l,\ m}(\theta,\ \varphi)$。通过径向波函数 R 和角度波函数 Y 的图形，借助于空间想象即可得到电子运动的整体情况。$R_{n,\ l}(r)\sim r$ 的图形叫原子轨道的径向分布图，$Y_{l,\ m}(\theta,\ \phi)\sim(\theta,\ \varphi)$ 的图形叫原子轨道的角度分布图，$R^2_{n,\ l}(r)\sim r$ 的图形称为概率密度的径向分布图，$Y^2_{l,\ m}(\theta,\ \varphi)\sim(\theta,\ \varphi)$ 的图形称为概率密度的角度分布图。其中，原子轨道的角度分布图最为重要。s 轨道的角度分布图是一个球形正值区域。p_x、p_y、p_z 在相应轴向伸展，正轴为正值，负轴为负值。

在多电子原子中原子轨道的种类和数量与氢原子的类似，描述多电子原子中电子的运动状态，实质上就是如何把所有电子排在相应的原子轨道上。多电子原子核外电子的排布大多遵循三个原则，即 Pauli 不相容原理、能量最低原理和 Hund 规则。Pauli 不相容原理说明每个原子轨道内最多只能容纳两个自旋方向相反的电子，能量最低原理要求电子的填充顺序要与轨道的能级顺序相同，轨道能级为：1s 2s 2p 3s 3p 4s 3d 4p 5s 4d 5p 6s 4f 5d 6p 7s。Hund 规则说明：在等价轨道中，电子尽可能地分占不同的轨道而且自旋方向相同，此外，当等价轨道处于全充满(p^6、d^{10}、f^{14})、半充满(p^3、d^5、f^7)或全空(p^0、d^0、f^0)的状态是能量较低的稳定状态。根据三个排布原则，可写出大多数元素的电子组态，包括价电子组态，从而能够预测元素的性质。

随着原子序数的增加，元素原子的价电子层结构发生周期性变化，必将导致元素性质的周期性变化。元素周期表则是原子结构和元素性质周期性变化的表现。元素周期表中每个横行称为一个周期，纵行称为族。周期表中共有 18 个纵行，划分为 16 个族，分为主族、副族。根据元素原子外层电子构型的特点，可将周期表分为 s、p、d、ds、f 五个区。元素性质的一般规律是：同一周期从左到右，原子半径逐渐减小，第一电离能逐渐增大，电子亲合能逐渐增大，电负性逐渐增大；同一主族自上而下，原子半径逐渐增大，第一电离能逐渐减小，电子亲合能逐渐减小，电负性逐渐减小。

习　　题

1. 试区别下列名词或概念：

(1) 定态、基态与激发态；

(2) 波函数与原子轨道；

(3) 原子轨道的角度分布图，概率密度的角度分布图。

2. 判断下列说法是否正确？应如何改正？

(1) s 电子轨道是绕核旋转的一个圆圈，p 电子是走∞字形；

(2) 电子云图中黑点越密之处表示那里的电子越多；

(3) 主量子数为 4 时，有 4s、4p、4d、4f 四个轨道；

(4) 多电子原子轨道能级与氢原子的能级相同。

3. 写出下列各能级的符号：

(1) n=2，l=0；(2) n=3，l=2；(3) n=4，l=1；(4) n=5，l=3

4. n=3 的原子轨道可有哪些轨道角动量量子数和磁量子数？该电子层有多少个原子轨道？

5. K 原子的最外层电子处于 4s 轨道，试用 n、l、m、ms 量子数来描述它的运动状态。

6. 已知某元素原子的六个电子各具有下列量子数，试排列出它们能量高低的次序：

(1) 3，2，+1，$+\frac{1}{2}$；　(2) 2，1，+1，$-\frac{1}{2}$；　(3) 2，1，0，$+\frac{1}{2}$；

(4) 3，1，−1，$-\frac{1}{2}$；　(5) 3，1，0，$+\frac{1}{2}$；　(6) 2，0，0，$-\frac{1}{2}$。

7. 下列各组量子数哪些是不合理的，为什么？

(1) n=2，l=1，m=0

(2) n=2，l=2，m=−1

(3) n=3，l=0，m=0

(4) n=3，l=1，m=+2

(5) n=2，l=0，m=−1

(6) n=2，l=3，m=+2

8. 按所示格式填写下表：

原子序数	原子电子组态	价层电子组态	周期	族
24				
	$1s^22s^22p^6$			
		$3d^84s^2$		
			六	ⅡB

9. 不参考周期表，试给出下列原子或离子的电子组态和未成对电子数。

(1) 第四周期第七个元素；

(2) 第四周期的稀有气体元素；
(3) 原子序数为 38 的元素的最稳定离子；
(4) 4p 轨道半充满的主族元素。

10. 已知 M^{2+} 的 3d 轨道中有五个电子，试指出：
(1) 基态 M 原子的核外电子组态；
(2) 基态 M 原子的最外层电子数为多少？
(3) M 元素在周期表中的位置。

11. 基态原子价层电子组态满足下列条件之一的是哪一类或哪一个元素？
(1) 具有 3 个 p 电子；
(2) 有 2 个量子数为 $n=4$，$l=0$ 的电子，有 5 个量子数为 $n=3$ 和 $l=2$ 的电子；
(3) 4d 为全充满，5s 只有一个电子的元素。

12. 写出下列原子或离子的电子排布式。
(1) S^{2-}　　(2) Ca　　(3) Mn^{2+}　　(4) Fe^{2+}

13. 简述元素的原子半径、第一电离能、电子亲和能和电负性周期性变化的规律？

14. Order the following atoms according to increasing electronegativity and explain the ranking：As、F、S、Ca、Zn.

15. What is the number of different orbitals in each of the following subshells?
(1) 2s　　(2) 4f　　(3) 5p　　(4) 3d

（胡　威）

第九章　共价键和分子间力

不同原子具有不同的性质，但在自然界中，除了稀有气体外，其他元素的原子都不是以孤立的单个原子出现，而是以分子或晶体的形式存在。在分子或晶体中，原子与原子之间紧密地结合在一起，这种存在于分子或晶体中相邻原子或离子间强烈的相互作用力称为**化学键**(chemical bond)。按成键电子运动状态的不同，化学键分为离子键、共价键和金属键。在这三种类型的化学键中，以共价键结合的化合物占已知化合物的 90%以上。在生命体中绝大多数化合物的分子中原子之间都是以共价键结合的。掌握共价键和分子间力的相关知识，对于后续课程如有机化学、生物化学等具有十分重要的作用。

学习要求

1. 掌握共价键形成的条件、特征及分类，掌握 σ 键和 π 键的特点，了解键参数；
2. 掌握常见杂化轨道的类型，会运用杂化轨道理论解释简单共价分子的空间构型和分子极性；
3. 熟悉价层电子对互斥理论；了解分子轨道理论，会运用分子轨道理论解释元素周期表中第一周期、第二周期同核双原子分子和简单的异核双原子分子的磁性和稳定性等性质；
4. 熟悉分子间作用力及其对物质性质的影响。

第一节　现代价键理论

美国化学家 Lewis 早在 1916 年提出经典的共价键理论。他认为，共价键是由成键原子双方各自提供外层单电子组成共用电子对而形成的。形成共价键后，成键原子一般都达到稀有气体原子的外层电子组态，因而稳定。Lewis 的共价键理论初步揭示了共价键与离子键的区别，但是，这一理论把电子看成是静止不动的负电荷，因而无法阐明共价键的本质，他不能解释为什么两个带负电荷的电子不互相排斥反而相互配对，也不能解释在有些分子中，中心原子的最外层电子不等于 8 个，但仍能稳定存在的原因。例如，BF_3 中的 B 原子最外层有 6 个电子，PCl_5 中 P 原子的最外层有 10 个电子，但这些分子仍能稳定存在。Lewis 的共价键理论无法解释这些事实，这说明该理论具有一定的局限性。1927 年德国化学家 Heitler W 和 London F 应用量子力学处理 H_2 分子结构，才从理论上初步阐明了共价键的本质。

一、氢分子的形成和共价键的本质

用量子力学对氢分子系统进行分析和处理，结果表明，氢分子的形成是两个氢原子 1s 轨道叠加的结果。只有当两个氢原子的单电子自旋方向相反时，两个 1s 轨道才会有效重叠，形成共价键。如图 9-1 和图 9-2 所示。

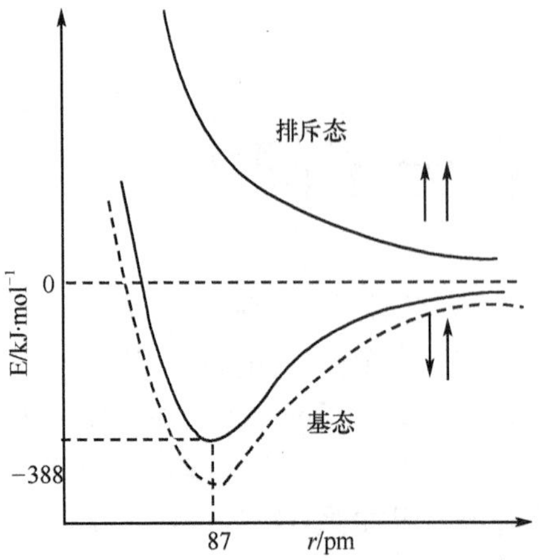

图 9-1　氢分子形成过程中能量变化示意图

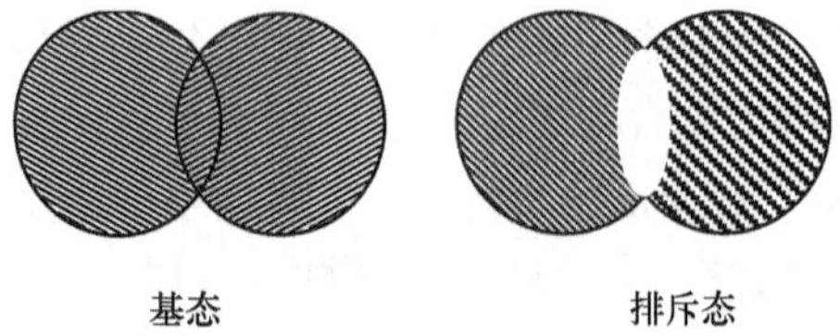

图 9-2　氢分子的两种状态

由图 9-1 和图 9-2 可以看出，如果两个氢原子的电子自旋方向相反，当两个氢原子相互接近时，随着两原子核之间距离的减小，原子轨道相互重叠，核间电子云密度增大，系统的能量随之降低，当核间距 r 减小到理论值 87pm(测定值 74pm)时，两个原子轨道重叠程度最大，系统能量降到最低值$-388kJ \cdot mol^{-1}$(测定值为$-458kJ \cdot mol^{-1}$)，两个氢原子之间形成了稳定的共价键，这称为氢分子的基态。如果两个氢原子的电子自旋方向相同且相互接近时，随着核间距 r 的减小，系统能量 E 逐渐升高，两个 1s 轨道重叠部分的波函数值相减，核间电子云密度减小(核间出现电子云的空白区)，从而增大了两核间的排斥力，两个氢原子不能成键，这种不稳定状态即为氢分子的排斥态(图 9-2)。

综上所述，共价键的本质是具有电性的，但因这种结合力是两核间的电子云密集区对两核的吸引力，成键的这对电子是围绕两个原子核运动的，只不过在两核间出现的概率大而已，而不是正、负离子间的库仑引力，所以它不同于一般的静电作用。

二、现代价键理论要点

把对氢分子的研究结果推广到其他双原子分子和多原子分子，可归纳出现代价键理论的要点：

(1)两原子接近时，只有自旋方向相反的单电子可以相互配对形成共价键。

(2)自旋方向相反的单电子配对形成共价键后，就不能再和其他原子中的单电子配对，这就是共价键的饱和性。在形成分子的过程中，每个原子所能形成共价键的数目取决于该原子中的单电子数目。例如，两个氢原子的单电子配对后形成 H_2，H_2 则不能再与第三个原子配对了，所以不可能有 H_3 生成。

(3)成键的原子轨道重叠程度越大，两个原子核间电子出现的概率密度就越大，形成的共价键就越牢固，因此，共价键的形成将尽可能沿着原子轨道最大程度重叠的方向进行，这称为原子轨道最大重叠原理。根据这个原理，可以说明共价键具有方向性的原因。我们知道，原子轨道中除 s 轨道呈球形对称外，其他的 p、d、f 等轨道都有一定的空间取向。在形成共价键时，p、d、f 等轨道只有沿着一定的方向靠近才能达到最大程度的重叠。例如，在形成 HCl 分子时，只有 H 原子的 1s 轨道与 Cl 原子的 $3p_x$ 轨道沿着 x 轴的方向靠近，才能实现原子轨道的最大程度重叠，能形成稳定的共价键，如图 9-3(a)；而沿其他方向相互靠近时原子轨道不能进行有效的重叠，如图 9-3(b)，或重叠很少，如图 9-3(c)，故不能形成共价键。

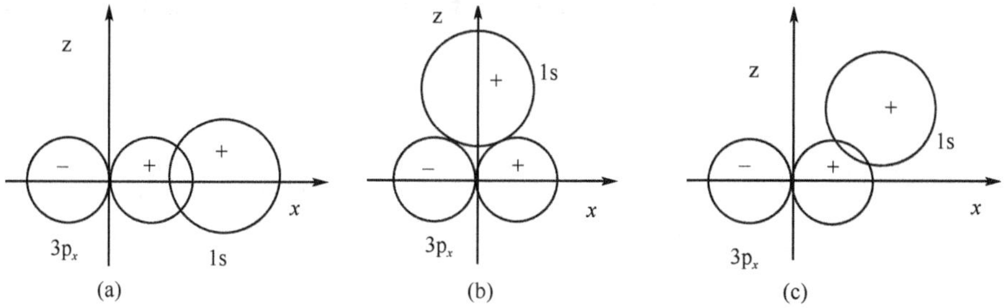

图 9-3　氯化氢分子的成键示意图

三、共价键的类型

按照形成共价键时原子轨道的重叠方式不同，共价键可以分为 σ 键和 π 键两种类型。

(一) σ 键和 π 键

原子轨道沿键轴(两原子核连线)方向以头碰头方式重叠所形成的共价键称为 σ 键。例如 H_2 分子中 s—s 轨道、HCl 分子中的 s—p_x 以及 Cl_2 分子中 p_x—p_x 轨道在成键时，两原子轨道沿键轴方向以头碰头的方式重叠，分别形成 σ_{s-s}、σ_{s-px}、σ_{px-px} 键，原子轨道重叠部分沿键轴呈圆柱形对称分布，如图 9-4(a)。由于形成 σ 键时成键原子轨道沿键轴方向重叠，重叠程度最大，所以 σ 键的键能大，稳定性高。

两个相互平行的 p_y 或 p_z 轨道只能以肩并肩方式重叠，轨道的重叠部分垂直于键轴且呈镜面反对称分布(原子轨道在镜面两边波瓣的符号相反)，原子轨道以这种重叠方式形成的共价键称为 π 键，如图 9-4(b)。

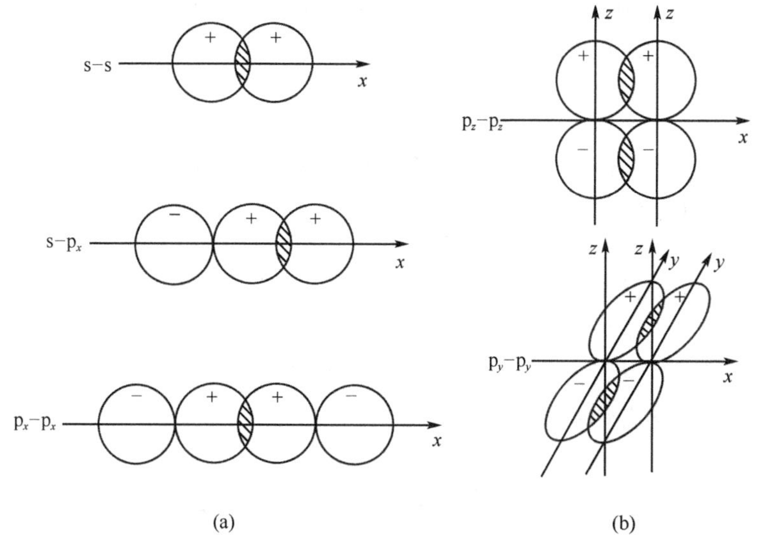

图 9-4　σ 键与 π 键示

(a) σ 键；(b) π 键

例如，基态 N 的外层电子构型为 $1s^2 2s^2 2p_x^{\ 1} 2p_y^{\ 1} 2p_z^{\ 1}$，其中 3 个单电子分别占据 3 个互相垂直的 p 轨道。在形成 N_2 分子时，当两个 N 原子各以 1 个 $2p_x$ 轨道沿键轴以头碰头方式重叠形成 1 个 σ 键后，余下的两个 $2p_y$ 和两个 $2p_z$ 轨道只能以肩并肩方式进行平行重叠，形成 2 个 π 键，如图 9-5 所示。所以 N_2 分子中有 1 个 σ 键和 2 个 π 键，其分子结构用 N≡N 表示。

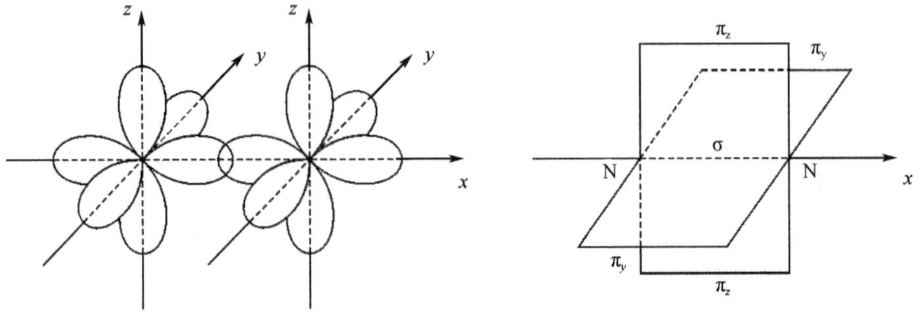

图 9-5　N_2 的共价三键示意图

由图 9-5 可以看出，在两核距离一定的情况下，π 键的重叠程度小于 σ 键，而且电子云较为松散，因此 π 键不如 σ 键牢固。一般说来，π 键易断开，化学活泼性强，所以，π 键不能单独存在，只能与 σ 键共存于具有双键或叁键的分子中。

因此，共价单键都是 σ 键，双键中有 1 个 σ 键和 1 个 π 键，叁键中有 1 个 σ 键和 2 个 π 键。

(二) 配位共价键

按提供共用电子对的方式不同，共价键可分为正常共价键和配位共价键两种类型。前面所讨论的共价键，其共用电子对都是由成键的两个原子分别提供 1 个电子组成，这种共价键称为正常共价键，如 H_2、O_2、HCl 等分子中的共价键。此外，还有一类共价键，其共用电子对是由成键两原子中的一个原子单独提供的，这种由一个原子单独提供共用电子对而形成的共价键称为**配位共价键**(coordinate covalent bond)，简称**配位键**(coordination bond)。为区别于正常共价键，配位键用符号“→”表示，箭头从提供电子对的原子指向接受电子对的原子。例如，在 CO 分子中

$$\text{C}\ \ 1s^2 2s^2 2p_x^{\ 1} 2p_y^{\ 1} 2p_z^{\ 0}$$
$$\text{O}\ \ 1s^2 2s^2 2p_x^{\ 1} 2p_y^{\ 1} 2p_z^{\ 2}$$

O 原子除了以 2 个 2p 单电子与 C 原子 2 个 2p 单电子形成 1 个 σ 键和 1 个 π 键外，还单独提供一对孤对电子进入 C 原子的 1 个 2p 空轨道共用，形成 1 个配位键，可表示为

$$\dot{\text{C}} + \dot{\text{O}} \longrightarrow \text{C} \equiv \text{O}$$

由此可见，要形成配位键必须同时具备两个条件：一个成键原子的价电子层有孤对电子；另一个成键原子的价电子层有空轨道。

虽然配位键和正常共价键的形成方式不同，但形成以后，两者没有区别。关于配位键理论将在第十章配位化合物中做进一步介绍。

四、键　参　数

能表征化学键性质的物理量称为**键参数**(bond parameter)。共价键的键参数主要有键

能、键长、键角及键的极性。

(一) 键能

在标准状态下，将 1mol 理想气态分子 AB(g) 解离为理想气态的 A、B 原子所需要的能量，称为 AB 的解离能，单位为 $kJ \cdot mol^{-1}$，常用符号 $D_{(A-B)}$表示。

对于双原子分子，键能(E)就等于分子的解离能(D)。例如，对于 H_2 分子

$$H_2(g) \longrightarrow 2H(g) \qquad E_{(H-H)} = D_{(H-H)} = 436\ kJ \cdot mol^{-1}$$

对于多原子分子，键能等于几个等价键的平均解离能。例如，NH_3 分子中有三个等价的 N—H 键，但每个 N—H 的解离能都不相等

$$NH_3(g) \longrightarrow NH_2(g) + H(g) \qquad D_1 = 435kJ \cdot mol^{-1}$$

$$NH_2(g) \longrightarrow NH(g) + H(g) \qquad D_2 = 397kJ \cdot mol^{-1}$$

$$NH(g) \longrightarrow N(g) + H(g) \qquad D_3 = 339kJ \cdot mol^{-1}$$

NH_3 分子中 N—H 键的键能为：

$$E_{N-H} = \frac{D_1 + D_2 + D_3}{3} = \frac{1171}{3} = 390\ kJ \cdot mol^{-1}$$

同一种共价键在不同分子中的键能虽有差别，但差别不大，可用不同分子中同一种键能的平均值即平均键能作为该键的键能。键能是通过热化学方法或光谱数据测得的。一般地，键能越大，键越牢固，含有该键的分子就越稳定。一些常见共价键的键能见表 9-1。

表9-1　一些共价键的键长与键能

共价键	键长/pm	键能/$kJ \cdot mol^{-1}$	共价键	键长/pm	键能/$kJ \cdot mol^{-1}$
H—H	74	436	C—O	143	360
F—F	128	165	C—Cl	177	326
Cl—Cl	198	247	O—H	96	463
Br—Br	228	193	N≡N	110	946
I—I	266	151	C—C	154	346
N—N	145	159	C=C	134	610
C—H	109	413	C—C	120	835
O—O	148	143	S—S	205	264
C—N	147	305	C=O	121	736
N—H	101	389	S—H	136	368

(二) 键长

分子中两个成键原子核间的平均距离称为**键长**(bond length)，用符号 l 表示。光谱及衍射实验结果显示，同一种键在不同分子中的键长几乎相等，因而可用其平均值即平均键长作为该键的键长。例如，C—C 单键的键长在金刚石中为 154.2pm，在乙烷中为 153.3pm，在丙烷中为 154pm，在环己烷中为 153pm。因此将 C—C 单键的键长定为 154pm。相同原子形成的共价键，其单键键长>双键键长>叁键键长。例如 C=C 键长为 134pm，C≡C 键长为 120pm。两原子形成的同型共价键的键长越短，键越牢固。表 9-1 列出了一些常见共价键的键长。

（三）键角

多原子分子中相邻两个化学键之间的夹角称为**键角**（bond angle）。它是表征分子空间构型的一个重要参数。如果已知分子中共价键的键长和键角，则分子的空间构型也就确定了。例如，H_2O 分子中 O—H 键的键角为 104.5°，O—H 键的键长为 96pm，因此 H_2O 分子的空间构型为 V 字形。

（四）共价键的极性

按共用电子对是否发生偏移，共价键可以分为非极性共价键和极性共价键。当两个相同原子以共价键结合时，两个原子的电负性相同，对共用电子对的吸引力相同，共用电子对不偏向于任何一个原子，这种共价键称为**非极性共价键**（nonpolar covalent bond）。例如 H_2、O_2、N_2、Cl_2 等双原子分子中的共价键就是非极性共价键。当两个不同元素的原子以共价键结合时，由于两个原子的电负性不同，对共用电子对的吸引力不同，共用电子对偏向于电负性较大的原子。此时，电负性较大的原子带部分负电荷，电负性较小的原子带部分正电荷，正、负电荷重心不重合，这种共价键称为**极性共价键**（polar covalent bond），简称**极性键**（polar bond）。如 HCl 分子中的 H—Cl 键就是极性共价键，其正电荷重心偏向 H 原子，而负电荷重心偏向 Cl 原子。

成键原子的电负性差值愈大，键的极性就愈大。当成键原子的电负性相差很大时，可以认为成键电子对完全转移到电负性较大的原子上，这时原子转变为离子，形成离子键。因此，从键的极性看，可以认为离子键是最强的极性键，极性共价键是由离子键到非极性共价键之间的一种过渡情况，见表 9-2。

表9-2 键型与成键原子电负性差值的关系

物质	NaCl	HF	HCl	HBr	HI	Cl_2
电负性差值	2.1	1.9	0.9	0.7	0.4	0
键　型	离子键	极性共价键				非极性共价键

第二节 杂化轨道理论

价键理论成功地揭示了共价键的本质，解释了共价键的方向性和饱和性，但用它来解释多原子分子的空间构型却遇到了困难。例如基态 C 原子有 2 个单电子，按照现代价键理论只能形成 2 个共价单键，当与 H 原子结合时只能形成 CH_2 分子，且两个 C—H 键夹角为 90°，但自然界中存在的是 CH_4 而非 CH_2，且 4 个 C—H 键夹角为 109° 28′，键长相等，空间构型为正四面体，对此，现代价键理论无法解释。为了解释多原子分子或多原子离子的空间构型，1931 年 Pauling L 等人在价键理论的基础上提出了**杂化轨道理论**（hybrid orbital theory），进一步推动了价键理论的发展。

一、杂化轨道理论要点

(1)杂化轨道理论认为：在形成分子时，为了增强成键能力，中心原子中能量相近的不同类型原子轨道进行重新组合，形成能量、形状和方向与原子轨道不同的新的轨道。这种在同一原子中原子轨道重新组合的过程称为原子轨道的**杂化**(hybridization)，杂化后形成的新的原子轨道称为**杂化轨道**(hybrid orbital)。

(2)有几个原子轨道参与杂化，就能形成几个杂化轨道。杂化轨道的角度波函数在某个方向的值比杂化前大得多，更有利于原子轨道间最大程度地重叠，因而杂化轨道比原来轨道的成键能力强。

(3)杂化轨道之间力图在空间取最大夹角分布，以使相互间排斥能最小。不同类型的杂化轨道之间的夹角不同，成键后所形成的分子就具有不同的空间构型。

二、轨道杂化类型与实例

(一)sp 型杂化和 spd 型杂化

根据参与杂化的原子轨道的类型不同，可以将原子轨道的杂化分为sp型杂化和spd型杂化。

1. sp 型杂化　能量相近的 s 轨道和 p 轨道之间的杂化称为 sp 型杂化。根据参与杂化的原子轨道的数目，sp 型杂化又可分为 sp 杂化、sp^2 杂化、sp^3 杂化。

(1) sp 杂化：由一个 s 轨道和一个 p 轨道组合成两个 sp 杂化轨道的过程称为 sp 杂化，所形成的轨道称为 sp 杂化轨道。每一个杂化轨道中都含有 1/2 的 s 轨道成分和 1/2 的 p 轨道成分，两个杂化轨道的能量完全等同，杂化轨道间的夹角为 180°，空间构型为直线型，如图 9-6 所示。

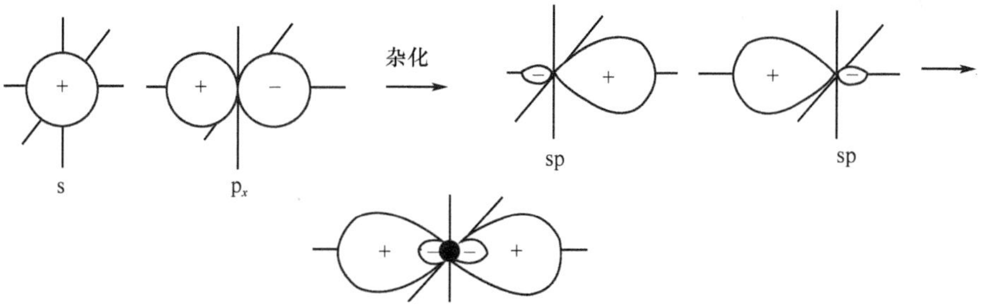

图 9-6　s 轨道和 p 轨道组合成 sp 杂化轨道示意图

例 9-1　实验测得，$BeCl_2$ 分子中有两个完全等同的 Be—Cl 键，键角为 180°，分子的空间构型为直线。利用杂化轨道理论解释 $BeCl_2$ 分子的空间构型。

解　基态 Be 原子的价层电子组态为 $2s^2$，在形成 $BeCl_2$ 分子时，在 Cl 的影响下，中心原子 Be 的一个 2s 电子被激发到 2p 空轨道，激发态 Be 原子的价层电子组态为 $2s^12p_x^1$，这两个含有单电子的 2s 轨道和 $2p_x$ 轨道进行 sp 杂化，形成夹角为 180° 的两个完全等同的 sp 杂化轨道，每个 sp 杂化轨道中都含有一个未成对电子。Be 用两个各有一个未成对电子的

sp 杂化轨道分别与两个 Cl 原子中含有单电子的 $3p_x$ 轨道重叠，形成两个完全等同的 σ_{sp-p} 键，所以 $BeCl_2$ 分子的空间构型为直线型，图 9-7 所示。

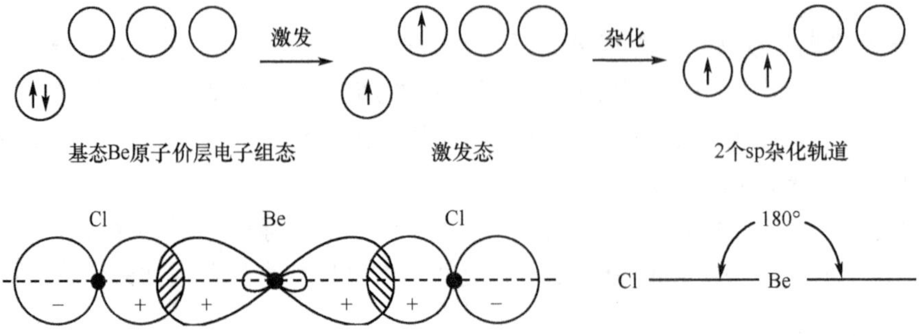

图 9-7　$BeCl_2$ 分子的形成及 sp 杂化轨道的空间构型

(2) sp^2 杂化：由一个 s 轨道与两个 p 轨道参与的杂化称为 sp^2 杂化，所形成的三个杂化轨道称为 sp^2 杂化轨道，三个 sp^2 杂化轨道的能量和形状完全相同。每个 sp^2 杂化轨道都含有 1/3 的 s 轨道成分和 2/3 的 p 轨道成分，杂化轨道间的夹角为 120°，空间构型为平面正三角形分布，如图 9-8 (a) 所示。

例 9-2　实验测得，BF_3 分子中有三个完全等同的 B—F 键，键角为 120°，分子的空间构型为正三角形。利用杂化轨道理论解释 BF_3 分子的空间构型。

解　在形成 BF_3 分子时，中心原子 B 采用 sp^2 杂化。基态 B 的价层电子组态为 $2s^22p_x^1$，在 F 的影响下，B 原子 2s 轨道上的一个电子被激发到 2p 空轨道，电子构型为 $2s^12p_x^12p_y^1$，一个 2s 轨道和两个 2p 轨道进行 sp^2 杂化，形成夹角均为 120° 的三个完全等同的 sp^2 杂化轨道，每个 sp^2 杂化轨道中都含有一个未成对电子。中心原子 B 用三个各有一个未成对电子的 sp^2 杂化轨道，分别与三个 F 原子的含有未成对电子的 2p 轨道重叠，形成三个 σ 键。因此 BF_3 分子的空间构型是平面正三角形，如图 9-8(b)所示。

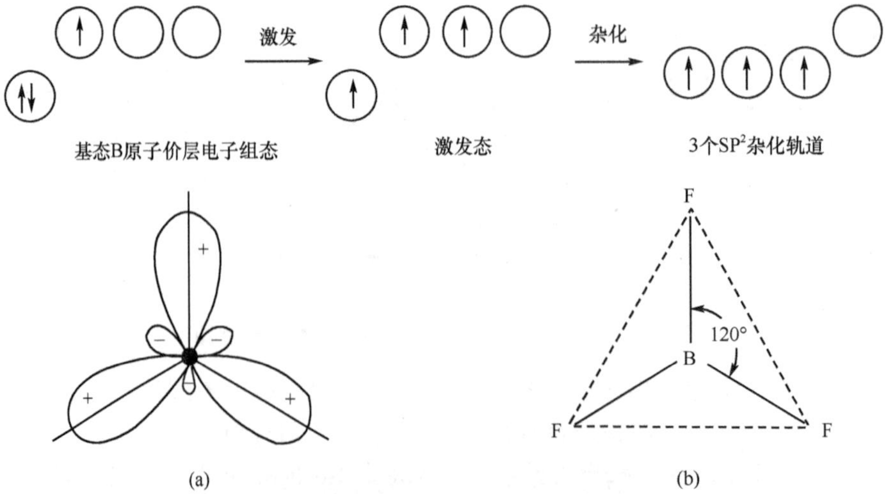

图 9-8　BF_3 分子的形成过程及 sp^2 杂化轨道的空间构型

(a) SP^2 杂化轨道；(b) 平面三角形的 BF_3 分子

(3) sp^3 杂化：由一个 s 轨道与三个 p 轨道参与的杂化称为 sp^3 杂化，所形成的四个杂化

轨道称为 sp^3 杂化轨道，四个 sp^3 杂化轨道的能量和形状完全相同。每个 sp^3 杂化轨道都含有 1/4 的 s 轨道成分和 3/4 的 p 轨道成分，杂化轨道间的夹角为 109° 28′，空间构型为正四面体型，如图 9-9(a) 所示。

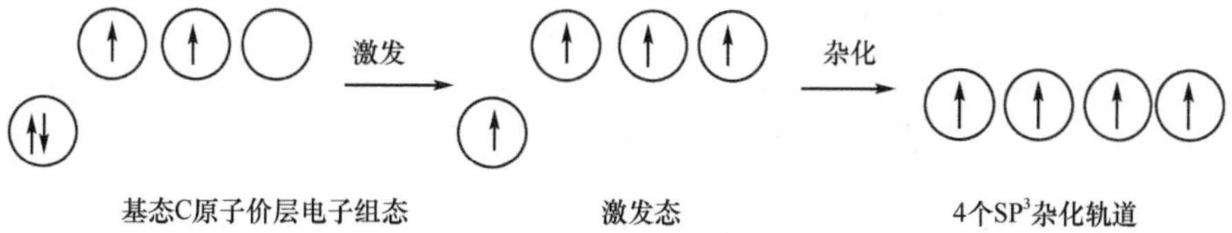

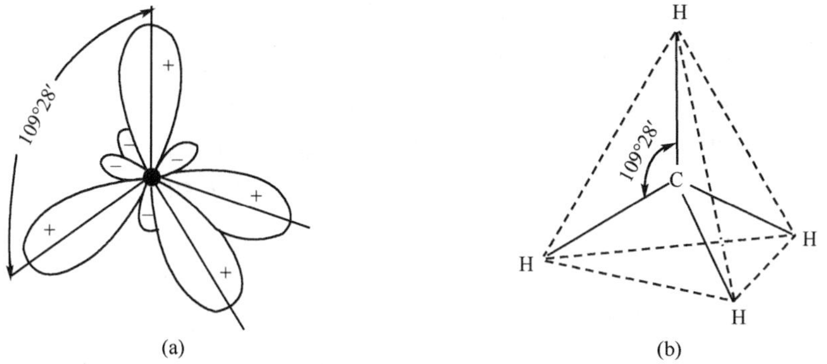

图 9-9 sp^3 杂化轨道的空间构型及 CH_4 分子构型

(a) sp^3 杂化轨道；(b) 正四面体构型的 CH_4 分子

例 9-3 实验测得，CH_4 的空间构型为正四面体，说明 CH_4 分子的空间构型。

解 其形成过程可解释为：在形成 CH_4 时，中心原子 C 采用 sp^3 杂化。基态 C 的价层电子组态为 $2s^22p_x^{\ 1}2p_y^{\ 1}2p_z^{\ 0}$，形成 CH_4 分子时，在 H 的影响下，C 原子 2s 轨道上的一个电子被激发到 2p 空轨道上去，外层电子构型为 $2s^12p_x^{\ 1}2p_y^{\ 1}2p_z^{\ 1}$，一个 2s 轨道和三个 2p 轨道进行 sp^3 杂化，形成夹角均为 109° 28′的四个完全等同的 sp^3 杂化轨道，每个杂化轨道中都含有一个未成对电子。中心原子 C 用四个各有一个未成对电子的 sp^3 杂化轨道，分别与四个 H 原子的含有未成对电子的 1s 轨道重叠，形成四个 σ 键。因此 CH_4 分子的空间构型是正四面体，如图 9-9(b) 所示。

现将上述 sp 型三种杂化归纳，见表 9-3。

表9-3 杂化轨道与分子的空间构型

杂化类型	sp	sp^2	sp^3
参与杂化的原子轨道	1 个 s 和 1 个 p	1 个 s 和 2 个 p	1 个 s 和 3 个 p
杂化轨道数	2 个 sp 杂化轨道	3 个 sp^2 杂化轨道	4 个 sp^3 杂化轨道
杂化轨道间夹角	180°	120°	109° 28′
空间构型	直线	正三角形	正四面体
实例	$BeCl_2$、C_2H_2	BF_3、BCl_3	CH_4、CCl_4

2. spd 型杂化 能量相近的 $(n\text{-}1)$d 与 ns、np 轨道或 ns、np 与 nd 轨道组合成新的 dsp 或 spd 型杂化轨道的过程统称为 spd 型杂化。这种类型的杂化比较复杂，它们通常存在于过渡元素形成的化合物中(将在第十章配位化合物中介绍)。几种典型的 spd 杂化实例，见表 9-4。

表9-4 spd型杂化

杂化类型	dsp^2	dsp^3 或 sp^3d	d^2sp^3 或 sp^3d^2
杂化轨道数	4	5	6
空间构型	平面四方形	三角双锥	正八面体
实　例	$[Ni(CN)_4]^{2-}$	PCl_5	$[Fe(CN)_6]^{3-}$、$[Co(NH_3)_6]^{2+}$

(二)等性杂化和不等性杂化

按照杂化后形成的杂化轨道的能量是否相同，轨道的杂化可分为等性杂化和不等性杂化。

1. 等性杂化 杂化后所形成的几个杂化轨道所含原来轨道的成分相同，能量完全相等，这种杂化称为**等性杂化**(equivalent hybridization)。通常，若杂化轨道全部成键而且是和相同元素的原子成键时，即为等性杂化。等性杂化时，分子的空间构型与轨道的空间构型相同。例如，$BeCl_2$ 中的 Be 原子以 sp 杂化，两个杂化轨道全部成键，而且都是和 Cl 原子成键，这就是等性杂化，分子的空间构型为直线型。再比如 BF_3、CH_4 中的 B、C 分别采用 sp^2、sp^3 等性杂化，分子的空间构型为正三角形和正四面体形。

2. 不等性杂化 杂化后所形成的几个杂化轨道所含原来轨道成分的比例不相等，能量不完全相同，这种杂化称为**不等性杂化**(nonequivalent hybridization)。通常，若杂化轨道没有全部成键或者是和不同元素的原子成键时，即为不等性杂化。含有孤对电子的原子轨道(如 N、P、O、S 等)参与的杂化都是不等性杂化。不等性杂化时，分子的空间构型与轨道的空间构型不同。

例 9-4 实验测知，NH_3 分子中有 3 个 N—H 键，键角为 107°，分子的空间构型为三角锥形。试说明 NH_3 分子的空间构型。

解 NH_3 分子的中心原子 N 原子，其价层电子组态为 $2s^22p_x^12p_y^12p_z^1$。在形成 NH_3 分子时，在 H 原子的影响下，N 原子的一个含有孤对电子的 2s 轨道与三个含有未成对电子的 p 轨道进行 sp^3 不等性杂化，形成四个不完全等同的 sp^3 杂化轨道。其中一个已被 N 原子的孤对电子占据，该 sp^3 杂化轨道含有较多的 2s 轨道成分，能量较其他 3 个 sp^3 杂化轨道低，另外三个含有未成对电子的 sp^3 杂化轨道能量相等，都含有较多 2p 轨道成分，能量略高于含有孤对电子的 sp^3 杂化轨道，故 N 原子的 sp^3 杂化是不等性杂化。N 原子用三个含有未成对电子的 sp^3 杂化轨道分别与 H 原子的 1s 轨道重叠，形成三个 N—H 键。由于 N 原子中孤对电子的杂化轨道不参与成键，其电子云较密集于 N 原子周围，对成键电子对产生强排斥作用，使 N—H 键的夹角被压缩至 107° (小于 109° 28′)，所以 NH_3 分子的空间构型呈三角锥形(习惯上孤对电子不包括在分子的空间构型中)，见图 9-10。

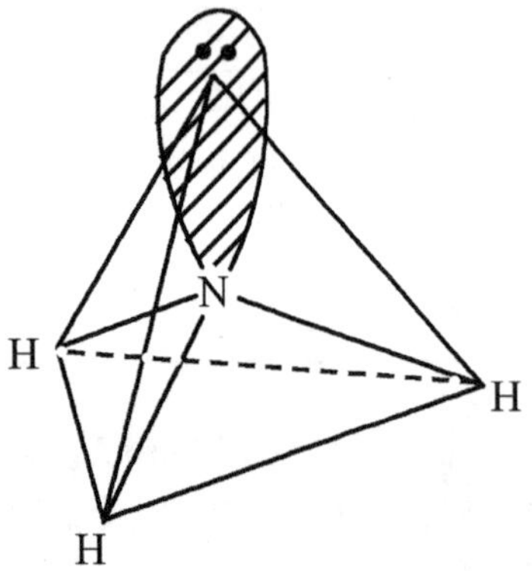

图 9-10 NH_3 的结构示意图

NH_3 分子中，N 原子上有一对孤对电子，孤对电子所占据的 sp^3 轨道可以与另一个氢质子的 1s 轨道配位，形成一个配位 σ 键，即

$$NH_3 + H^+ \longrightarrow NH_4^+$$

NH_4^+中，四个 sp^3 杂化轨道全部与 H 原子成键，为等性 sp^3 杂化，分子的空间构型为正四面体形。

例 **9-5**　实验测得，H_2O 分子中有两个 O—H 键，键角为 $104.5°$，分子的空间构型为 V 形。试说明 H_2O 分子的空间构型。

解　H_2O 分子的中心原子 O，其价层电子组态为 $2s^2 2p_x^2 2p_y^1 2p_z^1$。在形成 H_2O 分子时，O 原子以 sp^3 不等性杂化形成四个 sp^3 不等性杂化轨道，其中两个含有未成对电子的 sp^3 杂化轨道有较多的 2p 轨道成分，它们分别与 H 原子的 1s 轨道重叠，形成两个 O—H 键，另外两个含有较多 s 成分的 sp^3 杂化轨道各被一对孤对电子占据，它们对成键电子对的排斥作用更大，使 O—H 键的夹角被压缩至 $104.5°$（比 NH_3 分子的键角小），所以 H_2O 分子的空间构型为 V 形，见图 9-11。

同理，当 H_2O 中的 O 原子接受一个质子形成 H_3O^+ 时，四个 sp^3 杂化轨道中的三个与 H 原子成键，仍为不等性 sp^3 杂化，分子的空间构型变为三角锥形。

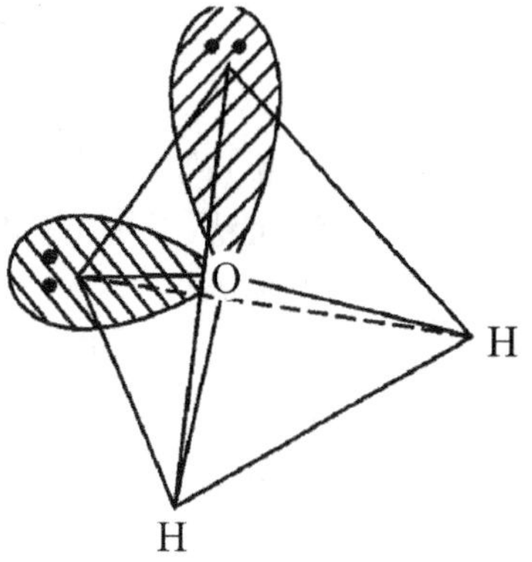

综上所述，分子的空间构型取决于中心原子的杂化类型。因此，中心原子杂化类型的判断尤为重要。一般地，对能作为中心原子形成共价键的主族原子来说，IIA 族的元素常以 sp 杂化轨道成键，IIIA 族的元素常以 sp^2 杂化轨道成键，IVA、VA、VIA 族的元素常以 sp^3 杂化轨道成键。其中 C 原子的杂化类型最多，可根据其形成 σ 键的数目确定杂化类型，形成 2 个 σ 键时，C 原子以 sp 杂化；形成 3 个 σ 键时，C 原子以 sp^2 杂化；形成 4 个 σ 键时，C 原子以 sp^3 杂化。例如

图 9-11　H_2O 的结构示意图

$$\underset{\underset{H}{|}}{\overset{\overset{H}{|}}{H-\underset{1}{C}}}-\underset{\underset{H}{|}}{\overset{\overset{H}{|}}{\underset{2}{C}}}=\overset{\overset{H}{|}}{\underset{3}{C}}-\underset{4}{C}\equiv\underset{5}{C}-H$$

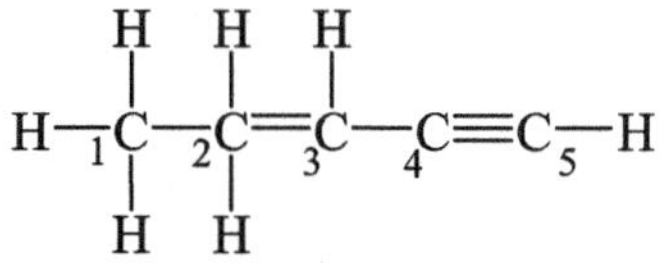

1 号 C 原子以 sp^3 杂化，2 号、3 号 C 原子以 sp^2 杂化，4 号、5 号 C 原子以 sp 杂化。明确了中心原子的杂化类型，整个分子的空间构型就基本确定了。当然，这种判断方法并不适合所有情况，每个原子的实际杂化类型要根据实验事实来确定。

第三节　价电子对互斥理论

杂化轨道理论成功地解释了共价分子的空间构型，但是，一个分子的中心原子究竟采取哪种类型的轨道杂化，有时是难以确定的，因而也就难以预测分子的空间构型。为了方便地预测以共价键形成的多原子分子或多原子离子的空间构型，1940 年美国的 Sidgwick NV 等人相继提出了**价层电子对互斥理论**（valence shell electron pair repulsion theory），简称 VSEPR 法。价层电子对互斥理论比较简单，用它可以方便地预测以共价键形成的多原子分子或多原子离子的空间构型。

一、价层电子对互斥理论的基本要点

价层电子对互斥理论的基本要点：

一个共价分子或离子中，中心原子 A 周围所配置的原子 B(配位原子)的几何构型，主要决定于中心原子的价电子层中各电子对间的相互排斥作用。这些电子对在中心原子周围按尽可能互相远离的位置排布，以使彼此间的排斥能最小。所谓价层电子对，是指形成 σ 键的电子对和未参与成键的孤对电子。孤对电子的存在增加了电子对间的排斥力，影响了分子中的键角，会改变分子构型的基本类型。根据该理论，只要知道分子或离子中的中心原子上的价层电子对数，就能比较容易地判断 AB_n 型共价分子或离子的空间构型。

二、利用价层电子对互斥理论判断分子的空间构型

根据价层电子对互斥理论，可按下述规定和步骤判断分子的空间构型：

1. 确定中心原子中价层电子对数 中心原子的价层电子数和配位原子所提供的共用电子数的总和除以 2，即为中心原子的价层电子对数。规定：①作为配体时，H 原子和卤素原子提供一个电子；氧族元素的原子不提供电子；②作为中心原子时，卤素原子按提供七个电子计算，氧族元素按提供六个电子计算；③对于复杂离子，在计算价层电子对数时，还应加上负离子的电荷数或减去正离子的电荷数；④计算电子对数时，若剩余一个电子，则把剩余的一个电子作为一对电子处理；⑤双键、叁键等多重键作为一对电子处理。

2. 判断分子的空间构型 根据中心原子的价层电子对数，从表 9-5 中找出相应的电子对构型，再根据价层电子对中的孤对电子数，确定电子对的排布方式和分子的空间构型。

表9-5 理想的价层电子对构型和分子构型

A 的电子对数	价层电子对排布	成键电子对数	孤电子对数	分子类型	分子构型	实例
2	直线	2	0	AB_2	直线	$HgCl_2$， CO_2
3	平面三角形	3	0	AB_3	平面正三角形	BF_3， NO_3^-
		2	1	AB_2	V 形	$PbCl_2$， SO_2
4	四面体	4	0	AB_4	正四面体	SiF_4， SO_4^{2-}
		3	1	AB_3	三角锥	NH_3，H_3O^+
		2	2	AB_2	V 形	H_2O， H_2S
5	三角双锥	5	0	AB_5	三角双锥	PCl_5， PF_5
		4	1	AB_4	变形四面体	SF_4， $TeCl_4$
		3	2	AB_3	T 形	ClF_3
		2	3	AB_2	直线	I_3^-， XeF_2
6	八面体	6	0	AB_6	正八面体	SF_6， AlF_6^{3-}
		5	1	AB_5	四方锥	BrF_5， SbF_5^{2-}
		4	2	AB_4	平面正方形	ICl_4^-， XeF_4

三、价层电子对互斥理论的应用实例

例 9-6 试判断 CCl_4 的空间构型。

解　在CCl_4中，中心原子C有4个价电子，与C化合的4个Cl各提供1个电子，所以C原子的价层电子对为(4+4)/2=4。由表9-5可知，C的价层电子对的构型为正四面体，由于价层电子对全部为成键电子对，因此CCl_4的空间构型为正四面体。

例9-7　试判断H_2S的空间构型。

解　H_2S分子的中心原子是S，它有6个价电子，与S化合的2个H原子各提供1个电子，所以S原子的价层电子对为(6+2)/2=4。由表9-5可知，S的价层电子对的构型为正四面体，因价层电子对中有两对孤对电子，所以H_2S分子的空间构型为V形。

例9-8　试判断HCHO分子的空间构型。

解　HCHO分子中，中心原子C的价电子数为4，2个H原子共提供2个电子，O原子不提供电子，则中心原子C的价层电子对为(4+2+0)/2=3，HCHO分子中有3个配位原子，成键电子对为3，且无孤对电子，所以HCHO应为平面三角形。

例9-9　试判断$CH_2=CH_2$分子的空间构型。

解　在$CH_2=CH_2$分子中，C原子的价层电子对数均为3，无孤对电子存在，按理其键角都应是120°，但由于多重键的存在对C—H键的成键电子对有较大斥力，使其键角缩小。

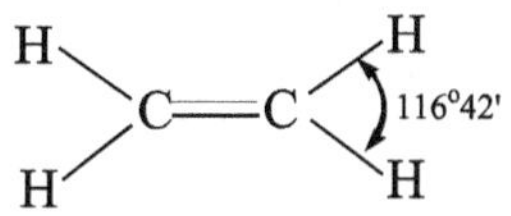

第四节　分子轨道理论简介

价键理论圆满地解释了共价键的本质和形成，并能预测和解释分子的空间构型。但是价键理论有其局限性，它无法解释单电子共价键和三电子共价键的形成，也无法解释O_2分子中有2个未成对电子等问题。为了弥补价键理论的不足，1932年美国化学家Mulliken RS和德国化学家Hund F 提出了**分子轨道理论**(molecular orbital theory)，简称MO法。该理论把分子作为一个整体来处理，比较全面地反映了分子中电子的运动状态，因此可以解释一些价键理论无法解释的事实。

一、分子轨道理论的基本要点

(1)原子在形成分子时，所有电子都有贡献，分子中的电子不再属于某个原子，也不局限于两个相邻的原子之间，而是在整个分子空间范围内运动。分子中每个电子的空间运动状态可用相应的分子轨道波函数ψ(称为分子轨道)来描述。分子轨道和原子轨道的主要区别在于：①在原子中，电子的运动只受一个原子核的作用，原子轨道是单核系统；而在分子中，电子则在所有原子核势场作用下运动，分子轨道是多核系统。②原子轨道的名称用s、p、d…符号表示，而分子轨道的名称则相应的用σ、π、δ…符号表示。

(2)分子轨道可以由分子中原子轨道线性组合而成。几个原子轨道可以组成几个分子轨道，其中一半的分子轨道分别是由正负符号相同的两原子轨道叠加而成，重叠部分波函数值增大，这样两核间电子出现的概率密度增大，其能量较原来的原子轨道能量低，称为**成键分子轨道**(bonding molecular orbital)，如 σ、π 轨道；另一半分子轨道分别是由正负符号不同的两原子轨道叠加而成，由于重叠部分的波函数值相互抵消，使两核间电子出现的概率密度小，其能量较原来的原子轨道能量高，称为**反键分子轨道**(antibonding molecular orbital)。用 σ^*、π^*符号来表示反键分子轨道。

由 A、B 两个原子的原子轨道组合成的两个分子轨道的能量如图 9-12 所示。

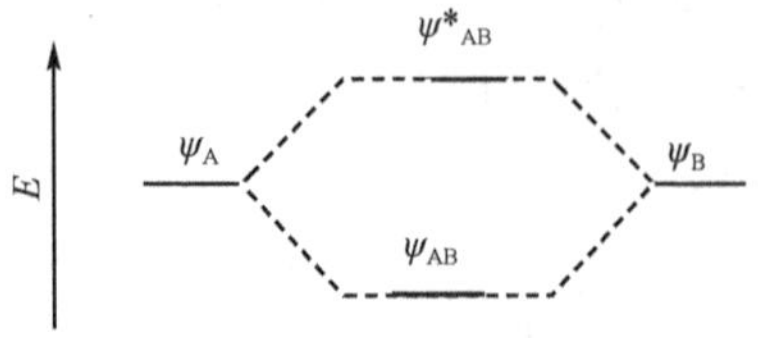

图 9-12　两个原子轨道组合成分子轨道时的能量关系

(3) 为了有效地组合成分子轨道，成键的各原子轨道必须符合下述三条原则：

1) 对称性匹配原则：只有对称性匹配的原子轨道才能组合成分子轨道，这称为对称性匹配原则。所谓对称性匹配，可根据两个原子轨道的角度分布图中波瓣的正、负号对于键轴(设为 x 轴)或对于含键轴的某一平面的对称性是否相同来决定。如图 9-13 中的 a、b、c，进行线性组合的原子轨道分别对于 x 轴呈圆柱形对称，均为对称性匹配；图 9-13 中的 d、e，参加组合的原子轨道分别对于 xy 平面呈反对称，它们也是对称性匹配的，可以组合成分子轨道；图 9-13 中的 f、g，参加组合的两原子轨道对于 xz 平面一个呈对称分布而另一个呈反对称分布，则二者对称性不匹配，不能组合成分子轨道。

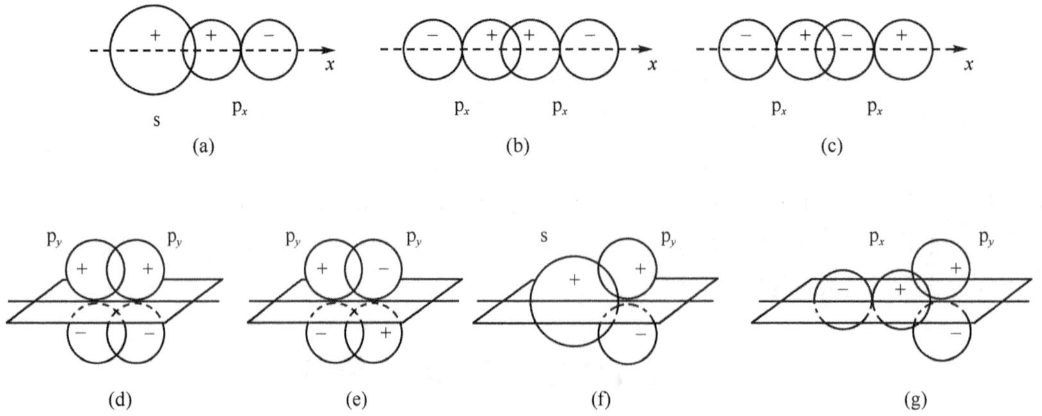

图 9-13　原子轨道对称性示意图

符合对称性匹配原则的几种简单的原子轨道组合时，(对 x 轴) s—s、s—p_x、p_x—p_x 组成 σ 分子轨道；(对 xz 平面) p_y—p_y、(对 xy 平面) p_z—p_z 组成 π 分子轨道。

对称性匹配的两原子轨道组合成分子轨道时，因波瓣符号的差别，有两种组合方式：波瓣符号相同的两原子轨道组合成成键分子轨道；波瓣符号相反的两原子轨道组合成反键分子轨道。如图 9-14 对称性匹配的两原子轨道组合成分子轨道示意图。

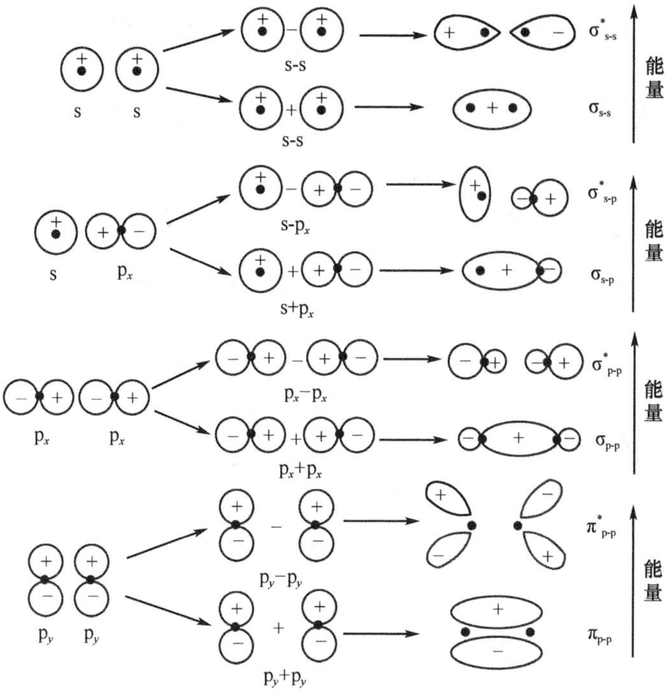

图 9-14　对称性匹配的两原子轨道组合成分子轨道示意图

2) 能量近似原则：在对称性匹配的原子轨道中，只有能量相近的原子轨道才能有效地组合成分子轨道，这称为能量近似原则。

例如，H 原子的 1s 轨道能量为$-1312\text{kJ}\cdot\text{mol}^{-1}$，F 原子的 1s、2s 和 2p 轨道的能量分别为$-67181\text{kJ}\cdot\text{mol}^{-1}$、$-3870.8\text{kJ}\cdot\text{mol}^{-1}$和$-1797.4\text{kJ}\cdot\text{mol}^{-1}$。当 H 原子和 F 原子形成 HF 分子时，从对称性匹配情况看，H 原子的 1s 轨道可以和 F 原子的 1s、2s 或 2p 轨道中的任何一个组合成分子轨道，但根据能量近似原则，H 原子的 1s 轨道只能和 F 原子的 2p 轨道组合才有效。因此，H 原子与 F 原子是通过 σ_s—p_x 单键结合成 HF 分子的。

3) 轨道最大重叠原则：对称性匹配的两个原子轨道进行线性组合时，其重叠程度愈大，电子在重叠区域出现的概率密度越大，形成的负电区域对两核产生吸引，使系统能量越低，则组合成的分子轨道的能量也愈低，所形成的化学键愈牢固，这称为轨道最大重叠原则。

在上述三条原则中，对称性匹配原则是首要的，它决定原子轨道有无组合成分子轨道的可能性。能量近似原则和轨道最大重叠原则是在符合对称性匹配原则的前提下，决定分子轨道组合效率的问题。

(4) 电子在分子轨道中排布所遵循的原则：电子在分子轨道中的排布，与在原子轨道中的排布相同，遵循能量最低原理、Pauli 不相容原理和 Hund 规则。具体排布时，应先知道分子轨道的能级顺序。按照分子轨道的能级顺序从左到右依次排列，并在分子轨道符号的右上角注明电子数，这样就完成了分子轨道的电子排布式。目前，分子轨道的能级顺序主要借助于分子光谱实验来确定。

(5) 分子稳定性的表示方法：在分子轨道理论中，用**键级**(bond order) 表示键的牢固程度。

$$键级=\frac{成键轨道上的电子数-反键轨道上的电子数}{2}$$

键级可以为整数，也可以为分数。一般说来，键级越大，键能越大，键越牢固，键级为零的分子是不存在的。

二、同核双原子分子的分子轨道能级图

每个分子轨道都有相应的能量，把分子中各分子轨道按能级高低顺序排列起来，可得到分子轨道能级顺序。

现以第二周期元素形成的同核双原子分子为例予以说明。在第二周期元素中，因它们各自的 2s、2p 轨道能量之差不同，所形成的同核双原子分子的分子轨道能级顺序有两种：一种是组成原子的 2s 和 2p 轨道的能量相差较大($>1500kJ \cdot mol^{-1}$)，在组合成分子轨道时，不会发生 2s 和 2p 轨道的相互作用，只是两原子的 s–s 和 p–p 轨道的线性组合，因此，由这些原子组成的同核双原子分子的分子轨道能级顺序为：

$$\sigma_{1s}<\sigma_{1s}^{*}<\sigma_{2s}<\sigma_{2s}^{*}<\sigma_{2px}<\pi_{2py}=\pi_{2pz}<\pi_{2py}^{*}=\pi_{2pz}^{*}<\sigma_{2px}^{*}$$

图 9-15(a)即是此能级顺序的分子轨道能级图，O_2 和 F_2 分子的分子轨道能级排列符合此顺序。

另一种是组成原子的 2s 和 2p 轨道的能量相差较小($<1500kJ \cdot mol^{-1}$)，在组合成分子轨道时，一个原子的 2s 轨道除了能和另一个原子的 2s 轨道发生重叠外，还可与其 2p 轨道重叠，其结果是使 σ_{2px} 分子轨道的能量高于 $\pi_{2py}=\pi_{2pz}$ 分子轨道。由这些原子组成的同核双原子分子的分子轨道能级顺序为：

$$\sigma_{1s}<\sigma_{1s}^{*}<\sigma_{2s}<\sigma_{2s}^{*}<\pi_{2py}=\pi_{2pz}<\sigma_{2px}<\pi_{2py}^{*}=\pi_{2pz}^{*}<\sigma_{2px}^{*}$$

图 9-15(b)即是此能级顺序的分子轨道能级图，Li_2、Be_2、B_2、C_2、N_2 等分子的分子轨道能级排列均符合此顺序。

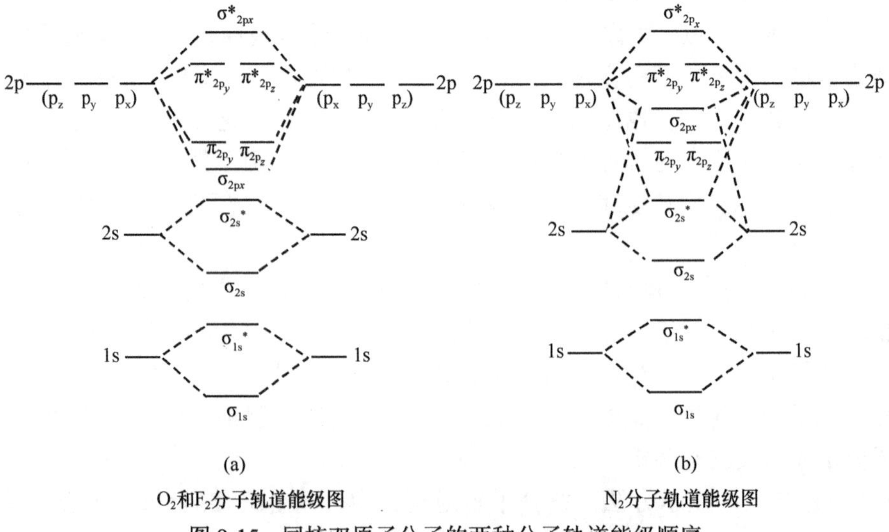

(a)
O_2和F_2分子轨道能级图

(b)
N_2分子轨道能级图

图 9-15 同核双原子分子的两种分子轨道能级顺序

(a) $\pi_{2p}>\sigma_{2p}$ ；(b) $\sigma_{2p}>\pi_{2p}$

例 9-10 说明 H_2^+和 He_2^+的结构。

解 两个 H 原子的 1s 原子轨道，组合成两个分子轨道—σ_{1s}成键分子轨道和 σ^*_{1s}反键分子轨道。H_2^+只有 1 个电子，根据能量最低原理，应排布在能量最低的 σ_{1s}成键分子轨道上，其电子排布式为$[\sigma_{1s}]^1$，形成一个单电子 σ 键。H_2^+的键级为 0.5，所形成的单电子 σ 键的键能较小，因此 H_2^+可以存在，但不很稳定。

He 原子的电子组态为 $1s^2$。两个 He 原子的 1s 原子轨道，组合成 σ_{1s}成键分子轨道和 σ^*_{1s}反键分子轨道。He_2^+有 3 个电子，根据能量最低原理和 Pauling L 不相容原理，有 2 个电子排布在能量最低的 σ_{1s}成键分子轨道上，另一个电子排布在能量较高的 σ^*_{1s}反键分子轨道上，其电子排布式为$[\sigma_{1s}]^2[\sigma^*_{1s}]^1$，形成了一个 3 电子 σ 键。$He_2^+$的键级为 0.5，所形成的 3 电子 σ 键的键能较小，因此 He_2^+容易解离。由于 He_2^+中有 1 个未成对电子，因此具有顺磁性。

例 9-11 试用 MO 法说明 N_2分子的结构。

解 N 原子的电子组态为 $1s^22s^22p^3$。N_2分子中共有 14 个电子，按图 9-15(b)的能级顺序依次填入相应的分子轨道，所以 N_2分子的分子轨道式为：

$$N_2[(\sigma_{1s})^2(\sigma^*_{1s})^2(\sigma_{2s})^2(\sigma^*_{2s})^2(\pi_{2py})^2(\pi_{2pz})^2(\sigma_{2px})^2]$$

根据计算，原子内层轨道上的电子在形成分子时基本上处于原来的原子轨道上，可以认为它们未参与成键。所以 N_2分子的分子轨道式可写成：

$$N_2[KK(\sigma_{2s})^2(\sigma^*_{2s})^2(\pi_{2py})^2(\pi_{2pz})^2(\sigma_{2px})^2]$$

式中每一个 K 字表示 K 层原子轨道上的 2 个电子。

此分子轨道式中的$(\sigma_{2s})^2$ 的成键作用与$(\sigma^*_{2s})^2$ 的反键作用相互抵消，对成键无贡献；$(\sigma_{2px})^2$构成 1 个 σ 键；$(\pi_{2py})^2$、$(\pi_{2pz})^2$各构成 1 个 π 键。所以 N_2 分子中有 1 个 σ 键和 2 个 π 键。由于电子都填入成键轨道，而且分子中 π 轨道的能量较低，使系统的能量大为降低，故 N_2 分子特别稳定。其键级为(8-2)/2=3。因为分子中无单电子，显抗磁性。

例 9-12 试用 MO 法说明 O_2分子的结构和顺磁性及其化学活泼性。

解 O 原子的电子组态为 $1s^22s^22p^4$，在 O_2分子中共有 16 个电子，O_2分子中的电子按图 9-15(a)所示的能级顺序依次填入相应的分子轨道，其分子轨道式为：

$$O_2[KK(\sigma_{2s})^2(\sigma^*_{2s})^2(\sigma_{2px})^2(\pi_{2py})^2(\pi_{2pz})^2(\pi^*_{2py})^1(\pi^*_{2pz})^1]$$

其中$(\sigma_{2s})^2$ 与$(\sigma^*_{2s})^2$ 对成键没有贡献；$(\sigma_{2px})^2$ 构成 1 个 σ 键；$(\pi_{2py})^2$ 的成键作用与$(\pi^*_{2py})^1$的反键作用不能完全抵消，且因其空间方位一致，构成 1 个三电子 π 键；$(\pi_{2pz})^2$与$(\pi^*_{2pz})^1$构成另 1 个三电子 π 键。所以 O_2 分子中有 1 个 σ 键和 2 个三电子 π 键。因 2 个三电子 π 键中各有 1 个单电子，故 O_2 分子是顺磁性的。

在每个三电子 π 键中，2 个电子在成键轨道，1 个电子在反键轨道，三电子 π 键的键能只有单键的一半，因而三电子 π 键要比双电子 π 键弱得多。事实上，O_2 的键能只有 $495kJ \cdot mol^{-1}$，这比一般双键的键能低。正因为 O_2 分子中含有结合力弱的三电子 π 键，所以它的化学性质比较活泼，而且可以失去电子变成氧分子离子 O_2^+。O_2 的键级为(8-4)/2=2。

第五节 分子间作用力

物质的分子与分子之间存在相互作用力，气体可以液化是分子间存在相互作用力的最好证明。分子间的作用力主要包括 van der Waals 力和氢键，它的产生与分子的极化密切相关，而分子的极化是指分子在外电场作用下发生的结构变化。

一、分子的极性与分子的极化

(一) 分子的极性

根据分子中正、负电荷重心是否重合，可将分子分为极性分子和非极性分子。正、负电荷重心相重合的分子是**非极性分子**(nonpolar molecule)；不重合的是**极性分子**(polar molecule)。

通过共价键形成的分子的极性与共价键的极性有关。对于双原子分子，分子的极性与键的极性是一致的。即由非极性共价键构成的分子一定是非极性分子，如 H_2、Cl_2、O_2 等分子；由极性共价键构成的分子一定是极性分子，如 HCl、HF 等分子。对于多原子分子，分子的极性不仅与共价键的极性有关，还与分子的空间构型有关。如果分子中的共价键是极性键，但分子的空间构型是完全对称的，则正电荷重心与负电荷重心重合，为非极性分子。如果分子中的共价键是极性键，且分子的空间构型不对称，则正电荷重心与负电荷重心不重合，为极性分子。如 CH_4 和 NH_3，虽然 C—H 键和 N—H 都是极性键，但是由于 4 个 H 位于正四面体的 4 个顶角上，整个分子的正电荷重心与负电荷重心重合，故 CH_4 是非极性分子；而 NH_3 分子的几何构型为三角锥形，正电荷重心与负电荷重心不重合，因此 NH_3 是极性分子。

分子极性的大小用**电偶极矩**(electric dipole moment)度量。分子的电偶极矩简称为偶极矩，它等于正、负电荷重心的距离 d 与正电荷重心或负电荷重心上的电量 q 的乘积

$$\vec{\mu} = q \cdot d$$

其单位为 10^{-30}C · m。电偶极矩是一个矢量，化学上规定其方向是从正电荷重心指向负电荷重心。电偶极矩为零的分子为非极性分子，电偶极矩越大表示分子的极性越强。表 9-6 列出了一些分子的电偶极矩测定值。

表9-6　一些分子的电偶极矩 $\vec{\mu}$ /10^{-30}C · m

分子	$\vec{\mu}$	分子	$\vec{\mu}$	分子	$\vec{\mu}$
H_2	0	BF_3	0	CO	0.40
Cl_2	0	CH_4	0	HCN	6.99
N_2	0	H_2S	3.67	HCl	3.43
CO_2	0	H_2O	6.16	HBr	2.63
CS_2	0	SO_2	5.33	HI	1.27

(二) 分子的极化

无论分子有无极性，在外电场的作用下，它们的正、负电荷都将发生变化。如图 9-16 所示，非极性分子的正、负电荷重心本来是重合的($\vec{\mu}$ =0)，但在外电场的作用下，发生相对位移，引起分子变形而产生偶极；极性分子的正、负电荷重心不重合，分子中始终存在

一个正极和一个负极，故极性分子具有**永久偶极**(permanent dipole)，但在外电场的作用下，分子的偶极按电场方向取向，同时使正、负电荷重心的距离增大，分子的极性因而增强。这种因外电场的作用，使分子变形产生偶极或增大偶极矩的现象称为分子的**极化**(polarizing)，由此产生的偶极称为**诱导偶极**(induced dipole)，其电偶极矩称为诱导电偶极矩，即图 9-16 中的△$\vec{\mu}$ 值。

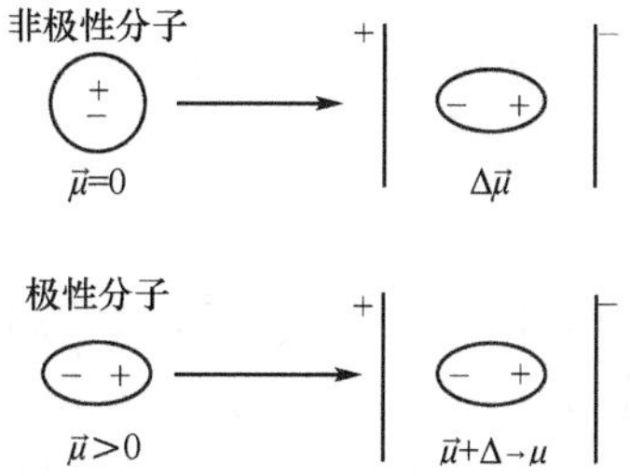

图 9-16　外电场对分子极性影响示意图

分子的极化不仅在外电场的作用下产生，分子间相互作用时也可发生，这正是分子间存在相互作用力的重要原因。

二、van der Waals 力

分子间存在着一种比较弱的作用力，一般只有化学键键能的 1/10～1/100，它最早是由荷兰物理学家 van der Waals 提出，故称 van der Waals 力。这种力对物质的物理性质如沸点、溶解度、表面张力等有重要影响。按作用力产生的原因和特性，这种力可分为取向力、诱导力和色散力三种类型。

(一)取向力

取向力发生在极性分子之间。极性分子具有永久偶极，当两个极性分子接近时，因同极相斥，异极相吸，分子将发生相对转动，力图使分子处于异极相邻的状态，如图 9-17 所示。极性分子的这种运动称为取向，由永久偶极的取向而产生的分子间吸引力称为**取向力**(orientation force)。

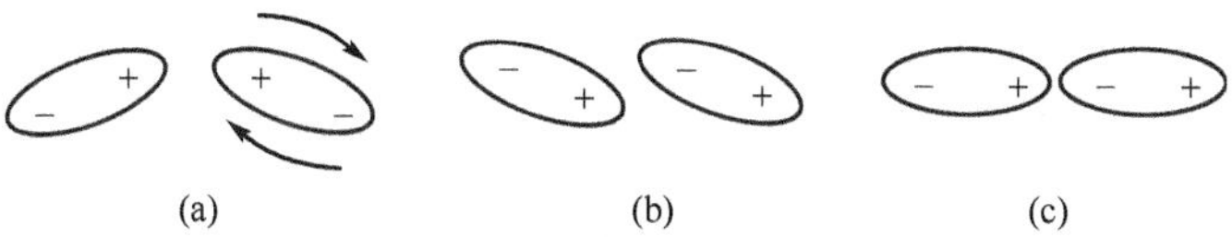

图 9-17　取向力产生示意图

取向力的大小主要取决于极性分子电偶极矩的大小，偶极矩愈大，取向力愈大。取向力还与温度和分子间距离有关，温度愈高，分子间距离愈远，取向力愈小。

(二)诱导力

诱导力发生在极性分子与非极性分子之间以及极性分子与极性分子之间。当极性分子与非极性分子接近时，由于极性分子的永久偶极相当于一个外电场，可使非极性分子极化

而产生诱导偶极，于是诱导偶极与永久偶极相互吸引，如图 9-18 所示。这种由极性分子的永久偶极与非极性分子所产生的诱导偶极之间的相互作用力称为**诱导力**(induction force)。当两个极性分子互相靠近时，在彼此的永久偶极的影响下，相互极化产生诱导偶极，使极性分子的偶极矩增大，因此极性分子之间的诱导力是一种附加的取向力。

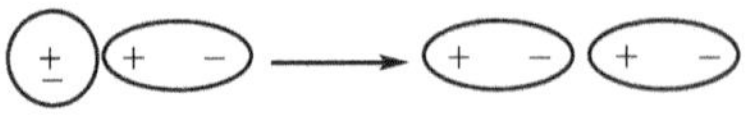

图 9-18　诱导力产生示意图

(三) 色散力

非极性分子之间也存在相互作用力。由于分子内部的电子在不停地运动，原子核也在不停的振动，使分子的正、负电荷重心不断发生瞬间相对位移，从而产生瞬间偶极。瞬间偶极又诱使与它相邻的分子极化，因此非极性分子之间靠瞬间偶极相互吸引，产生分子间作用力，如图 9-19 所示。这种由于瞬间偶极所产生的分子间作用力，称为**色散力**(dispersion force)。虽然瞬间偶极存在的时间很短，但是任何分子都有不断运动的电子和不停振动的原子核，都会不断产生瞬间偶极，所以色散力存在于各种分子之间，并且在 van der Waals 力中占有相当大的比重。

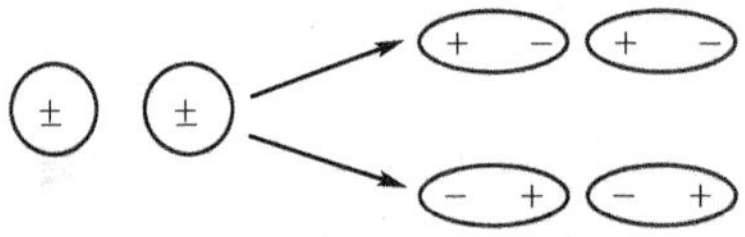

图 9-19　色散力产生示意图

综上所述，在非极性分子之间只有色散力；在极性分子和非极性分子之间，既有诱导力也有色散力；而在极性分子之间，取向力、诱导力和色散力都存在。表 9-7 列出了上述三种作用力在一些分子间的分配情况。

表9-7　分子间力的分配情况(单位：$kJ \cdot mol^{-1}$)

分子	取向力	诱导力	色散力	总能量
Ar	0.000	0.000	8.49	8.49
CO	0.003	0.008	8.74	8.75
HI	0.025	0.113	25.86	26.00
HBr	0.686	0.502	21.92	23.11
HCl	3.305	1.004	16.82	21.13
NH_3	13.31	1.548	14.94	29.80
H_2O	36.38	1.929	8.996	47.31

van der Waals 力不属于化学键范畴，它有如下特点：它是静电引力，其作用能只有几到几十 $kJ \cdot mol^{-1}$，它的作用范围很小，只有几十到几百 pm；没有方向性和饱和性；对于大多数分子，色散力是主要的。只有极性大的分子，取向力才比较显著。诱导力通常都很小。

物质的沸点、熔点等物理性质与分子间的作用力有关。一般说来 van der Waals 力小的物质，其沸点和熔点都较低。据表 9-7 可知，HCl、HBr、HI 的 van der Waals 力依次增大，其沸点和熔点依次递增。在常温下，氯是气体，溴是液体，碘是固体也是分子间力增大的缘故。

三、氢　键

同族元素的氢化物的沸点和熔点一般随相对分子质量的增大而增高，但事实上，H_2O 的熔点和沸点明显高于同族其他元素的氢化物，同样 HF 和 NH_3 在同系物中都有类似反常现象。这说明 H_2O 分子之间、HF 分子之间和 NH_3 分子之间除了存在 van der Waals 力外，还存在另外一种作用力，这就是氢键。

当 H 原子与电负性很大、半径很小的原子 X(如 F、O、N 等)以共价键结合成分子时，密集于两核间的电子云强烈地偏向于 X 原子，使 H 原子几乎变成裸露的质子而具有大的正电荷场强。因而这个 H 原子还能与另一个电负性很大、半径小并在外层有孤对电子的 Y 原子(如 F、O、N 等)产生定向的吸引作用，形成 X—H…Y 结构，其中 H 原子与 Y 原子间的静电吸引作用(虚线所示) 称为**氢键**(hydrogen bond)。X、Y 可以是同种元素的原子，如 F—H…F，O—H…O，也可以是不同元素的原子，如 N—H…O。

氢键的强弱与 X、Y 原子的电负性及半径大小有关。X、Y 原子的电负性愈大、半径愈小，形成的氢键愈强。Cl 的电负性比 N 的电负性略大，但半径比 N 大，只能形成较弱的氢键。C 的电负性较小，很难形成氢键。常见氢键的强弱顺序是

F—H…F>O—H…O>O—H…N>N—H…N>O—H…Cl>O—H…S

氢键属于静电作用力，键能一般在 42 $kJ \cdot mol^{-1}$ 以下，它比化学键弱得多，但比 van der Waals 力强。氢键与 van der Waals 力的不同之处在于氢键具有饱和性和方向性。所谓饱和性是指 H 原子形成 1 个共价键后，通常只能再形成 1 个氢键。这是因为 H 原子半径比 X、Y 原子小得多，当形成 X—H…Y 后，第二个 Y 原子再靠近 H 原子时，将会受到已形成氢键的 Y 原子电子云的强烈排斥而无法成键。氢键的方向性是指以 H 原子为中心的 3 个原子 X—H…Y 尽可能在一条直线上(图 9-20)，这样 X 原子与 Y 原子间的距离较远，排斥力较小，Y 与 H 的吸引力大，形成的氢键稳定。据上述讨论，可将氢键看作是较强的具有方向性和饱和性的 van der Waals 力。

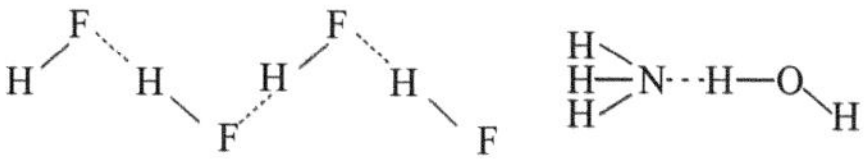

图 9-20　氟化氢、氨水中的分子间氢键

氢键不仅在分子间形成，如氟化氢分子间、氨与水分子间；也可以在同一分子内形成，如图 9-21 所示，硝酸可形成分子内氢键。分子内氢键虽不在一条直线上，但形成了较稳定的环状结构。

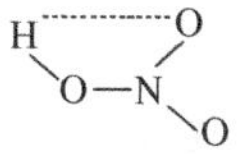

图 9-21　硝酸的分子内氢键

能形成氢键的物质相当广泛，例如许多无机含氧酸和有机羧酸、醇、胺、蛋白质等物质的分子之间都存在着氢键。氢键的形成对物质的性质有一定的影响，因为破坏氢键需要能量，所以在同类化合物中能形成分子间氢键的物质，其沸点、熔点比不能形成分子间氢键的物质高。如ⅤA～ⅦA元素的氢化物中，NH_3、H_2O和HF的沸点比同族其他相对原子质量较大元素的氢化物的沸点高，这种反常行为是由于它们各自的分子间形成了氢键。而分子内形成氢键，一般使化合物的沸点和熔点降低。

氢键的形成也影响物质的溶解度，若溶质和溶剂间形成氢键，可使溶解度增大，例如氨、乙醇等与水都可形成分子间氢键，所以氨、乙醇在水中溶解度很大；若溶质分子内形成氢键，则在极性溶剂中溶解度减小，而在非极性溶剂中溶解度增大。如邻硝基苯酚分子可形成分子内氢键，对硝基苯酚分子因硝基与羟基相距较远不能形成分子内氢键，但它能与水分子形成分子间氢键，所以邻硝基苯酚在水中的溶解度比对硝基苯酚溶解度小。

氢键在生命过程中具有非常重要的意义。一些生物高分子物质如蛋白质和核酸分子中都含有氢键，氢键在决定蛋白质和核酸等分子的结构方面起着极为重要的作用。在这些分子中，一旦氢键被破坏，分子的空间结构就会发生改变，生物活性就会丧失。

知识拓展

纳米材料

纳米(nm)和米、微米等单位一样，是一种长度单位，1nm等于10^{-9}米，约比化学键长大一个数量级。纳米科技是研究由尺寸在0.1～100nm的物质组成的体系的运动规律和相互作用，以及可能的实际应用中的技术问题的科学技术。可衍生出纳米电子学、机械学、生物学、材料学加工学等。

纳米材料是指三维空间尺度至少有一维处于纳米量级(1～100nm)的材料，它是由尺寸介于原子、分子和宏观体系之间的纳米粒子所组成的新一代材料。由于其组成单元的尺度小，界面占用相当大的成分。因此，纳米材料具有多种特点，这就导致由纳米微粒构成的体系出现了不同于通常的大块宏观材料体系的许多特殊性质。纳米体系使人们认识自然又进入一个新的层次，它是联系原子、分子和宏观体系的中间环节，是人们过去从未探索过的新领域，实际上由纳米粒子组成的材料向宏观体系演变过程中，在结构上有序度的变化，在状态上的非平衡性质，使体系的性质产生很大的差别，对纳米材料的研究将使人们从微观到宏观的过渡有更深入的认识。

纳米颗粒往往具有很大的比表面积，这使得它们可作为高活性的吸附剂和催化剂，在氢气贮存、有机合成和环境保护等领域有着重要的应用前景。经过几十年对纳米技术的研究探索，现在科学家已经能够在实验室操纵单个原子，纳米技术有了飞跃式的发展。纳米技术的应用研究正在半导体芯片、癌症诊断、光学新材料和生物分子追踪4大领域高速发展。可以预测：不久的将来纳米金属氧化物半导体场效应管、平面显示用发光纳米粒子与纳米复合物、纳米光子晶体将应运而生；用于集成电路的单电子晶体管、记忆及逻辑元件、分子化学组装计算机将投入应用；分子、原子簇的控制和自组装、量子逻辑器件、分子电子器件、纳米机器人、集成生物化学传感器等将被研究制造出来。纳米技术目前从整体上看虽然仍然处于实验研究和小规模生产阶段，但从历史的角度看：上世纪 70 年代重视微米科技的国家如今都已成为发达国家。当今重视发展纳米技术的国家很可能在 21 世纪成为先进国家。纳米技术对我们既是严峻的挑战，又是难得的机遇。必须加倍重视纳米技术和纳米基础理论的研究，为我国在 21 世纪实现经济腾飞奠定坚实的基础。整个人类社会将因纳米技术的发展和商业化而产生根本性的变革。

本章小结

分子或晶体中相邻原子或离子间强烈的相互作用力称为化学键，化学键一般可以分为离子键、共价键和金属键三种类型。本章重点介绍了共价键理论。现代价键理论认为，只有自旋方向相反的单电子可以配对形成共价键，这两个单电子欲形成稳定的共价键，其原子轨道必须进行最大程度的重叠，这使得共价键具有方向性和饱和性。

根据成键时原子轨道的重叠方式不同，共价键可以分为 σ 键和 π 键；根据共用电子对由成键原子提供的方式不同，共价键可分为正常共价键和配位共价键(简称配位键)，要形成配位键必须同时具备两个条件：一个成键原子的价电子层有孤对电子；另一个成键原子的价电子层有空轨道。配位键形成以后，与正常共价键没有区别。键能、键长、键角及键的极性可以表征共价键的性质，称为键参数。

杂化轨道理论认为，在形成分子时，中心原子中能量相近的不同类型原子轨道进行重新组合，形成能量、形状和方向与原子轨道不同的杂化轨道。杂化轨道的成键能力增强。按参与杂化的原子轨道的种类可分为 sp 型杂化和 spd 型杂化；按照杂化后形成的杂化轨道的能量是否相同，轨道的杂化可分为等性杂化和不等性杂化。杂化类型不同，成键后所形成的分子具有不同的空间构型。

价层电子对互斥理论认为，一个中心原子 A 与周围的原子 B(配位原子)形成共价分子 AB_n 的价电子对，由于其相互排斥作用而趋向于尽可能彼此远离，分子尽可能采取对称结构。运用价层电子对互斥理论可以方便地预测以共价键形成的多原子分子或多原子离子的空间构型。

分子轨道理论认为，原子在形成分子时，所有电子都有贡献。n 个原子轨道可以线性组合成 n 个分子轨道，其中一半是能量低于原子轨道的成键分子轨道，另一半是能量高于原子轨道的反键分子轨道。原子轨道线性组合成分子轨道时遵循对称性匹配原则、能量近似原则和轨道最大重叠原则。根据同核双原子分子的分子轨道能级图和电子排布原则，可以写出简单双原子分子的分子轨道式。应用分子轨道理论可以说明同核双原子分子的结构、磁性和稳定性。

分子与分子之间存在一种较弱的相互作用力，称为分子间作用力。分子间作用力按产生的原因和特点可分为取向力、诱导力和色散力。在非极性分子之间只有色散力；在极性分子与非极性分子之间，既有诱导力也有色散力；在极性分子之间，取向力、诱导力和色散力都存在。对于大多数分子，色散力是主要的。氢键是有方向性和饱和性的一种分子间作用力，可分为分子间氢键和分子内氢键两种类型。氢键在生物体内的生理、生化过程中起着十分重要的作用。

习　　题

1. 解释和区别下列名词

(1) σ 键与 π 键　　(2) 共价键与配位键　　(3) 键能与解离能

(4) 等性杂化与不等性杂化　　(5) 成键轨道与反键轨道　　(6) 永久偶极与瞬间偶极

2. 结合 HCl 分子的形成，说明共价键的形成条件，并解释共价键为什么具有方向性和饱和性。

3. N_2 和 CO 分子内都有共价叁键，但两者性质差别很大，两种分子内的共价叁键有何不同？

4. 指出下列分子中，中心原子可能采取的杂化类型并预测分子的几何构型。

(1) CCl_4　(2) BCl_3　(3) H_2S　(4) CO_2　(5) $HgCl_2$

5. SiF_4 是四面体形，键角为 109°28′，PCl_3 的空间构型为三角锥形，键角略小于 109°28′，试用杂化轨道理论加以说明。

6. 下列物质哪些是极性分子？哪些是非极性分子？

(1) HBr　(2) PCl_3　(3) CO_2　(4) CCl_4　(5) $CHCl_3$

7. 分子间作用力有几种类型？它们是怎样产生的？

8. 说明下列各组分子间存在哪些作用力？

(1) HCl 分子间　　(2) He 分子间　　(3) H_2O 分子间

(4) HCl 与 N_2 分子间　(5) 苯和 CCl_4 之间　(6) CH_3OH 和 H_2O 之间

9. 下列化合物中是否存在氢键？若存在氢键，指出是分子内氢键还是分子间氢键。

(1) NH_3　　(2) H_3BO_3　　(3) CFH_3

(4) 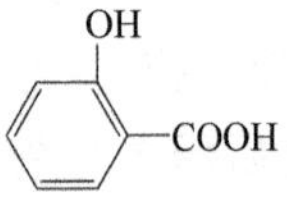

(5) 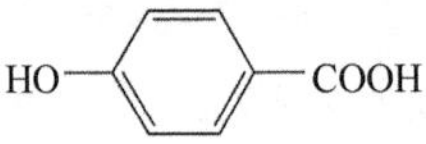

10. 今有双原子分子或离子：Li_2，Be_2，CO^-，O_2，O_2^-

(1) 写出它们的分子轨道式；

(2) 计算它们的键级，判断其中哪个最稳定、哪个最不稳定；

(3) 判断哪些分子是顺磁性、哪些分子是反磁性的。

11. 用 VB 法和 MO 法分别说明为什么 H_2 能稳定存在而 He_2 不能稳定存在？

12. 预测下列分子的空间构型，指出电偶极矩是否为零，并判断分子的极性。

(1) SiF_4　(2) NF_3　(3) BCl_3　(4) H_2S　(5) $CHCl_3$

13. 下列各对分子中，哪个分子的极性较强？简单说明原因。

(1) HCl 和 HI　(2) H_2S 和 H_2O　(3) NH_3 和 PH_3　(4) CH_4 和 SiH_4　(5) CH_4 和 $CHCl_3$　(6) HF 和 NF_3

14. 已知稀有气体的沸点如下，试说明沸点递变的规律及原因。

物质名称	He	Ne	Ar	Kr	Xe
沸点(K)	4.26	27.26	87.46	120.26	166.06

15. 试说明为什么常温下 F_2 和 Cl_2 是气体，Br_2 是液体，而 I_2 为固体？

16. 将下列每组分子间存在的氢键按照由强到弱的顺序排列。

(1) HF 与 HF　(2) H_2O 与 H_2O　(3) NH_3 与 NH_3

17. Which of the following can form hrdrogen bonds with water?

CH_4，F^-，HCOOH，Na^+

18. Predict the geometry of ICl_4 using VSEPR theory.

19. Determine the hybridization state of the central atom in each of the following molecules: (a) $HgCl_2$, (b) AlI_3 and (c) PF_3. Describe the hybridization process and determine the molecular geometry in each case.

（高宗华）

第十章 配位化合物

生物体内存在一类结构非常复杂的化合物，这类化合物的分子中所包含的元素种类和原子的个数比较多，且中心原子以配位键与其他原子结合，这就是配位化合物。配位化合物是一类具有特殊化学结构、应用极为广泛的化合物。众所周知，生物体中含有多种金属元素，它们对生物体的健康意义重大。研究表明，金属元素多是与蛋白质、核酸等结合成配合物而发挥作用。例如，人体内起输氧作用的血红素是含 Fe^{2+}的配合物，对血液起凝固作用的刀豆球蛋白是Mn^{2+}和Mg^{2+}的配合物，影响体内糖代谢的胰岛素是含Zn^{2+}的配合物，维生素B_{12}是Co^{3+}的配合物等。在治疗方面，钙和EDTA能形成稳定的配合物，可用EDTA的二钠盐治疗血钙过多；二巯基丙醇能与 Pb^{2+}、Cd^{2+}、Hg^{2+}结合形成配合物，因而可做金属离子的解毒剂等。那么，与一般分子相比，配合物的结构有哪些特征？在溶液中又能表现哪些性质差别？本章将围绕这些基本问题，介绍配合物的一些基本知识，包括配合物的组成、命名、结构、配位平衡、螯合效应及其在生物医药领域中的应用等内容。

学习要求

1. 掌握配合物的组成(中心原子、配体、配位数、内界、外界)和命名，掌握配位平衡的移动及相关计算；
2. 熟悉配合物的价键理论，配合物的异构现象以及螯合效应与影响因素；
3. 了解配合物在生物医药学领域中的应用。

第一节 配位化合物

一、配位化合物的组成

(一)配合物的定义

什么是配合物？让我们先看以下实验：向盛有$CuSO_4$溶液的试管中逐滴滴加$6mol \cdot L^{-1}$的氨水，开始时有天蓝色$Cu(OH)_2$沉淀生成，继续滴加氨水，沉淀逐渐消失，得深蓝色澄清溶液。向此溶液中加入适量乙醇，可析出深蓝色结晶。X 射线分析显示，该深蓝色结晶的化学组成是$[Cu(NH_3)_4]SO_4 \cdot H_2O$。电导实验证明，在水溶液中，该化合物的分子可解离为两个带电荷的粒子。向该结晶的水溶液中加入NaOH溶液，既无气体也无沉淀生成；但若加入$BaCl_2$溶液，则有白色沉淀析出。这说明溶液中存在着大量的SO_4^{2-}，但Cu^{2+}和NH_3分子的量很少。这个实验说明，$[Cu(NH_3)_4]SO_4 \cdot H_2O$ 在水溶液中可以完全解离为$[Cu(NH_3)_4]^{2+}$ 和 SO_4^{2-}，但是$[Cu(NH_3)_4]^{2+}$却以一个复杂离子的形式存在，不易发生解离。

这里，$[Cu(NH_3)_4]^{2+}$是由具有空轨道的Cu^{2+}与 4 个NH_3分子以配位键结合而成的。像

$[Cu(NH_3)_4]^{2+}$ 这种由金属阳离子(或原子)与一定数目的阴离子或中性分子以配位键结合形成的复杂离子(或分子)称为**配离子(或配位分子)**。含有配离子的化合物和配位分子称为**配合物**(coordination compound)。带正电荷的配离子称为**配阳离子**，如$[Cu(NH_3)_4]^{2+}$、$[Ag(NH_3)_2]^+$ 等；带负电荷的配离子称为**配阴离子**，如$[Fe(NCS)_4]^-$。配合物可以是酸、碱、盐，也可以是电中性的配位分子。如$[Cu(NH_3)_4]SO_4$、$[Cu(NH_3)_4](OH)_2$、$H_2[Pt(Cl)_6]$、$[Ni(CO)_4]$、$K_3[Fe(CN)_6]$都是配合物。

(二)配合物的组成

大多数配合物由配离子和与其带有相反电荷的离子组成。其中，配离子部分是配合物的特征部分，称为**内界**(inner sphere)，例如$[Cu(NH_3)_4]^{2+}$，在配合物的化学式中通常写在方括号之内。与配离子带相反电荷的离子部分称为**外界**(outer sphere)，例如 SO_4^{2-}。内界与外界之间以离子键结合，在水溶液中可完全解离；而内界中各原子之间以共价键与配位共价键结合，很难解离。内界与外界所带电荷总量相等、电性相反，整个配合物显电中性。以$[Cu(NH_3)_4]SO_4$为例，其组成可表示为

[Cu　(NH₃)₄]　SO₄

中心原子　配体

内界　　外界

配合物

注意：配位分子只有内界，没有外界。

1. 中心原子　内界中，具有空轨道能够接受孤对电子的阳离子(或原子)称为中心原子(central atom)。它是配离子的核心部分，位于配离子的几何中心。绝大多数的中心原子是过渡金属的阳离子，特别是铁系、铂系、第ⅠB、第ⅡB 族元素离子，例如$[Cu(NH_3)_4]^{2+}$、$[Fe(CN)_6]^{3-}$中的 Cu^{2+}和 Fe^{3+}；少数高氧化态的非金属元素也可做中心原子，例如$[SiF_6]^{2-}$中的 Si(Ⅳ)。注意，这里的中心原子是一个广义概念，既可以是离子，也可以是电中性的原子，例如$[Ni(CO)_4]$的中心原子就是电中性的 Ni 原子。

2. 配体与配位原子　配合物中，能够提供孤对电子或者 π 电子，与中心原子以配位键结合的阴离子或中性分子称为**配体**(ligand)，如$[Cu(NH_3)_4]^{2+}$、$[SiF_6]^{2-}$和$[Ni(CO)_4]$中的 NH_3、F^-和 CO 都是配体。配体中向中心原子提供孤对电子形成配位键的原子称为**配位原子**(ligating atom)，如 NH_3 中的 N 原子、F^-中的 F 原子、CO 中的 C 原子等。配位原子一般位于元素周期表的右上角，其中，最重要的是 N 和 O，其次是 C、P、S、X(卤素)等元素。

根据配位原子数目的多少，配体可分为**单齿配体**(monodentate ligand)和**多齿配体**(multidentate ligand)。像 NH_3、F^-、CO 这种只含有一个配位原子的配体称为单齿配体，含有两个或两个以上配位原子的配体称为多齿配体。其中，配原子的数目称为**齿数**(number of dentate)。如乙二胺 $H_2N—CH_2—CH_2—NH_2$(简写为 en)中，两个 N 原子均为配原子，故齿数为 2，该配体为双齿配体；而乙二胺四乙酸根(简写为 EDTA)中，有六个配原子(分别为 2 个$-NH_2$ 中的 N 原子和 4 个—COO—中的 O 原子，如表 10-1 所示)，故齿数为 6，该配体为六齿配体。

有些配体虽然含有两个配位原子，但配位原子间距离太近，只能利用其中一个配位原

表10-1　常见的配体

类型	配位原子	实例
单齿配体	C	CN^-，　CO
	N	NH_3，　NH_2^-，　NO_2^-，　NCS^-，　C_5H_5N，　RNH_2
	O	H_2O，　OH^-，　ONO^-，　$RCOO^-$，
	P	PH_3，　PR_3，　PX_3
	S	SCN^-，　RSH，　$S_2O_3^{2-}$
	X	F^-，　Cl^-，　Br^-，　I^-
双齿配体	N	$H_2NCH_2CH_2NH_2$，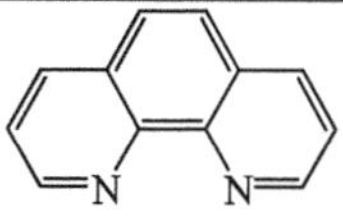，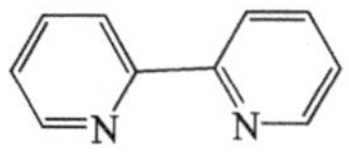 乙二胺(en)　邻菲罗啉，联吡啶
	O	$C_2O_4^{2-}$，　草酸根(ox)
	N，O	$H_2NCH_2COO^-$　氨基乙酸根(gly)
三齿配体	N	$NH_2(CH_2)_2NH(CH_2)_2NH_2$　二乙基三氨
四齿配体	N，O	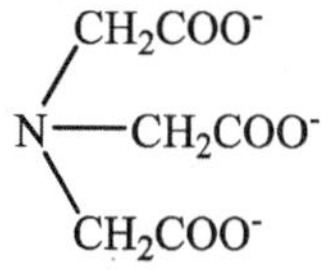 氨三乙酸根(NTA)
五齿配体	N，O	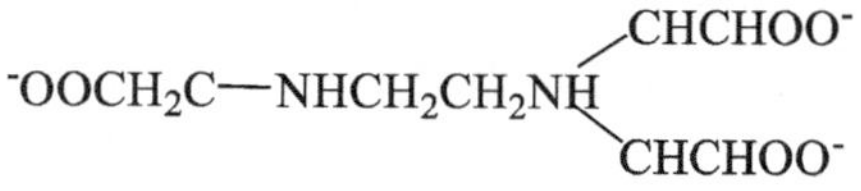 乙二胺三乙酸根
六齿配体	N，O	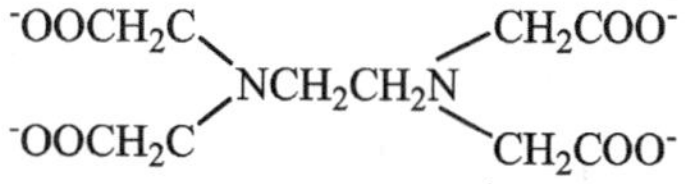 乙二胺四乙酸根(Y^{4-})

子与同一中心原子形成配位键，这类配体称为**两可配体**(ambidentate ligand)。例如化学式NO_2^-，其中N和O原子均可参与形成配位键，但是当与同一中心原子形成配位键时，只能选择其中一个原子作为配位原子。如果N原子作为配位原子，则记为NO_2^-，称为硝基；如果O原子作为配位原子，则记为ONO^-，称为亚硝酸根。再比如，化学式NCS^-，N和S原子均可作为配原子，当S原子作为配位原子时，记为SCN^-，称为硫氰根；N原子作为配位原子时，记为NCS^-，称为异硫氰根。注意，因两可配体与同一中心原子配位时，只能选用其中的一个配位原子，与同一中心原子只能形成一个配位键，故仍属于单齿配体。

3. 配位数　配离子(或配位分子)中，直接与中心原子以配位键结合的配位原子的数目称为该中心原子的**配位数**(coordination number)，即配体与中心原子形成的配位键的数目。对于单齿配体，因为一个配体只能与中心原子形成一个配位键，所以配位数与配体的数目相等。例如，$[Cu(NH_3)_4]^{2+}$配离子，中心原子的配位数是4。对于多齿配体，中心原子的配位数等于配体数目与齿数的乘积。例如，$[Cu(en)_2]^{2+}$配离子中，en属于双齿配体，每个en分子均可以与中心原子形成两个配位键，2个en配体总共可以形成4个配位键，所以中心原子Cu^{2+}的配位数是$2\times2=4$。注意，当配离子(或配位分子)中存在多种配体时，中心原子的配位数为所有配体与中心原子形成的配位键的总和。例如$[Co(en)_2(NH_3)Cl]^{2+}$中，存在三种配体，其中 en 为双齿配体，NH_3和Cl^-均为单齿配体，中心原子Co^{3+}的配位数是$2\times2+1+1=6$。一般中心原子的配位数为 2、4、6、8 等偶数，其中最常见的是 6 和 4，而 5、7 等奇数或者更高的配位数较少见。一些金属离子常见的配位数，见表 10-2。

表10-2　某些金属离子的常见配位数

配位数	金属离子	实例
2	Ag^+、Cu^+、Au^+	$[Ag(NH_3)_2]^+$、$[Cu(CN)_2]^-$
4	Cu^{2+}、Zn^{2+}、Cd^{2+}、Hg^{2+}、Al^{3+}、Sn^{2+}、Pb^{2+}、Co^{2+}、Ni^{2+}、Pt^{2+}	$[Cu(NH_3)_4]^{2+}$、$[Zn(CN)_4]^{2-}$、$[AlCl_4]^-$ $[Ni(CN)_4]^{2-}$、$[PtCl_4]^{2-}$
6	Cr^{3+}、Al^{3+}、Pt^{4+}、Fe^{3+}、Fe^{2+}、Co^{3+}、Co^{2+}、Ni^{2+}、Pb^{4+}	$[Cr(NH_3)_4Cl_2]^+$、$[AlCl_4]^-$、$[PtCl_6]^{2-}$、$[Co(NH_3)_2(H_2O)Cl_2]$、$[Fe(CN)_6]^{3-}$

一般而言，配位数的大小取决于中心原子和配体的性质(电荷、体积和核外电子排布等)，其本质原因可从静电相互作用、空间效应等方面考虑。从静电相互作用方面考虑，当配体相同时，中心原子所带电荷越多，对配体的吸引力越强，越容易形成配位数大的配离子。如Pt^{2+}与Cl^-可形成配位数为 4 的$[PtCl_4]^{2-}$，而Pt^{4+}与Cl^-可形成配位数为 6 的$[PtCl_6]^{2-}$。当中心原子相同时，配体所带电荷越多，配体间的静电排斥力越大，越不容易形成配位数大的配离子。如Ni^{2+}与NH_3可形成配位数为 6 的$[Ni(NH_3)_6]^{2+}$，而Ni^{2+}与CN^-只能形成配位数为 4 的$[Ni(CN)_4]^{2-}$。从空间效应方面考虑，中心原子的半径越大，其周围可容纳的配体越多，越容易形成配位数大的配离子。例如，Al^{3+}与F^-可形成配位数为 6 的$[AlF_6]^{3-}$，而半径比较小的 B(Ⅲ)与F^-只能形成配位数为 4 的$[BF_4]^-$。当中心原子相同时，配体的体积越小，中心原子周围可容纳的配体越多，越容易形成配位数大的配离子。例如，半径较小的F^-与Al^{3+}可形成配位数为 6 的$[AlF_6]^{3-}$，而半径较大的Cl^-只能形成配位数为 4 的$[AlCl_4]^-$。

此外，中心原子的配位数还与配合物形成时的外界条件有关，尤其是溶液的浓度、温度及 pH。

注意，尽管配位数的大小受到上述因素的影响，但是对某些中心原子而言，常有一些特征配位数。一般地，配位数等于中心原子所带电荷数的两倍。例如以Ag^+为中心原子形成的配合物，配位数一般都是 2。以Cu^{2+}为中心原子形成的配合物，配位数一般都是 4。

二、配合物的命名

内界与外界的命名次序遵循一般无机化合物的命名原则，即阴离子在前、阳离子在后，阴阳离子之间常缀以“化”、“酸”等连接词。若阴离子是单一元素的离子，常称为“某化某”；若阴离子是由多种元素组成的原子团，则称为“某酸某”；若阳离子全部为氢离子，则命名为“某某酸”；若阴离子全部为氢氧根离子，则命名为“氢氧化某”。

内界的命名是将配体名称列在中心原子之前，配体的数目用二、三、四等数字表示，复杂的配体(如有机配体)名称写在圆括号中，不同配体之间以中圆点“·”分开，在最后一种配体名称之后缀以“合”字，中心原子后以加括号的罗马数字表示其氧化数。即按以下顺序命名，配体数–配体名称–合–中心原子名称(氧化数)。

含有多种配体时，其命名顺序为：先阴离子，后中性分子；先无机配体，后有机配体；若仍然无法区分，则按配位原子元素符号的英文字母顺序排列。例如 NH_3 与 H_2O 同为中性无机配体，按照配位原子 N、O 的英文字母顺序，NH_3 排在前面，H_2O 排在后面。再比如，Br^-与 Cl^-同时与同一中心原子配位时，Br^-排在前面，Cl^-排在后面。

某些配合物的命名实例，见表 10-3。

表10-3　某些配合物的命名实例

类型	化学式	命名
配位酸	$H[BF_4]$	四氟合硼(Ⅲ)酸
	$H_3[AlF_6]$	六氟合铝(Ⅲ)酸
配位碱	$[Zn(NH_3)_4](OH)_2$	氢氧化四氨合锌(Ⅱ)
	$[Cr(OH)(H_2O)_5](OH)_2$	氢氧化羟基・五水合铬(Ⅲ)*
配位盐	$K[Al(OH)_4]$	四羟基合铝 (Ⅲ)酸钾
	$[Co(NH_3)_5(H_2O)]Cl_3$	三氯化五氨・一水合钴(Ⅲ)
	$[Pt(NH_3)_6][PtCl_4]$	四氯合铂(Ⅱ)酸六氨合铂(Ⅱ)
配位分子	$[Ni(CO)_4]$	四羰基合镍
	$[PtCl_2(NH_3)_2]$	二氯・二氨合铂(Ⅱ)

*配体个数为 1 时，"一" 可以省略不写。

注意，有些常见的配合物，除上述系统命名之外，常沿用一些习惯叫法，如$[Cu(NH_3)_4]^{2+}$习惯上也叫做铜氨配离子，$[Ag(NH_3)_2]^+$习惯叫做银氨配离子，$K_3[Fe(CN)_6]$叫做铁氰化钾(赤血盐)，$K_4[Fe(CN)_6]$叫做亚铁氰化钾(黄血盐)等。

三、配合物的异构现象

配合物的**异构现象**(isomerism)是指化学组成完全相同的一些配合物，由于原子间的连接方式及配体在空间的排列方式不同而引起结构和性质不同的现象。配合物的异构现象，不仅影响其物理和化学性质，而且与配合物的稳定性和键的性质也有密切关系。一般可分为构造异构和立体异构。

(一)构造异构

构造异构是指配合物的化学式相同，但是成键原子连接方式不同而形成的异构体，主要包括水合异构、电离异构和键合异构。

水合异构是指化学组成相同，但水分子在配合物的内界和外界分布不同的异构体，例如$[Co(H_2O)_6]Cl_3$(紫色)和$[Co(H_2O)_5Cl]Cl_2·H_2O$(绿色)。水合异构体的物化性质和热稳定性都有很大的差别。

电离异构是由于阴离子在配合物的内界和外界分布不同而引起的异构现象。例如$[Co(SO_4)(NH_3)_5]Br$(红色)与$[CoBr(NH_3)_5]SO_4$(紫色)。由于在水溶液中解离得到不同的离子，所以电离异构在化学性质方面差异很大。

键合异构是指同一种配体(通常是两可配体)与中心原子配位时，由于配位原子不同而造成的异构现象。例如$[Co(NO_2)(NH_3)_5]^{2+}$(黄色)与$[Co(ONO)(NH_3)_5]^{2+}$(红色)，前者配体NO_2^-是以 N 原子为配位原子，而后者配体ONO^-是以 O 原子为配位原子。

(二)立体异构

立体异构是指化学式和成键原子连接方式都相同，仅原子在空间的排列方式不同而引起的异构现象。通常包括几何异构和旋光异构两大类。

几何异构也称为顺反异构，配体可占据中心原子周围不同位置。几何异构主要发生在配位数为 4 的平面正方形和配位数为 6 的八面体配合物中。最典型的代表是$[PtCl_2(NH_3)_2]$，如图 10-1，(a)中相同的配体处于相邻的位置，称为顺式结构；(b)中相同的配体处于相对的位置，称为反式结构。几何异构体可用偶极矩、晶体 X 射线衍射、可见–紫外吸收光谱和拆分等方法进行鉴别，其中 X 射线晶体衍射方法最常用。

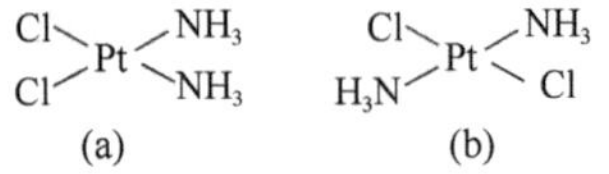

图 10-1　顺铂与反铂的结构

(a)顺式，有抗癌活性；(b)反式，无抗癌活性

旋光异构指当一种分子具有与它的镜像不能重叠的结构时产生的异构现象，形成具有光学活性的两种旋光异构体(也成对映体)。旋光异构体一般物理化学性质相同，但对偏振光的光学活性不同，从而在生物体内的生理功能产生差别。

第二节　配合物的价键理论

配合物的化学键理论，主要是研究中心原子与配体之间配位键的本质，以此来解释配合物的物理化学性质，如配位数、几何结构以及磁学、光学、热力学和动力学等性质。科学家们曾提出多种配合物的化学键理论，主要有静电理论、价键理论、晶体场理论和配位场理论等。其中，**价键理论**(valence bond theory，VB)能较好地说明许多配合物在基态时的配位数、几何构型、磁性和一些反应活性等问题。

一、价键理论的基本要点

1931 年，美国化学家 Pauling L 将杂化轨道理论引入配合物领域，提出了配合物的价键理论，基本要点如下：

(1)中心原子与配位原子以配位键键合，成键时，中心原子提供价层空轨道，配位原子提供孤对电子。

(2)在形成配位键的过程中，中心原子能量相近的价层轨道首先进行杂化，以杂化轨道与配位原子的孤对电子轨道在键轴方向重叠形成 σ 配位键。

(3)配合物的空间构型、稳定性和中心原子的配位数，取决于中心原子所提供杂化轨道的数目和类型。表 10-4 列出了常见的配合物的空间构型与杂化方式之间的关系。

表10-4　常见的配合物的空间构型与杂化方式

配位数	杂化方式	空间构型	实　例
2	sp	直线	$[Ag(NH_3)_2]^+$、$[AgCl_2]^-$、$[Au(CN)_2]^-$
3	sp^2	平面三角形	$[HgI_3]^-$
4	sp^3	四面体	$[Ni(CO)_4]$、$[Cd(CN)_4]^{2-}$、$[ZnCl_4]^{2-}$、$[Ni(NH_3)_4]^{2+}$
	dsp^2	平面四方形	$[Ni(CN)_4]^{2-}$、$[PtCl_4]^{2-}$、$[Pt(NH_3)_2Cl_2]$
5	d^2sp^2	四方锥	$[SbCl_5]^{2-}$
	dsp^3	三角双锥	$[CuCl_5]^{2-}$、$[Fe(CO)_5]$
6	sp^3d^2	八面体	$[FeF_6]^{3-}$、$[Fe(NCS)_6]^{3-}$、$[Co(NH_3)_6]^{2+}$、$[Ni(NH_3)_6]^{2+}$
	d^2sp^3	八面体	$[Fe(CN)_6]^{3-}$、$[Co(NH_3)_6]^{3+}$、$[Fe(CN)_6]^{4-}$、$[PtCl_6]^{2-}$

二、外轨配合物和内轨配合物

根据中心原子杂化时提供的空轨道的不同，配合物可分为**外轨型配合物**(outer–orbital coordination compound)和**内轨型配合物**(inner–orbital coordination compound)。杂化时，如果中心原子的空轨道全部来自于最外电子层(ns、np、nd)，则形成外轨型配合物；如果中心原子的空轨道还包含次外层 d 轨道($(n-1)$d、ns、np)，则形成内轨型配合物。例如表 10-4 中，$[FeF_6]^{3-}$的中心原子以最外层的 ns、np、nd 组成杂化轨道 sp^3d^2，因此是外轨型配合物；而$[Fe(CN)_6]^{3-}$的中心原子以次外层的$(n-1)$d 与最外层的 ns、np 组成杂化轨道 d^2sp^3，因此是内轨型配合物。

配合物到底是外轨型还是内轨型，主要取决于中心原子价电子构型和配原子的电负性。中心原子的价电子构型若为 $(n-1)d^{10}$，则无空的 d 轨道，只能采用最外层轨道参与杂化，从而形成外轨型配合物；若为 $(n-1)d^8$，大多数情况下形成内轨型配合物；若为 $(n-1)d^{4\sim7}$，既可形成内轨型又可形成外轨型配合物；若为 $(n-1)d^{1\sim3}$，则至少有两个空的次外层 d 轨道，一般形成内轨型配合物。如果配原子的电负性较大，如 F、O、X(卤素原子)等，通常不容易给出电子，倾向于占据中心原子最外层空轨道，形成的往往是外轨型配合物；而电负性较小的原子如 C 等作为配位原子时，容易给出孤对电子，对中心原子的电子排布影响较大，易使中心原子$(n-1)$d 电子重排，得到空的次外层 d 轨道，从而形成内轨型配合物。下面分别以$[Ag(NH_3)_2]^+$、$[Fe(H_2O)_6]^{3+}$和$[Fe(CN)_6]^{3-}$等配合物为例进行说明。

1. $[Ag(NH_3)_2]^+$　在$[Ag(NH_3)_2]^+$中，中心原子 Ag^+的价层电子构型为 $4d^{10}$，无空的$(n-1)$d 轨道，只能形成外轨型配合物。在形成配位键过程中，Ag^+用 1 个 5s 空轨道和 1 个 5p 空轨道进行杂化，形成 2 个 sp 杂化轨道。这 2 个杂化轨道分别接受 2 个 NH_3 中 N 原子提供的孤电子对形成 2 个配位键，从而形成空间构型为直线型的配合物。相关电子排布如下：

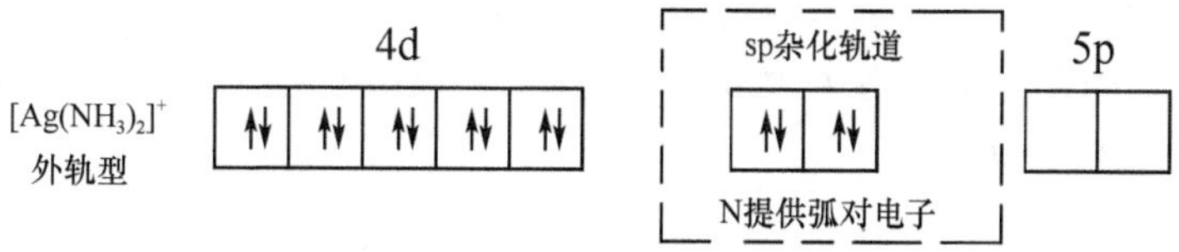

2. $[Fe(H_2O)_6]^{3+}$ 在$[Fe(H_2O)_6]^{3+}$中，Fe^{3+}的价层电子组态为$3d^5$，既可形成内轨型又可形成外轨型配合物。当水分子为配体时，配位原子 O 电负性较大，易形成外轨型配合物。在与 H_2O 形成配位键过程中，Fe^{3+}最外层 1 个 4s 轨道、3 个 4p 轨道和 2 个 4d 轨道进行杂化，形成 6 个 sp^3d^2 杂化轨道。这 6 个杂化轨道分别接受 6 个 H_2O 分子中 O 原子提供的孤电子对形成 6 个配位键，从而形成正八面体配合物。相关电子排布如下：

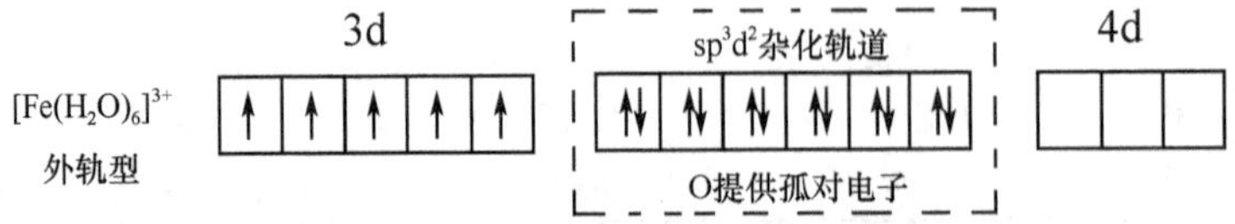

3. $[Fe(CN)_6]^{3-}$ 在$[Fe(CN)_6]^{3-}$中，配体为CN^-，配位原子 C 电负性较小，易形成内轨型配合物。在配体的影响下，Fe^{3+}的 3d 轨道上的电子发生重排，其中的 4 个单电子成对，从而产生了 2 个空的 3d 轨道，这两个 3d 轨道与最外层的 1 个 4s 轨道、3 个 4p 轨道进行杂化，形成 6 个 d^2sp^3 杂化轨道。这 6 个杂化轨道再与CN^-中的 C 形成 6 个配位键，从而形成正八面体配合物。相关电子排布如下：

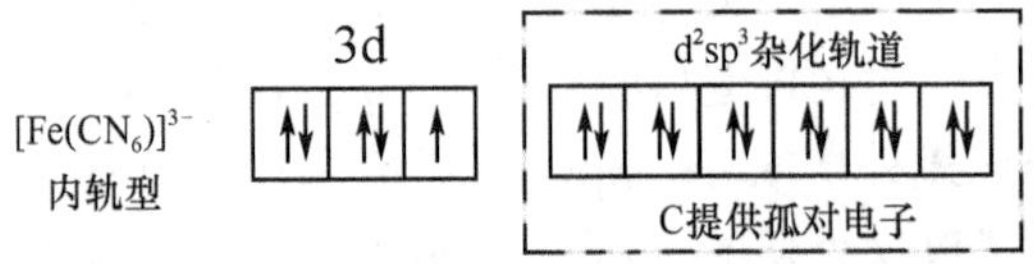

注意，以上只是一些推测经验，对于某一配合物到底是内轨型还是外轨型，需要通过实验研究来予以确认。

三、配合物的磁矩

通常所说的配合物的磁性包括顺磁性与反磁性。它与配合物中电子的自旋运动有关。量子力学认为，电子有两种不同方向的自旋，可用自旋量子数来描述，它决定了电子自旋角动量在外磁场方向上的分量。处于同一原子轨道上的两个电子，自旋相反，磁矩可相互抵消。因此，如果一个配合物中有未成对电子(单电子)，电子自旋产生的磁矩不能相互抵消，在外磁场中表现为自旋磁矩在一定程度上与外磁场强度方向一致的定向排列现象，这就是顺磁性；如果一个配合物中没有单电子，所有成对电子的自旋磁矩相互抵消，则表现为反磁性。配合物的顺磁性与反磁性可用磁矩(μ)来表示，若 $\mu > 0$，表明配合物具有顺磁性；若 $\mu = 0$，表明配合物具有反磁性。

配合物的磁矩(μ)与单电子数(n)之间有如下近似关系

$$\mu \approx \sqrt{n(n+2)}\mu_B \tag{10.1}$$

其中，μ_B 是 Bohr 磁子(Bohr magnetion)，数值为 $9.27\times10^{-24}A \cdot m^2$。

由上式可见，配合物中单电子越多，磁矩越大。单电子数为 0～5 时，磁矩理论值的相对值(μ/μ_B)，如表 10-5 所示。

表10-5 单电子数与磁矩理论值的相对值

n	0	1	2	3	4	5
μ/μ_B	0.00	1.73	2.83	3.87	4.90	5.92

根据上述公式，如果已知单电子数，即可计算理论磁矩；相反，如果已知磁矩，则可推知单电子数，从而推测相关电子排布。

在配合物中，如果配体和外界离子的电子都已成对，那么配合物的单电子数就等于中心原子的单电子数。因此，通过实验测定配合物的磁矩，即可确定中心原子的单电子数，再与基态中心原子的核外电子排布相比较，即可推知配合物中中心原子的杂化类型、配合物的空间构型以及该配合物是内轨型配合物还是外轨型配合物。表 10-6 列出了几种配合物的相对磁矩(μ/μ_B)实验值，据此可以判断配合物的类型。

表10-6 几种配合物的单电子数与相对磁矩的实验值

配合物	中心原子的 d 电子	μ/μ_B	单电子数	配合物类型
$[Fe(H_2O)_6]SO_4$	6	4.91	4	外轨配合物
$K_3[FeF_6]$	5	5.45	5	外轨配合物
$Na_4[Mn(CN)_6]$	5	1.57	1	内轨配合物
$K_3[Fe(CN)_6]$	5	2.13	1	内轨配合物
$[Co(NH_3)_6]Cl_3$	6	0	0	内轨配合物

下面分别以 $K_3[FeF_6]$和 $K_3[Fe(CN)_6]$两个配合物为例进行分析说明。

配合物 $K_3[FeF_6]$的相对磁矩为 5.45，根据公式 10.1 可知，其单电子数为 5。而基态 Fe^{3+}的价电子构型为 $3d^5$，单电子数也是 5。由此可知，形成配合物前后并未改变 Fe^{3+}的 d 电子排布，在配位键的形成过程中，只用了 Fe 的最外层空轨道与 6 个 F^-形成配位数为 6 的配合物，因此推断，中心原子 Fe^{3+}的杂化方式为 sp^3d^2，空间构型为正八面体，属于外轨型配合物。

配合物 $K_3[Fe(CN)_6]$的相对磁矩为 2.13，说明单电子数为 1。而基态 Fe^{3+}的单电子数是 5。由此可知，在配位键的形成过程中，Fe^{3+}的 5 个单电子受到配体的影响，重新排列，只占据了 3 个 d 轨道，空出来的 2 个 d 轨道再加上最外层的 1 个 s 轨道、3 个 p 轨道进行杂化，形成 6 个 d^2sp^3 杂化轨道，与 6 个 CN^-形成配位键，空间构型为正八面体，属于内轨型配合物。

综上所述，价键理论简单明了，易于理解，且较好地解释了配合物的形成过程、空间构型以及某些化学性质和磁性等，在配位化学的发展过程中起了很大的作用。但是，价键理论只能说明配合物在基态时的性质，不能说明配合物的颜色和电子光谱等与激发态有关的性质，在解释某些配合物的稳定性时也遇到了一些困难，因此具有一定的局限性。

第三节 配 位 平 衡

一、配合物的稳定常数

向盛有 $CuSO_4$ 溶液的试管中加入过量氨水，则有$[Cu(NH_3)_4]^{2+}$配离子生成

$$Cu^{2+} + 4NH_3 \longrightarrow [Cu(NH_3)_4]^{2+}$$

由中心原子与配体生成配离子的反应称为配位反应。生成的配离子虽然比较稳定，但是在水溶液中仍能发生一定程度的解离，即

$$[Cu(NH_3)_4]^{2+} \longrightarrow Cu^{2+} + 4NH_3$$

配离子解离出中心原子和配体的反应称为解离反应。在水溶液中配位反应与解离反应同时存在，当配离子的生成速率与解离速率相等时，配离子的浓度保持不变，这种平衡叫做配位平衡。如果将配位平衡写成配离子的生成形式

$$Cu^{2+} + 4NH_3 \rightleftharpoons [Cu(NH_3)_4]^{2+}$$

其平衡常数表达式为

$$K_s = \frac{[Cu(NH_3)_4{}^{2+}]}{[Cu^{2+}]\,[NH_3]^4} \tag{10.2}$$

其中，$[Cu^{2+}]$、$[NH_3]$和$[Cu(NH_3)_4{}^{2+}]$分别为Cu^{2+}、NH_3和$[Cu(NH_3)_4]^{2+}$的相对平衡浓度。此平衡常数越大，说明 Cu^{2+}由游离态向配离子的转化越彻底，在此配位平衡条件下，Cu^{2+}以配离子的形式稳定存在。因此，配位平衡常数又称为配合物的**稳定常数**(stability constant)，以 K_s或 $K_{稳}$表示，是衡量配合物在水溶液中稳定性的量度。对于同类型(配体个数相同)的配离子，K_s 值越大，表示形成配离子的倾向越大，配离子越稳定。例如，298.15K 时，$[Ag(CN)_2]^-$和$[Ag(NH_3)_2]^+$ 的 K_s分别为 1.3×10^{21} 和 1.1×10^7，说明$[Ag(CN)_2]^-$比$[Ag(NH_3)_2]^+$更稳定。

注意，只有相同类型(配体个数相同)的配离子之间，才可以直接通过 K_s的数值来比较其稳定性；不同类型的配离子，由于 K_s表达式不同，尤其是配体浓度的幂指数不同，所以不能直接比较 K_s数值的大小，而需要通过 K_s的表示式进行具体的计算(此情况类似于难溶强电解质的溶度积 K_{sp})。一般配合物的 K_s数值都很大，为方便起见，常用 $\lg K_s$表示配合物的稳定性。

实际上，配离子在水溶液中的生成与解离是分步进行的。例如

$$Cu^{2+} + NH_3 \rightleftharpoons [Cu(NH_3)]^{2+} \qquad k_{s1} = \frac{[Cu(NH_3)^{2+}]}{[Cu^{2+}][NH_3]}$$

$$[Cu(NH_3)]^{2+} + NH_3 \rightleftharpoons [Cu(NH_3)_2]^{2+} \qquad k_{s2} = \frac{[Cu(NH_3)_2{}^{2+}]}{[Cu(NH_3)^{2+}][NH_3]}$$

$$[Cu(NH_3)_2]^{2+} + NH_3 \rightleftharpoons [Cu(NH_3)_3]^{2+} \qquad k_{s3} = \frac{[Cu(NH_3)_3{}^{2+}]}{[Cu(NH_3)_2{}^{2+}][NH_3]}$$

$$[Cu(NH_3)_3]^{2+} + NH_3 \rightleftharpoons [Cu(NH_3)_4]^{2+} \qquad k_{s4} = \frac{[Cu(NH_3)_4{}^{2+}]}{[Cu(NH_3)_3{}^{2+}][NH_3]}$$

以上 k_{s1}、k_{s2}、k_{s3}、k_{s4} 分别对应每一步生成与解离平衡，表示相应配离子在水溶液中的稳定性，故称之为逐级稳定常数。

若将第一、二两步平衡式相加，得

$$Cu^{2+} + 2\,NH_3 \rightleftharpoons [Cu(NH_3)_2]^{2+}$$

其平衡常数用 β_2 表示，表达式为

$$\beta_2=\frac{[Cu(NH_3)_2^{2+}]}{[Cu^{2+}][NH_3]^2}=\frac{[Cu(NH_3)^{2+}]}{[Cu^{2+}][NH_3]}\times\frac{[Cu(NH_3)_2^{2+}]}{[Cu(NH_3)^{2+}][NH_3]}$$

即

$$\beta_2=k_{s1}\cdot k_{s2}$$

这里，β 描述的是由游离态中心原子与配体生成目标配离子的总反应的平衡常数，形式上可表示为逐级稳定常数乘积的形式，故称之为积累稳定常数。

同理，对于 $[Cu(NH_3)_4]^{2+}$ 在水溶液中的生成过程

$$\beta_1=\frac{[Cu(NH_3)^{2+}]}{[Cu^{2+}][NH_3]}=k_{s1}$$

$$\beta_3=\frac{[Cu(NH_3)_3^{2+}]}{[Cu^{2+}][NH_3]^3}=k_{s1}\cdot k_{s2}\cdot k_{s3}$$

$$\beta_4=\frac{[Cu(NH_3)_4^{2+}]}{[Cu^{2+}][NH_3]^4}=k_{s1}\cdot k_{s2}\cdot k_{s3}\cdot k_{s4}=K_s$$

β_4 是上述四步反应相加得到的总反应的平衡常数，其表达式与配位平衡常数 K_s 相同。若配合物以通式 ML_n 表示，溶液中存在 n 个配位平衡，设其逐级稳定常数分别为 k_{s1}、k_{s2}、k_{s3}、…、k_{sn}，则

$$\beta_n=k_{s1}\,k_{s2}\,k_{s3}\ldots k_{sn}$$

由此可见，包含多个配体的配离子，其积累稳定常数等于逐级稳定常数的乘积。第一级累积稳定常数 β_1 与 k_{s1} 相等，最后一级累积稳定常数 β_n 与 K_s 相等，因此 K_s 称为总稳定常数。相比较而言，累积稳定常数在处理配位平衡问题上更为方便，常见的配离子的积累稳定常数见书后附录。

二、配位平衡的移动

配位平衡属于化学平衡的一种，与其他化学平衡一样，也是相对的、有条件的动态平衡。如果改变平衡系统的条件，例如酸度的改变、沉淀剂、氧化/还原剂以及其他金属离子配体的存在，都有可能引起配位平衡的移动甚至转化。

（一）溶液酸度的影响

配合物中，与中心原子以配位键结合的配体均具有孤对电子或者 π 电子，属于质子碱，可接受质子，生成难解离的共轭酸。若增大配位平衡体系的酸度，溶液中游离状态的配体将与质子结合，从而导致配体浓度下降，配位平衡将发生移动，导致配离子解离，稳定性下降。例如

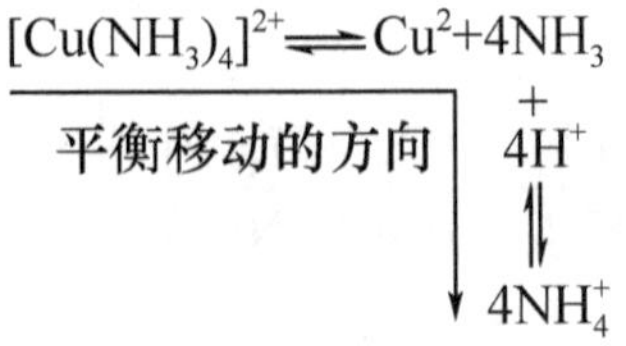

这种因溶液酸度增大而导致配离子解离的作用称为酸效应。酸效应使配离子的稳定性下降。溶液的酸度越强，酸效应越明显，配离子越不稳定。当溶液的酸度一定时，配体的碱性越强，酸效应越明显。

另一方面，配合物的中心原子大多是过渡金属离子，在水溶液中会发生水解，导致中心原子浓度下降，配位平衡向解离方向移动，配离子稳定性下降。例如

$$[FeF_6]^{3-} \rightleftharpoons 6F^- + Fe^{3+}$$

平衡移动的方向 | $3OH^-$

$Fe(OH)_3$

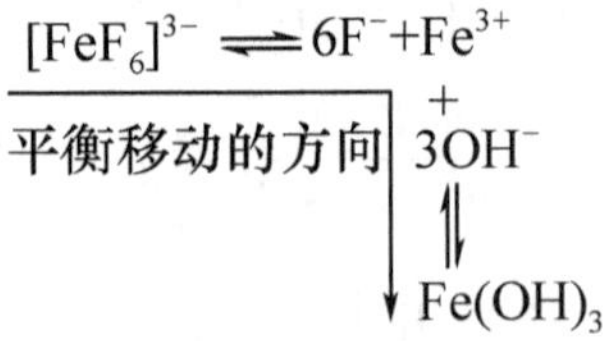

这种因金属离子与溶液中的 OH^- 结合而导致配离子解离的作用称为水解效应。水解效应也使配离子的稳定性下降。溶液的碱性愈强，中心原子氢氧化物的溶解度越小，水解效应越明显，配离子越不稳定。

由以上讨论可知，溶液的酸度对配位平衡的影响是复杂的。从中心原子角度考虑，为避免水解效应，溶液的 pH 越低越好；而从配体角度考虑，为避免酸效应，溶液的 pH 越高越好。对于一个特定的配位平衡，必须综合考虑配离子的稳定性、配体碱性强弱和中心原子氢氧化物的溶解度等因素。因此，为保证配合物的稳定存在，体系的 pH 通常需要维持在一定范围之内。正是因为这个原因，在进行配合物的相关实验中，一般需要使用缓冲溶液。通常，在保证不生成氢氧化物沉淀的前提下，可适当提高溶液 pH，以保证配离子的稳定性。

(二)沉淀平衡的影响

向配位平衡体系中加入沉淀剂，沉淀的生成可以降低某种离子的浓度，从而引起配位平衡的移动。例如，向 $[Ag(NH_3)_2]^+$ 的配位平衡体系中加入 Br^-，会有淡黄色沉淀生成，这将导致溶液中 Ag^+ 的瞬时浓度下降，配位平衡体系将从左向右移动，即配离子发生解离，稳定性下降。该过程可表示如下

$$[Ag(NH_3)_2]^+ \rightleftharpoons 2NH_3 + Ag^+$$

平衡移动的方向 | Br^-

$AgBr$

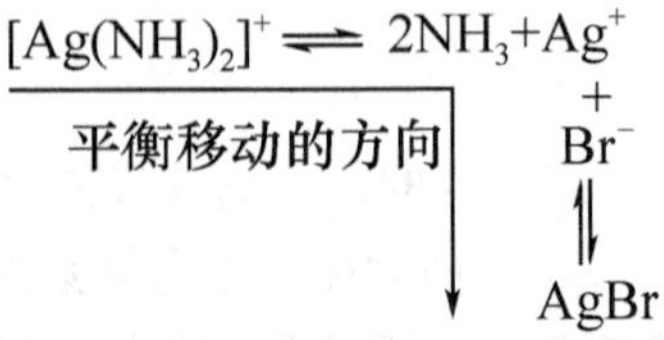

注意，加入沉淀剂并不一定会使得所有的配位平衡体系发生移动，这将取决于配离子的稳定常数 K_s 及难溶物质 K_{sp} 的相对大小。

在上述体系中(向 $[Ag(NH_3)_2]^+$ 溶液中加入 NaBr 溶液)，同时存在配位平衡和沉淀溶解平衡

$$[Ag(NH_3)_2]^+ \rightleftharpoons Ag^+ + 2NH_3$$

$$Ag^+ + Br^- \rightleftharpoons AgBr$$

将两个平衡相加，可得总反应式为

$$[Ag(NH_3)_2]^+ + Br^- \rightleftharpoons AgBr + 2NH_3$$

此总反应式的平衡常数可表示为

$$K = \frac{[NH_3]^2}{[Ag(NH_3)_2^+][Br^-]}$$

将上述表达式的分子分母同乘以$[Ag^+]$，可得

$$K = \frac{[Ag^+][NH_3]^2}{[Ag(NH_3)_2^+][Ag^+][Br^-]} = \frac{1}{K_s[Ag(NH_3)_2^+]\cdot K_{sp}(AgBr)}$$

由上式可见，配离子稳定性越差(K_s越小)，形成的沉淀越难溶(K_{sp}越小)，K值越大，上述总反应式从左向右进行的程度越大，即配位离子越容易解离并转化为沉淀的形式；相反，配离子越稳定，形成沉淀的K_{sp}越大，则K值越小，总反应式从左向右进行的程度越小，中心原子更容易以配离子的形式存在于最终的平衡体系中。上述反应式可以看成配位平衡与沉淀溶解平衡的竞争过程，相应的平衡常数也称为竞争平衡常数，以K表示。在判断任一竞争平衡的移动方向时，可先计算给定条件下竞争反应的反应熵Q，再与K相比较，如果$Q>K$，则平衡向左移动；如果$Q<K$，则平衡向右移动。

例 10-1　计算 298.15K 时，AgCl 在 1L $6mol \cdot L^{-1}$ 氨水溶液中的溶解度(以 $mol \cdot L^{-1}$ 表示)。如果向上述溶液中加入 NaBr 固体使 Br^- 浓度为 $0.1mol \cdot L^{-1}$(假设整个体系的体积不变)，有无 AgBr 沉淀生成？

解　(1) AgCl 溶于氨水溶液中的反应为

$$AgCl(s) + 2NH_3(aq) \rightleftharpoons [Ag(NH_3)_2]^+(aq) + Cl^-(aq)$$

设 AgCl 在 $6.0mol \cdot L^{-1}$ NH_3 溶液中的溶解度为 S $mol \cdot L^{-1}$，

$$AgCl(s) + 2NH_3(aq) \rightleftharpoons [Ag(NH_3)_2]^+(aq) + Cl^-(aq)$$

平衡浓度：　6.0–2S　　S　　S

该反应的平衡常数为

$$K = \frac{[Ag(NH_3)_2^+][Cl^-]}{[NH_3]^2} = \frac{[Ag(NH_3)_2^+][Cl^-]}{[NH_3]^2}\cdot\frac{[Ag^+]}{[Ag^+]}$$

$$=K_s[Ag(NH_3)_2]^+] \cdot K_{sp}(AgCl)$$

$$=1.1\times10^7\times1.77\times10^{-10}=1.95\times10^{-3}$$

将上述平衡浓度带入平衡常数表达式，可得

$$K = \frac{S^2}{(6.0-2S)^2} = 1.95\times10^{-3}$$

$$S = 0.26\,mol \cdot L^{-1}$$

即 298.15K 时，AgCl 在 1L $6.0mol \cdot L^{-1}$ 氨水溶液中的溶解度为 $0.26mol \cdot L^{-1}$。

(2) 假设加入 NaBr 固体后相应体系中有 AgBr 沉淀生成，则总反应式为

$$[Ag(NH_3)_2]^+(aq) + Br^-(aq) \rightleftharpoons AgBr(s) + 2NH_3(aq)$$

各离子的浓度： $S = 0.26$ 0.1 $6.0 - 2S = 5.48$

该反应的平衡常数为

$$K = \frac{[NH_3]^2}{[Ag(NH_3)_2^+][Br^-]} = \frac{1}{K_s[Ag(NH_3)_2^+] \cdot K_{sp}(AgBr)}$$

$$= \frac{1}{1.1 \times 10^7 \times 5.35 \times 10^{-13}} = 1.7 \times 10^5$$

该反应的反应熵为

$$Q = \frac{c^2(NH_3)}{c[Ag(NH_3)_2^+]c(Br^-)} = \frac{5.48^2}{0.26 \times .01} = 11.6$$

$Q < K$，平衡向右移动，即有 **AgBr** 沉淀生成。

(三)其他配位平衡的影响

配位平衡体系中，如果加入其他的配位剂，中心原子有可能与新加入的配位剂生成新的配离子，从而导致原配位平衡发生移动，使得原配离子解离。配离子到底能否转化，取决于两种配离子 K_s 的相对大小，转化的方向总是由 K_s 小的转化成 K_s 大的配合物，即由较不稳定的配离子转化成较稳定的配离子。

例 10-2 在 298.15K 时，反应 $[Zn(NH_3)_4]^{2+} + 4OH^- \rightleftharpoons [Zn(OH)_4]^{2-} + 4NH_3$ 能否正向进行？

解 查表得 298.15K 时，配离子 $[Zn(NH_3)_4]^{2+}$ 的稳定常数 K_{s1} 为 2.88×10^9，配离子 $[Zn(OH)_4]^{2-}$ 的稳定常数 K_{s2} 为 3.16×10^{15}，

上述反应的竞争平衡常数表示为

$$K = \frac{[Zn(OH)_4^{2-}][NH_3]^4}{[Zn(NH_3)_4^{2+}][OH^-]^4} = \frac{[Zn(OH)_4^{2-}][NH_3]^4[Zn^{2+}]}{[Zn(NH_3)_4^{2+}][OH^-]^4[Zn^{2+}]} = \frac{K_{s2}}{K_{s1}} = \frac{3.16 \times 10^{15}}{2.88 \times 10^9} = 1.1 \times 10^6$$

K 值很大，说明在水溶液中由 $[Zn(NH_3)_4]^{2+}$ 转化为 $[Zn(OH)_4]^{2-}$ 的反应是可以实现的。

注意，虽然溶液中两种配位剂的浓度也会影响到竞争反应的反应熵 Q，但是当它们的浓度倍数相差不大时，一般可以不予考虑，我们只需比较反应式两侧配离子的 K_s 值就可以判断反应进行的方向。

(四)氧化还原平衡的影响

配位平衡体系中，如果还存在其他的氧化还原反应，配位平衡有可能受到影响，发生移动，使得配离子解离。例如：向 $[FeCl_4]^-$ 的配位平衡体系中加入 I^-，由于 I^- 能将平衡体系中的 Fe^{3+} 还原成 Fe^{2+}，使 Fe^{3+} 的平衡浓度下降，配位平衡发生移动，配离子稳定性下降。其反应如下

$$\begin{array}{c} \underline{[FeCl_4]^- \rightleftharpoons 4Cl^- + Fe^{3+}} \\ \text{平衡移动的方向} \downarrow \quad \begin{array}{c} + \\ I^- \\ \Updownarrow \\ Fe^{2+} + I_2 \end{array} \end{array}$$

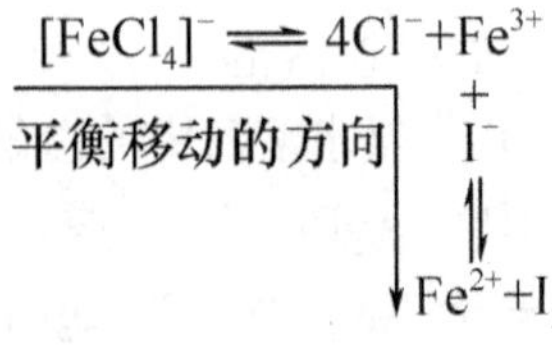

反之，配位平衡也可以影响氧化还原平衡的方向，使原来不可能发生的氧化还原反应在有配体存在条件下发生。

　　例如，水溶液中，O_2 不可能将 Au 氧化成 Au^+，因为 $\varphi^{\ominus}(Au^+/Au) = +1.692V > \varphi^{\ominus}(O_2/OH^-)$ = +0.401V。但是，如果向体系中加入稀 NaCN 溶液，由于 CN^- 能与 Au^+ 生成十分稳定的 $[Au(CN)_2]^-$ 配离子，从而促进金的氧化还原反应的顺利进行。其反应如下

$$4Au + O_2 + 2H_2O \Longrightarrow 4OH^- + 4Au^+$$

平衡移动的方向　　　　$+$
　　　　　　　　　　　$8CN^-$

$$4[Au(CN)_2]^-$$

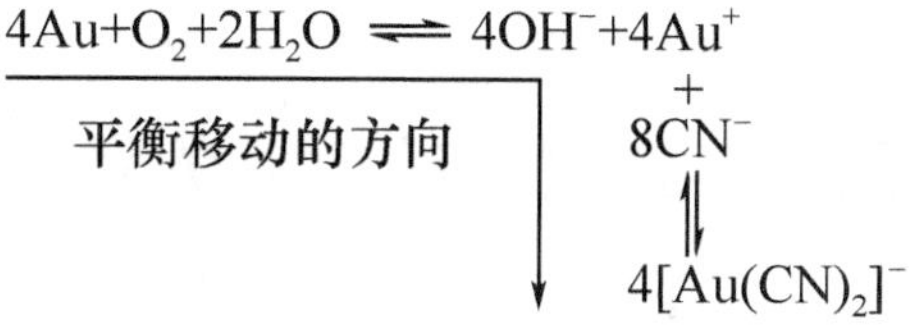

第四节　螯　合　物

一、螯合物的结构特点及螯合效应

　　螯合物(chelate)是配合物的一种，它是指由中心原子与多齿配体配位后形成的环状配合物。在螯合物的结构中，一定有一个或多个多齿配体提供多对电子与中心原子形成配位键，犹如螃蟹的双螯紧紧夹住中心体，从而使得形成的螯合物具有特殊的稳定性。例如，乙二胺(en, $NH_2CH_2CH_2NH_2$)具有两个 N 配原子，能同时与一个金属离子(如 Fe、Th、Hg、Cu、Ni、Pb 等)形成两个配位键，从而得到一个五元环结构的螯合物。这种能与中心原子形成螯合物的多齿配体称为**螯合剂**(chelating agent)。同一金属离子与多齿配体所形成的螯合物，通常比与单齿配体形成的配合物要稳定得多。如图 10-2 所示 $[Cu(en)_2]^{2+}$ 和 $[Cu(NH_3)_4]^{2+}$ 两种配离子，结构很相似，只是，(a) $[Cu(en)_2]^{2+}$中 en 为多齿配体，与中心原子 Cu^{2+} 形成具有两个五元环的螯合物，其稳定常数为 1.0×10^{21}；而 (b) $[Cu(NH_3)_4]^{2+}$中 NH_3 为单齿配体，只能与中心原子 Cu^{2+} 形成 4 个单独的普通配位键，因此稳定性比$[Cu(en)_2]^{2+}$差很多，其稳定常数 K_s 仅为 2.1×10^{13}。像$[Cu(en)_2]^{2+}$，由于生成螯合物而使配合物稳定性大大增加的作用称为**螯合效应**(chelating effect)。

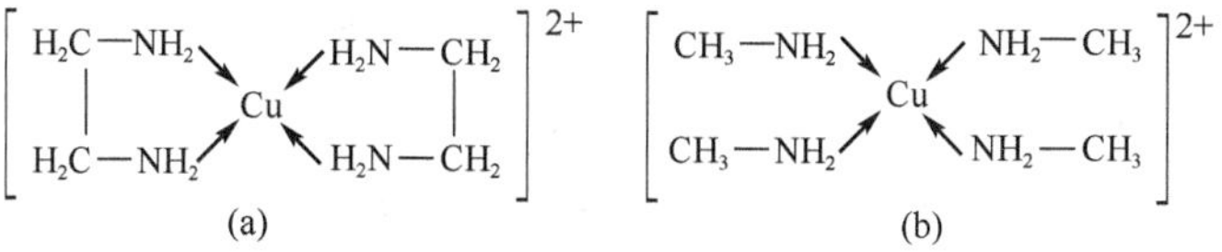

图 10-2 　$[Cu(en)_2]^{2+}$和$[Cu(NH_3)_4]^{2+}$的结构

(a)$K_s = 1.0 \times 10^{21}$；(b)$K_s = 2.1 \times 10^{13}$

　　常见的螯合剂大多是有机化合物，如氨羧络合剂(包括氨基三乙酸即 NTA、乙二胺四乙酸即 EDTA 等)、双硫腙、8-羟基喹啉、邻菲咯啉($C_{12}H_8N_2$)、酒石酸钾钠、柠檬酸铵等，也有少数螯合剂是无机化合物，例如多磷酸盐等。螯合剂对各种金属离子具有较高的选择性和灵敏度，在环境污染化学及化工工业中，常作为络合滴定剂、金属指示剂、金属分离剂、抗氧化剂、掩蔽剂、去锅垢剂、除藻剂、浮选剂、杀菌剂等。特别在水质分析中，测

定水的硬度、金属离子的浓度等已有广泛应用。

由于具有特殊的稳定性，螯合物很少存在逐级解离现象，也很少能反映金属离子在未螯合前的性质。金属离子在形成螯合物后，在颜色、氧化还原稳定性及溶解度等性质方面发生了巨大的变化。很多金属螯合物具有特征性的颜色，而且这些螯合物往往可以溶解于有机溶剂中。利用这些特点，可以进行沉淀、溶剂萃取分离、比色定量等分析分离工作。

二、影响螯合物稳定性的因素

螯合物的稳定性主要与螯合环的大小及数目有关。

(一)螯合环的大小

在绝大多数螯合物中，以五元环和六元环的螯合物最稳定。其原因或许可以用张力学说(strain theory)来解释。为了解释各种环的稳定性，1885 年，德国化学家 Baeyer A(拜耳)将碳原子的四面体理论用到环烷烃上，提出了张力学说。他认为碳环为一平面，若键角偏离正常的碳四面体键角(109°28′)越大，则碳环的张力越大。由于五元或六元环的键角与 109°28′相近，所以最为稳定。表 10-7 列出了 Ca^{2+}与 EDTA 同系物所形成的螯合物的相关信息。由表可见，同样都是 5 个螯合环，但是乙二胺四乙酸根做配体时，形成的都是五元环，其稳定性最高，$\lg K_s$=11.0；随着螯合环越来越大，$\lg K_s$的数值越来越小，其稳定性越来越差。

表10-7　Ca^{2+}与EDTA同系物所形成的螯合物

配体名称	n	成环情况	$\lg K_s$
乙二胺四乙酸根离子	2	5 个五元环	11.0
丙二胺四乙酸根离子	3	4 个五元环，1 个六元环	7.1
丁二胺四乙酸根离子	4	4 个五元环，1 个七元环	5.1
戊二胺四乙酸根离子	5	4 个五元环，1 个八元环	4.6

如果从配体结构角度考虑，若与同一中心原子形成两个配位键成稳定的五元环或者六元环，则要求参与成环的两个配原子之间间隔 2～3 个骨架原子。例如，乙二胺，化学式为 $NH_2CH_2CH_2NH_2$，两个 N 配原子之间间隔 2 个 C 骨架原子，因此，可以很容易地与中心原子形成稳定的五元螯合环；但是丙二胺，化学式为 $NH_2CH_2NH_2$，两个 N 配原子之间仅间隔 1 个 C 骨架原子，若这两个 N 原子与同一中心原子形成两个配位键，得到的将是四元环，不稳定，所以这类螯合物极少见。另外，两可配体中虽然具有两个配原子，但是只能作为单齿配体使用，也可以从这个角度得到解释。

(二)螯合环的数目

如前所述，由于形成了螯合环，使得同一金属离子与多齿配体所形成的螯合物比与单齿配体形成的配合物要稳定得多。相应的，螯合环的数目越多，形成的螯合物越稳定。这是因为螯合环越多，配体与中心原子所形成的配位键就越多，总的键能越大，中心原子将被牢牢束缚在多个螯合环的中央，很难游离出配离子之外，因此螯合物的稳定性越强。如图 10-3 所示，三个螯合物中，均为五元螯合环，但是从左向右，螯合环的数目越来越多，lgβ 的数值越来越大，说明螯合物越来越稳定。

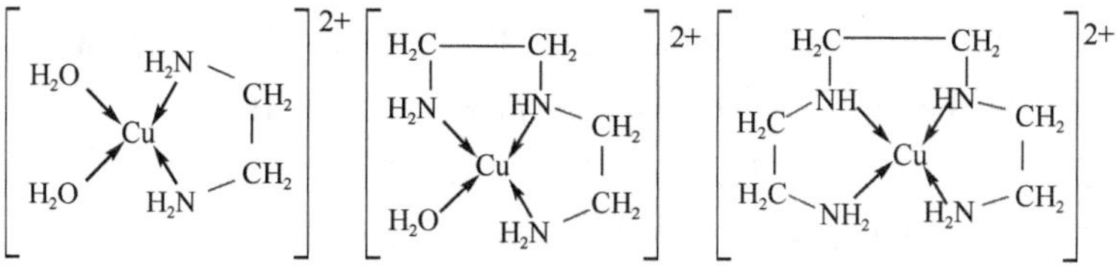

1个环lgβ=10.67　　2个环lgβ=15.9　　3个环lgβ=20.5

图 10-3　螯合环数目与螯合物稳定性的关系

三、生物配合物

生物体内存在大量的**生物配体**(bioligand)，例如蛋白质、肽、核酸、糖、脂蛋白及新陈代谢产物等分子，均可与生物体内的微量金属元素形成生物配合物。并且，这些微量金属元素(尤其是过渡金属元素)的离子本身往往没有生物活性，只有和特定结构的生物配体结合形成生物配位化合物后，才表现出某种特定的活性和生理功能。我们所熟知的血红蛋白、叶绿素、维生素 B_{12}、碳酸酐酶等等就是生物体中的配合物。当然生物配体还包括一些碳酸氢根、磷酸氢根等无机离子，某些维生素和激素的小分子也是生物配体。

生物配合物虽然多种多样，但是总的来说可分为蛋白质类与非蛋白质类。众所周知，蛋白质是由 20 多种氨基酸按不同的比例和顺序通过肽键(图 10-4 虚线框中)连接而成。其骨架结构中包括大量的 C、N、O 原子，氨基酸残基中还有羟基、氨基、羧基、杂环氮等，蛋白质可以通过这些配原子与金属离子形成生物配合物。并且，蛋白质分子中两个配位原子之间往往间隔很多个氨基酸残基，使有关基团有一定的取向和顺序，一般以扭曲多面体构型与金属离子配位，形成具有一定结构和特定功能的金属蛋白和金属酶。例如，牛羧肽酶就是一种重要的金属酶，它是一个含有 307 个残基的蛋白质肽链结合一个 Zn 离子，分子量大约为 34300D。其中，Zn 离子处于四面体配位环境中，两个组氨酸的 N 原子、一个谷氨酸的 O 原子和一个水分子中的 O 原子，分别与中心原子 Zn^{2+}形成四个配位键，得到稳定的生物配合物。这种含锌酶在催化蛋白质肽键的水解过程中起着重要的作用。

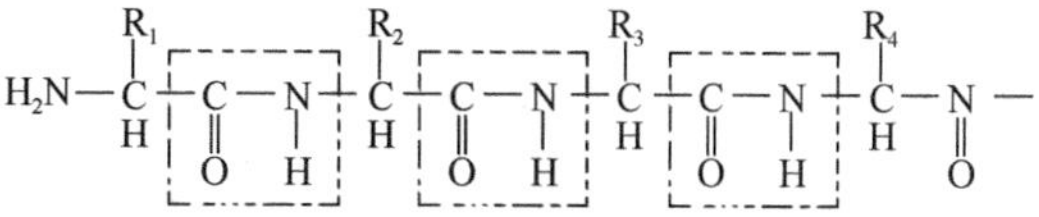

图 10-4　蛋白质中的肽键结构示意图

人体内输送氧气和二氧化碳的血红蛋白(Hb)是非蛋白质类生物配合物的一个典型代表，它是由亚铁血红素和一分子球蛋白构成，中心原子为 Fe^{2+}，卟啉大环配体上的 4 个 N 原子与之形成 4 个配位键，球蛋白中一个组氨酸残基上的咪唑 N 原子与之形成第五个配位键，水分子中的 O 原子与之形成第六个配位键，从而形成六配位的稳定结构。当血红蛋白输运氧气时，第六个配位键发生变化，其中的水分子被氧气分子所取代，从而完成相应的生理功能。植物中的叶绿素也具有相似的结构，只是叶绿素的中心原子为镁原子。

随着生物配合物研究的不断深入，其在相应研究领域的应用也越来越广泛。例如，现在临床上应用的铂类抗癌药物就是生物配合物。1969 年美国科学家 Rosenberg R 首次合成并报道了顺式二氯·二氨合铂(Ⅱ)(顺铂)，为人们开辟了寻找抗癌药物的新途径。随后，第二代铂系抗癌药物及活性更高的铂系金属(Pd，Ru，Rh)配合物药物相继开发。目前第三代铂系抗癌药物正陆续进入临床试验阶段，生物配合物的药理作用将具有广泛的研究与应用前景。除了抗癌药物之外，生物配合物还具有广泛的解毒作用，其解毒原理主要在于生物配体将与体内有毒的金属离子生成无毒可溶的配合物排出体外。例如，枸橼酸钠可与铅离子配位，形成稳定无毒可溶的$[Pb(C_6H_5O_7)]^-$配离子从肾脏排出体外，从而有效治疗铅中毒。一些常用的金属解毒剂见表 10-8。

表10-8　常用的金属解毒剂

解毒剂	促排的金属
2，3–二巯基丙醇(BAL)	Hg，Cd，As，Sb，Te 等
2，3–二巯基丙磺酸钠(DMPS)	Hg，Cd，As，Sb，Te 等
Na_2[CaEDTA]	Pb，U，Co，Zn 等
D–青霉胺	Cu
二苯硫腙	Tl，Zn
金黄素三羧酸	Be
二乙氨基二硫代甲酸钠	Ni
脱铁胺 B	Fe

此外，生命必需金属元素的补充，目前也主要采取生物配合物的形式。例如氨基酸锌就是一种理想的补锌剂，补铁时可采用铁与卟啉环所形成的螯合物制剂。

知识拓展

配位化学在中药领域的研究与应用

随着配位化学的飞速发展，配合物及其相关理论在很多领域得到了广泛的应用。目前，配位化学已被引入中药学，出现了中药有效成分的配位学说，认为中药有效成分可以是其中的某种或者某几种有机成分，也可以是其中的微量元素，但是更多可能是有机成分与微量元素组成的配合物，天然药物以其中的有机物分子与微量元素间形成的配合物在动植物及人体的生命活动中发挥作用。中药配位学说的提出，为中药有效成分的发现、中药药理学和毒理学的快速发展以及天然活性成分的分离制备起着重要的指导作用。

一、配位化学在中药药理学及毒理学中的研究

中毒与解毒是一对相对抗的过程，从本质上来讲，都是无机元素对生物配体的选择性配位竞争过程。将药物的生物效应同配位反应联系起来可以揭示部分中药的作用机制。临床上往往针对中毒过程所发生的配位反应，通过中药引入新的配体或者微量元素，利用中药入体后的配位竞争来改变原配合物的性质，从而达到解毒或治疗的目的。例如茯苓是治疗慢性汞中毒的方剂组成之一，其原理就是茯苓中的有机成分可与汞形成新的难解离的配合物从而降低汞的毒性。

二、配位化学在中药功效成分活性改进中的研究

中药中的双甾体类、黄酮类、蒽醌类、三萜类、各种苷、生物碱、糖类及氨基酸等

有机分子在结构上多数能满足形成配合物的条件，可作为配体与某些金属离子形成配合物，其药效往往比单纯的有机分子好得多。并且当工艺条件或者反应所处溶液环境不同时，得到的配合物的类型以及有机分子和金属离子的配比等都有所改变，从而导致其药效发生改变。例如实验表明黄芩苷锌配合物对二甲苯致实验性水肿的抑制作用优于单纯的黄芩苷或氯化锌，对致敏豚鼠离体气管 Schultz2Dale 氏反应及豚鼠肺组织慢反应物(SRS2A)的释放也有抑制作用，且抑制效应明显高于黄芩苷。

三、配位化学在中药功效成分分离分析中的研究

利用中药中的某些活性成分和其他物质形成配合物时的物理化学变化，可进行天然药物的分离、提纯、鉴定和构型推测。例如，可以利用糖或多元醇与硼酸形成配合物使旋光度增大的性质进行糖类分析；向皂苷的水溶液加入某些盐类能生成沉淀，可利用此性质进行皂苷的初步分离；在进行蒽醌分析时，可利用与醋酸镁所形成配合物颜色的不同来推测不同蒽醌化合物的结构。

总之，配位化学在中药的合成、分离提纯、分析检测、药理、毒理、药代研究等等很多方面都具有很好的应用，将配位化学引入中药学，将有力促进中药学的现代化发展，并将推动中药走向国际市场。

本章小结

本章主要讨论了配合物的一些基本知识，包括配合物的组成、命名、结构、价键理论、配位平衡、螯合效应及其在生物医药领域中的应用。配合物是指含有配离子的化合物，而配离子(或配位分子)是由中心原子与配体以配位键结合而成的一种不易解离的复杂的离子(或分子)。配离子由内界和外界组成，其中内界又由中心原子与配体通过配位键结合而成。配离子的命名可按照以下次序为：“配体个数-配体名称-合-中心原子名称(氧化数)离子”。如有多个配体，按照配体顺序依次说明配体个数与名称，多个配体之间以小圆点隔开。整个配合物的命名遵循一般无机化合物的命名原则，阴离子在前、阳离子在后，阴阳离子之间常缀以“化”、“酸”等连接词。

配合物存在异构现象。异构现象一般可分为构造异构和立体异构。

配合物的价键理论可以解释配离子的空间构型、磁性和稳定性。其理论要点为：①中心原子有空轨道，配体有孤对电子，二者形成配位键。②中心原子采用杂化的空轨道形成配位键。③配合物的空间结构、配位数、磁矩、稳定性等主要取决于中心原子的杂化方式。根据形成配位键时中心原子所采用的轨道不同，配合物可分为内轨型配合物和外轨型配合物。中心原子采用最外层的 ns，np 或者 ns，np，nd 轨道杂化成键，所形成的配合物称为外轨型配合物；若中心原子以(n−1)d，ns，np 轨道杂化成键，所形成的配合物则称内轨型配合物。一般地，内轨型配合物比外轨型稳定。当中心原子采用 sp、sp^3、dsp^3、sp^3d^2、d^2sp^3 杂化轨道成键时，所得配离子的空间构型分别为直线型、正四面体型、正方形和正八面体型。中心原子中单电子数量越多，配离子的磁性越强。

水溶液中，所有配离子均存在配位平衡，其平衡常数以 K_s 表示，K_s 值越大，说明配合物的稳定性越强。配位平衡是一个动态平衡，酸碱反应、沉淀反应、氧化还原反应和其他配位反

应等都会使配位平衡发生移动，从而影响配合物的稳定性。在具体处理时，可将不同的平衡反应写出一个总的竞争反应式，通过比较竞争总反应的反应熵 Q 与平衡常数 K 的大小，来判断总反应的进行方向。如果 $Q>K$，则平衡向左移动；如果 $Q<K$，则平衡向右移动。

中心原子与多齿配体形成的具有环状结构的配合物称之为螯合物。螯合物比一般配合物稳定的现象称为螯合效应。通常五元环与六元环的螯合物最稳定，从螯合环的数目来讲，环数越多螯合物越稳定。

习 题

1．指出下列配合物(或配离子)的中心原子、配体、配位原子及配位数。

配合物	中心原子	配体	配位原子	配位数
$H_2[PtCl_6]$				
$[Co(ONO)(NH_3)_5]SO_4$				
$NH_4[Co(NO_2)_4(NH_3)_2]$				
$[Ni(CO)_4]$				
$Na_3[Ag(S_2O_3)_2]$				
$[Pt(NH_3)Cl_5]^-$				
$[Al(OH)_4]^-$				

2．命名下列配合物或者写出配合物的化学式。

(1) $[Ag(NH_3)_2]OH$　　(2) $[Fe(en)_3]Cl_3$

(3) $H_2[PtCl_6]$　　(4) $[Co(ONO)(NH_3)_5]SO_4$

(5) $NH_4[Co(NO_2)_4(NH_3)_2]$　　(6) $[Pt(NH_2)(NH_3)_2(NO_2)]$

(7) 四氟合硼(III)酸　　(8) 氢氧化一羟基·五水合铬(III)

(9) 三氯化五氨·一水合钴(III)　　(10) 二氯·二氨合铂(II)

3． 三种含钴的配合物 A、B、C，分子式均为 $CoCl_3\cdot 6H_2O$。其中 A 的水溶液，用 $AgNO_3$ 可沉淀出所含 Cl^-的 1/3；B 的水溶液，用 $AgNO_3$ 可沉淀出所含 Cl^-的 2/3，C 的水溶液，用 $AgNO_3$ 可沉淀出全部 Cl^-。试写出这三种配合物的化学式并命名。

4． 根据实测磁矩，推断下列配合物的中心原子的杂化类型和空间构型，并指出是内轨型配合物还是外轨型配合物。

(1) $[Fe(CN)_6]^{3-}$　$\mu=2.13\mu_B$　　(2) $[Fe(C_2O_4)_3]^{3-}$　$\mu=5.75\mu_B$

(3) $[Ni(CN)_4]^{2-}$　$\mu=0\mu_B$　　(4) $[Ni(H_2O)_6]^{2+}$　$\mu=3.2\mu_B$

5. 比较下列各对物质在相同条件下的性质，并说明理由。

(1) $Cu(OH)_2$ 在纯水与氨水溶液中的溶解度。

(2) 在电对 Fe^{3+}/Fe^{2+}溶液中加入配位剂 CN^-后，电极电势的变化。

6. 根据下列反应的平衡常数，判断反应进行的方向。

(1) $[Ag(NH_3)_2]^+ + 2S_2O_3^{2-} \rightleftharpoons [Ag(S_2O_3)_2]^{3-} + 2NH_3$

(2) $[HgCl_4]^{2-} + 4I^- \rightleftharpoons [HgI_4]^{2-} + 4Cl^-$

(3) $[Cu(NH_3)_4]^{2+} + Cd^{2+} \rightleftharpoons [Cd(NH_3)_4]^{2+} + Cu^{2+}$

7. 在 $0.1mol\cdot L^{-1}$ $[Ag(NH_3)_2]^+$溶液中通入氨气，使得氨的浓度为 $1mol\cdot L^{-1}$，此时溶液中 Ag^+的浓度是多少？

8. 计算 298.15K 时，AgCl 在 $6.0mol\cdot L^{-1}$ 氨水中的溶解度($mol\cdot L^{-1}$)。

9. 向由 $c(NH_3)$=0.10mol · L^{-1} 和 $c(NH_4Cl)$=0.10mol · L^{-1} 组成的缓冲溶液中，加入等体积 0.010mol · L^{-1}的 $[Cu(NH_3)_4]SO_4$ 溶液，问是否有 $Cu(OH)_2$ 沉淀生成？

10. 在含有 2.5×10^{-3} mol · L^{-1} $AgNO_3$ 和 0.41 mol · L^{-1}NaCl 溶液里，如果不使 AgCl 沉淀生成，溶液中最少应加入 CN^-浓度为多少？

11. 298.15K 时，在 1L 6mol · L^{-1} 氨水中加入 0.01mol 固体 $CuSO_4$(忽略体积变化)，回答下列问题；

(1) 溶液中 Cu^{2+}，$NH_3 \cdot H_2O$ 和$[Cu(NH_3)_4]^{2+}$的浓度？

(2) 若向上述溶液中加入 0.01mol 固体 NaOH(忽略体积变化)，有无 $Cu(OH)_2$ 沉淀生成？

(3) 若向上述溶液中加入 0.01mol 固体 Na_2S(忽略体积变化)，有无 CuS 沉淀生成？

12. 已知 $\varphi^{\ominus}(Ag^+/Ag) = 0.7996V$，$K_{sp}(AgBr) = 5.38\times10^{-13}$，$\varphi^{\ominus}([Ag(S_2O_3)_2]^{3-}/Ag) = 0.017V$。

(1) 计算$[Ag(S_2O_3)_2]^{3-}$的稳定常数。

(2) 要使 0.10molAgBr(s) 完全溶解在 1.0L$Na_2S_2O_3$ 溶液中，则 $Na_2S_2O_3$ 的初始浓度应为多少？

13. 简述螯合物并举例说明螯合物在生命体系的意义。

14. What is the concentration of Ag^+ ion in 1 L of 0.010 mol · L^{-1} $AgNO_3$ that is also 1.00 mol · L^{-1} NH_3?

15. Calculate the molar solubility of AgCl in 1 L of 6.0 mol · L^{-1} NH_3 at 298.15K. If 0.1mol NaBr solid is added to this solution，will AgBr precipitate?

（董秀丽）

第四模块　医学中常用的定量分析方法

分析化学是研究物质化学组成的表征和测量的科学。它主要解决物质中含有哪些组分，这些组分的存在形式以及各个组分的含量是多少等问题。分析化学是人们认识世界、了解自然的重要手段，它不仅对化学各学科的发展起着重要作用，而且在医药卫生、工业、农业、国防、资源开发等许多领域中都有广泛的应用。随着医学研究进入分子时代，分析化学在医药学中的重要作用愈加突出，临床检验、疾病诊断、病因调查、新药研制、药品质量控制、中草药有效成分的分离和测定、药物代谢和药物动力学研究等都离不开分析化学。分析化学包括定性分析、定量分析和结构分析。定量分析又分为化学分析和仪器分析。化学分析是以物质的化学反应为基础的分析方法，包括滴定分析和重量分析。以物质的物理或物理化学性质为基础的分析方法称为物理或物理化学分析法，这类分析常需要较特殊的仪器，通常称为仪器分析法。仪器分析法包括光分析、电分析、色谱分析、质谱分析等。通常情况下，化学分析法适合常量组分的测定，仪器分析法适合微量或痕量组分的测定。本模块主要介绍医学上常用的两类典型分析方法；滴定分析法和紫外可见分光光度法。

第十一章　滴定分析

滴定分析是定量分析中常用的化学分析方法，具有方法简便、快速、准确度高、方法成熟、所用仪器价廉等特点，常作为标准方法使用。一般适用于常量组分的测定，即被测组分含量大于1%或质量大于0.1g，体积大于10 ml的试样分析。滴定分析包括酸碱滴定、氧化还原滴定、配位滴定和沉淀滴定。

学习要求

1. 掌握滴定分析法的基本程序和相关计算，掌握酸碱指示剂的变色原理和选择原则，掌握一元弱酸、一元弱碱被准确滴定的条件。

2. 熟悉滴定分析对化学反应的要求，熟悉酸碱标准溶液的配制与标定，熟悉分析数据的正确处理方法。

3. 了解分析结果的误差来源及提高准确度的方法，了解多元酸碱滴定、氧化还原滴定和配位滴定的基本原理和应用。

第一节　滴定分析法概述

一、滴定分析原理

(一) 滴定分析的基本概念

将一种已知准确浓度的试剂溶液，滴加到被测组分的溶液中，直到恰好与被测组分完全反应为止，由消耗的试剂溶液的浓度和体积计算被测组分含量的方法称为**滴定分析法**(titration analysis)，又称为**容量分析法**(volumetric analysis)。已知准确浓度的试剂溶液称为**标准溶液**(standard solution)或滴定剂。标准溶液与被测组分按计量方程式恰好完全反应时称为达到了**化学计量点**(stoichiometric point)。理论上，滴定操作应在化学计量点时停止，但在大多数滴定中，计量点前后试液外观并没有明显变化，为此，常需在被滴定溶液中加入某种**指示剂**(indicator)，滴定到指示剂发生颜色突变或有沉淀生成等现象为止，此时称为**滴定终点**(end point of titration)。滴定终点常常与化学计量点不一致，由此引起的误差称为**滴定误差**(titration error)。滴定误差的大小与滴定反应的完成程度和指示剂的选择有关。

(二) 滴定分析对化学反应的要求

并不是所有化学反应都可作为滴定分析，能够用于滴定分析的反应，必须具备以下条件：

(1) 反应要按一定的方程式进行，不发生副反应，具有确定的计量关系。

(2) 反应的完成程度要高，通常要求反应的转化率达到99.9%以上，这就要求反应的平

衡常数 K 超过 10^6。

(3) 反应速率要快，最好在瞬间完成，对于反应速率慢的反应，可通过加热或加入催化剂等措施加快反应速率。

(4) 要有简便可靠的方法指示终点。如有合适的指示剂或仪器指示方法等。

（三）滴定分析方法的分类

根据反应类型的不同，滴定分析法分为酸碱滴定法、氧化还原滴定法、配位滴定法和沉淀滴定法等。**酸碱滴定法**(acid-base titration) 是以质子传递反应为基础的滴定分析法，可用来直接测定酸性或者碱性物质，也可以间接测定能与酸性或碱性物质定量反应的其他物质的含量。**氧化还原滴定法**(oxidation-reduction titration) 以氧化还原反应为定量基础，可以测定氧化性或还原性物质或者能与氧化性或还原性物质定量反应的其他物质的含量。**配位滴定法**(complexometric titration) 以配位反应为基础，主要用于测定金属离子或配位体的含量。**沉淀滴定法**(precipitation titration) 是以沉淀反应为基础的滴定分析法，可测定 Ag^+、CN^-、SCN^- 及卤族元素等物质的含量。

按照操作方式的不同，滴定分析分为直接滴定法、返滴定法、置换滴定法和间接滴定法。如果滴定反应能满足滴定分析的要求，就可以直接采用标准溶液对试样进行滴定，称为**直接滴定法**(direct titration)，这是最常用和最基本的滴定方式。若滴定反应速率较慢或滴定固体物质，或没有合适的指示剂指示终点时，可先加入准确过量的标准溶液，待反应完成后，再用另一种标准溶液滴定第一种标准溶液的剩余量，这种滴定方式称为**返滴定法**(back titration)。例如，用 HCl 测定 $CaCO_3$ 时，因 $CaCO_3$ 的溶解度较小，它和 HCl 的反应很慢，不宜直接滴定，如果先加入过量的 HCl 标准溶液，使之与 $CaCO_3$ 完全反应，再用标准 NaOH 溶液测定 HCl 的剩余量，根据 HCl 和 NaOH 的用量即可算出 $CaCO_3$ 的含量。对于那些不按一定反应式进行或伴有副反应的物质，可使其转化为定量能被滴定的物质，然后用适当的标准溶液进行滴定，这种方式称为**置换滴定法**(substitution titration)。例如，在酸性溶液中 $K_2Cr_2O_7$ 可将 $S_2O_3^{2-}$ 氧化为 SO_4^{2-} 及 $S_4O_6^{2-}$，反应没有确定的计量关系。因而 $K_2Cr_2O_7$ 不能被 $Na_2S_2O_3$ 标准溶液直接滴定。但若在 $K_2Cr_2O_7$ 的溶液中先加入过量 KI，使 KI 与 $K_2Cr_2O_7$ 反应析出定量 I_2，再用 $Na_2S_2O_3$ 标准溶液滴定 I_2，即可得到 $K_2Cr_2O_7$ 的含量。对不能与标准溶液直接反应的物质，有时可以通过另外的化学反应采用**间接法滴定**(indirect titration)。例如，Ca^{2+} 不能直接用氧化还原法滴定，但可先将 Ca^{2+} 转化成 CaC_2O_4 沉淀，过滤洗净后用 H_2SO_4 酸化，产生的 $H_2C_2O_4$ 便可用 $KMnO_4$ 标准溶液滴定，从而间接测得 Ca^{2+} 的含量。

二、滴定分析法的操作程序

滴定分析的操作过程主要包括三部分：标准溶液的配制、标准溶液的标定和试样组分含量的测定。

标准溶液的配制方法分为直接配制法和间接配制法。如果试剂纯度高且化学性质稳定，则用直接法配制，即准确称量一定量的标准试剂，溶解后转移至容量瓶中定容，即得已知准确浓度的标准溶液。能用于直接配制标准溶液的物质，称为**基准物质**(standard substance) 或**一级标准物质**(primary standard substance)。作为基准物质必须具备下列条件：①必须具有足够高的纯度，一般要求其纯度在 99.9%以上，所含的杂质应不影响滴定反应的准确度。②实际组成与化学式完全符合。若含有结晶水，其结晶水的数目与化学式完全相等。③化学性质稳定。例如，不易吸收空气中的水分和二氧化碳，不易被空气氧化，加热干燥时不易分解等。④最好有较大的摩尔质量。这样可以减少称量误差。常用的基准物质有纯金属和某些纯化合物，如 Cu、Zn、Al、Fe 以及 $K_2Cr_2O_7$、Na_2CO_3、MgO、$KBrO_3$ 等。如果试剂不够纯或不稳定，则用间接法配制，即先配制成近似所需浓度的溶液，其准确浓度用基准物质或其他标准溶液测定。用基准物质直接确定标准溶液浓度的操作过程称为**标定**(standardization)。用其他标准溶液测定待测标准溶液浓度的操作称为**比较**(comparison)。

三、滴定分析的计算

A 与 D 发生反应，反应物 A、D 的消耗量与产物 G、H 的生成量之间存在如下定量关系

$$aA + dD \xlongequal{} gG + hH$$

$$\frac{n_A}{a} = \frac{n_D}{d} = \frac{n_G}{g} = \frac{n_H}{h} \tag{11.1}$$

以浓度为 c_A 的标准溶液 A 对试样 D 进行滴定，达到化学计量点时若消耗标准溶液的体积为 V_A，则体积为 V_D 的试样中被测组分 D 的浓度 c_D 为

$$c_D = \frac{d}{a} \times \frac{c_A V_A}{V_D} \tag{11.2}$$

若被测试样为固体物质，取样质量为 m，则摩尔质量为 M_D 的被测物质 D 的质量分数为

$$\omega_D = \frac{d}{a} \times \frac{c_A V_A M_D}{m(\text{样品})} \times 100\% \tag{11.3}$$

第二节 分析结果的误差和有效数字

定量分析通常包括采样、量取、分解、分离、测定及计算等多个分析步骤，每一步骤都会产生误差。即使采用最可靠的方法，使用最精密的仪器，由最熟练的分析人员在相同的条件下对同一试样进行多次测定，也不可能获得完全一致的分析结果。因此在分析过程中，不仅要得到被测组分的含量，而且必须对分析结果进行评价，判断分析结果的准确性，检查产生误差的原因，采取减小误差的有效措施，从而不断提高分析结果的准确程度。

一、误差产生的原因和分类

在定量分析中产生误差的原因很多，根据其性质和来源一般可分为**系统误差**(systematic error)和**偶然误差**(accidental error)。

(一) 系统误差

系统误差是由分析过程中的某些固定因素引起的，在重复测定时会重复出现，因而也称为可测误差。它的主要来源有以下几方面：

1. 方法误差 由于分析方法不够完善而引起的误差。例如，反应进行不完全，有副反应发生，滴定终点与化学计量点不一致等。

2. 仪器误差 因测定所用仪器不够准确而引起的误差。例如，分析天平两臂不等、砝码生锈、容量仪器刻度不准等。

3. 试剂误差 所用试剂或溶剂中含有微量杂质或干扰物质而引起的误差。

4. 操作误差 由于操作者的生理缺陷、主观偏见、不良习惯或不规范操作而产生的误差。操作误差与操作人员的个人因素有关，因此又称为个人误差。如操作者对颜色判断不够灵敏，造成滴定终点总是提前或拖后等。

系统误差一般可通过空白试验、对照试验、校正仪器或改进分析方法等手段来发现和排除。

(二) 偶然误差

由能影响分析结果的某些偶然因素所引起的误差称为偶然误差。如环境温度、湿度和气压等条件的微小波动，仪器性能的微小改变等都会产生偶然误差。表面上看，偶然误差造成测量值时大时小，时正时负，难以控制。但在平行条件下进行多次测定则可发现其统计规律：小误差出现的几率大，大误差出现的几率小，特别大的误差出现的几率非常小，绝对值相同的正负误差出现几率基本相等。因此，增加平行测定次数，用多次测定结果的平均值表示分析结果，可以减少偶然误差。

需要注意的是，除了上面讨论的误差之外，也可能存在由于操作者粗心大意或违反操作规程等原因造成的过失误差，如加错试剂、打翻容器、读错数据、计算错误等，遇到这类测定数据应果断舍弃，不计入分析结果的计算。

二、准确度与精密度

(一) 准确度

测定值 x 与真实值 T 符合的程度称为**准确度**(accuracy)。准确度的高低用误差来衡量，**误差**是指测量值与真实值之差。误差越小，表示分析结果的准确度越高。

误差可分为绝对误差 E 和相对误差 E_r，分别表示为

$$E = x - T \tag{11.4}$$

$$E_r = \frac{E}{T} \times 100\% \tag{11.5}$$

相对误差反映出了误差在真实值中所占的分数，能更合理地表达测定结果的准确度。误差可能有正值和负值，分别表示测定结果偏高和偏低于真实值。

(二) 精密度

试样含量的真实值是未知的，因此分析结果的准确度无法求得。在实际工作中，常用**精密度**(precision)来判断分析结果的可靠程度。精密度是指在相同条件下多次平行测定结果之间相互接近的程度，常用**偏差**(deviation)来表示，偏差愈小，表明分析结果的精密度愈高，再现性愈好。

单次测定值 x 与平均值 $\bar{x}$ 的差值称为绝对偏差 d，即

$$d = x - \bar{x} \tag{11.6}$$

在实际分析工作中，常用绝对平均偏差 $\bar{d}$ 、相对平均偏差 $\bar{d}_r$ 和标准偏差 s 来表示分析结果的精密度。

$$\bar{d} = \frac{|d_1| + |d_2| + |d_3| + \cdots + |d_n|}{n} \tag{11.7}$$

$$\bar{d}_r = \frac{\bar{d}}{\bar{x}} \times 100\% \tag{11.8}$$

$$s = \sqrt{\frac{d_1^2 + d_2^2 + d_3^2 + \cdots + d_n^2}{n-1}} \tag{11.9}$$

式中，$|d|$表示偏差的绝对值，n 为测定次数。测定常量组分时，滴定分析结果的相对平均偏差一般应小于 0.2%。

需要说明的是，由于真实值实际上是无法知道的，因此，用相对真实值计算所得误差严格说来仍是偏差。所以，在实际工作中，误差和偏差并没有严格的区别。

准确度和精密度是两个不同的概念，但它们之间有一定的关系。这种关系可用图 11-1 说明。图中甲的结果离真实值最远，准确度和精密度都不高；乙的结果集中在同一区域，精密度高但准确度并不高；丙的结果准确度和精密度都高。没有高的精密度，则一定得不到准确的测定结果，精密度是保证准确度的先决条件；但精密度高并不意味着准确度一定高。只有在消除了系统误差以后，好的精密度才能保证好的准确度。

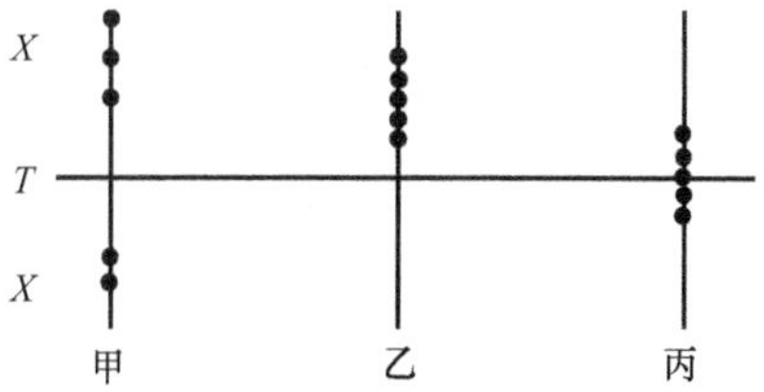

图 11-1 准确度与精密度

三、提高分析结果准确度的方法

(一)消除系统误差

1. 选择适当的分析方法 各种分析方法的准确度和灵敏度是不同的，应根据试样的组成、性质和待测组分的含量选择合适的分析方法。滴定分析法准确度高，适合于质量分数大于 1%的常量分析，但是其灵敏度较低，对于质量分数小于 1%的微量组分，需要采用准确度虽稍差但灵敏度高的仪器分析方法。例如，某矿石中铁的质量分数为 58.26%，若滴定法测定的相对误差为 0.2%，则试样中铁的质量分数应在 58.14%～58.38%。如果采用光度法来测定这一试样，方法的相对误差为 2%，由此得出铁的含量范围是 57.1%～59.4%，准确度较滴定法低了很多。再如，硅中硼的含量为 $2.0\times10^{-6}\%$，若用光谱法测定，假若方法的相对误差为 50%，则试样中硼的含量应在 $1.0\times10^{-6}\%$～$3.0\times10^{-6}\%$，看起来相对误差很大，但由于待测组分含量很低，引入的绝对误差很小，完全满足测定要求。若采用滴定分析法，如此低的含量，可能根本无法测定。另外，由于分析方法不完善引起的方法误差是系统误差的重要来源，应尽可能找出原因，设法减免。如在滴定分析中选择更合适的指示剂、消除干扰离子等。

2. 校正仪器 由于仪器不准而引起的系统误差，可通过校准仪器来消除或减小。在精确分析中，砝码、滴定管和移液管等仪器都必须进行校准，采取校准值计算分析结果。

3. 消除测量误差 为了保证分析结果的准确度，必须尽量减小测量误差。例如，万分之一分析天平的绝对误差为±0.0001g。用减量法称量样品时，需称量两次，两次称量的最大误差可达±0.0002g，为使称量的相对误差不超过0.1%，则称取试样的质量应不少于0.2g。又如，在滴定分析中，常量滴定管读数的绝对误差为±0.01 ml，一次滴定需读数两次，读数的最大误差为±0.02 ml，为使滴定剂体积的读数误差小于0.1%，则需消耗的滴定剂体积必须在20 ml以上。

4. 对照实验 通常利用对照实验来校正分析方法本身的误差，即在相同的实验条件下，用已知准确含量的标准试样代替被测试样进行分析，将测定结果与已知含量进行比较，可以了解测定中有无系统误差，并加以校正。除了用标准试样进行对照外，也可与经典可靠的分析方法进行对照。

5. 空白实验 在不加试样的情况下，按照分析试样相同的条件、方法和步骤进行分析，所得结果称为空白值，从试样的分析结果中扣除空白值，就能得到更准确的分析结果。空白试验可以消除或减小由试剂、蒸馏水带入的杂质及实验器皿引起的误差。

(二)减小偶然误差

在消除系统误差的前提下，平行测定的次数越多，平均值越接近真实值。因此，增加测定次数，可以减少偶然误差。但过多增加平行测定次数将耗费过多的人力、物力和时间。在分析化学中，对同一试样通常要求平行测定3～4次。

四、有效数字及其运算规则

(一)有效数字的概念

要获得准确的分析结果，不仅要准确地进行测量，还要正确地记录和计算所得数据，即在测量过程中要使用**有效数字**(significant figure)。有效数字包括仪器测得的全部准确数字和一位可疑数字，它不仅反映测量值的大小，而且反映测量的准确程度。例如滴定管读数为24.02 ml，其中24.0是准确的，而末位的2是估计的，表明滴定管能精确到±0.01 ml，溶液的实际体积在24.01 ml到24.03 ml之间。使用这样的滴定管读数时应记录到小数点后的第二位，如滴定时用去某标准溶液20.10 ml，既不能记为20.1 ml，也不能记为20.100 ml。又如，用万分之一分析天平称得某样品质量为1.8000g，这不仅表明试样的质量是1.8000g，还表明称量误差在±0.0001g以内。如果将其质量记录成1.8g，则表示该试样是在台秤上称量的，其称量误差为±0.1g。显然，在分析测定中应保留的有效数字位数不是人为规定的，而是由测定方法及仪器的灵敏度决定的。

一般来说，数字中出现的1～9都是有效数字，而0则不一定。当0表示实际测量值时，是有效数字，当0用作定位时则不是有效数字。例如，某溶液体积10.50 ml，若用L作单位时该数转化为0.01050L，其中1前面的两个0只起定位作用，属于非有效数字，1后面的两个0为测量所得，是有效数字。因此，0.01050L的有效数字位数是4而不是6。

对于像1200这样的数字，有效数字的位数比较模糊。为了准确表述有效数字，应该根据实际测量情况，写成 1.2×10^3 或 1.20×10^3 等形式。化学中常见的 pH、pK 及 lg$c$ 等对数值，其有效数字的位数只取决于小数点后面的位数，因为整数部分对应真数中 10 的方次，只起定位作用。如 pH=11.20，换算为 H^+浓度时，应为$[H^+] = 6.3\times10^{-12}\ mol\cdot L^{-1}$，有效数字的位数是 2 而不是 4。在计算过程中，还会遇到一些非测量值如倍数、分数等，它们的有效数字的位数可视为无限多位。

(二)有效数字的运算规则

1. 修约 有效数字只保留一位可疑数字，但运算过程中可能会出现多位可疑数字。将多余可疑数字进行取舍的过程称为**修约**(rounding)。修约的一般原则是“四舍六入五成双”。即：当被修约的数小于等于 4 时舍弃，大于等于 6 时则进位。当被修约的数为 5 而后面全部为 0 或无其他数字时，若保留数是偶数(包括 0)则舍去，为奇数则进位，使整理后的最后一位为偶数。如 16.215 和 16.225 取四位有效数字时，结果均为 16.22。若 5 的后面还有数字，则应进位，如 16.22501 取四位有效数字时，结果为 16.23。注意，为保证较小的计算误差，修约只能一次完成，不能连续进行。例如，欲将 2.749 修约为 2 位有效数字，不能先修约为 2.75 再进而修约为 2.8，而应当一次修约为 2.7。对于需要经过计算方能得出的结果应先计算后修约。

2. 加减运算 有效数字相加减，所得结果的有效数字位数以小数点后位数最少的数为准。例如 $0.4362 + 0.25 = 0.69$，$0.335 - 0.2512 = 0.084$。

$$\begin{array}{r} 0.436\underline{2} \\ +0.2\underline{5} \\ \hline =0.6\underline{862} \end{array} \qquad \begin{array}{r} 0.33\underline{5} \\ -0.251\underline{2} \\ \hline =0.0\underline{838} \end{array}$$

3. 乘除运算 有效数字相乘除，所得结果的有效数字位数以参加运算各数字中有效数字位数最少的数为准。例如 $1.13\times0.25 = 0.28$，$2.4534\div8.02 = 0.306$。

使用计算器处理结果时，只对最后结果进行修约，不必对每一步的计算数字进行取舍。有些科学型计算器可以预设有效数字位数。

第三节 酸碱滴定法

酸碱滴定法是以酸碱反应为基础的滴定分析方法。由于酸碱反应在外观上没有明显的变化，常需要借助指示剂的颜色变化反映终点的到达。为减少滴定误差，需要了解酸碱指示剂的变色原理和变色范围，酸碱滴定曲线和酸碱指示剂的选择等内容。

一、酸碱指示剂

(一)酸碱指示剂的变色原理

酸碱指示剂(acid–base indicator)是一类在特定 pH 范围内，能随着 pH 的变化而改变颜色的试剂。酸碱指示剂通常为弱的有机酸或有机碱。它们的酸式及其共轭碱具有不同的颜色。当溶液的 pH 变化时，指示剂得失质子，酸式(用 HIn 表示)和碱式(用 In^-表示)相互转变，从而引起颜色变化。

例如，甲基橙为有机弱碱，在溶液中存在下列平衡：

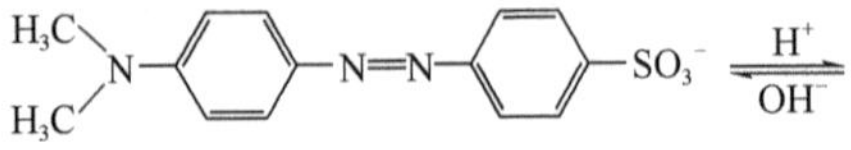

碱式(黄色)

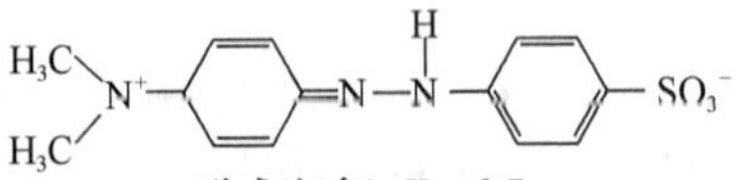

酸式(红色)$pK_a = 3.7$

在酸性溶液中，甲基橙主要以酸式存在，溶液显红色。随着酸度的降低，甲基橙逐渐由酸式转化为其共轭碱，在碱性溶液中，主要以碱式存在，溶液呈现黄色。像甲基橙这样酸式和碱式各具有特殊的颜色的指示剂，称为双色指示剂。再如，酚酞是有机弱酸，在溶液中存在下列平衡：

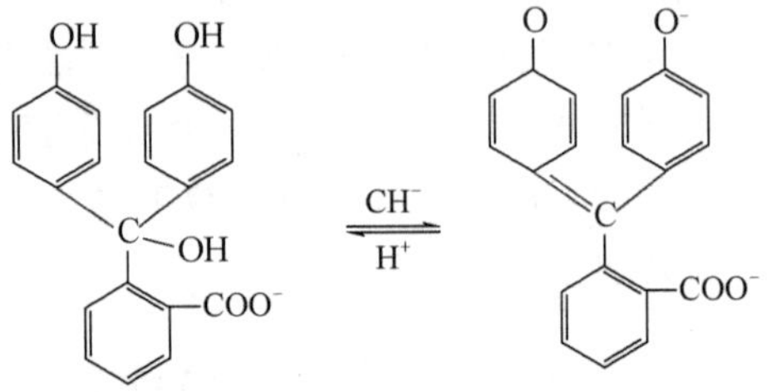

酸式(无色)$pK_a = 9.1$　　　　碱式(红色)

当溶液由酸性变为碱性时，酚酞由酸式转变为其共轭碱，在碱性溶液中显红色。反之，当溶液由碱性变为酸性时，酚酞主要以酸式存在，溶液变为无色。

指示剂的酸式 HIn 和碱式 In^-的质子转移平衡可表示如下

$$\underset{\text{酸式}}{HIn} + H_2O \rightleftharpoons H_3O^+ + \underset{\text{碱式}}{In^-}$$

$$K_{HIn} = \frac{[H_3O^+][In^-]}{[HIn]} \tag{11.10}$$

式中，K_{HIn}是酸碱指示剂的解离平衡常数，简称指示剂的酸常数，由式 11.10 得：

$$\lg\frac{[In^-]}{[HIn]} = pH - pK_{HIn} \tag{11.11}$$

由式(11.11)可知，$[In^-]/[HIn]$取决于溶液的 pH。pH 越大，$[In^-]/[HIn]$越大，碱式色越浓；pH 越低，$[HIn]/[In^-]$越大，酸式色越深。因此，指示剂呈现的颜色会随着溶液 pH 的变化而变化，这就是酸碱指示剂的变色原理。

(二)酸碱指示剂的变色范围和变色点

通常情况下，当$[In^-]/[HIn] \geqslant 10$ 时，碱式色足以掩盖酸式色，溶液呈现 In^-的颜色；当$[In^-]/[HIn] \leqslant 0.1$ 时，溶液显示 HIn 的颜色；当 $0.1 < [In^-]/[HIn] < 10$ 时，呈现的是酸式和碱式的混合色。因此，指示剂颜色的变化范围应在 $pH = pK_{HIn} \pm 1$ 的范围之内，我们把该范围称为指示剂的**变色范围**(color change interval)。$[In^-] = [HIn]$时，$pH = pK_{HIn}$，称为酸碱指示剂的**变色点**(color change point)。如甲基橙的变色点 $pH = pK_{HIn} = 3.7$，理论计算变色范围为

pH = 2.7～4.7。但是由于人的视觉对不同颜色的敏感程度不同，实际观察的变色范围并非与理论完全一致。如甲基橙的实际变色范围为 pH = 3.1～4.4。多数指示剂的实际变色范围都不足 2 个 pH 单位。几种常用的酸碱指示剂及变色范围列于表 11-1。

表11-1 常用的酸碱指示剂及变色范围

指示剂	变色点 pH=pK_{HIn}	变色范围 pH	酸色	过渡色	碱色
百里酚蓝（第一次变色）	1.7	1.2～2.8	红色	橙色	黄色
甲基橙	3.7	3.1～4.4	红色	橙色	黄色
溴酚蓝	4.1	3.1～4.6	黄色	蓝紫	紫色
溴甲酚绿	4.9	3.8～5.4	黄色	绿色	蓝色
甲基红	5.0	4.4～6.2	红色	橙色	黄色
溴百里酚蓝	7.3	6.0～7.6	黄色	绿色	蓝色
中性红	7.4	6.8～8.0	红色	橙色	黄色
酚酞	9.1	8.0～9.6	无色	粉红	红色
百里酚蓝（第二次变色）	8.9	8.0～9.6	黄色	绿色	蓝色
百里酚酞	10.0	9.4～10.6	无色	淡蓝	蓝色

不同指示剂的变色点和变色范围不同。滴定分析中，应根据需要选择合适的指示剂。需要说明的是，指示剂的加入量虽然不一定影响变色范围，但加入过多，则会影响滴定终点，因为指示剂本身是弱酸或者弱碱，加得过多，会消耗一部分标准溶液或被测溶液，适当少加一些，变色会更加敏锐。

二、滴定曲线与指示剂的选择

滴定反应的计量点可由指示剂的颜色变化来判断。为减少滴定误差，必须使滴定终点与计量点尽量吻合。为此，应当了解滴定过程中溶液 pH 的变化情况，尤其是在计量点前后滴加少量酸或碱标准溶液所引起溶液 pH 的变化。以滴定过程中混合溶液的 pH 为纵坐标，以所加入的酸或碱标准溶液的量为横坐标，所绘制的关系曲线称为**酸碱滴定曲线**（acid–base titration curve）。下面分别讨论不同类型的酸碱滴定曲线和指示剂的选择。

（一）强酸、强碱的滴定

1. 滴定曲线 以 $0.1000mol \cdot L^{-1}$NaOH 滴定 20.00 ml $0.1000mol \cdot L^{-1}$HCl 为例，说明滴定过程中溶液 pH 的变化情况。

（1）滴定前：溶液的 pH 取决于 HCl 的初始浓度

$$[H^+] = 0.1000\ mol \cdot L^{-1},\ pH = 1.00$$

（2）滴定开始至计量点以前：溶液的酸度取决于剩余 HCl 的浓度。当滴入 NaOH 溶液 19.98 ml（滴定误差为–0.1%）时，溶液中$[H^+]$为

$$[H^+] = \frac{0.1000mol ? L^{-1} ? (20.00 - 19.98)ml}{(20.00 + 19.98)ml} = 5 ? 10^{-5} mol ? L^{-1},\ pH = 4.3$$

(3) 化学计量点时：加入 20.00 ml NaOH 溶液，NaOH 与 HCl 恰好完全反应，溶液组成为 NaCl 水溶液，呈中性。

$$[H^+] = [OH^-] = 1.00\times10^{-7}mol\cdot L^{-1},\ pH = 7.00$$

(4) 计量点以后：溶液的组成为 NaCl 与 NaOH 混合溶液，溶液 pH 取决于 NaOH 的剩余量和溶液的体积。当滴入 20.02 ml NaOH 溶液（即滴定误差为+0.1%）时，溶液中的[OH⁻]为

$$[OH^-] = \frac{0.1000mol\times L^{-1}\cdot(20.02-20.00)ml}{(20.02+20.00)ml} = 5\times10^{-5}mol\cdot L^{-1}$$

$$pOH - 4.3,\ pH = 9.7$$

表11-2　0.1000mol · L⁻¹NaOH滴定0.1000mol · L⁻¹HCl pH的变化

NaOH 加入量/ ml	滴定百分数/ %	HCl 剩余量/ ml	过量 NaOH/ ml	pH
0.00	0.00	20.00		1.00
19.80	99.00	0.20		3.30
19.96	99.80	0.04		4.00
19.98	99.90	0.02		4.30
20.00	100.0	0.00		7.00
20.02	100.1		0.02	9.70
20.04	100.2		0.04	10.00
20.20	101.0		0.20	10.70
22.00	110.0		2.00	11.70
40.00	200.0		20.00	12.50

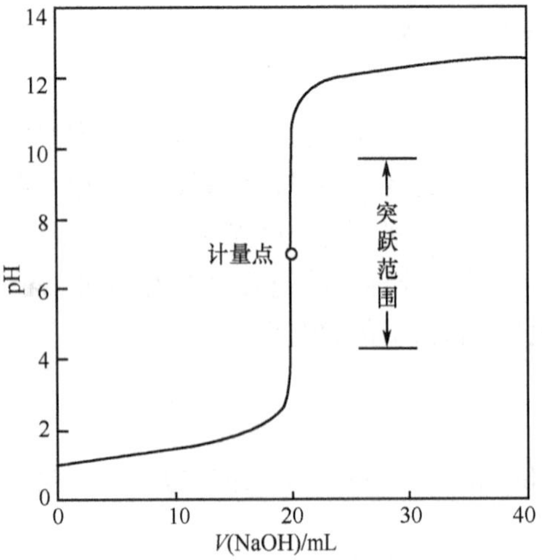

图 11-2　NaOH 滴定 HCl 的滴定曲线

按上述方法计算出的溶液 pH，列于表 11-2 中。以 NaOH 的加入量为横坐标，混合溶液的 pH 为纵坐标作图，即得滴定曲线如图 11-2 所示。

由表 11-2 和图 11-2 可知：从滴定开始到加入 NaOH 溶液 19.98 ml 时为止，溶液 pH 从 1.00 增大到 4.3，pH 仅改变了 3.30，曲线上升比较缓慢。在计量点 pH = 7.00 附近，NaOH 溶液的加入量从 19.98 ml（滴定误差–0.1%）到 20.02 ml（滴定误差+0.1%），仅仅加入一滴 NaOH 溶液，溶液的 pH 从 4.3 猛增到 9.7，滴定曲线陡然上升了 5.4 个 pH 单位，其中，pH=7 为 NaOH 与 HCl 反应的化学计量点。此后，过量的 NaOH 溶液所引起的 pH 变化越来越小，曲线上升又趋于平缓。在分析化学中，习惯上把计量点前后滴定误差在±0.1%范围内溶液的 pH 的变化范围叫做酸碱滴定的**突跃范围**（titration jump range）。上述滴定的突跃范围是 pH = 4.3～9.7。突跃范围是选择指示剂的依据。

强酸滴定强碱，如 $0.1000\ mol \cdot L^{-1}$ HCl 滴定 $0.1000\ mol \cdot L^{-1}$NaOH 溶液 20.00 ml，滴定过程中 pH 的变化规律与上述相似，只不过 pH 由高到低。滴定曲线的形状与强碱滴定强酸正好相反，如图 11-3 所示。

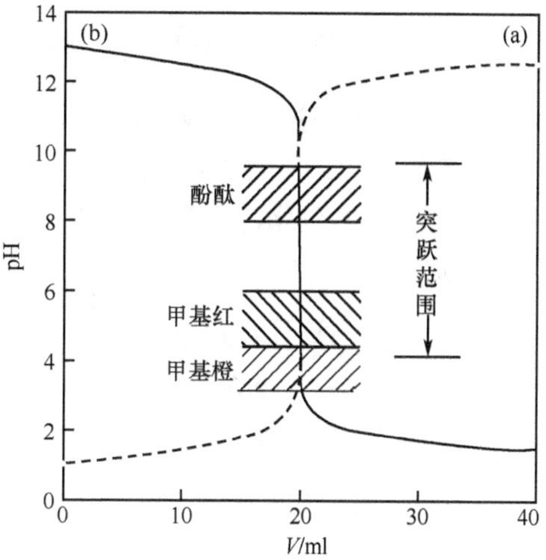

图 11-3 强酸和强碱的滴定曲线
(a) $0.1000mol \cdot L^{-1}$NaOH滴定同浓度HCl；
(b) $0.1000mol \cdot L^{-1}$HCl 滴定同浓度 NaOH

2. 指示剂的选择 理想的指示剂应恰好在计量点时变色，但实际上这样的指示剂很难找到，而且也没有必要。只要指示剂在突跃范围内发生颜色突变而停止滴定，就可以控制滴定误差不超过±0.1%。因此，选择指示剂的原则是：指示剂的变色范围全部或部分落在突跃范围之内。强酸强碱滴定的 pH 突跃范围为 4.3～9.7，所以，甲基橙（3.1～4.4）、酚酞（8.0～9.6）、甲基红（4.4～6.2）等都可选作滴定的指示剂。

在实际滴定中，指示剂的选择还应考虑人的视觉对颜色变化的敏感性。如酚酞由无色变为粉红色，甲基橙由黄色变为橙色容易辨别，即颜色由浅到深，人的视觉较敏感。因此，用强碱滴定强酸时，常选用酚酞作指示剂；而用强酸滴定强碱时，常选用甲基橙指示滴定终点。

3. 突跃范围与酸碱浓度的关系 为便于指示剂的选择，总希望扩大滴定的突跃范围。突跃范围的大小，与滴定剂和试样的浓度有关。如图 11-4 所示，相同浓度的 NaOH 溶液滴定 HCl，当两者浓度均为 $1.000mol \cdot L^{-1}$、$0.1000mol \cdot L^{-1}$ 和 $0.01000mol \cdot L^{-1}$ 时，所得突跃范围分别为 pH=3.3～10.7、4.3～9.7 和 5.3～8.7。酸碱浓度越高，突跃范围越大，酸碱浓度越低，突跃范围越小，因而在选择指示剂时不可忽略酸、碱浓度的影响。例如，$0.01000mol \cdot L^{-1}$ 强碱滴定 $0.01000mol \cdot L^{-1}$ 强酸的突跃范围为 pH=5.3～8.7，就不能用甲基橙作指示剂了。当酸、碱的浓度低于 $10^{-4}mol \cdot L^{-1}$ 时，已无明显滴定突跃。因此测定时，不宜使用浓度太小的标准溶液。当然，标准溶液浓度也不能太高，浓度过高虽然有利于指示剂的选择，但每滴溶液中所含标准物质的量较多，在计量点附近多加或少加半滴溶液都会引起误差。通常标准溶液和样品的浓度应控制在 $0.1～0.5mol \cdot L^{-1}$。

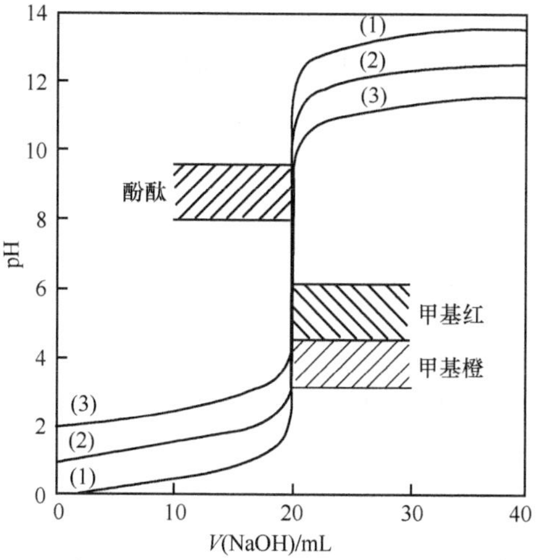

图 11-4 浓度分别为 (1) $1.000\ mol \cdot L^{-1}$，(2) $0.1000\ mol \cdot L^{-1}$，(3) $0.01000\ mol \cdot L^{-1}$ 的 NaOH 滴定相同浓度 HCl 的滴定曲线

(二) 一元弱酸、一元弱碱的滴定

为保证滴定反应具有足够的完成程度，弱酸只能用强碱滴定，弱碱只能用强酸滴定。

1. 滴定曲线 以 $0.1000mol \cdot L^{-1}$NaOH 滴定 $0.1000mol \cdot L^{-1}$ HAc 20.00 ml 为例讨论滴定过程中溶液 pH 的变化，与强酸滴定强碱相似，整个滴定过程也分为四个阶段：

(1) 滴定前：组成为 $0.1000mol \cdot L^{-1}$ HAc 溶液，溶液中 $[H^+]$ 和 pH 为

$$[H^+] = \sqrt{K_a c_r} = \sqrt{1.75\times10^{-5}\times0.1000} = 1.33\times10^{-3}，pH = 2.87$$

(2) 滴定开始至计量点前：过量的 HAc 及反应产物 NaAc 组成缓冲溶液。当滴入 19.98 ml NaOH 溶液时 (相对误差为–0.1%)，溶液 pH

$$pH = pK_a + \lg\frac{Ac^-}{HAc} = 4.75 + \lg\frac{0.1000mol \cdot L^{-1}\times19.98ml}{0.1000mol \cdot L^{-1}\cdot(20.00-19.98)ml} = 7.8$$

(3) 计量点时：加入的 NaOH 与 HAc 恰好反应完全，得到 $0.05000mol \cdot L^{-1}$ 的 NaAc 溶液

$$[OH^-] = \sqrt{K_b c_r} = \sqrt{5.6\times10^{-10}\times0.05000} = 5.33\times10^{-6}$$

$$pOH = 5.27，pH = 14 - 5.27 = 8.73$$

(4) 计量点后：NaOH 过量，组成为 NaAc 与 NaOH 的混合溶液，溶液 pH 取决于过量 NaOH 的量。当滴入 20.02 ml NaOH 溶液时 (相对误差为+0.1%)

$$[OH^-] = \frac{0.1000\times(20.02-20.00)}{20.02+20.00} = 5.0\times10^{-5}$$

$$pOH = 4.3，pH = 14 - 4.3 = 9.7$$

按上述方法计算出的溶液 pH，列于表 11-3 中。滴定曲线如图 11-5 所示。

表11-3 $0.1000mol \cdot L^{-1}$NaOH滴定20.00 ml $0.1000mol \cdot L^{-1}$HAc溶液的pH

加入 NaOH/ml	滴定百分数	溶液组成	酸度计算公式	pH
0.00	0.0%	HAc	$[H^+] = \sqrt{K_a c_r}$	2.88
10.00	50.0%	$HAc+Ac^-$	$pH = pK_a + \lg\frac{[Ac^-]}{[HAc]}$	4.75
18.00	90.0%			5.70
19.80	99.0%			6.74
19.98	99.9%			7.8
20.00	100.0%	Ac^-	$[OH^-] = \sqrt{K_b c_r}$	8.73
20.02	100.1%	OH^-+Ac^-	$[OH^-] = \frac{c(NaOH)\cdot V(NaOH)}{V_{总}}$	9.7
20.20	101.0%			10.70
22.00	110.0%			11.68
40.00	200.0%			12.50

2. 滴定曲线的特点和指示剂的选择 与强碱滴定强酸相比较，强碱滴定一元弱酸有以下特点：①滴定前，曲线起点较高。$0.1000mol \cdot L^{-1}$HAc 溶液的 pH=2.87，比同浓度 HCl 溶液约大 2 个 pH 单位。这是因为 HAc 是弱酸，其解离程度较小，溶液酸度较低。②滴定开始至计量点前，曲线两端坡度较大，中部较为平缓。这是因为滴定反应产生的 Ac^-抑制了 HAc 的解离，溶液中的$[H^+]$降低较为迅速；随着滴定的进行，形成了缓冲溶液，且溶液中 Ac^-与 HAc 的浓度比值越趋近于 1，缓冲能力越强，溶液 pH 的变化幅度减小；继续滴定，溶液中 Ac^-与 HAc 的浓度相差越来越大，缓冲能力减小，溶液 pH 变化幅度变大，又出现坡度较大的曲线部分；接近计量点时，HAc 浓度已很低，NaOH 溶液的加入引起溶液 pH 较大的改变，因此出现坡度更大的曲线部分。③计量点时，NaOH 与 HAc 完全反应生成 NaAc，pH 为 8.73，比滴定同浓度 HCl 溶液高约出 1.73 个 pH 单位。④计量点后，曲线形状与强碱滴定强酸情况类似。

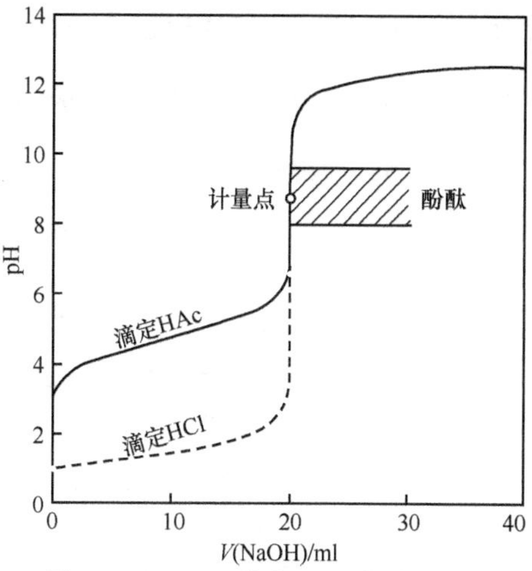

图 11-5 NaOH 滴定 HAc 的滴定曲线

$0.1000mol \cdot L^{-1}$ NaOH 滴定 $0.1000\ mol \cdot L^{-1}$ HAc 的突跃范围是 7.8～9.7，比相同浓度的强碱滴定强酸的突跃范围小得多。应选用酚酞做指示剂，而甲基橙和甲基红则不宜选用。

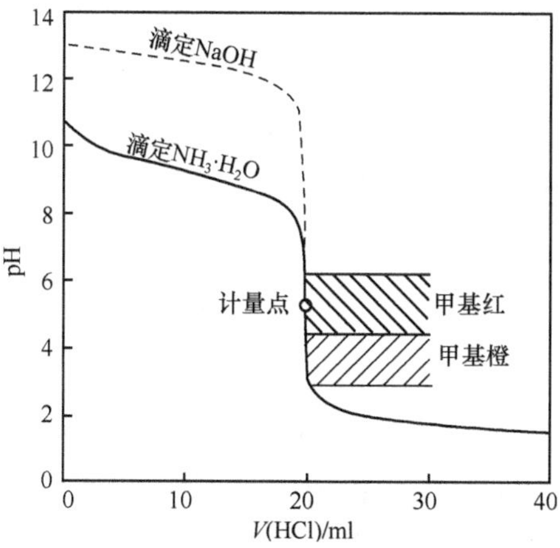

图 11-6 HCl 滴定 $NH_3 \cdot H_2O$ 的滴定曲线

强酸滴定一元弱碱与强碱滴定一元弱酸的情况类似。如用 $0.1000mol \cdot L^{-1}$HCl 滴定 20.00 ml $0.1000mol \cdot L^{-1}NH_3 \cdot H_2O$ 溶液，滴定曲线如图 11-6 所示。滴定范围为 4.3～6.3，计量点 pH=5.28。应选择在酸性范围内变色的指示剂，如甲基橙或甲基红等。

3. 滴定突跃与酸碱强度的关系 在弱酸的滴定中，突跃范围的大小除与标准溶液及弱酸的浓度有关以外，还与弱酸的强度有关。图 11-7 显示了 NaOH 滴定不同强度弱酸的滴定曲线。可以看出，浓度一定时，K_a 值愈小，突跃范围愈小。当 $K_a \leqslant 10^{-7}$ 时，其滴定突跃已不明显，用一般的指示剂无法确定滴定终点。因此，弱酸能否用强碱直接进行滴定是有条件的。实践证明：只有当 $K_a c_a \geqslant 10^{-8}$ 时，弱酸才能被强碱准确滴定；与强酸滴定弱碱情况类似，只有

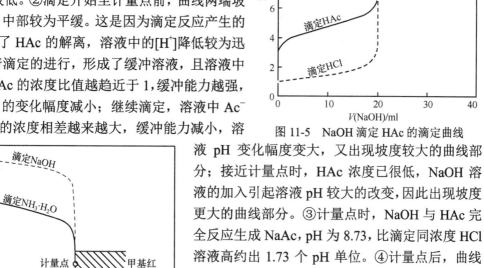

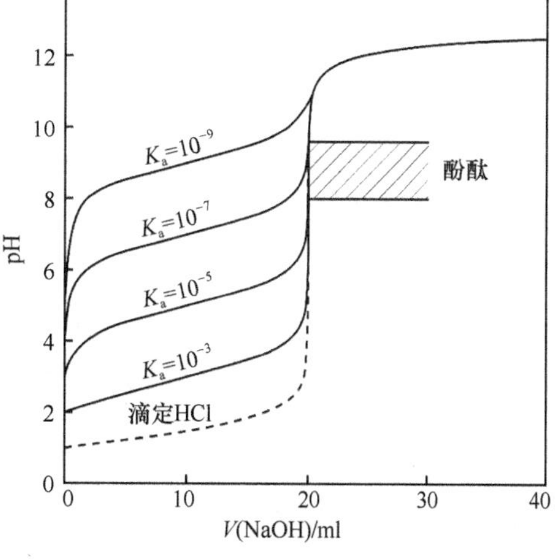

图11-7 NaOH滴定不同强度弱酸滴定曲线

当 $c_bK_b \geqslant 10^{-8}$ 时，弱碱才能被强酸准确滴定。

（三）多元弱酸、多元弱碱的滴定

多元弱酸或多元弱碱的滴定是分步进行的。如用 NaOH 滴定二元弱酸 H_2B，将发生如下反应

$$H_2B + NaOH \rightleftharpoons HB^- + H_2O$$
$$HB^- + NaOH \rightleftharpoons B^{2-} + H_2O$$

H_2B 首先被 NaOH 滴定生成 HB^-。如果 $K_a(H_2B)$ 与 $K_a(HB^-)$ 相差不大，则在 H_2B 尚未全部变成 HB^-之前，就有相当部分的 HB^-被滴定成 B^{2-}。这样在第一计量点附近就没有明显的pH突跃，无法确定滴定终点，H_2B 也就不能准确滴定到 HB^-。若 $K_a(H_2B)$ 与 $K_a(HB^-)$ 相差较大，在 H_2B 全部转化为 HB^-之前，HB^-被滴定成 B^{2-}的量很少，消耗的标准溶液可以忽略，H_2B 就可以被准确滴定到 HB^-。实践表明，多元弱酸被准确滴定和分步滴定的条件是：

(1) 各步反应只有满足 $c_aK_a \geqslant 10^{-8}$ 时，才能被强碱准确滴定。

(2) 相邻两级解离平衡常数的比值 $K_{a1}/K_{a2} \geqslant 10^4$ 时，才能进行分步滴定。

例如，用 0.1000mol · L^{-1}NaOH 溶液滴定 0.1000mol · $L^{-1}H_3PO_4$。

$$H_3PO_4 + NaOH \rightleftharpoons NaH_2PO_4 + H_2O$$
$$NaH_2PO_4 + NaOH \rightleftharpoons Na_2HPO_4 + H_2O$$
$$Na_2HPO_4 + NaOH \rightleftharpoons Na_3PO_4 + H_2O$$

H_3PO_4 的三级解离平衡常数分别为 6.9×10^{-3}、6.1×10^{-8}、4.8×10^{-13}。$c_a \cdot K_{a1} > 10^{-8}$、$c_a \cdot K_{a2} \approx 10^{-8}$、$c_a \cdot K_{a3} < 10^{-8}$；$K_{a1}/K_{a2} > 10^4$，$K_{a2}/K_{a3} > 10^4$。所以，$H_3PO_4$、$NaH_2PO_4$ 可以被准确滴定，Na_2HPO_4 不能被准确滴定：H_3PO_4 与 NaH_2PO_4、NaH_2PO_4 与 Na_2HPO_4 可以被分步滴定。也就是说，NaOH 可以将 H_3PO_4 准确滴定到 NaH_2PO_4，继而将 NaH_2PO_4 准确滴定到 Na_2HPO_4，但不能将 Na_2HPO_4 准确滴定到 Na_3PO_4。0.1000mol · L^{-1} NaOH 滴定 0.1000mol · L^{-1} H_3PO_4 的滴定曲线只有两个滴定突跃，而不是三个，如图 11-8 所示。

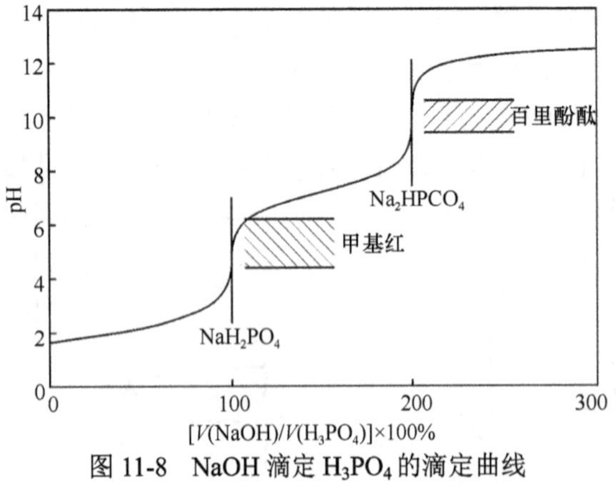

图 11-8 NaOH 滴定 H_3PO_4 的滴定曲线

准确获得多元酸的突跃范围涉及比较复杂的处理过程，实际工作中，一般只需计算计量点的 pH，在计量点附近选择合适的指示剂。例如 H_3PO_4 的滴定过程中有两个突跃，即有两个计量点。达到第一计量点时，产物为 NaH_2PO_4，溶液 pH 为

$$pH = \frac{1}{2}(PK_{a1} + pK_{a2}) = \frac{1}{2}\times(2.16 + 7.21) = 4.68$$

这一步滴定可选择甲基橙作指示剂，终点由红变黄。达到第二计量点时，产物为 Na_2HPO_4，溶液 pH 为

$$pH=\frac{1}{2}(pK_{a2}+pK_{a3})=\frac{1}{2}\times(7.21+12.32)=9.76$$

这一步滴定可选择百里酚酞作指示剂，终点由无色变为浅蓝色。对于 Na_2HPO_4，由于 K_{a3} 太小，无法用 NaOH 溶液直接进行滴定；但可加入 $CaCl_2$ 沉淀 PO_4^{3-}，将 H^+ 释放出来，这样第三个 H^+ 就可以准确滴定了。

多元碱的滴定如 Na_2CO_3、$Na_2B_4O_7$ 等，能否用强酸直接准确滴定，判断的原则与多元酸类似：当 $c_b\cdot K_b\geqslant10^{-8}$ 时，可以被强酸准确滴定；多元碱相邻两级 K_b 的比值大于 10^4 时，可以进行分步滴定。

例如 0.1000mol · L^{-1}HCl 滴定 0.05000mol · L^{-1} Na_2CO_3，滴定反应分两步进行

$$Na_2CO_3+HCl \rightleftharpoons NaHCO_3$$

$$NaHCO_3+HCl \rightleftharpoons H_2CO_3$$

CO_3^{2-} 的 K_{b1}、K_{b2} 分别为 2.1×10^{-4} 和 2.2×10^{-8}。两步反应的 $c_b\cdot K_b$ 大于或近于 10^{-8}，并且 K_{b1}/K_{b2} 近于 10^4，所以，Na_2CO_3 可用 HCl 溶液直接进行分步滴定，其滴定曲线将会出现两个突跃，存在两个计量点，如图 11-9 所示。第一个计量点时，HCl 与 Na_2CO_3 完全反应生成 $NaHCO_3$，溶液的 pH 近似为

$$pH=\frac{1}{2}(pK_{a1}+pK_{a2})=\frac{1}{2}\times(6.35+10.33)=8.34$$

在这一步滴定可选择酚酞作指示剂。但由于 K_{b1}/K_{b2} 偏小，加之 HCO_3^- 的缓冲作用，突跃不太明显，终点误差较大。为了准确判断第一终点，通常采用 $NaHCO_3$ 溶液作参比进行对照，或采用甲酚红与百里酚蓝混合指示剂指示终点，其变色范围为 pH=8.2～8.4，以减少滴定误差。达到第二计量点时，产物为 H_2CO_3，它在溶液中主要是以溶解状态的 CO_2 形式存在，常温下其饱和溶液的浓度约为 0.04mol · L^{-1}，这时溶液的酸度为

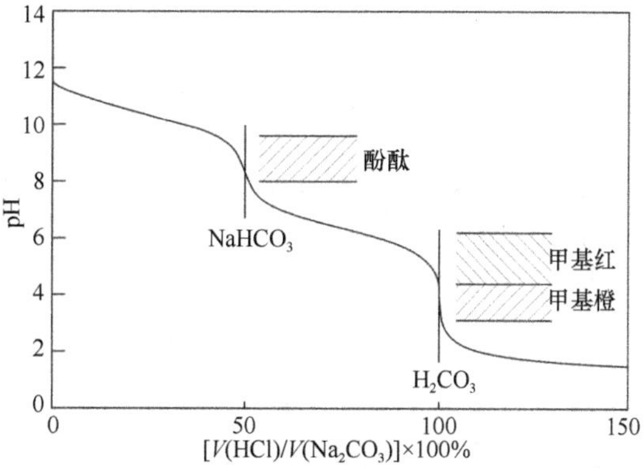

图 11-9 HCl 滴定 Na_2CO_3 的滴定曲线

$$[H^+]=\sqrt{K_{a1}c_r}==\sqrt{4.5\times10^{-7}\times0.04}=1.3\times10^{-4}(mol\cdot L^{-1})$$

$$pH=3.9$$

这一步滴定选用甲基橙作指示剂是适宜的。但 CO_2 易形成过饱和溶液，滴定过程中生成的 H_2CO_3 只能慢慢地转变为 CO_2，这样就使溶液的酸度稍稍增大，终点提前出现。因此，滴定快到终点时，应剧烈摇动溶液，或加热煮沸使 CO_2 逸出，冷却后再继续滴定至终点。

三、酸碱标准溶液的配制与标定

(一) 酸标准溶液

可配制酸标准溶液的物质有 HCl 和 H_2SO_4，HCl 最常用。浓盐酸易挥发，只能先配制成

近似所需浓度的溶液，然后用基准物质进行标定。标定 HCl 最常用的基准物质有无水碳酸钠(Na_2CO_3)和硼砂($Na_2B_4O_7 \cdot 10H_2O$)。碳酸钠易制得纯品、价廉，但有吸湿性，且能吸收 CO_2，用前必须在 270～300℃烘干约 1h，稍冷后置于干燥器中备用。用 Na_2CO_3 标定 HCl 溶液时，选用甲基红为指示剂，滴定接近终点时应将溶液煮沸，以消除 CO_2 的影响。其滴定反应式为

$$Na_2CO_3 + 2HCl = 2NaCl + H_2CO_3$$

$Na_2B_4O_7 \cdot 10H_2O$ 含有 10 个结晶水，须保存在相对湿度为 60%的恒湿器中，以免其组成与化学式不符合。它与 HCl 的反应式如下

$$Na_2B_4O_7 + 5H_2O + 2HCl = 4H_3BO_3 + 2NaCl$$

化学计量点时 $Na_2B_4O_7$ 被定量中和成 H_3BO_3，溶液呈酸性，计量点 pH=5.1，可选用甲基红(变色范围 pH=4.4～6.2)作指示剂。

例 11-1 称取 1.2854g 分析纯 Na_2CO_3，配成标准溶液 250.0 ml，用来标定近似浓度为 $0.1mol \cdot L^{-1}$ HCl 溶液，用甲基橙作指示剂，测得 25.00 ml Na_2CO_3 标准溶液恰好与 23.56 ml HCl 溶液完全反应。求此 HCl 溶液的准确浓度。

解 用甲基橙作指示剂，Na_2CO_3 可被滴定到 H_2CO_3，反应方程式如下：

$$Na_2CO_3+2HCl = 2NaCl + CO_2 + H_2O$$

$$\frac{1}{2}c(HCl) \cdot V(HCl) = \frac{m(Na_2CO_3)}{M(Na_2CO_3)}$$

$$c(HCl) = \frac{2 \times 1.2854g \times \dfrac{25.00ml}{250.00ml}}{23.56mL \times 10^{-3}L \cdot mL^{-1} \times 106.0g \cdot mol^{-1}} = 0.1029mol \cdot L^{-1}$$

即此 HCl 溶液的准确浓度为 $0.1029\ mol \cdot L^{-1}$。

(二)碱标准溶液

用来配制碱标准溶液的物质有 NaOH 和 KOH，因 NaOH 价格低而更常用，但 NaOH 易吸收空气中的水分及二氧化碳，而且还含有少量的硫酸盐、硅酸盐和氯化物等杂质，只能用间接法配制标准溶液。标定 NaOH 常用邻苯二甲酸氢钾($KHC_8H_4O_4$)或结晶草酸($H_2C_2O_4 \cdot 2H_2O$)。邻苯二甲酸氢钾易制得纯品、性质稳定，摩尔质量较大，是标定 NaOH 溶液较好的基准物质，其反应式为

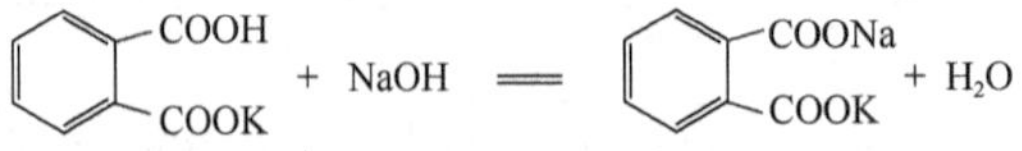

在计量点时，溶液的 pH 约为 9.1，可选用酚酞作指示剂。

结晶草酸相当稳定，但摩尔质量较小。草酸是二元酸，其 K_{a1} 和 K_{a2} 分别为 5.90×10^{-2} 和 6.46×10^{-5}，$K_{a1}/K_{a2} < 10^4$，因此用草酸标定 NaOH 溶液时只有一个突跃，反应式为

$$H_2C_2O_4 + 2NaOH = Na_2C_2O_4 + 2H_2O$$

计量点时，溶液的 pH 约为 8.4，可选用酚酞作指示剂。

四、酸碱滴定法的应用实例

强酸、强碱、$c_aK_a > 10^{-8}$ 的弱酸和 $c_bK_b > 10^{-8}$ 的弱碱都可以用碱标准溶液或酸标准溶液

直接滴定。因此，酸碱滴定法在生产和科学实验中广泛应用。下面以乙酰水杨酸和碳酸钠的测定为例，说明酸碱滴定法的应用。

(一)阿司匹林中乙酰水杨酸含量的测定

阿司匹林是一种常用的解热镇痛药，也可用于老年心血管病的预防及治疗。其有效成分乙酰水杨酸分子中含有羧基，可用 NaOH 标准溶液直接滴定，反应方程式为

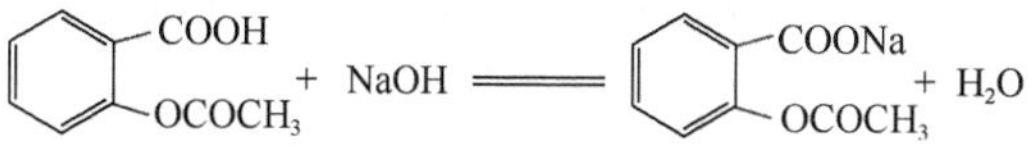

准确称量一定量的乙酰水杨酸试样，加水溶解后，滴加 2 滴酚酞指示剂，用 NaOH 标准溶液进行滴定。当滴定至溶液由无色变成粉红色，并且 30s 不退色时停止滴定。根据 NaOH 标准溶液的浓度和消耗的体积，就可计算乙酰水杨酸的含量。

$$\text{乙酰水杨酸}\% = \frac{c(\mathrm{NaOH}) \cdot V(\mathrm{NaOH}) \cdot M(\text{乙酰水杨酸})}{m(\text{样品})} \times 100\%$$

因乙酰水杨酸分子中酯基($-OCOCH_3$)易发生水解，其反应式为

为防止乙酰水杨酸发生水解而使测定结果偏高，滴定要在乙醇溶液中进行，并且控制滴定温度在 10℃以下。

(二)混合碱含量测定

NaOH 俗称烧碱，在生产和贮存过程中，由于吸收空气中的 CO_2 而部分生成 Na_2CO_3 杂质。测定烧碱中 NaOH 和 Na_2CO_3 的含量，通常采用双指示剂法。

准确称取一定量试样，溶解后，以酚酞为指示剂，用 HCl 标准溶液滴定至红色刚刚消失，记下用去 HCl 的体积 V_1。这时 NaOH 全部被中和，而 Na_2CO_3 仅被中和到 $NaHCO_3$。

$$\mathrm{NaOH + HCl = NaCl + H_2O}$$

$$\mathrm{Na_2CO_3 + HCl = NaHCO_3 + NaCl}$$

向溶液中加入甲基橙，继续用 HCl 滴定至橙红色，用去 HCl 的体积 V_2，V_2 是滴定 $NaHCO_3$ 所消耗 HCl 体积。

$$\mathrm{NaHCO_3 + HCl = NaCl + H_2CO_3}$$

由化学计量关系可知，Na_2CO_3 被中和至 $NaHCO_3$ 以及 $NaHCO_3$ 被中和至 H_2CO_3 所消耗 HCl 的体积是相等的，所以 NaOH 消耗的 HCl 的体积为 V_1-V_2。由此可计算烧碱中 NaOH 和 Na_2CO_3 的含量。

$$\mathrm{NaOH}\% = \frac{c(\mathrm{HCl})(V_1 - V_2) \cdot M(\mathrm{NaOH})}{m(\text{样品})} \times 100\%$$

$$\mathrm{Na_2CO_3}\% = \frac{c(\mathrm{HCl}) \cdot V_2 \cdot M(\mathrm{Na_2CO_3})}{m(\text{样品})} \times 100\%$$

为了使终点变色明显，在近终点时可暂停滴定，加热除去 CO_2。$NaHCO_3$ 和 Na_2CO_3 混合物的分析与 NaOH 与 Na_2CO_3 的分析方法类似。

(三)有机物含氮量测定

土壤或有机物试样中加入催化剂$CuSO_4$,用浓H_2SO_4加热消化,使其中的氮转化为NH_4^+溶解，加入过量的浓 NaOH 溶液，加热使NH_3释放出来，以过量的 HCl 标准溶液吸收，然后用 NaOH 标准溶液返滴定剩余的 HCl。反应方程式如下：

$$\text{有机 N} \xrightarrow{\text{消化}} NH_4^+$$

$$NH_4^+ + OH^- \overset{\Delta}{=\!=\!=} NH_3\uparrow + H_2O$$

$$NH_3 + HCl(\text{过量}) \overset{\text{吸收}}{=\!=\!=} NH_4^+ + Cl^-$$

$$HCl(\text{剩余}) + NaOH \overset{\text{滴定}}{=\!=\!=} NaCl + H_2O$$

滴定计量点时溶液的组成为NH_4Cl，溶液为弱酸性，可用甲基红或甲基橙为指示剂，但不能用酚酞。氮的含量可用下式计算

$$N\% = \frac{c(HCl)\cdot V(HCl) - c(NaOH)\cdot V(NaOH)}{m(\text{样品})}\cdot M(N)\times 100\%$$

除盐酸外，H_3BO_3也常用于NH_3的吸收，用甲基红和溴甲酚绿混合指示剂，用标准盐酸直接滴定，反应方程为

$$NH_3 + H_3BO_3(\text{过量}) \overset{\text{吸收}}{=\!=\!=} NH_4BO_2 + H_2O$$

$$NH_4BO_2 + HCl \overset{\text{滴定}}{=\!=\!=} NH_4Cl + H_3BO_3$$

终点产物为NH_4Cl和H_3BO_3，终点颜色为粉红色。由于H_3BO_3为极弱的酸，不影响滴定。氮的含量可用下式计算

$$N\% = \frac{c(HCl)\cdot V(HCl)\cdot M(N)}{m(\text{样品})}\times 100\%$$

这种测定含氮量的方法称为凯氏定氮法，是生化分析中常用的一种蛋白质含量测定方法。一般认为，蛋白质的平均含氮量约为16%，根据氮的含量可以估算有机物中蛋白质的含量。

例 11-2 豆腐是老幼皆宜的美食佳品。称取豆腐试样 3.2894g，浓H_2SO_4消化后用浓 NaOH 溶液碱化，蒸馏出来的NH_3用 50.00 ml $0.1098mol\cdot L^{-1}$HCl 标准溶液吸收，再用 0. 09875$mol\cdot L^{-1}$ NaOH 标准溶液返滴定剩余的 HCl。消耗 NaOH 标准溶液 21.36 ml，试计算试样中蛋白质的含量。

解 根据反应计量关系得

$$N\% = \frac{c(HCl)\cdot V(HCl) - c(NaOH)\cdot V(NaOH)}{m(\text{样品})}\cdot M(N)\times 100\%$$

$$N\% = \frac{(0.1098mol\cdot L^{-1}\times 0.05000L - 0.09875mol\cdot L^{-1}\times 0.02136L)\times 14.01}{3.2894g}\times 100\% = 1.440\%$$

$$\text{蛋白质}\% = \frac{N\%}{16\%} = \frac{1.440\%}{0.16} = 9.0\%$$

第四节 氧化还原滴定法

氧化还原滴定法(oxidation–reduction titration)是以氧化还原反应为基础的滴定分析方法。它不仅可以直接测定许多氧化还原性物质，还可以间接测定某些能与氧化剂或还原剂定量反应的其他物质。氧化还原反应机理复杂，有些反应的反应速度十分缓慢，并且经常伴有各种副反应。因此，在氧化还原滴定法中，反应条件的控制是非常重要的。为满足滴定分析的要求，一般要求被测物质要处于适当的氧化态或还原态，反应的 $E^{\ominus} > 0.4V$，同时需要考虑酸度、温度和催化剂等对反应速率的影响。

根据所用氧化剂标准溶液的类型，通常将氧化还原滴定法分为**高锰酸钾法**(potassium permanganate method)、**碘量法**(iodimetry)、重铬酸钾法、溴酸盐法等。本节介绍高锰酸钾法和碘量法。

一、高锰酸钾法

以高锰酸钾为滴定剂的氧化还原滴定法称为高锰酸钾法。高锰酸钾的氧化能力和还原产物与溶液酸度有关。在酸性溶液中，MnO_4^-是强氧化剂，本身被还原为 Mn^{2+}。其半反应为

$$MnO_4^- + 8H^+ + 5e \rightleftharpoons Mn^{2+} + 4H_2O \qquad \varphi^{\ominus} = 1.507V$$

在弱酸性、中性或弱碱性溶液中，MnO_4^-的氧化能力降低，本身被还原为褐色的 MnO_2。其半反应为

$$MnO_4^- + 2H_2O + 3e \rightleftharpoons MnO_2\downarrow + 4OH^- \qquad \varphi^{\ominus} = 0.595V$$

在强碱性溶液中，MnO_4^-的氧化能力进一步降低，本身被还原为 MnO_4^{2-}。其半反应为

$$MnO_4^- + e \rightleftharpoons MnO_4^{2-} \qquad \varphi^{\ominus} = 0.558V$$

由此可见，酸度的控制对高锰酸钾滴定法非常重要。高锰酸钾滴定一般在强酸溶液中进行，所用的强酸通常是硫酸，而不能选用硝酸或盐酸，原因是硝酸有氧化性，可能与被测物反应；盐酸有还原性，可能被高锰酸钾氧化。硫酸的适宜浓度为 $0.5 \sim 1mol \cdot L^{-1}$。

$KMnO_4$ 本身呈紫红色，而其还原产物 Mn^{2+} 几乎无色，在滴定无色或浅色溶液时，可用高锰酸钾自身的颜色变化指示终点，勿需外加指示剂。

(一) 高锰酸钾标准溶液的配制与标定

1. 高锰酸钾标准溶液的配制 市售 $KMnO_4$ 试剂中常含有少量 MnO_2 和其他杂质，不能用直接法配制标准溶液，通常是先配制成近似所需浓度的 $KMnO_4$ 溶液，然后进行标定。由于蒸馏水中的微量有机杂质能还原 $KMnO_4$，使其浓度在配制初期处于不稳定状态，因此常将新配的 $KMnO_4$ 溶液加热至沸，并保持微沸 1h，然后在棕色瓶中放置 2～3 天，用烧结的砂心漏斗过滤除去 MnO_2 等杂质，待 $KMnO_4$ 溶液浓度恒定后方可进行标定。$KMnO_4$ 溶液浓度一般约为 $0.02mol \cdot L^{-1}$。

2. 高锰酸钾标准溶液的标定 标定 $KMnO_4$ 溶液常用的基准物质有 $Na_2C_2O_4$、$H_2C_2O_4 \cdot 2H_2O$ 及纯 Fe 等，其中草酸钠最为常用，标定反应方程式为

$$2MnO_4^- + 5C_2O_4^{2-} + 16H^+ = 2Mn^{2+} + 10CO_2\uparrow + 8H_2O$$

此反应在常温下起始速率较慢，为加速反应，可将 $Na_2C_2O_4$ 溶液预热到 70～80℃后再滴定(溶液的温度高于 90℃，会使部分草酸发生分解)。滴定开始以后，反应产生的 Mn^{2+}能催化上述滴定反应(称为自催化反应)，反应速率大大加快。当溶液呈粉红色并在 30s 内不褪色时停止滴定，根据 $Na_2C_2O_4$ 的质量和消耗的 $KMnO_4$ 的体积，即可计算出 $KMnO_4$ 溶液的准确浓度

$$c(KMnO_4)=\frac{2}{5}\times\frac{m(Na_2C_2O_4)}{M(Na_2C_2O_4)\cdot V(KMnO_4)}$$

(二)高锰酸钾法的应用

高锰酸钾法可以直接测定还原性物质，如 H_2O_2、亚铁盐、草酸盐等；也可以用返滴定法测定某些氧化性物质，如 MnO_2、PbO_2、CrO_4^{2-}等。测定 MnO_2 时，可在 H_2SO_4 介质中加入过量的 $Na_2C_2O_4$ 标准溶液，待 MnO_2 与 $C_2O_4^{2-}$作用完成后，再用 $KMnO_4$ 标准溶液滴定剩余的 $C_2O_4^{2-}$。此外，还可用 $KMnO_4$ 法间接测定某些非氧化性或非还原性物质，例如 Ba^{2+}、Ca^{2+}、Zn^{2+}等。

1. 过氧化氢含量的测定 过氧化氢在医学上可用作消毒及杀菌剂，在工业上可以漂白棉毛丝等织物，由于应用广泛，常需测定它的含量。在酸性溶液中，可用 $KMnO_4$ 溶液直接滴定 H_2O_2，反应方程式为

$$2MnO_4^- + 5H_2O_2 + 6H^+ = 2Mn^{2+} + 5O_2\uparrow + 8H_2O$$

滴定开始时反应速率较慢，当 Mn^{2+}生成后，Mn^{2+}的催化作用使反应速率逐渐加快。当滴定至溶液呈粉红色并在 30 秒内不褪色，即达到滴定终点。根据 $KMnO_4$ 标准溶液的准确浓度和滴定所消耗的 $KMnO_4$ 溶液的体积，即可计算出 H_2O_2 浓度

$$c(H_2O_2)=\frac{5}{2}\times\frac{c(KMnO_4)\cdot V(KMnO_4)}{V(H_2O_2)}$$

例 12-3 准确吸取 10 ml 过氧化氢样品，置于 250 ml 容量瓶中，加水稀释至标线。用移液管准确移取 25.00 ml 稀释液于锥形瓶中，加 5 ml $3mol\cdot L^{-1}H_2SO_4$ 酸化，用 $0.02013mol\cdot L^{-1}$ 高锰酸钾标准溶液滴定，用去高锰酸钾溶液 17.54 ml，计算未经稀释的样品中 H_2O_2 的含量。

解 $2MnO_4^- + 5H_2O_2 + 6H^+ = 2Mn^{2+} + 5O_2\uparrow + 8H_2O$

$$c(H_2O_2)=\frac{5}{2}\times\frac{c(KMnO_4)\times V(KMnO_4)}{V(H_2O_2)}=\frac{5}{2}\times\frac{0.02013mol\cdot L^{-1}\times 17.54ml}{10.00ml\times\dfrac{25.00}{250.00}}=0.8827mol\cdot L^{-1}$$

$$H_2O_2\%=\frac{c(H_2O_2)\cdot V(H_2O_2)\cdot M(H_2O_2)}{m(\text{样品})}\times 100\%$$

$$=\frac{0.8827mol\cdot L^{-1}\times 10.00\times 10^{-3}L\times 34.015mol^{-1}}{10.00mL\times 1g\cdot ml^{-1}}\times 100\%=3\%$$

2. 化学耗氧量的测定 化学耗氧量(chemical oxygen demand，COD)是水体受还原性物质(主要是有机物)污染程度的综合性指标，是指在特定条件下，定量地氧化水体中还原性物质时所消耗的氧化剂的量。以每升多少毫克表示($O_2\ mg\cdot L^{-1}$)。测定时，在水样中加入适量的硫酸及准确过量的 $KMnO_4$ 溶液，于沸水浴中加热，使其中的还原性物质氧化完全。剩余的 $KMnO_4$ 用一定量过量的 $Na_2C_2O_4$ 还原，再用 $KMnO_4$ 标准溶液返滴定。该法主要用于地表水、饮用水和轻度污染的生活污水中 COD 测定。

二、碘 量 法

碘量法是以 I_2 的氧化性和 I^- 的还原性为基础的滴定分析方法，其基本反应为

$$I_2 + 2e \rightleftharpoons 2I^- \quad \varphi^{\ominus} = 0.5355V$$

$\varphi^{\ominus}(I_2/I^-)$ 数值中等大小，所以 I_2 是一种中等强度的氧化剂，I^- 是一种中等强度的还原剂。利用 I_2 的氧化性直接测定强还原性物质的滴定方法称为**直接碘量法**(direct iodine titration)。标准电极电位比 $\varphi^{\ominus}(I_2/I^-)$ 低的还原性物质都可直接用 I_2 标准溶液滴定。直接碘量法的反应基础为

$$I_2 + 2e \rightleftharpoons 2I^-$$

直接碘量法只能在酸性或中性溶液中进行，因为在碱性溶液中，I_2 发生如下反应

$$3I_2 + 6OH^- = IO_3^- + 5I^- + 3H_2O$$

标准电极电位比 $\varphi^{\ominus}(I_2/I^-)$ 高的氧化性物质适用**间接碘量法**(indirect iodine titration)，即以 I^- 为还原剂，先使其与过量 I^- 作用，使一部分 I^- 被定量地氧化成 I_2，然后用 $Na_2S_2O_3$ 标准溶液滴定所生成的 I_2，即可求出这些氧化性物质的含量。间接碘量法的反应基础为

$$2I^- + 2e \rightleftharpoons I_2$$

$$I_2 + 2S_2O_3^{2-} = S_4O_6^{2-} + 2I^-$$

间接碘量法须在中性或弱酸性溶液中进行。在强酸性溶液中，$Na_2S_2O_3$ 会发生分解，同时 I^- 容易被空气中的 O_2 氧化

$$S_2O_3^{2-} + 2H^+ = SO_2\uparrow + S\downarrow + H_2O$$

$$4I^- + 4H^+ + O_2 = 2I_2 + 2H_2O$$

在碱性溶液中，$S_2O_3^{2-}$ 和 I_2 将发生副反应，I_2 也会发生歧化反应

$$S_2O_3^{2-} + 4I_2 + 10OH^- = 2SO_4^{2-} + 8I^- + 5H_2O$$

$$3I_2 + 6OH^- = IO_3^- + 5I^- + 3H_2O$$

由于 I_2 有挥发性，所以间接碘量法最好在室温下于碘量瓶中进行，且滴定时不要剧烈摇动溶液。

在间接碘量法中，淀粉指示剂应在临近终点(溶液呈黄色)时加入，因为 I_2 浓度较高时，可被淀粉牢固地吸附而难于与 $Na_2S_2O_3$ 立即作用，致使终点延迟。

(一)标准溶液的配制和标定

1. 碘标准溶液的配制和标定 用升华法制得的纯碘，可用直接法配制标准溶液。但由于碘的挥发性和腐蚀性，不宜直接在分析天平上称量。一般用间接方法配制碘标准溶液，然后标定。固体 I_2 在水中的溶解度很小，可加入 KI，使其形成 I_3^- 配离子，不但增加了 I_2 的溶解度，而且降低了 I_2 的挥发性。配成的碘溶液，既可用 $Na_2S_2O_3$ 标准溶液标定，也可用一级标准物质标定。常用的一级标准物质为 As_2O_3。As_2O_3 难溶于水，易溶于 NaOH 溶液，生成易溶于水的 Na_3AsO_3。

$$As_2O_3 + 6OH^- = 2AsO_3^{3-} + 3H_2O$$

$As_2O_3^{3-}$ 和 I_2 的标定反应为

$$AsO_3^{3-} + I_2 + H_2O = AsO_4^{3-} + 2I^- + 2H^+$$

总反应式为

$$As_2O_3 + 2I_2 + 6OH^- = 2AsO_4^{3-} + 4I^- + 4H^+ + H_2O$$

I_2标准溶液的浓度可用下式计算

$$c(I_2) = \frac{2m(As_2O_3)}{M(As_2O_3) \cdot V(I_2)}$$

2. 硫代硫酸钠标准溶液的配制和标定 硫代硫酸钠($Na_2S_2O_3 \cdot 5H_2O$)为无色晶体，常含有少量的杂质(如 S、Na_2SO_3、Na_2CO_3和 S^{2-}等)，同时易风化、潮解，不能直接配制标准溶液。$Na_2S_2O_3$水溶液不稳定，溶解在水中的 CO_2、O_2和细菌能促进 $Na_2S_2O_3$分解。通常是用新煮沸并冷却的蒸馏水配制溶液，加少量 Na_2CO_3作稳定剂，保持溶液 pH 在 9～10，放置 8～9 天后，用基准物质标定。常用的基准物质为 $K_2Cr_2O_7$。在酸性溶液中，定量 $K_2Cr_2O_7$与过量 KI 作用生成定量 I_2，再用 $Na_2S_2O_3$溶液滴定。反应为

$$K_2Cr_2O_7 + 6KI + 14HCl = 2CrCl_3 + 3I_2 + 8KCl + 7H_2O$$

$$I_2 + 2Na_2S_2O_3 = 2NaI + Na_2S_4O_6$$

当反应达计量点时，根据下式计算 $Na_2S_2O_3$标准溶液的浓度

$$c(Na_2S_2O_3) = \frac{6m(K_2Cr_2O_7)}{M(K_2Cr_2O_7) \cdot V(Na_2S_2O_3)}$$

(二)碘量法的应用

直接碘量法可以测定强还原性物质如 S^{2-}、SO_3^{2-}、As(Ⅲ)等。间接碘量法可以测定强氧化性物质如 $K_2Cr_2O_7$、KIO_3、Cu^{2+}、Br_2。由于 I_2的氧化能力不强，I_2所能氧化的物质不多，同时由于 I_2标准溶液不易配制和贮存，所以直接碘量法的应用比较有限。而能与 KI 作用定量析出 I_2的氧化性物质很多，因此间接碘量法应用较为广泛。一般所说的碘量法大都是指间接碘量法。

1. 直接碘量法测定维生素 C 的含量 维生素 C(Vc：$C_6H_8O_6$)即抗坏血酸(ascorbic acid)，有较强的还原性，能被 I_2定量氧化成脱氢抗坏血酸($C_6H_6O_6$)

从上式看，碱性条件更有利于反应正向进行。但维生素 C 的还原性很强，在碱性溶液中易被空气中的 O_2氧化，所以在滴定时需加入适量 HAc，使溶液保持一定的酸度。当反应达计量点时，存在下列计算关系

$$n(Vc) = n(I_2)$$

$$Vc\% = \frac{c(I_2) \cdot V(I_2) \cdot M(Vc)}{m(\text{样品})} \times 100\%$$

2. 间接碘量法测定次氯酸钠含量 次氯酸钠为杀菌剂，在酸性溶液中能将 I^-氧化成 I_2，后者可用 $Na_2S_2O_3$标准溶液滴定，有关反应方程式如下

$$NaClO + 2HCl = Cl_2 + NaCl + H_2O$$

$$Cl_2 + 2KI = I_2 + 2KCl$$

$$I_2 + 2Na_2S_2O_3 = 2NaI + Na_2S_4O_6$$

反应达计量点时，根据各物质之间的计量关系，可得次氯酸钠中 NaClO 的百分含量

$$n(\mathrm{NaClO}) = n(\mathrm{Cl_2}) = n(\mathrm{I_2}) = n(2\mathrm{Na_2S_2O_3})$$

$$\mathrm{NaClO\%} = \frac{c(\mathrm{Na_2S_2O_3}) \cdot V(\mathrm{Na_2S_2O_3}) \cdot M(\mathrm{NaClO})}{2m(\text{样品})} \times 100\%$$

3. 水中溶解氧(DO)的测定 溶于水中的氧气称为“溶解氧”(dissolved oxygen，DO)。常温常压下，溶解氧一般为 8～10mg · L^{-1}。当水体受到还原性物质污染时，水中溶解氧减少，厌氧菌过度繁殖，有机物发生腐败而使水源发臭，当溶解氧低于 4mg · L^{-1}时，水生动物就会因窒息而死亡。溶解氧的测定是水质分析的一个重要指标。测定水中的溶解氧通常采用间接碘量法。在水样中加入 $MnSO_4$ 溶液和用 NaOH 碱化的过量 KI 溶液。在碱性条件下，生成的白色沉淀 $Mn(OH)_2$ 立即被水中的溶解氧氧化为 $MnO(OH)_2$ 棕色沉淀。加 H_2SO_4 溶解，$MnO(OH)_2$ 将 KI 氧化析出定量的 I_2，再用 $Na_2S_2O_3$ 标准溶液滴定 I_2，由消耗 $Na_2S_2O_3$ 的物质的量即可得到水中的溶解氧含量。其反应方程为

$$\mathrm{Mn^{2+} + 2OH^- \xlongequal{} Mn(OH)_2\downarrow}$$

$$\mathrm{2Mn(OH)_2\downarrow + O_2 \xlongequal{} 2MnO(OH)_2\downarrow}$$

$$\mathrm{MnO(OH)_2\downarrow + 2I^- + 4H^+ \xlongequal{} Mn^{2+} + I_2 + 3H_2O}$$

$$\mathrm{I_2 + 2S_2O_3^{2-} \xlongequal{} 2I^- + S_4O_6^{2-}}$$

根据各物质之间的计量关系，可得 DO 含量

$$n(\mathrm{O_2}) = 2n[\mathrm{MnO(OH)_2}] = 2n(\mathrm{I_2}) = 4n(\mathrm{Na_2S_2O_3})$$

$$\mathrm{O_2(mg \cdot L^{-1})} = \frac{c(\mathrm{Na_2S_2O_3}) \cdot V(\mathrm{Na_2S_2O_3}) \cdot M(\mathrm{O_2})}{4V(\text{样品})} \times 1000$$

此方法仅适合地面水或地下水 DO 测定，若水中含有 Fe^{2+}、Fe^{3+}、S^{2-}、NO_2^-、$S_2O_3^{2-}$、Cl_2 以及各种有机物等将影响测定，应选择适当方法消除干扰。

第五节 配位滴定法

一、EDTA 配位滴定的基本原理

配位滴定法(complexometric titration)是指以配位反应为基础的滴定分析方法。用于滴定分析的滴定剂多为有机多齿配体，可与金属离子作用形成稳定的环状螯合物。其中最常用的滴定剂为乙二胺四乙酸(ethylenediaminetetraacetic acid，EDTA)。以 EDTA 为滴定剂的分析方法又称 EDTA 滴定法。EDTA 在水中的溶解度较小，通常使用它的二钠盐，一般也称 EDTA。EDTA 含有 2 个氨基和 4 个羧基，为四元弱酸，其分子式用 H_4Y 表示。

$$\mathrm{(HOOCH_2C)_2NCH_2CH_2N(CH_2COOH)_2}$$

EDTA 为六齿配体，具有很强的配位能力，几乎能与所有的金属离子结合，不论金属原子的电荷数为多少，一般均形成十分稳定的 1∶1 的螯合物，即：

$$\mathrm{M + Y \rightleftharpoons MY}\text{(略去电荷)。}$$

一般地，EDTA 与无色金属离子配位时，形成无色螯合物，与有色金属离子配位时，

可形成颜色更深的螯合物。

(一) EDTA 在溶液中的存在型体

在 pH < 2 的溶液中，EDTA 的两个氨基可以接受质子形成 H_6Y^{2+}，这样 EDTA 就相当于六元酸，在水溶液中存在六级解离平衡。

$$H_6Y^{2+} \rightleftharpoons H^+ + H_5Y^+ \qquad K_{a1}=10^{-0.90}$$
$$H_5Y^+ \rightleftharpoons H^+ + H_4Y \qquad K_{a2}=10^{-1.60}$$
$$H_4Y \rightleftharpoons H^+ + H_3Y^- \qquad K_{a3}=10^{-2.00}$$
$$H_3Y^- \rightleftharpoons H^+ + H_2Y^{2-} \qquad K_{a4}=10^{-2.67}$$
$$H_2Y^{2-} \rightleftharpoons H^+ + HY^{3-} \qquad K_{a5}=10^{-6.16}$$
$$HY^{3-} \rightleftharpoons H^+ + Y^{4-} \qquad K_{a6}=10^{-10.26}$$

在水溶液中，EDTA 存在 H_6Y^{2+}、H_5Y^+、H_4Y、H_3Y^-、H_2Y^{2-}、HY^{3-}、Y^{4-}等七种型体。溶液 pH 值不同，各种型体所占比例不同。在七种型体中，Y^{4-}的配位能力最强，因此，控制溶液酸度是提高配位滴定准确度的重要措施。

(二) 滴定条件的控制

1. 酸度的控制 MY 的稳定性除与 K_s(MY) 的大小有关以外，还与溶液的酸度有关。与其他配合物一样，存在酸效应和水解效应。酸度过大，Y^{4-}与 H^+结合成难解离的 HY^{3-}、H_2Y^{2-}、H_3Y^-、H_4Y 等，致使 MY 发生解离；碱性过高，金属离子与 OH^-结合生成氢氧化物沉淀，MY 也不稳定。

错误!
$$\begin{array}{ccccc} M & + & Y & \rightleftharpoons & MY \\ + & & + & & \\ OH^- & & H^+ & & \\ \downarrow\uparrow & & \downarrow\uparrow & & \\ M(OH)_n\downarrow & & HY & \xrightleftharpoons{H^+} & H_nY\cdots \end{array}$$

为维持溶液 pH 基本稳定，在滴定前必须加入合适的缓冲溶液。表 11-4 列出了一些金属离子被 EDTA 滴定的最低 pH。

表11-4 一些金属离子能被EDTA滴定的最低pH

金属离子	lg K_s(MY)	最低 pH	金属离子	lg K_s(MY)	最低 pH
Mg^{2+}	8.64	9.7	Zn^{2+}	16.4	3.9
Ca^{2+}	11.0	7.5	Pb^{2+}	18.3	3.2
Mn^{2+}	13.8	5.2	Ni^{2+}	18.56	3.0
Fe^{2+}	14.33	5.0	Cu^{2+}	18.7	2.9
Al^{3+}	16.11	4.2	Hg^{2+}	21.8	1.9
Co^{2+}	16.31	4.0	Sn^{2+}	22.1	1.7
Cd^{2+}	16.4	3.9	Fe^{3+}	24.23	1.0

2. 其他干扰离子的消除

$$
\begin{array}{ccc}
M & + & Y & \rightleftharpoons & MY \\
+ & & + & & \\
nL & & N & & \\
\Updownarrow & & \Updownarrow & & \\
ML_n & & NY & &
\end{array}
$$

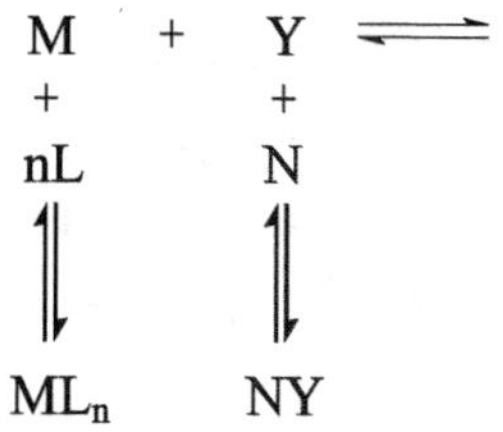

溶液中若存在其他金属离子(N)或者能与金属离子作用的其他配位剂(L)时，也会影响测定的准确性。例如，用 EDTA 测定水中的 Ca^{2+}、Mg^{2+} 含量时，Al^{3+}、Fe^{3+} 的存在会使结果偏高。Al^{3+}、Fe^{3+} 的干扰可通过加入三乙醇胺消除，因为三乙醇胺能与 Al^{3+}、Fe^{3+} 形成稳定的配合物，而不影响 Ca^{2+}、Mg^{2+} 的测定。又如，用 EDTA 滴定 Al^{3+} 时，溶液中不能存在 F^-，因为 F^- 可与 Al^{3+} 作用生成稳定性很高的 $[AlF_6]^{3-}$ 使结果偏低。F^- 的干扰可通过加酸加热使 F^- 转化成 HF 挥发除去。

(三)金属离子指示剂

配位滴定法可用金属离子指示剂指示终点，金属离子指示剂简称**金属指示剂** (metallochromic indicator)。金属指示剂是一类能与金属离子形成有色配合物的水溶性有机染料。现以铬黑 T(EBT)为例，说明金属指示剂的变色原理和滴定终点的判断。EBT 为弱酸性偶氮染料，其结构为

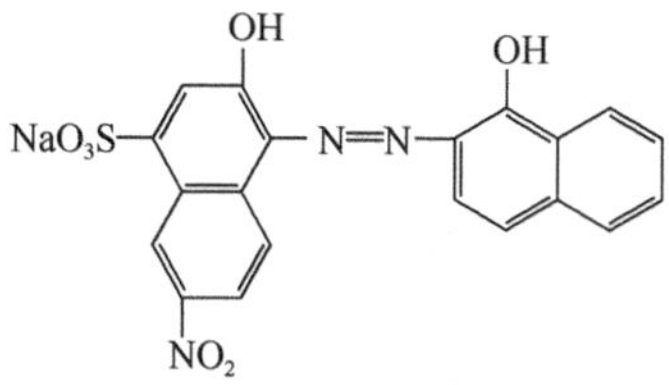

铬黑 T 用 NaH_2In 表示，它在水溶液中存在下列解离平衡

$$
\underset{\substack{\text{紫红色}\\ \text{pH}<6.3}}{H_2In^-} \underset{\text{p}K_{a2}=6.3}{\overset{-H^+}{\rightleftharpoons}} \underset{\substack{\text{蓝色}\\ \text{pH}=6.3\sim11.6}}{HIn^{2-}} \underset{\text{p}K_{a3}=11.6}{\overset{-H^+}{\rightleftharpoons}} \underset{\substack{\text{橙色}\\ \text{pH}>11.6}}{In^{3-}}
$$

铬黑 T 能与金属离子作用形成酒红色或紫红色的配合物。当 pH < 6.3 或 pH > 11.6 时，铬黑 T 本身的颜色与配合物 MY 的酒红色没有明显区别，无法判断滴定终点；在 pH 为 6.3~11.6 时，铬黑 T 显蓝色，与 MY 的酒红色区别显著。实验证明，铬黑 T 作指示剂的最适宜 pH 范围为 9~10.5，一般用 NH_3-NH_4Cl 缓冲溶液控制溶液酸度，终点颜色为酒红色到蓝色。铬黑 T 可用作滴定 Mg^{2+}、Zn^{2+}、Pb^{2+}、Cd^{2+}、Hg^{2+} 等的指示剂。铬黑 T 作指示剂的变色情况如下

滴定前：M + EBT $\rightleftharpoons$ M–EBT(酒红色)

滴定开始到计量点前：M + Y $\rightleftharpoons$ MY

终点时：M–EBT(酒红色) + Y $\rightleftharpoons$ MY + EBT(蓝色)

由显色过程可知，作为金属指示剂必须具备下列条件：①与金属离子形成的配合物的颜色

与指示剂本身的颜色要明显不同。②显色反应要灵敏、迅速，有良好的变色可逆性。③显色配合物既要有足够的稳定性，又要比 MY 的稳定性差。如果稳定性太低，就会使终点提前，如果稳定性太高，又会使终点拖后，甚至有可能使 EDTA 不能夺出其中的金属离子，无法显示滴定终点。④金属指示剂应比较稳定，便于储藏和使用。金属指示剂的种类较多，除铬黑 T 外，常用的还有二甲酚橙、钙指示剂、酸性铬蓝 K、PAN 等。

二、EDTA 标准溶液的配制与标定

EDTA 标准溶液一般用间接法配制。先用 EDTA 二钠盐配成近似浓度的溶液，然后以铬黑 T 为指示剂，用 NH_3-NH_4Cl 缓冲液调节 pH=10 左右，用 Zn、$ZnSO_4$、$CaCO_3$、$MgCO_3$ 等基准物质标定。EDTA 标准溶液的常用浓度为 0.01～0.05mol · L^{-1}。

三、配位滴定法的应用

用 EDTA 标准溶液可以直接滴定许多金属离子，在医药分析中，广泛应用于 Ca^{2+}、Mg^{2+}、Al^{3+}和 Bi^{3+}等无机药物含量的测定。有些金属离子或非金属离子不与 EDTA 反应，或与 EDTA 反应生成的配合物不稳定，则可以通过间接滴定法测定。如 PO_4^{3-}、SO_4^{2-}等，可加入准确过量的沉淀剂使其沉淀，然后用 EDTA 滴定剩余的沉淀剂，从而获得其含量。下面以水的总硬度测定说明 EDTA 滴定法的应用。

水的总硬度是指水中钙镁离子的总浓度。总硬度的测定方法是：以铬黑 T 为指示剂，用 NH_3-NH_4Cl 缓冲溶液调节溶液 pH=10 左右，用 EDTA 标准溶液滴定，滴定反应如下

滴定前：$\mathrm{Mg + EBT \rightleftharpoons Mg\text{–}EBT}$

滴定时：$\mathrm{Ca + Y = CaY} \qquad \mathrm{Mg + Y = MgY}$

终点时：Mg-EBT（酒红色）+ Y═══MgY + EBT（蓝色）

由于 $\lg K_s(\mathrm{Mg\text{–}EBT}) > \lg K_s(\mathrm{Ca\text{–}EBT})$，因此滴定前，铬黑 T 优先与 Mg^{2+}反应。又因为 $\lg K_s(\mathrm{CaY}) > \lg K_s(\mathrm{MgY})$，所以滴定时 EDTA 与 Ca^{2+}优先作用。当达到终点时，EDTA 夺取 Mg-EBT 中的 Mg^{2+}，形成 MgY 而将指示剂游离出来，溶液由酒红色变为纯蓝色。水硬度可按下式计算

$$c = \frac{c(\mathrm{EDTA}) \cdot V(\mathrm{EDTA})}{V(\text{样品})}$$

水硬度的测定分为水的总硬度以及钙–镁硬度，前者是测定 Ca、Mg 总量，后者是分别测定 Ca、Mg 分量。如测定钙硬度，可控制 pH 介于 12～13，选用钙指示剂，用 EDTA 滴定。镁硬度可由总硬度减去钙硬度求出。由于 Mg–EBT 显色灵敏，用 EDTA 单独滴定 Ca^{2+}时，常在试液中事先加入少量 MgY，滴定前 MgY 与 Ca 发生置换反应

$$\mathrm{MgY + Ca = CaY + Mg}$$

置换出的 Mg^{2+}与铬黑 T 显出很深的红色

$$\mathrm{Mg + EBT \rightleftharpoons Mg\text{–}EBT}(\text{红色})$$

因为 EDTA 与 Ca^{2+}的配位能力比 Mg^{2+}强，滴定时，EDTA 先与游离的 Ca^{2+}配位，当达到终点时，EDTA 夺取 Mg–EBT 中的 Mg^{2+}，形成 MgY

$$Y + Mg\text{–}EBT = MgY + EBT\ (蓝色)$$

由于滴定前加入的 MgY 与最后生成的 MgY 的量相等，故 MgY 的加入不影响滴定结果。

硬度测定时，若水样中存在 Fe^{3+}，Al^{3+}等微量杂质时，可用三乙醇胺进行掩蔽，Cu^{2+}、Pb^{2+}、Zn^{2+}等重金属离子可用 Na_2S 沉淀或 KCN 掩蔽而消除干扰。

第六节　沉淀滴定法

沉淀滴定（precipitation titration）是指以沉淀反应为基础的滴定分析方法。虽然沉淀反应很多，但能用于沉淀滴定的反应并不多，因为很多沉淀的组成不恒定，或溶解度较大，或容易形成过饱和溶液，或达到平衡的速率较慢，或共沉淀现象严重等。目前应用较多的是生成难溶性银盐的沉淀反应，故又称为银量法。例如

$$Ag^+ + Cl^- \rightleftharpoons AgCl\downarrow$$

$$Ag^+ + SCN^- \rightleftharpoons AgSCN\downarrow$$

银量法可以直接测定 Ag^+、Cl^-、Br^-、I^-及 SCN^-，还可间接测定经过预处理能够释放出上述离子的有机物。根据所用指示剂的不同，沉淀滴定法分为 Mohr 法、Volhard 法等。

一、Mohr 法

用 K_2CrO_4 作指示剂的银量法称为 **Mohr 法**。Mohr 法以 $AgNO_3$ 为标准溶液，常用于 Cl^-和 Br^-的测定。以测定 Cl^-为例，滴定反应如下

$$Ag^+ + Cl^- = AgCl\downarrow\ (白) \qquad K_{sp}=1.77\times10^{-10}$$

$$2Ag^+ + CrO_4^{2-} = Ag_2CrO_4\downarrow\ (砖红色) \qquad K_{sp}=1.12\times10^{-12}$$

由于 AgCl 的溶解度比 Ag_2CrO_4 的小，根据分步沉淀原理，滴定时先析出 AgCl 沉淀，当 AgCl 沉淀完成后，过量一滴 $AgNO_3$ 溶液与 CrO_4^{2-}反应生成砖红色沉淀，指示到达滴定终点。

Mohr 法应在中性或弱酸性条件下进行。酸性过强，Ag_2CrO_4 沉淀溶解；碱性过强，则 Ag^+生成 Ag_2O 沉淀。通常控制在 pH=6.5～10.5。能与 Ag^+反应的阴离子和能与 CrO_4^{2-}反应的阳离子均干扰测定，应设法除去或掩蔽。由于 AgI 及 AgSCN 具有强烈的吸附作用，被吸附的 I^-和 SCN^-无法与 Ag^+迅速结合，致使终点提前，故 Mohr 法通常不能对 I^-和 SCN^-进行定量测定。

$AgNO_3$ 标准溶液可用一级标准物质和不含卤素离子的蒸馏水直接配制，也可用间接法配制，然后用一级标准物质 NaCl 标定。$AgNO_3$ 标准溶液应保存在棕色试剂瓶中避光保存。

二、Volhard 法

用铁铵矾[$NH_4Fe(SO_4)_2$]作指示剂的银量法称为 **Volhard 法**。Volhard 法分为直接滴定法和返滴定法，通常在 0.1～0.3mol · L^{-1} 的 HNO_3 介质中进行。

（一）直接滴定法

Volhard 法测定溶液的 Ag^+时，在 HNO_3 介质中，以铁铵矾[$NH_4Fe(SO_4)_2$]作指示剂，用

NH_4SCN(或 NaSCN、KSCN)作标准溶液。滴定时，溶液中首先析出 AgSCN 沉淀，当 Ag^+ 定量沉淀后，过量的 1 滴 NH_4SCN 与 Fe^{3+} 作用生成红色的$[Fe(SCN)]^{2-}$配合物，指示终点到达。滴定相关反应如下

$$Ag^+ + SCN^- \!=\!=\!= AgSCN\downarrow(白)$$

$$Fe^{3+} + SCN^- \!=\!=\!= [Fe(SCN)]^{2-}(红色)$$

在滴定过程中生成的 AgSCN 沉淀具有强烈的吸附作用，部分 Ag^+被吸附，因此往往出现终点提前的情况，使结果偏低。滴定时必须充分摇动溶液，使被吸附的 Ag^+及时地释放出来。

(二) 返滴定法

Volhard 法测定溶液中的卤素离子或 SCN^-时需用返滴定法。例如，测定 Cl^-时，在 HNO_3 酸化的 Cl^-试样中加入已知过量的 $AgNO_3$ 标准溶液，使 Ag^+与 Cl^-反应生成 AgCl 沉淀，再以铁铵矾为指示剂，用 NH_4SCN 标准溶液返滴定过量的 Ag^+，生成 AgSCN 沉淀，当 Ag^+ 与 SCN^-反应完全以后，过量的 NH_4SCN 溶液与 Fe^{3+}形成红色配合物，指示终点到达。

由于 AgSCN 的溶解度比 AgCl 的小，因此过量的 SCN^-将与 AgCl 发生反应，使 AgCl 转化 AgSCN。所以，返滴定法测定 Cl^-时，应在滴定前滤除沉淀或加入硝基苯等有机溶剂隔离沉淀，以阻止 AgCl 的转化。

测定 Br^-或 I^-时，由于 AgBr 及 AgI 的溶解度均比 AgSCN 小，不发生沉淀转化反应，无需沉淀隔离，但测定 I^-离子时，应待 AgI 沉淀完全后再加入铁铵矾指示剂，以避免 Fe^{3+} 将 I^-氧化为 I_2。

Volhard 法的最大优点是可以在酸性溶液中进行滴定，许多弱酸根离子如 PO_4^{3-}、AsO_4^{3-}、CrO_4^{3-}等都不干扰测定，因而方法的选择性较高。但试样中能与 SCN^-作用的物质如强氧化剂、氮的低价氧化物、铜盐及汞盐等应预先除去。

知识拓展

自动滴定仪

滴定分析法是化学分析中常用的分析方法，但常规滴定耗时长，试剂消耗量大，全过程人工完成，滴定误差大等缺点在一定程度上限制了滴定方法的应用。随着技术的发展，自动滴定仪取代人工滴定成为一种发展趋势。目前比较成熟的自动滴定仪是电位自动滴定分析仪，在电位滴定分析仪中，以选择性离子电极(指示电极)和参比电极构成滴定传感器，根据反应终点前后溶液在电极上的电位突变来指示滴定终点。近年来，众多研究学者将自动滴定仪进行了诸多改进，将信息处理技术、计算机技术、微电子技术等新技术融入其中，旨在减少分析过程中的误差来源，减轻人工分析的劳动强度，实现分析过程的自动化、智能化、灵巧化。在滴定终点的判断上，将物质的物理性质或物理化学性质在滴定终点前后的变化作为判断终点的依据，摆脱了单纯依赖人眼主观判断的弊端，催生了诸如电位滴定法、电导滴定法、电量滴定法、光度滴定法、温度滴定法等新的滴定分析方法。在滴定剂的滴加和体积计量上，将蠕动泵、注射泵、柱塞泵等装置应用于分析过程，减小了试剂消耗体积，提高了测量结果的准确度和重现性。随着科技的发展，自动滴定分析仪向微型化、集成化发展，在实验室分析和工业在线成分检测中得到广泛应用。

本章小结

滴定分析是医学上常用的定量分析方法之一，本章主要解决滴定分析法的基本原理、分析程序、各种滴定分析方法的计算和应用等问题。将一种已知准确浓度的试剂溶液(标准溶液)，滴加到被测组分的溶液中，直到恰好完全反应为止(化学计量点)，由消耗的标准溶液的浓度和体积计算被测组分含量的方法称为滴定分析法。滴定过程中，常需加入指示剂确定滴定终点。滴定终点与化学计量点不一致而造成的误差称为滴定误差。为减少滴定误差，作为滴定分析的反应，要按一定的方程式进行、完成程度要高、反应速度要快并要有合适的方法确定终点。根据反应的类型，滴定分析法分为酸碱滴定、氧化还原滴定、配位滴定和沉淀滴定。酸碱滴定法用来测定酸性或者碱性物质，氧化还原滴定法可测定氧化性或还原性物质，配位滴定法用于测定金属离子或配位体。满足滴定分析要求的反应，可采用直接法滴定，不满足滴定分析要求的反应，可采用返滴定法、置换滴定法或间接法滴定测定。滴定分析的操作过程包括标准溶液的配制、标准溶液的标定和试样组分含量的测定等。标准溶液的配制方法分为直接配制法和间接配制法，基准物质用直接法配制标准，其他标准溶液用间接法配制后进行标定。以浓度为 c_A 的标准溶液 A 对试样 D 进行滴定，达到化学计量点时若消耗标准溶液的体积为 V_A，则试样中被测组分 D 的浓度为

$$c_D = \frac{d}{a} \times \frac{c_A V_A}{V_D}$$

在定量分析中的误差分为系统误差和偶然误差。系统误差可通过空白试验、对照试验、校正仪器和改进分析方法等手段排除。偶然误差可借助增加平行测定次数，用平均值表示分析结果减少。要获得准确的分析结果，在测量过程中要使用有效数字。

酸碱滴定中，随着滴定剂的加入，溶液 pH 发生变化，以溶液的 pH 为纵坐标，以所加入的酸碱标准溶液的量为横坐标，所绘制的关系曲线称为酸碱滴定曲线，滴定误差从–0.1%到+0.1%滴定曲线的 pH 范围称为突跃范围。酸碱滴定需要用指示剂指示终点，酸碱指示剂为有机弱酸或有机弱碱，其酸式和碱式具有不同的颜色。$pH = pK_{HIn} \pm 1$ 为指示剂的变色范围，$pH = pK_{HIn}$ 为酸碱指示剂的变色点。选择指示剂的原则是指示剂的变色范围全部或部分落在突跃范围之内。为保证滴定反应具有足够的完成程度，只有当弱酸的 $K_a c_a \geqslant 10^{-8}$ 时，才能用强碱准确滴定，只有当弱碱的 $c_b K_b \geqslant 10^{-8}$ 时，才能用强酸准确滴定。多元弱酸(碱)被分步滴定的条件是相邻两级解离平衡常数的比值大于 10^4。

氧化还原滴定法也是滴定分析中应用最广的方法之一。为保证滴定分析的要求，一般要求反应的 $E^{\ominus} > 0.4V$，常用的氧化还原滴定法包括高锰酸钾法、碘量法等。为增强高锰酸钾的氧化性，滴定分析一般都在强酸性 H_2SO_4 溶液中进行。碘量法是以 I_2 的氧化性和 I^- 的还原性为基础的滴定分析方法。以 I_2 为滴定剂，直接测定强还原性物质的方法称为直接碘量法。以 I^- 为还原剂，测定氧化性物质的方法称为间接碘量法。碘量法常以淀粉为指示剂，在室温下于中性或弱酸性溶液中进行。配位滴定法是指以配位反应为基础的滴定分析方法。以 EDTA 为滴定剂的分析方法称为 EDTA 滴定法。控制溶液的 pH 是提高配位滴定准确度的重要措施。配位滴定中的金属指示剂有铬黑 T、二甲酚橙等。铬黑 T 作指示剂时，一般

用 NH_3-NH_4Cl 控制溶液酸度 pH=9～10.5，终点颜色为酒红色到蓝色。沉淀滴定是指以沉淀反应为基础的滴定分析方法。根据所用指示剂的不同，沉淀滴定法分为 Mohr 法和 Volhard 法等。Mohr 法在中性或弱酸性条件下，用 K_2CrO_4 作指示剂，以 $AgNO_3$ 为标准溶液，常用于 Cl^- 和 Br^- 的测定。Volhard 法用 $NH_4Fe(SO_4)_2$ 作指示剂，用 NH_4SCN（或 NaSCN、KSCN）作标准溶液，通常在 0.1～0.3mol · L^{-1} 的 HNO_3 介质中进行。

习 题

1. 何谓滴定分析？滴定分析主要有哪些类型？

2. 能用于滴定分析的化学反应，必须满足哪些条件？

3. 如何配制标准溶液？什么叫做标准溶液？

4. 解释下列术语：系统误差、偶然误差、平均偏差、相对平均偏差和标准偏差。

5. 如何避免或减少系统误差和偶然误差？

6. 选择酸碱指示剂的依据是什么？为减少滴定误差，如何确定终点颜色变化？

7. 应用高锰酸钾法和碘量法滴定时都有哪些注意事项?滴定时介质条件有何不同？直接碘量法是在滴定前加入淀粉指示剂，而间接碘量法则是在临近终点时加入，为什么？

8. 用铬黑 T 为指示剂，用 EDTA 标准溶液测定水中 Ca^{2+} 时，为什么要事先加入少量的 MgY？

9. 将下列数字修约为 4 位有效数字。

(1) 2.3455　(2) 4.89501　(3) 21.4350　(4) 0.238749　(5) 3.31250

10. 根据有效数字的计算规则，计算下列结果。

(1) $2.463 \div 1.2 - 1.21 =$

(2) $$\frac{0.3472\text{g} \times \dfrac{25.00\text{ml}}{250.0\text{ml}}}{6 \times 34.425\text{g} \cdot \text{mol}^{-1} \times 15.24\text{ml} \times 10^{-3}\text{L} \cdot \text{ml}^{-1}} =$$

(3) pH = 10.45，$[H^+] =$

11. 用基准物质 $H_2C_2O_4 \cdot 2H_2O$ 标定 NaOH，下列情况会对 NaOH 的浓度测定产生何种影响？是偏高，偏低还是没有影响？

(1) 若 $H_2C_2O_4 \cdot 2H_2O$ 部分风化。

(2) 称取 $H_2C_2O_4 \cdot 2H_2O$ 时，部分撒在天平盘上。

(3) 配制 $H_2C_2O_4$ 溶液时，没有混合均匀。

(4) 转移 $H_2C_2O_4$ 溶液之前，没有用 $H_2C_2O_4$ 溶液润洗锥形瓶。

(5) NaOH 溶液倒入滴定管之前，没有用 NaOH 溶液润洗滴定管。

(6) 滴定时速度太快，附在滴定管壁的 NaOH 溶液来不及流下来就读取滴定体积。

12. 用 0.01000mol · L^{-1} HCl 溶液滴定 0.01000mol · L^{-1} NaOH 溶液，计算滴定的 pH 突跃范围，甲基橙、甲基红、酚酞三种指示剂中，哪种合适？终点颜色如何变化？

13. 下列酸碱能否用强碱或强酸溶液直接准确滴定？

(1) 0.10mol · L^{-1} HNO_2　(2) 0.10mol · L^{-1} NH_3　(3) 0.10mol · L^{-1} NaAc　(4) 0.10mol · L^{-1} NH_4Cl

14. 分析 0.5000g 小苏打试样，加入 50.00 ml 0.1012 mol · L^{-1}HCl 溶液，煮沸除去 CO_2。过量的酸用 0.1008 mol · L^{-1}NaOH 溶液回滴，耗去 5.60 ml，计算试样中 $NaHCO_3$ 的百分含量。

15. 某试样含有 Na_3PO_4、Na_2HPO_4 或 NaH_2PO_4 以及不与酸反应的杂质，称取该样品 0.3218g 溶于水，用甲基红为指示剂，用 0.2000mol · L^{-1}HCl 标准溶液滴定至由黄色变为红色，用去 HCl 溶液的 16.00 ml。同样量的试样用酚酞为指示剂，用去 HCl 溶液 6.00 ml。计算试样中杂质的百分含量。

16. 取 0.1000g 工业甲醇，在 H_2SO_4 溶液中与 25.00 ml 0.01547 mol · $L^{-1}$$KMnO_4$ 溶液作用。反应

完成后以 0.1000 mol · L^{-1} $(NH_4)_2Fe(SO_4)_2$ 标准溶液滴定剩余的 $KMnO_4$，用去 4.06 ml。求试样中甲醇的百分含量。

17. 测定血液中 Ca^{2+} 的浓度时，常将其沉淀为 CaC_2O_4，然后将沉淀溶解于 H_2SO_4 溶液中，再用 $KMnO_4$ 标准溶液进行滴定。取 2.00 ml 血液稀释至 50.00 ml，取此溶液 20.00 ml，按上述方法处理后，用 0.002000mol · L^{-1} $KMnO_4$ 溶液滴定，用去 2.50 ml。计算此血液试样中 Ca^{2+} 的浓度。

18. A 0.2521g sample of an unknown weak acid is titrated with a 0.1005 mol · L^{-1} solution of NaOH, requiring 42.68 ml to reach the phenolphthalein end point. Determine the compound's equivalent weight. Which of the following compounds is most likely to be the unknown weak acid?

	ascorbic acid	malonic acid	succinic acid	citric acid
structure	$C_6H_8O_6$	$C_3H_4O_4$	$C_4H_6O_4$	$C_6H_8O_7$
M_r	176.1	104.1	118.1	192.1
n (protic number)	1	2	2	3

19. A 50.99 ml sample of a citrus drink requires 20.62ml of 0.04006mol · L^{-1} NaOH to reach the phenolphthalein end point. Express the sample's acidity in terms of grams of citric acid per 100ml.

20. The alkalinity of natural waters is usually controlled by CO_3^{2-} and HCO_3^-, which may be present singularly or in combination. Titrating a 100.0ml sample to a pH of 8.3 requires 18.84ml of a 0.02038 mol · L^{-1} solution of HCl. A second 100.0ml aliquot requires 46.27ml of the same titrant to reach a pH of 4.5. Identify the source of alkalinity and their concentrations.

21. The amount of Fe in a 0.5012g sample of a ore was determined by a redox titration with $K_2Cr_2O_7$. The sample was dissolved in HCl and the iron brought into the +2 oxidation state. Titration to the diphenylamine sulfonic acid end point required 40.92ml of 0.02033 mol · L^{-1} $K_2Cr_2O_7$. Report the iron content of the ore as %w/w.

（阎 芳）

第十二章　紫外——可见分光光度法

紫外—可见分光光度法(ultraviolet and visible spectrophotometry)是基于物质对光具有选择性吸收的特点，以及吸收强度与物质浓度之间的关系，对物质进行定性分析和定量测定的方法。具有操作方便、仪器设备简单、灵敏度高、选择性好等优点，目前已成为常规的仪器分析方法。在药物分析、卫生分析、生化检验等诸多领域都有极为广泛的应用。本章主要介绍紫外—可见分光光度法的基本原理、常用仪器设备及其应用。

学习要求

1. 掌握透光率与吸光度，摩尔吸光系数与质量吸光系数等基本概念，掌握分光光度法的基本原理、Lambert-Beer 定律及其相关计算。

2. 熟悉物质对光的选择性吸收及吸收光谱的意义，熟悉分光光度法的测定方法—标准曲线法和标准对照法。

3. 了解光的基本性质，分光光度计的基本构造，分光光度法的误差来源和测定条件的选择方法。

第一节 分光光度法的基本原理

一、物质对光的选择性吸收

(一) 光的基本性质

光是一种电磁波，具有一定的频率和波长，波长在 200～400 nm 范围内的电磁波是常用的紫外线，400～760 nm 范围内的电磁波称为可见光。光的能量 E、频率 ν 和波长 λ 之间的关系可用下式表示

$$E = h\nu = h\frac{c}{\lambda} \tag{12.1}$$

式中，c 为光速：h 为 Planck 常数，其值为 6.626×10^{-34} J · s。由式(12.1)可见，光的频率越高，其波长越短，光的能量与波长成反比而与频率成正比。

图 12-1　互补色光示意图

具有单一波长的光称为**单色光**(monochromatic light)。由不同波长光组成的混合光称为**复色光**(polychromatic light)。日光、白炽灯光等是复色光，通过棱镜可色散成红、橙、黄、绿、青、蓝、紫等多种色光。光具有互补性，如果把两种适当颜色的单色光按一定的强度比例混合也可得到白光，这两种颜色的光称为互补色光。如图 12-1 所示，图中处于一条直线的两种单色光，都属于互补色光，如绿色和紫色光、黄

色和蓝色光等。物质的颜色与吸收光颜色的互补关系见表 12-1。

表12-1　物质的颜色与吸收光颜色的关系

物质颜色	黄绿	黄	橙	红	紫红	紫	蓝	绿蓝	蓝绿
吸收光颜色	紫	蓝	绿蓝	蓝绿	绿	黄绿	黄	橙	红
波长/nm	400～450	450～480	480～490	490～500	500～560	560～580	580～600	600～650	650～760

(二)物质的吸收光谱

组成物质的分子、原子或离子等微观粒子具有不同的运动状态，每一种运动状态都具有相应的电子结构或能级。例如，基态 H 原子中的电子占据 1s 轨道，整个原子能量最低，当电子接受能量跃迁到 2s 轨道或其他轨道上时，氢原子则处于较高能量的激发态。光具有一定能量，当一束光照射到某物质或溶液时，微观粒子中处在一定能级的电子吸收光子能量($h\nu$)后从低能轨道跃迁到高能轨道，粒子便由基态转变为激发态。这个过程即是物质对光的吸收。

$$M_{基态} + h\nu \longrightarrow M_{激发态}$$

激发态粒子存在时间极短(约 10^{-8}s)，瞬间回到基态时通常以热的形式释放能量。由于微观粒子的能级是量子化不连续的，只有当光子能量与被照射粒子的基态和激发态之间的能量差ΔE 相等时才能被吸收，因此物质能够选择性地吸收不同光子的能量。从统计意义上说，物质主要吸收的是能量相当于其基态与第一激发态能级差值的光子。物质对光的吸收具有选择性。当白光通过有色溶液时，若溶液选择性地吸收了某种颜色的光，则溶液呈现其所吸收光的互补色。如 $CuSO_4$ 溶液吸收白光中的黄色光，所以呈现其互补色——蓝色。由于不同粒子存在结构差异，相应能级差ΔE 不一样，所以各种物质会选择吸收不同能量的光子，产生不同波长或频率的吸收线，从而表现出不同的颜色。

物质对不同波长光的吸收程度是不同的，测定溶液对不同波长光的吸收程度，以入射光波长λ为横坐标，以溶液对光的吸收程度(吸光度 A)为纵坐标作图，所得曲线称为**吸收曲线**(absorption curve)或**吸收光谱**(absorption spectrum)。吸收光谱能更清楚地反映出吸光物质对不同波长光的吸收情况，图 12-2 为不同浓度 $KMnO_4$ 溶液的吸收曲线。

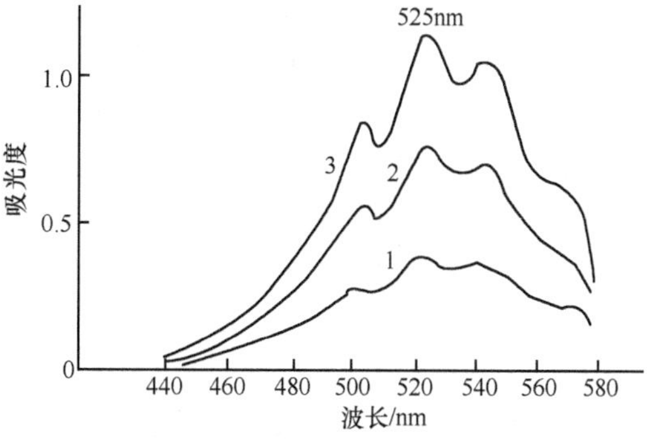

图 12-2　$KMnO_4$ 溶液的吸收曲线

吸收曲线中，吸光度最大处的波长为最大吸收波长，用λ_{max}表示。图 12-2 中λ_{max}为 525 nm，说明 $KMnO_4$ 溶液对此波长的光(绿色光)最容易吸收，而对波长较长的红色光和波长较短的紫色光则吸收较弱。图中的几条曲线分别代表不同浓度 $KMnO_4$ 溶液的吸收曲线，其形状和λ_{max} 的位置不变，但吸光度不同。溶液浓度愈大，吸收曲线的峰值愈高。在溶液最大吸收波长处测定吸光度，灵敏度最高。

二、光的吸收定律

（一）透光率和吸光度

当一束平行的单色光通过有色溶液时，光的一部分被吸收，一部分透过溶液，一部分被器皿反射。若入射光的强度为 I_0，透过光强度为 I_t，则透过光强度 I_t 与入射光强度 I_0 之比称为**透光率**(transmittance)，用 T 表示。

$$T = \frac{I_t}{I_0} \tag{12.2}$$

透光率一般用百分比表示，介于 0%～100%。透光率愈大，溶液对光的吸收愈少；反之，透光率愈小，溶液对光的吸收愈多。

透光率的负对数称为**吸光度**(absorbance)，用符号 A 表示。

$$A = -\lg T = \lg\frac{I_0}{I_t} \tag{12.3}$$

吸光度 A 是一个无因次的量，A 愈大，表示溶液对光的吸收程度愈大；反之，A 愈小，表示溶液对光的吸收程度愈小。

（二）Lambert-Beer 定律

Lambert（朗伯）和 Beer（比尔）分别于 1760 年和 1852 年研究了吸光度与液层厚度和溶液浓度之间的定量关系，综合他们的研究成果得出：在一定温度下，当一束平行单色光通过某一有色溶液时，吸光度 A 与液层厚度和溶液浓度成正比，即

$$A = \varepsilon bc \tag{12.4}$$

此式为 Lambert–Beer **定律**的数学表达式，也称为**光的吸收定律**。式中，b 为液层厚度，单位是 cm；c 为物质的量浓度，单位是 $\mathrm{mol \cdot L^{-1}}$；$\varepsilon$ 为**摩尔吸光系数**(molar absorptivity)，单位为 $\mathrm{L \cdot mol^{-1} \cdot cm^{-1}}$，它表示当溶液浓度为 $1\ \mathrm{mol \cdot L^{-1}}$、液层厚度为 1 cm 时该溶液的吸光度。在一定的溶剂、温度、入射光波长下，对于给定的化合物，其摩尔吸光系数为一定值，而与浓度无关。

不同物质对同一波长光的吸收程度不同，ε 愈大，表示物质对这一波长光的吸收愈强，测定的灵敏度就愈高。

吸光系数与浓度的单位有关。当浓度采用质量浓度 $\rho(\mathrm{g \cdot L^{-1}})$，则 ε 用 a 表示，称为**质量吸光系数**(percentage absorptivity)，单位为 $\mathrm{L \cdot g^{-1} \cdot cm^{-1}}$。它表示当溶液浓度为 $1\ \mathrm{g \cdot L^{-1}}$，液层厚度为 1 cm 时该溶液的吸光度。Lambert–Beer 定律表达式可写为

$$A = ab\rho \tag{12.5}$$

质量吸光系数 a 与摩尔吸光系数 ε 的关系为

$$\varepsilon = aM_B \tag{12.6}$$

式中，M_B 为被测物质的摩尔质量。

另外，医药学上还常用比**吸光系数**(specific absorptivity)来代替摩尔吸光系数。比吸光系数是指 100 ml 溶液中含被测物质 1 g，液层厚度为 1 cm 时的吸光度值，用 $E_{1\mathrm{cm}}^{1\%}$ 表示，它

与 ε 的关系为

$$\varepsilon = E_{1\text{cm}}^{1\%} \cdot \frac{M_{\text{B}}}{10} \tag{12.7}$$

例 12-1　用邻二氮菲法测定 Fe^{3+}时，用 1 cm 比色皿在 508 nm 波长处，测得吸光度为 0.256，已知铁与邻二氮菲生成的配合物的摩尔吸光系数 ε 为 $1.1\times10^4\ \text{L}\cdot\text{mol}^{-1}\cdot\text{cm}^{-1}$，求溶液中 Fe^{3+}的浓度。

解　根据 Lambert–Beer 定律 $A = \varepsilon bc$，

$$c = \frac{A}{\varepsilon b} = \frac{0.256}{1.1\times10^4\ \text{L}\cdot\text{mol}^{-1}\cdot\text{cm}^{-1}\times1\text{cm}} = 2.33\times10^{-5}\ \text{mol}\cdot\text{L}^{-1}$$

第二节　紫外—可见分光光度计及测定方法

一、紫外—可见分光光度计

分光光度计(spectrophotometer)是测定溶液吸光度或透光率所用的仪器。尽管仪器型号很多，但其基本结构相似，主要分为以下 5 个部分：

(一) 光源

光源(light source)是提供入射光的装置，应有足够的辐射强度和稳定性，一般仪器中都配有电源稳压器，保证光的强度恒定不变。在可见光区测定时，一般使用钨灯或碘钨灯作为光源，辐射波长范围为 320～2500 nm。在紫外区测定时，一般使用氢灯或氘灯作为光源，辐射波长范围为 180～375 nm。

(二) 单色器

单色器(monochromator)又称波长控制器，其作用是将光源发出的连续光按波长的长短顺序分散为单色光。单色器由入射狭缝和出射狭缝、准直镜、色散元件、聚焦镜等组成，其中色散元件是单色器的关键部分，有棱镜和光栅两种。图 12-3 为单色器光路示意图。

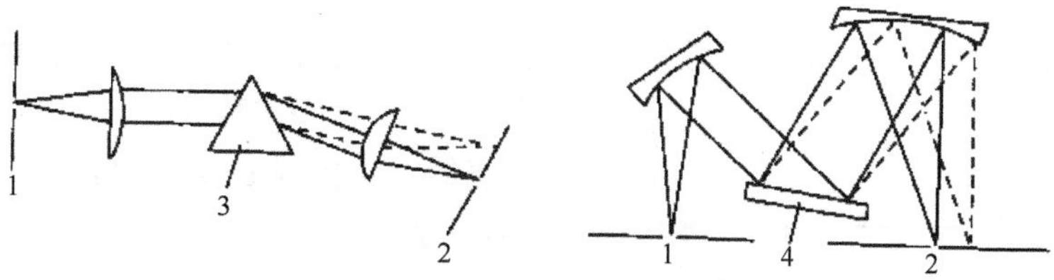

图 12-3　单色器光路示意图

1—入射狭缝；2—出射狭缝；3—棱镜；4—光栅

棱镜单色器是基于光在不同介质中折光率不同而形成色散光谱的，棱镜通常用玻璃、石英等制成。光栅单色器是基于光的衍射与干涉来分光的。其特点是适用波长范围宽，色散均匀，分辨率高，可用于可见光和紫外线的分光。

（三）吸收池

吸收池(absorption cell)又称为比色皿，是用来盛放待测溶液和参比溶液的容器，由无色透明、耐腐蚀的光学玻璃或石英材料制成。由于玻璃对紫外线有较强的吸收，因此，玻璃吸收池只能用于可见光区，石英吸收池适用于可见和紫外光区。在测定中同时配套使用的吸收池应相互匹配，即有相同的厚度和相同的透光性。吸收池的透光面必须严格平行并保持洁净，切勿直接用手接触。常用的吸收池有 0.5 cm、1.0 cm 和 2.0 cm 等不同规格，可根据需要选择使用。

（四）检测器

检测器(detector)是基于光电效应将光信号转变为电信号，测量单色光透过溶液后光强度变化的装置。在紫外—可见分光光度计中常用光电管和光电倍增管等做检测器。

光电管是由一个阳极和涂有光敏材料的阴极组成的真空二极管，当足够能量的光照射到阴极时，光敏物质受光照射会发射出电子，向阳极流动形成光电流。光电流的大小取决于照射光强度，测量电流即可测得光强度的大小。光电倍增管是由多级倍增电极组成的光电管，灵敏度比光电管高，而且其本身有放大作用。目前分光光度计的检测器使用较多的是光电倍增管。

（五）指示器

指示器(indicator)是把光电流信号放大并记录下来的装置。指示器一般有微安电表、记录器、数字显示和打印装置等。在微安电表的标尺上同时刻有吸光度和透光率。现代精密的分光光度计多带有微机，能在屏幕上显示操作条件、各项数据，并可对吸收光谱进行数据记录和处理，使测定快捷方便，数据更加准确可靠。

二、测 定 方 法

分光光度法常用的定量分析方法有标准曲线法、标准对照法、比吸光系数比较法等。

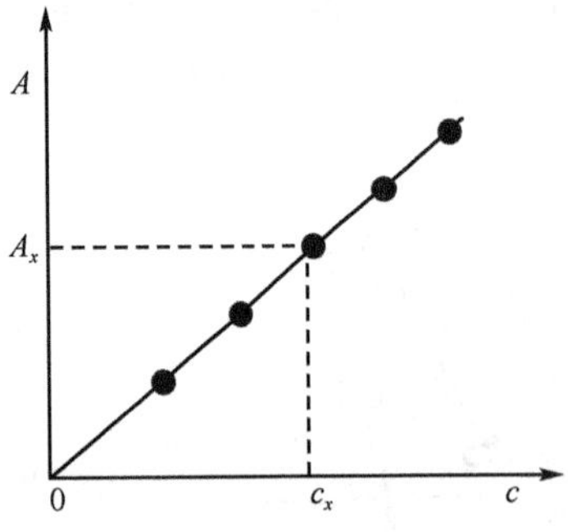

图 12-4　标准曲线

（一）标准曲线法

标准曲线法是分光光度法中最为常用的方法。其方法是首先配制一系列不同浓度的标准溶液，在选定波长处(通常为λ_{max})，用同样厚度的吸收池分别测定其吸光度。以吸光度为纵坐标，溶液浓度为横坐标作图，得到一条经过坐标原点的直线——标准曲线(图 12-4)。再在相同条件下配制待测溶液，测其吸光度 A_x，由标准曲线上相应位置即可查出待测溶液浓度 c_x。

该方法适用于经常性批量测定。在仪器、方法和条件都固定的情况下，标准曲线可多次使用而不必重新绘制，但需注意其溶液的浓度应在标准曲线的线性范围内。

(二) 标准对照法

标准对照法又称直接比较法。其方法是在和待测溶液相同条件下配制一份标准溶液，在同一波长下分别测出它们的吸光度，根据Lambert–Beer定律，有如下关系

$$A_s = \varepsilon b c_s$$

$$A_x = \varepsilon b c_x$$

s 代表标准溶液，x 代表待测溶液。由两式可得

$$c_x = \frac{A_x}{A_s} \times c_s \tag{12.8}$$

标准对照法操作简便、快速，但标准溶液应与被测试样的浓度相近，以免产生较大误差。此方法适用于非经常性的分析工作。

例 12-2　某一标准 Cd^{2+}溶液浓度为 1.034×10^{-4} mol · L^{-1}，测其吸光度为 0.304。另一待测溶液在相同条件下的吸光度为 0.510，求待测溶液中 Cd^{2+}的浓度。

解　根据式 12.8，

$$c_x = \frac{A_x}{A_s} \times c_s = \frac{0.510}{0.304} \times 1.034\times10^{-4}\ \text{mol·L}^{-1} = 1.735\times10^{-4}\ \text{mol·L}^{-1}$$

(三) 比吸光系数比较法

比吸光系数比较法是利用标准的 $E_{1\text{cm}}^{1\%}$ 值进行定量测定的方法，中国药典(2005 年版)规定部分药物采用此法测定。将试样的比吸光系数与标准物质的比吸光系数(从手册中查得)进行比较，可计算出试样的含量(质量分数或体积分数)。例如：抗菌药物呋喃妥因纯品的 $E_{1\text{cm}}^{1\%}$ (367 nm) = 766，相同条件下测得呋喃妥因试样 $E_{1\text{cm}}^{1\%}$ (367nm) = 739，故该试样中呋喃妥因的质量分数为 $\frac{739}{766} = 0.965$。

第三节　提高测量灵敏度和准确度的方法

一、分光光度法的误差

分光光度法的误差来源主要有两个方面：溶液偏离 Lambert–Beer 定律引起的误差和仪器测定的误差。

(一) 溶液偏离 Lambert–Beer 定律引起的误差

溶液对光的吸收偏离 Lambert–Beer 定律时，A-c 曲线的线性较差，常出现弯曲现象。

产生偏离的原因比较复杂。一方面是由于吸光物质不稳定，发生解离、缔合、溶剂化等现象，导致组成标度改变而使溶液的吸光度改变；另一方面，Lambert–Beer 定律仅适用于单色光，而实际上由分光光度计的单色器获得的是一个狭小波长范围(称为通带宽度)内的复合光，由于物质对各波长光的吸收能力不同，便可引起对光吸收定律的偏离，吸光系数差值越大，偏离越多。以上化学和物理两方面的因素均会导致被测溶液的吸光度与组成标度间的关系不符合 Lambert–Beer 定律，从而产生误差，影响测定的准确度。

(二)仪器测定误差

在仪器测量过程中，光源不稳定、检测器的灵敏度变化以及其他一些偶然因素，都会带来测量误差。透光率读数范围的不同，则可使这种误差放大或减小。设样品的透光率为 T，测量误差为 ΔT，浓度为 c，浓度误差为 Δc。若样品溶液服从 Lambert–Beer 定律，则可推导出浓度的相对误差与透光率的关系式

$$\frac{\Delta c}{c}=\frac{0.434\Delta T}{T\lg T} \tag{12.9}$$

由上式可见，浓度测量的相对误差 $\Delta c/c$ 与透光率测量误差 ΔT 和透光率 T 有关，而一般仪器的透光率误差变化不大，则 $\Delta c/c$ 只与 T 有关。作 $\Delta c/c \sim T$ 曲线，得图 12-5。

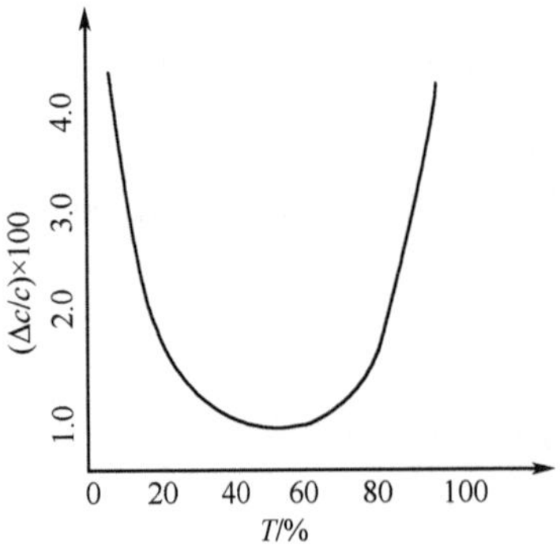

图 12-5 测量误差和透光率的关系

由图 12-5 可见，溶液透光率很大或很小时，所产生的浓度相对误差都较大，只有在中间一段时，所产生的浓度相对误差较小。曲线最低点，对应于 $T=36.8\%$，$A=0.434$ 时所产生的浓度相对误差最小。

二、分析条件的选择

(一)显色反应及显色条件的选择

1. 显色反应与显色剂 有些被测物质的溶液颜色很浅或无色，它们对光的吸收较弱，无法使测量仪器有足够的响应信号。一般采用加入适当的试剂，使其与被测物质反应，生成对紫外或可见光有较大吸收的物质，然后再进行测定。这种将被测组分转变成有色化合物的化学反应称为显色反应，所用的试剂称为显色剂。显色反应的主要类型有氧化还原反应和配位反应等，其中配位反应应用最广泛。显色剂必须具备下列条件：

(1) 灵敏度高：即被测物含量很低时，显色剂也能与其反应产生明显的颜色。灵敏度的高低可用显色后有色物质的吸光系数来衡量，吸光系数愈大，灵敏度愈高。当摩尔吸光系数 $\varepsilon>1\times10^4$ 时，可认为测定的灵敏度较高。

(2) 选择性好：所用显色剂尽可能只与被测物质显色，而与其他共存物质不显色，或者与被测物所显颜色和与共存物所显颜色有明显差别，以消除共存物质的干扰。

(3) 组成恒定：显色剂与被测物质反应生成有色配合物的组成要恒定，符合一定的化学式，以保证测定结果的重现性。

(4) 稳定性好：生成的有色物质要有足够的稳定性，要求有较大的稳定常数，不易受外界条件的影响而发生变化。

(5) 对照性好：显色剂与生成的吸光物质之间的颜色差别要大。这样，试剂空白值小，显色时颜色变化明显，可提高测定的准确度。一般两者的λ_{max}差值要大于 60 nm。

2. 显色条件的选择 显色反应的条件通常是通过实验得到的，包括显色剂的用量、溶液的酸度、显色温度和时间等。

(1) 显色剂用量：为使显色反应尽可能进行完全，应加入适当过量的显色剂。但显色剂的用量也不能太大，否则对某些显色反应，可能会引起有色化合物的组成改变，使溶液颜色发生变化，反而不利于测定。合适的显色剂用量可以通过绘制吸光度与显色剂用量曲线确定。

(2) 溶液的酸度：许多显色剂都是有机弱酸或有机弱碱，溶液的酸度直接影响显色剂的解离度。对能形成多级配合物的配位平衡反应来说，随着溶液 pH 的改变，生成物的组成发生相应变化，金属离子也可能随 pH 的增大发生水解或生成沉淀。这些都会影响到溶液的颜色和吸光度。显色反应最适宜的酸度条件通常由实验确定，并采用缓冲溶液维持其恒定。

(3) 显色温度：显色反应多在室温下进行，少数显色反应需加热至一定温度才能完成，而有些有色化合物当温度较高时又易发生分解。同时，温度对光的吸收也有影响。因此，对不同的显色反应，也应通过实验确定其最佳温度范围。

(4) 显色时间：各种显色反应进行的速率不同，各有色物质的稳定性也不同，使有色物质达到颜色稳定、吸光度最大所需的时间也不相同，所以要选择适当的显色时间进行测定，才能得到可靠的分析结果。合理的显色时间可通过实验，测定同一试样在不同时间的吸光度，然后绘制 $A \sim t$ 曲线来确定。

此外，应选择适宜的溶剂以提高显色反应的灵敏度或显色速率。试样溶液中的共存离子也会给测定带来干扰，可通过控制酸度、加入掩蔽剂、分离或选择适当波长等方法加以消除。

(二) 测定条件的选择

1. 入射光波长的选择 入射光波长选择的依据是吸收曲线，通常选择波长为 λ_{max} 的光作入射光，此时吸光系数最大，测定灵敏度最高。图 12-6 表明，选用 a 波段的单色光，吸光度 A 随波长变化小，且与浓度 c 呈线性关系：而选用陡峭部分 b 波段的单色光，则因单色光不纯和吸光系数变化较大，吸光度 A 与浓度 c 不成线性关系，测定误差大。

2. 透光率读数范围的选择 溶液透光率很大或很小时，测量误差都较大。因此，实际工作中常通过调节溶液浓度或选择适宜厚度的吸收池，将溶液透光率控制在 20%～65%(即吸光度在 0.2～0.7)，测量误差较小。

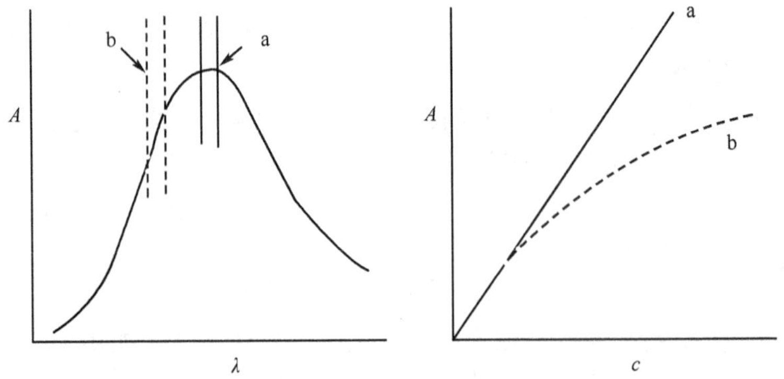

图 12-6　入射光波长的选择与误差

3. 参比溶液的选择　选择参比溶液的原则是使试液的吸光度能真正反映待测物质的浓度。测定时首先以参比溶液调节透光率为 100%，以消除溶剂或其他试剂的吸收、器皿对入射光反射等所带来的误差。常用的参比溶液有下列 3 种，可根据实际情况合理选择。

(1) 纯溶剂参比。如果仅待测组分与显色剂的反应产物有吸收，可用纯溶剂作参比溶液。

(2) 试剂参比。如果显色剂或其他试剂略有吸收，可用不含待测组分的试剂作参比溶液。

(3) 试样参比。如果试样中的其他组分也有吸收，但不与显色剂反应，则当显色剂无吸收时，可用试样溶液作参比溶液；当显色剂略有吸收时，应在试样中加入适当掩蔽剂，将待测组分掩蔽后再加显色剂，以此溶液作参比溶液。

知识拓展

生物超微弱发光及其应用

生物超微弱发光是自然界中的一种普遍现象。它与生物体的生理、生化过程和病理状态密切相关。早在 1923 年，俄罗斯细胞生物学家 A. G. Gurwitsch 在“洋葱实验”中发现了生物超微弱发光现象。近年来，生物超微弱发光的研究更加广泛，已经深入到细胞、亚细胞甚至分子的水平，成为生物学、医学、农学和生物物理学等学科交叉领域的新生长点，对研究生命活动、生命现象具有重要意义。

生物超微弱发光通常包括两类，一类为自发的超微弱发光，它与生物体的代谢有关。主要来源于氧化还原等代谢反应，如脂肪酸氧化、酚和醛的氧化、H_2O_2 的酶解、氨基酸的氧化等。其发光机理一般认为是不饱和脂肪酸氧化产生的过氧化自由基复合后形成的三重激发态过氧化物褪激所致；另一类为外因诱导发光，取决于光、电离辐射、超声、化学药物等外界因素。如用 X 射线和 γ 射线照射细胞，由辐射诱导的超微弱发光强度与辐射剂量成线性相关，照射剂量越大，发光强度越大，但发光峰值不发生任何位移。光诱导发光又称为荧光，是光照射生物后，生物体向外辐射发光，这类发光强度衰减变化快，且辐射光的波长比照射光的波长要长。如叶绿体的光照发光就是荧光。

生物超微弱发光有其产生、变化、消亡过程，这一过程时刻反映着生命体内部的生理状态，因而生物超微弱发光在医学、生物学等领域得到较为广泛的应用。基于超微弱发光原理发展起来的发光检测技术与发光增强剂和发光抑制剂相结合，已广泛应用于研究活性氧和自由基的产生及消亡。将发光技术与高效液相色谱技术结合形成了 HPLC-CL 技术，可用来研究受过氧化胁迫时，由自由基产生的肝损伤。也可以测量生物组织中的过氧化产物，最低可测量到 10^{-11} mol 水平。Grasso 等研究了 16 例肿瘤病人的组织和 6 例正常人的组织后，发现所有肿瘤组织的超微弱发光比正常人组织要高得多。超微弱发光分析技术用于肿瘤诊断既快速方便，又不会对组织造成损伤。生物超微弱发光分析技术还可以用于检测生物体内的超氧化物歧化酶(SOD)的活性。

生物超微弱发光与生物体的细胞分裂、细胞死亡、生物氧化、光合作用、肿瘤发生、细胞内和细胞间的信息传递与功能调节等重要的生命过程有着密切的联系。生物超微弱发光技术的研究不仅在生命科学领域具有重大意义，而且在医学、农业、食品和环境科学等领域也具有广泛的应用前景。

本章小结

紫外—可见分光光度法是利用物质对光的选择性吸收而建立起来的分析方法。吸收光谱反映了物质对不同波长光的吸收能力，它是分光光度分析中选择测定波长的重要依据，通常选用最大吸收波长 λ_{max} 为测定波长。分光光度法主要用于定量分析，定量分析的依据是 Lambert–Beer 定律。即当一束平行单色光通过某一有色溶液时，其吸光度与溶液浓度和液层厚度的乘积成正比，数学表达式为：$A = \varepsilon bc$。

分光光度计是用来测定物质吸光度或透光率的仪器。其主要部件有：光源、单色器、吸收池、检测器、指示器等。分光光度分析中，常用的定量测定方法有标准曲线法和标准对照法。这两种方法实际上都是以相同条件下标准样品的吸光度为参照，计算试样溶液的浓度。比吸收系数法常用于药物分析中的含量测定。

分光光度法的误差主要有溶液偏离 Lambert–Beer 定律引起的误差、仪器误差等。为了提高分光光度法的灵敏度和准确度，应选择合适的测定条件。

习　　题

1. 什么是吸收光谱？什么是标准曲线？各有什么实际应用？

2. 符合 Lambert–Beer 定律的某有色溶液，当溶液浓度增大时，λ_{max}、T、A 和 ε 各有何变化？当浓度不变而改变吸收池厚度时，上述物理量各有何变化？

3. 某溶液浓度为 c，测得其 T 为 60%，在同样条件下浓度为 $2c$ 的同一物质的溶液，其透光率和吸光度应为多少？

4. 将纯品氯霉素($M_B = 323\ g \cdot mol^{-1}$)配成 $2.00\times10^{-2}\ g \cdot L^{-1}$ 的溶液，在波长 278 nm 处，用 1 cm 吸收池测得吸光度为 0.614。试求氯霉素的摩尔吸光系数。

5. 强心药托巴丁胺($M_B = 270\ g \cdot mol^{-1}$)在 260 nm 波长处有最大吸收，摩尔吸光系数 ε(260 nm) = 703 $L \cdot mol^{-1} \cdot cm^{-1}$。取该片剂 1 片，溶于水稀释成 2.00 L，静置后取上清液用 1.00 cm 吸收池于 260 nm 波长处测得吸光度为 0.687，计算该药片中含托巴丁胺多少克？

6. 浓度为 $7.7\times10^{-6}\ mol \cdot L^{-1}$ 的 Pb^{2+}离子标准溶液，在波长 520 nm 处测得其吸光度为 0.721。某一含

Pb^{2+}离子的样品溶液，在相同条件下测得透光率为23.0%，计算该样品溶液中Pb^{2+}离子的浓度。

7. If monochromatic light passes through a solution of length 1 cm. The ratio I_t/I_0 is 0.25. Calculate the changes in transmittance and absorbance for the solution of a thickness of 2 cm.

8. A solution containing 1.00 mg iron（as the thiocyanate complex）in 100 ml was observed to transmit 70.0% of the incident light compared to an appropriate blank.（1）What is the absorbance of the solution at this wavelength?（2）What fraction of light would be transmitted by a solution of iron four times as concentrated?

（赵全芹）

习 题 答 案

第一章　反应的热效应、方向和限度

1. 略
2. (1) 3000 J，(2) −2850 J
3. 略
4. 略
5. (1) $\xi = 0.4\text{mol}$；(2) $\xi = 0.8\text{mol}$]；$n(SO_2) = 4.2\text{mol}$，$n(O_2) = 9.6\text{mol}$
6. $\Delta_f H^\ominus_m$ (298.15 K) = 571.6 kJ · mol^{-1}
7. 1.9kJ · mol^{-1}
8. 8.2kJ · mol^{-1}
9. (1) −37.8kJ；(2) 167g
10. −277.6kJ · mol^{-1}
11. 略
12. 略
13. (1) $\Delta_r H^\ominus_m$= −5639.7 kJ · mol^{-1}，$\Delta_r S^\ominus_m$=511.9J · K^{-1} · mol^{-1}，$\Delta_f G^\ominus_m$= −5792.3 kJ · mol^{-1}；(2) 3475.4 kJ
14. (1) $\Delta_r G^\ominus_m$= −6.92 kJ · mol^{-1}；(2) 314.4K
15. (1) 不能；(2) 618.2K
16. $\Delta_r G^\ominus_{m,298.15}$ = −227.8 kJ · mol^{-1}, $K_{298.15} = 8.14\times10^{39}$, $\Delta_r G^\ominus_{m,310.15}$ = −231.6 kJ · mol^{-1}, $K_{310.15} = 2.78\times10^{39}$
17. (2) $\Delta_r G^\ominus_{m,\ 298.15}$=25.2 kJ · mol^{-1}，$K_{298.15} = 3.84\times10^{-5}$ (3) $\Delta_r G_{m,\ 298.15}$ = −11.8 kJ · mol^{-1}
18. 向左
19. 0.34mol
20. −20.0 kJ · mol^{-1}
21. 1.77×10^{-10}

第二章　氧化还原反应和电极电位

1. 略
2. 略
3. 略
4. 略
5. 略
6. 0.3335V
7. (1) 0.3506V (2) −0.1227V
8. pH=3.99；$K_a=1.06\times10^{-6}$
9. $Fe_2(SO_4)_3$
10. (1) 3.0419V；(2) 0.7241V
11. 5.69 mol · L^{-1}
12. 2.95×10^{15}

第三章　化学反应速率

1. 略
2. 略
3. 略
4. 略

5. 略
6. E_a>100kJ · mol^{-1}
7.（1）2.7×10^{-5}mol · L^{-1} · s^{-1}；（2）6.5×10^{-6}mol · L^{-1}
8. 89%
9.（1）3.0×10^{-8}mol · L^{-1} · s^{-1}；（2）1.7s；（3）1.6×10^{-9}mol · L^{-1}
10.（1）$5.07\times10^{-3}d^{-1}$；（2）137d；（3）454d
11. 2716 年
12. 407d
13. 0.2 倍
14. 778K
15. $2.1\times10^{-2}h^{-1}$
16. 15min
17. 312s
18. 27 L · mol^{-1} · s^{-1}

第四章　稀溶液的依数性

1. 略
2. $c(K^+)$=5.1 mmol · L^{-1}；$c(Cl^-)$=103 mmol · L^{-1}
3. 3.85 g · L^{-1}，超过了极限值。
4. 2.30kPa
5. NaCl、$BaCl_2$是强电解质，HAc 是弱电解质，蔗糖、葡萄糖是非电解质。同浓度的化合物，其质点数大小依次为：$BaCl_2$>NaCl>HAc>葡萄糖=蔗糖。根据依数性原则，凝固点最低的 $BaCl_2$ 是水溶液，凝固点最高的是蔗糖和葡萄糖水溶液。
6. 9.9g
7. 50.0，271.29K
8. 略
9. 5.77×10^3 g · mol^{-1}
10. 100.138℃，610 kPa
11.（1）等渗，（2）等渗，（3）等渗
12. 1.25mol · kg^{-1}
13. Boiling point=102.7℃，Freezing point = −10.0℃
14. 6.51×10^4

第五章　溶液的酸碱性

1. I=0.001mol · L^{-1}
2. 略. 3. 略. 4. 略. 5. pH=3.51. 6. pH=2.11. 7.（1）7；（2）5.28；（3）10.03；（4）7.00.
8. 略.9. 略. 10. 略. 11. 略.
12.前 9.13 后 9.11.
13. 比例为 2.30.
14. V=407.5 ml
15. 甲为7.40，正常；乙为7.30，不正常；丙为7.70，不正常.
16.（1）缓冲系最好为NH_4Cl–NH_3；（2）固体0.408g；V=34 ml.
17. pH=7.01
18. K_b =5.0×10^{-5}
19. c=1.4×10^{-3}mol · L^{-1}
20. pH=8.67

第六章　沉淀的形成和溶解

1. 略

2. 略
3. 略
4.(1) 8.59×10^{-9}，(2) 1.32×10^{-10}
5.(1) $I_p=9.0\times10^{-10}$；(2) $I_p=3.2\times10^{-15}$
6.(1) $1.12\times10^{-4}mol\cdot L^{-1}$；(2) $1.12\times10^{-4}mol\cdot L^{-1}$，$2.24\times10^{-4}mol\cdot L^{-1}$；(3) $5.61\times10^{-10}mol\cdot L^{-1}$；(4) $2.65\times10^{-6}mol\cdot L^{-1}$
7.有 CuS 沉淀
8. $1.3\times10^{-6}mol\cdot L^{-1}$
9.能沉淀完全
10. $[I^-]=4.81\times10^{-9}mol\cdot L^{-1}$

第七章　胶　　体

1. 略
2. 略
3. 略
4. 略
5. 略
6. 略
7. 略
8. $AlCl_3 > MgSO_4 > K_3[Fe(CN)_6]$
9. $Na_3PO_4 > Na_2SO_4 > KCl$；带正电荷
10. 80 ml
11. (1) $\{[(AgCl)m\cdot nCl^-]\cdot(n-x)K^+\}x^-\cdot xK^+$ (2) 正极移动；(3) $AlCl_3 > MgSO_4 > Na_3PO_4$
12. 略
13. 略

第八章　原子结构与元素周期律

1. 略
2. 略
3.(1) 2s　(2) 3d　(3) 4p　(4) 5f
4. $l=0$，1，2：9
5. 4，0，0，$+\frac{1}{2}$（或 $-\frac{1}{2}$）
6.(1) > (4) = (5) > (2) = (3) > (6)
7.(2)、(4)、(5)、(6) 不合理
8. 略
9. 略
10. 略
11. (1) ⅢA 族元素；(2) Mn 元素；(3) Ag 元素
12. (1) S^{2-}：$1s^22s^22p^63s^23p^2$；　(2) Ca：$1s^22s^22p^63s^23p^64s^2$；
(3) Mn^{2+}：$1s^22s^22p^63s^23p^63d^5$；　(4) Fe^{2+}：$1s^22s^22p^63s^23p^63d^6$。
13. 略
14. F、S、As、Zn、Ca
15.(1) 1，(2) 7，(3) 3，(4) 5.

第九章　共价键和分子间力

1. 略
2. 略

3. 略

4.(1)sp^3，正四面体；(2)sp^2，正三角形；(3)sp^3，V形；(4)sp，直线；(5)sp，直线

5. 略

6.(1)极性分子；(2)非极性分子；(3)非极性分子；(4)非极性分子；(5)极性分子

7. 略

8.(1)取向力、诱导力和色散力；(2)色散力；(3)取向力、诱导力、色散力和分子间氢键；(4)诱导力、色散力；(5)色散力；(6)取向力、诱导力、色散力和分子间氢键

9. (1)分子间氢键；(2)分子间氢键；(3)无；(4)分子内氢键；(5)分子间氢键

10. 略

11. 略

12.(1)正四面体，非极性分子；(2)三角锥形，极性分子；(3)平面三角形，非极性分子；(4)V 型，极性分子；(5)四面体，极性分子

13. 略

14. 略

15. 略

16. 氢键由强到弱的顺序：(1) > (2) > (3)

17. HCOOH

18. 略

19. (a) sp，a styaight line (b) sp^2，Planar triangular (c) sp^3，Three pyramid

第十章 配位化合物

1. 略

2. 略

3. $[CoCl_2(H_2O)_6]Cl$，$[CoCl(H_2O)_6]Cl_2$，$[Co(H_2O)_6]Cl_3$

4. 略

5. 略

6. 略

7. 9.9×10^{-9}mol·L^{-1}

8. 0.26mol·L^{-1}

9. $[OH^-]=5.7\times10^{-10}$mol·L^{-1}，$[Cu^{2+}]=4.8\times10^{-15}$mol·$L^{-1}$，没有$Cu(OH)_2$沉淀生成

10. 5.0×10^{-3} mol·L^{-1}

11.(1)$[Cu^{2+}]=1.65\times10^{-18}$mol·$L^{-1}$；$[NH_3\cdot H_2O]$=5.96mol·$L^{-1}$；$[Cu(NH_3)_4{}^{2+}]$=0.01mol·$L^{-1}$ (2)无；(3)有

12.(1)1.69×10^{13} (2)0.23mol·L^{-1}

13. 略

14. 6.1×10^{-10}

15.(1)0.24 mol·L^{-1} (2)AgBr will precipitate

第十一章 滴 定 分 析

1. 略

2. 略

3. 略

4. 略

5. 略

6. 略

7. 略

8. 略

9. 略

10. (1) 0.8； (2) 0.01103mol · L^{-1}； (3) 3.5×10^{-11}
11. 略
12. pH 8.7～5.3
13. (1) 能 (2) 能 (3) 不能 (4) 不能
14. 75.52%
15. 3.54%
16. 28.99%
17. 0.0156mol · L^{-1}
18. succinic acid
19. 0.1058g/100 ml
20. $c(CO_3^{2-})=3.840\times10^{-6}$mol · L^{-1}， $c(HCO_3^{-})=1.745\times10^{-6}$mol · L^{-1}
21. 55.62%

第十二章　紫外—可见分光光度法

1. 略
2. 略
3. A=0.44，T=36%
4. $\varepsilon=9.92\times10^3$ L · mol^{-1} · cm^{-1}
5. m=0.528 g
6. $c(Pb^{2+})=6.8\times10^{-6}$ mol · L^{-1}
7. A_2=1.20，T_2=6.25%
8. (1) A=0.155：(2) T=24.0%

参 考 文 献

David Harvey. 2000. Modern Analytical Chemistry. New York：McGraw Hill Higher Education.

丁绪亮. 1988. 基础化学. 上海：上海科学技术出版社.

董元彦. 2005. 无机及分析化学. 第 2 版. 北京：科学出版社.

冯清. 2008. Basic Chemistry. 武汉：华中科技大学出版社.

李保山. 基础化学. 2009. 北京：科学出版社.

李三鸣. 2012. 物理化学. 第 7 版. 北京：人民卫生出版社.

李三鸣. 2012. 物理化学.第 7 版. 北京：人民卫生出版社.

马青兰. 2002. 物理化学. 徐州：中国矿业大学出版社.

慕慧. 基础化学. 2013. 北京：科学出版社.

祁嘉义. 2003. 基础化学. 北京：高等教育出版社.

乔春玉，闫鹏. 2013. 基础化学. 北京：北京大学出版社.

王险峰，胡芳. 2006. 物理化学. 南京：东南大学出版社.

魏祖期，刘德育. 2013，基础化学.第 8 版. 北京：人民卫生出版社.

武汉大学. 2006. 分析化学. 第 5 版. 北京：高等教育出版社.

席晓岚. 2011.基础化学. 北京：科学出版社.

徐春祥. 2013. 基础化学. 第 3 版. 北京：高等教育出版社.

许善锦. 2005. 无机化学. 北京：人民卫生出版社.

阎芳，马丽英. 2014. 基础化学. 济南：山东人民出版社.

张天蓝. 2008. 无机化学. 第 5 版. 北京：人民卫生出版社.

张正兢. 基础化学. 2009. 北京：化学化工出版社.

浙江大学. 2003. 无机及分析化学. 北京：高等教育出版社.

附　　录

附录一　我国的法定计量单位

表1　SI基本单位

量的名称	单位名称	单位符号
长度	米	m
质量	千克(公斤)	kg
时间	秒	s
电流	安[培]	A
热力学温度	开[尔文]	K
物质的量	摩[尔]	mol

注：圆括号中的名称，是它前面的名称的同义词，无方括号的量的名称与单位名称均为全称。方括号中的字，在不引起混淆、误解的情况下，可以省略。去掉方括号中的字即为其名称的简称。本标准所称的符号，除特殊指明外，均指我国法定计量单位中所规定的符号以及国际符号。

表2　包括SI辅助单位在内的具有专门名称的SI导出单位

量的名称	名称	符号	用 SI 基本单位和 SI 导出单位表示
频率	赫[兹]	Hz	$1\ Hz=1\ s^{-1}$
力，重力	牛[顿]	N	$1\ N=1\ kg \cdot ms^{2}$
压力，压强	帕[斯卡]	Pa	$1\ Pa=1\ N \cdot m^{-2}$
能[量]，功，热量	焦[耳]	J	$1\ J=1\ N \cdot m$
功率，辐[射能]通量	瓦[特]	W	$1\ W=1\ J \cdot s^{-1}$
电荷[量]	库[仑]	C	$1\ C=1\ A \cdot s^{-1}$
电压，电动势，电位	伏[特]	V	$1\ V=1\ W \cdot A$
电容	法[拉]	F	$1\ F=1\ C \cdot V^{-1}$
电阻	欧[姆]	Ω	$1\ \Omega=1\ V \cdot A^{-1}$
电导	西[门子]	S	$1\ S=1\ \Omega^{-1}$
摄氏温度	摄氏度	℃	1 ℃=1 K
光通量	流[明]	Lm	$1\ lm=1\ cd \cdot sr$
剂量当量	希[沃特]	Sv	$1Sv=1\ J \cdot kg^{-1}$

表3　SI词头

因数	词头名称		符号
	英文	中文	
10^{24}	yotta	尧[它]	Y
	英文	中文	
10^{21}	zetta	泽[它]	Z
10^{18}	exa	艾[克萨]	E
10^{15}	peta	拍[它]	P
10^{12}	tera	太[拉]	T

续表

因 数	词头名称		符 号
10^{9}	giga	吉[咖]	G
10^{6}	mega	兆	M
10^{3}	kilo	千	k
10^{2}	hecto	百	h
10^{1}	deca	十	da
10^{-1}	deci	分	d
10^{-2}	centi	厘	c
10^{-3}	milli	毫	m
10^{-6}	micro	微	μ
10^{-9}	nano	纳[诺]	n
10^{-12}	pico	皮[可]	p
10^{-15}	femto	飞[姆托]	f
10^{-18}	atto	阿[托]	a
10^{-21}	zepto	仄[普托]	z
10^{-24}	yocto	[科托]	y

表4 可与国际单位制单位并用的我国法定计量单位

量的名称	单位名称	单位符号	与SI单位的关系
时 间	分	min	1 min=60s
	[小]时	h	1 h=60 min=3 600s
	日，(天)	d	1 d=24h=86 400s
[平面]角	度	°	1°=(π/180)rad
	[角]分	′	1′=(1/60)°=(π/10 800)rad
	[角]秒	″	1″=(1/60)′=(π/648 000)rad
体 积	升	L	1 L=1dm³
质 量	吨	t	$1t=10^{3}kg$
	原子质量单位	u	$1u\approx1.660\ 540\times10^{-27}kg$
旋转速度	转每分	r/min	1 r/min=(1/60)s
长 度	海里	n mile	1n mile=1 852 m
速 度	节	kn	1kn=1n mile/h=(1 852/3 600)m/s
能	电子伏	eV	$1eV\approx1.602\ 177\times10^{-19}J$
级 差	分贝	dB	
线密度	特[克斯]	tex	$1\ tex=10^{-6}kg/m$
面 积	公顷	hm^{2}	$1\ hm^{2}=10^{4}m^{2}$

附录二 弱酸弱碱的解离平衡常数

化合物	化学式	温度 / ℃	分步	K_a(或K_b)	pK_a(或pK_b)
砷酸	H_3AsO_4	25	1	5.5×10^{-3}	2.26
			2	1.7×10^{-7}	6.76
			3	5.1×10^{-12}	11.29
亚砷酸	H_2AsO_3	25	—	5.1×10^{-10}	9.29
硼酸	HBO_3	20	1	5.4×10^{-10}	9.27
			2		>14
碳酸	H_2CO_3	25	1	4.5×10^{-7}	6.35
			2	4.7×10^{-11}	10.33
铬酸	H_2CrO_4	25	1	1.8×10^{-1}	0.74

续表

化合物	化学式	温度 / ℃	分步	K_a(或 K_b)	pK_a(或 pK_b)
			2	3.2×10^{-7}	6.49
氢氟酸	HF	25	—	6.3×10^{-4}	3.20
氢氰酸	HCN	25	—	6.2×10^{-10}	9.21
氢硫酸	H_2S	25	1	8.9×10^{-8}	7.05
			2	1.2×10^{-13}	12.90
过氧化氢	H_2O_2	25	—	2.4×10^{-12}	11.62
次溴酸	HBrO	25	—	2.0×10^{-9}	8.55
次氯酸	HClO	25	—	3.9×10^{-8}	7.40
次碘酸	HIO	25	—	3×10^{-11}	10.5
碘酸	HIO_3	25	—	1.6×10^{-1}	0.78
亚硝酸	HNO_2	25	—	5.6×10^{-4}	3.25
高碘酸	HIO_4	25	—	2.3×10^{-2}	1.64
磷酸	H_3PO_4	25	1	6.9×10^{-3}	2.16
		25	2	6.1×10^{-8}	7.21
		25	3	4.8×10^{-13}	12.32
正硅酸	H_4SiO_4	30	1	1.2×10^{-10}	9.9
			2	1.6×10^{-12}	11.8
			3	1×10^{-12}	12
			4	1×10^{-12}	12
硫酸	H_2SO_4	25	2	1.0×10^{-2}	1.99
亚硫酸	H_2SO_3	25	1	1.4×10^{-2}	1.85
			2	6×10^{-7}	7.2
氨水	NH_3	25	—	1.8×10^{-5}	4.75
氢氧化钙	Ca^{2+}	25	2	4×10^{-2}	1.4
氢氧化铝	Al^{3+}	25	—	1×10^{-9}	9.0
氢氧化银	Ag^{+}	25	—	1.0×10^{-2}	2.00
氢氧化锌	Zn^{2+}	25	—	7.9×10^{-7}	6.10
甲酸	HCOOH	25	1	1.8×10^{-4}	3.75
乙(醋)酸	CH_3COOH	25	1	1.75×10^{-5}	4.756
丙酸	C_2H_5COOH	25	1	1.3×10^{-5}	4.87
一氯乙酸	$CH_2ClCOOH$	25	1	1.4×10^{-3}	2.85
草酸	$C_2H_2O_4$	25	1	5.6×10^{-2}	1.25
			2	1.5×10^{-4}	3.81
枸橼酸	$C_6H_8O_7$	25	1	7.4×10^{-4}	3.13
			2	1.7×10^{-5}	4.76
			3	4.0×10^{-7}	6.40
巴比土酸	$C_4H_4N_2O_3$	25	1	9.8×10^{-5}	4.01
甲胺盐酸盐	$CH_3NH_2\cdot HCl$	25	1	2.2×10^{-11}	10.66
二甲胺盐酸盐	$(CH_3)_2NH\cdot HCl$	25	1	1.9×10^{-11}	10.73
乳酸	$C_6H_3O_3$	25	1	1.4×10^{-4}	3.86
乙胺盐酸盐	$C_2H_5NH_2\cdot HCl$	20	1	2.2×10^{-11}	10.66
苯甲酸	C_6H_5COOH	25	1	6.25×10^{-5}	4.204
苯酚	C_6H_5OH	25	1	1.0×10^{-10}	9.99
邻苯二甲酸	$C_8H_6O_4$	25	1	1.14×10^{-3}	2.943
			2	3.70×10^{-6}	5.432
Tris-HCl		37	1	1.4×10^{-8}	7.85
氨基乙酸盐酸盐	$H_2NCH_2COOH\cdot 2HCl$	25	1	4.5×10^{-3}	2.35
			2	1.6×10^{-10}	9.78

附录三 难溶强电解质的溶度积常数

化合物	K_{sp}	化合物	K_{sp}	化合物	K_{sp}
AgAc	1.94×10^{-3}	$CdCO_3$	1.0×10^{-12}	$LiCO_3$	8.15×10^{-4}
AgBr	5.35×10^{-13}	CdF_2	6.44×10^{-3}	$MgCO_3$	6.82×10^{-6}
$AgBrO_3$	5.38×10^{-5}	$Cd(IO_3)_2$	2.5×10^{-8}	MgF_2	5.16×10^{-11}
AgCN	5.97×10^{-17}	$Cd(OH)_2$	7.2×10^{-15}	$Mg(OH)_2$	5.61×10^{-12}
AgCl	1.77×10^{-10}	CdS	8.0×10^{-27}	$Mg_3(PO_4)_2$	1.04×10^{-24}
AgI	8.52×10^{-17}	$Cd_3(PO_4)_2$	2.53×10^{-33}	$MnCO_3$	2.24×10^{-11}
$AgIO_3$	3.17×10^{-8}	$Co_3(PO_4)_2$	2.05×10^{-35}	$Mn(IO_3)_2$	4.37×10^{-7}
AgSCN	1.03×10^{-12}	CuBr	6.27×10^{-9}	$Mn(OH)_2$	2.06×10^{-13}
Ag_2CO_3	8.46×10^{-12}	CuC_2O_4	4.43×10^{-10}	MnS	2.5×10^{-13}
$Ag_2C_2O_4$	5.40×10^{-12}	CuCl	1.72×10^{-7}	$NiCO_3$	1.42×10^{-7}
Ag_2CrO_4	1.12×10^{-12}	CuI	1.27×10^{-12}	$Ni(IO_3)_2$	4.71×10^{-5}
Ag_2S	6.3×10^{-50}	CuS	6.3×10^{-36}	$Ni(OH)_2$	5.48×10^{-16}
Ag_2SO_3	1.50×10^{-14}	CuSCN	1.77×10^{-13}	α-NiS	3.2×10^{-19}
Ag_2SO_4	1.20×10^{-5}	Cu_2S	2.5×10^{-48}	$Ni_3(PO_4)_2$	4.74×10^{-32}
Ag_3AsO_4	1.03×10^{-22}	$Cu_3(PO_4)_2$	1.40×10^{-37}	$PbCO_3$	7.40×10^{-14}
Ag_3PO_4	8.89×10^{-17}	$FeCO_3$	3.13×10^{-11}	$PbCl_2$	1.70×10^{-5}
$Al(OH)_3$	1.1×10^{-33}	FeF_2	2.36×10^{-6}	PbF_2	3.3×10^{-8}
$AlPO_4$	9.84×10^{-21}	$Fe(OH)_2$	4.87×10^{-17}	PbI_2	9.8×10^{-9}
$BaCO_3$	2.58×10^{-9}	$Fe(OH)_3$	2.79×10^{-39}	$PbSO_4$	2.53×10^{-8}
$BaCrO_4$	1.17×10^{-10}	FeS	6.3×10^{-18}	PbS	8×10^{-28}
BaF_2	1.84×10^{-7}	HgI_2	2.9×10^{-29}	$Pb(OH)_2$	1.43×10^{-20}
$Ba(IO_3)_2$	4.01×10^{-9}	HgS	4×10^{-53}	$Sn(OH)_2$	5.45×10^{-27}
$BaSO_4$	1.08×10^{-10}	Hg_2Br_2	6.40×10^{-23}	SnS	1.0×10^{-25}
$BiAsO_4$	4.43×10^{-10}	Hg_2CO_3	3.6×10^{-17}	$SrCO_3$	5.60×10^{-10}
CaC_2O_4	2.32×10^{-9}	$Hg_2C_2O_4$	1.75×10^{-13}	SrF_2	4.33×10^{-9}
$CaCO_3$	3.36×10^{-9}	Hg_2Cl_2	1.43×10^{-18}	$Sr(IO_3)_2$	1.14×10^{-7}
CaF_2	3.45×10^{-11}	Hg_2F_2	3.10×10^{-6}	$SrSO_4$	3.44×10^{-7}
$Ca(IO_3)_2$	6.47×10^{-6}	Hg_2I_2	5.2×10^{-29}	$ZnCO_3$	1.46×10^{-10}
$Ca(OH)_2$	5.02×10^{-6}	Hg_2SO_4	6.5×10^{-7}	ZnF_2	3.04×10^{-2}
$CaSO_4$	4.93×10^{-5}	$KClO_4$	1.05×10^{-2}	$Zn(OH)_2$	3×10^{-17}
$Ca_3(PO_4)_2$	2.07×10^{-33}	$K_2[PtCl_6]$	7.48×10^{-6}	α-ZnS	1.6×10^{-24}

附录四 某些物质的热力学参数

表4 298.15K的标准摩尔生成焓、标准摩尔生成自由能和标准摩尔熵的数据

物质	$\Delta_f H^\ominus_m$/(kJ·mol^{-1})	$\Delta_f G^\ominus_m$/(kJ·mol^{-1})	$\Delta_f S^\ominus_m$/(J·K^{-1}mol^{-1})
Ag(s)	0	0	42.6
Ag^+(aq)	105.6	77.1	72.7
$AgNO_3$(s)	−124.4	−33.4	140.9
AgCl(s)	−127.0	−109.8	96.3
AgBr(s)	−100.4	−96.9	107.1
AgI(s)	−61.8	−66.2	115.5
Ba(s)	0	0	62.5
Ba^{2+}(aq)	−537.6	−560.8	9.6
$BaCl_2$(s)	−855.0	−806.7	123.7

续表

物质	$\Delta_f H^{\ominus}_m$/(kJ·mol^{-1})	$\Delta_f G^{\ominus}_m$/(kJ·mol^{-1})	$\Delta_f S^{\ominus}_m$/(J·K^{-1}mol^{-1})
$BaSO_4$(s)	−1473.2	−1362.2	132.2
Br_2(g)	30.9	3.1	245.5
Br_2(l)	0	0	152.2
C(dia)	1.9	2.9	2.4
C(gra)	0	0	5.7
CO(g)	−110.5	−137.2	197.7
CO_2(g)	−393.5	−394.4	213.8
Ca(s)	0	0	41.6
Ca^{2+}(aq)	−542.8	−553.6	−53.1
$CaCl_2$(s)	−795.4	−748.8	108.4
$CaCO_3$(calcite)	−1207.6	−1129.1	91.7
$CaCO_3$(aragonile)	−1207.8	−1128.2	88.0
CaO(s)	−634.9	−603.3	38.1
$Ca(OH)_2$(s)	−985.2	−897.5	83.4
Cl_2(g)	0	0	223.1
Cl^-(aq)	−167.2	−131.2	56.5
Cu(s)	0	0	33.2
Cu^{2+}(aq)	64.8	65.5	−99.6
F_2(g)	0	0	202.8
F^-(aq)	−332.6	−278.8	−13.8
Fe(s)	0	0	27.3
Fe^{2+}(aq)	−89.1	−78.9	−137.7
Fe^{3+}(aq)	−48.5	−4.7	−315.9
FeO(s)	−272.0	−251	61
Fe_3O_4(s)	−1118.4	−1015.4	146.4
Fe_2O_3(s)	−824.2	−742.2	87.4
H_2(g)	0	0	130.7
H^+(aq)	0	0	0
HCl(g)	−92.3	−95.3	186.9
HF(g)	−273.3	−275.4	173.8
HBr(g)	−36.3	−53.4	198.70
HI(g)	26.5	1.7	206.6
H_2O(g)	−241.8	−228.6	188.8
H_2O(l)	−285.8	−237.1	70.0
H_2S(g)	−20.6	−33.4	205.8
I_2(g)	62.4	19.3	260.7
I_2(s)	0	0	116.1
I^-(aq)	−55.2	−51.6	111.3
K(s)	0	0	64.7
K^+(aq)	−252.4	−283.3	102.5
KI(s)	−327.9	−324.9	106.3

续表

物质	$\Delta_f H^\ominus_m$/(kJ·mol^{-1})	$\Delta_f G^\ominus_m$/(kJ·mol^{-1})	$\Delta_f S^\ominus_m$/(J·K^{-1}mol^{-1})
KCl(s)	-436.5	-408.5	82.6
Mg(s)	0	0	32.7
Mg^{2+}(aq)	-466.9	-454.8	-138.1
MgO(s)	-601.6	-569.3	27.0
MnO_2(s)	-520.0	-465.1	53.1
Mn^{2+}(aq)	-220.8	-228.1	-73.6
N_2(g)	0	0	191.6
NH_3(g)	-45.9	-16.4	192.8
NH_4Cl(s)	-314.4	-202.9	94.6
NO(g)	91.3	87.6	210.8
NO_2(g)	33.2	51.3	240.1
Na(s)	0	0	51.3
Na^+(aq)	-240.1	-261.9	59.0
NaCl(s)	-411.2	-384.1	72.1
O_2(g)	0	0	205.2
OH^-(aq)	-230.0	-157.2	-10.8
SO_2(g)	-296.8	-300.1	248.2
SO_3(g)	-395.7	-371.1	256.8
Zn(s)	0	0	41.6
Zn^{2+}(aq)	-153.9	-147.1	-112.1
ZnO(s)	-350.5	-320.5	43.7
CH_4(g)	-74.6	-50.5	186.3
C_2H_2(g)	227.4	209.9	200.9
C_2H_4(g)	52.4	68.4	219.3
C_2H_6(g，benzene)	-84.0	-32.0	229.2
C_6H_6(g，benzene)	82.9	129.7	269.2
C_6H_6(l)	49.1	124.5	173.4
CH_3OH(g)	-201.0	-162.3	239.9
CH_3OH(l)	-239.2	-166.6	126.8
HCHO(g)	-108.6	-102.5	218.8
HCOOH(l)	-425.0	-361.4	129.0
C_2H_5OH(g)	-234.8	-167.9	281.6
C_2H_5OH(l)	-277.6	-174.8	160.7
CH_3CHO(l)	-192.2	-127.6	160.2
CH_3COOH(l)	-484.3	-389.9	159.8
H_2NCONH_2(s)	-333.1	-197.33	104.60
$C_6H_{12}O_6$(s)（葡萄糖）	-1273.3	-910.6	212.1
$C_{12}H_{22}O_{11}$(s)（蔗糖）	-2226.1	-1544.6	360.2

表2　一些有机化合物的标准摩尔燃烧热

化合物	$\Delta_c H^{\ominus}_m/(kJ\cdot mol^{-1})$	化合物	$\Delta_c H^{\ominus}_m/(kJ\cdot mol^{-1})$
$CH_4(g)$	−890.8	$HCHO(g)$	−570.7
$C_2H_2(g)$	−1301.1	$CH_3CHO(l)$	−1166.9
$C_2H_4(g)$	−1411.2	$CH_3COCH_3(l)$	−1789.9
$C_2H_6(g)$	−1560.7	$HCOOH(l)$	−254.6
$C_3H_8(g)$	−2219.2	$CH_3COOH(l)$	−874.2
$C_5H_{12}(l)$	−3509.0	$C_{17}H_{35}COOH$ 硬脂酸（s）	−11281
$C_6H_6(l)$	−3267.6	$C_6H_{12}O_6$ 葡萄糖(s)	−2803.0
CH_3OH	−726.1	$C_{12}H_{22}O_{11}$ 蔗糖(s)	−5640.9
C_2H_5OH	−1366.8	$CO(NH_2)_2$ 尿素(s)	−632.7

附录五　标准电极电位表(298.15K，100kPa)

半反应	$\varphi^{\ominus}/V$	半反应	$\varphi^{\ominus}/V$
$Sr^{+} + e^{-} \rightleftharpoons Sr$	−4.100	$Sn^{4+} + 2e^{-} \rightleftharpoons Sn^{2+}$	0.151
$Li^{+} + e^{-} \rightleftharpoons Li$	−3.040	$Cu^{2+} + e^{-} \rightleftharpoons Cu^{+}$	0.153
$Ca(OH)_2 + 2e^{-} \rightleftharpoons Ca + 2OH^{-}$	−3.020	$Fe_2O_3 + 4H^{+} + 2e^{-} \rightleftharpoons 2FeOH^{+} + H_2O$	0.160
$K^{+} + e^{-} \rightleftharpoons K$	−2.931	$SO_4^{2-} + 4H^{+} + 2e^{-} \rightleftharpoons H_2SO_3 + H_2O$	0.172
$Ba^{2+} + 2e^{-} \rightleftharpoons Ba$	−2.912	$AgCl + e^{-} \rightleftharpoons Ag + Cl^{-}$	0.222
$Ca^{2+} + 2e^{-} \rightleftharpoons Ca$	−2.868	$As_2O_3 + 6H^{+} + 6e^{-} \rightleftharpoons 2As + 3H_2O$	0.234
$Na^{+} + e^{-} \rightleftharpoons Na$	−2.710	$HAsO_2 + 3H^{+} + 3e^{-} \rightleftharpoons As + 2H_2O$	0.248
$Mg^{2+} + 2e^{-} \rightleftharpoons Mg$	−2.372	$Hg_2Cl_2 + 2e^{-} \rightleftharpoons 2Hg + 2Cl^{-}$	0.268
$Mg(OH)_2 + 2e^{-} \rightleftharpoons Mg + 2OH^{-}$	−2.690	$Cu^{2+} + 2e^{-} \rightleftharpoons Cu$	0.341
$Al(OH)_3 + 3e^{-} \rightleftharpoons Al + 3OH^{-}$	−2.310	$Ag_2O + H_2O + 2e^{-} \rightleftharpoons 2Ag + 2OH^{-}$	0.342
$Be^{2+} + 2e^{-} \rightleftharpoons Be$	−1.847	$[Fe(CN)_6]^{3-} + e^{-} \rightleftharpoons [Fe(CN)_6]^{4-}$	0.358
$Al^{3+} + 3e^{-} \rightleftharpoons Al$	−1.662	$[Ag(NH_3)_2]^{+} + e^{-} \rightleftharpoons Ag + 2NH_3$	0.373
$Mn(OH)_2 + 2e^{-} \rightleftharpoons Mn + 2OH^{-}$	−1.560	$O_2 + 2H_2O + 4e^{-} \rightleftharpoons 4OH^{-}$	0.401
$ZnO + H_2O + 2e^{-} \rightleftharpoons Zn + 2OH^{-}$	−1.260	$H_2SO_3 + 4H^{+} + 4e^{-} \rightleftharpoons S + 3H_2O$	0.449
$H_2BO_3^{-} + 5H_2O + 8e^{-} \rightleftharpoons BH_4^{-} + 8OH^{-}$	−1.240	$IO^{-} + H_2O + 2e^{-} \rightleftharpoons I^{-} + 2OH^{-}$	0.485
$Mn^{2+} + 2e^{-} \rightleftharpoons Mn$	−1.185	$Cu^{+} + e^{-} \rightleftharpoons Cu$	0.521
$2SO_3^{2-} + 2H_2O + 2e^{-} \rightleftharpoons S_2O_4^{2-} + 4OH^{-}$	−1.120	$I_2 + 2e^{-} \rightleftharpoons 2I^{-}$	0.535
$PO_4^{3-} + 2H_2O + 2e^{-} \rightleftharpoons HPO_3^{2-} + 3OH^{-}$	−1.050	$I_3^{-} + 2e^{-} \rightleftharpoons 3I^{-}$	0.536
$SO_4^{2-} + H_2O + 2e^{-} \rightleftharpoons SO_3^{2-} + 2OH^{-}$	−0.930	$AgBrO_3 + e^{-} \rightleftharpoons Ag + BrO_3^{-}$	0.546
$2H_2O + 2e^{-} \rightleftharpoons H_2 + 2OH^{-}$	−0.827	$MnO_4^{-} + e^{-} \rightleftharpoons MnO_4^{2-}$	0.558
$Zn^{2+} + 2e^{-} \rightleftharpoons Zn$	−0.761	$AsO_4^{3-} + 2H^{+} + 2e^{-} \rightleftharpoons AsO_3^{2-} + H_2O$	0.559
$Cr^{3+} + 3e^{-} \rightleftharpoons Cr$	−0.744	$H_3AsO_4 + 2H^{+} + 2e^{-} \rightleftharpoons HAsO_2 + 2H_2O$	0.560
$AsO_4^{3-} + 2H_2O + 2e^{-} \rightleftharpoons AsO_2^{-} + 4OH^{-}$	−0.710	$MnO_4^{-} + 2H_2O + 3e^{-} \rightleftharpoons MnO_2 + 4OH^{-}$	0.595
$AsO_2^{-} + 2H_2O + 3e^{-} \rightleftharpoons As + 4OH^{-}$	−0.680	$Hg_2SO_4 + 2e^{-} \rightleftharpoons 2Hg + SO_4^{2-}$	0.612
$SbO_2^{-} + 2H_2O + 3e^{-} \rightleftharpoons Sb + 4OH^{-}$	−0.660	$O_2 + 2H^{+} + 2e^{-} \rightleftharpoons H_2O_2$	0.695
$SbO_3^{-} + H_2O + 2e^{-} \rightleftharpoons SbO_2^{-} + 2OH^{-}$	−0.590	$[PtCl_4]^{2-} + 2e^{-} \rightleftharpoons Pt + 4Cl^{-}$	0.755
$Fe(OH)_3 + e^{-} \rightleftharpoons Fe(OH)_2 + OH^{-}$	−0.560	$BrO^{-} + H_2O + 2e^{-} \rightleftharpoons Br^{-} + 2OH^{-}$	0.761

续表

半反应	$\varphi^\ominus$/V	半反应	$\varphi^\ominus$/V
$2CO_2 + 2H^+ + 2e^- \rightleftharpoons H_2C_2O_4$	−0.490	$Fe^{3+} + e^- \rightleftharpoons Fe^{2+}$	0.771
$B(OH)_3 + 7H^+ + 8e^- \rightleftharpoons BH_4^- + 3H_2O$	−0.481	$Hg_2^{2+} + 2e^- \rightleftharpoons 2Hg$	0.797
$S + 2e^- \rightleftharpoons S^{2-}$	−0.476	$Ag^+ + e^- \rightleftharpoons Ag$	0.799
$Fe^{2+} + 2e^- \rightleftharpoons Fe$	−0.447	$ClO^- + H_2O + 2e^- \rightleftharpoons Cl^- + 2OH^-$	0.810
$Cr^{3+} + e^- \rightleftharpoons Cr^{2+}$	−0.407	$Hg^{2+} + 2e^- \rightleftharpoons Hg$	0.851
$Cd^{2+} + 2e^- \rightleftharpoons Cd$	−0.403	$2Hg^{2+} + 2e^- \rightleftharpoons Hg_2^{2+}$	0.920
$PbSO_4 + 2e^- \rightleftharpoons Pb + SO_4^{2-}$	−0.358	$NO_3^- + 3H^+ + 2e^- \rightleftharpoons HNO_2 + H_2O$	0.934
$Tl^+ + e^- \rightleftharpoons Tl$	−0.336	$Pd^{2+} + 2e^- \rightleftharpoons Pd$	0.951
$[Ag(CN)_2]^- + e^- \rightleftharpoons Ag + 2CN^-$	−0.310	$Br_2(l) + 2e^- \rightleftharpoons 2Br^-$	1.066
$Co^{2+} + 2e^- \rightleftharpoons Co$	−0.280	$Br_2(aq) + 2e^- \rightleftharpoons 2Br^-$	1.087
$H_3PO_4 + 2H^+ + 2e^- \rightleftharpoons H_3PO_3 + H_2O$	−0.276	$2IO_3^- + 12H^+ + 10e^- \rightleftharpoons I_2 + 6H_2O$	1.195
$PbCl_2 + 2e^- \rightleftharpoons Pb + 2Cl^-$	−0.267	$ClO_3^- + 3H^+ + 2e^- \rightleftharpoons HClO_2 + H_2O$	1.214
$Ni^{2+} + 2e^- \rightleftharpoons Ni$	−0.257	$MnO_2 + 4H^+ + 2e^- \rightleftharpoons Mn^{2+} + 2H_2O$	1.224
$V^{3+} + e^- \rightleftharpoons V^{2+}$	−0.255	$O_2 + 4H^+ + 4e^- \rightleftharpoons 2H_2O$	1.229
$CdSO_4 + 2e^- \rightleftharpoons Cd + SO_4^{2-}$	−0.246	$Cr_2O_7^{2-} + 14H^+ + 6e^- \rightleftharpoons 2Cr^{3+} + 7H_2O$	1.232
$Cu(OH)_2 + 2e^- \rightleftharpoons Cu + 2OH^-$	−0.222	$Tl^{3+} + 2e^- \rightleftharpoons Tl^+$	1.252
$CO_2 + 2H^+ + 2e^- \rightleftharpoons HCOOH$	−0.199	$2HNO_2 + 4H^+ + 4e^- \rightleftharpoons N_2O + 3H_2O$	1.297
$AgI + e^- \rightleftharpoons Ag + I^-$	−0.152	$HBrO + H^+ + 2e^- \rightleftharpoons Br^- + H_2O$	1.331
$O_2 + 2H_2O + 2e^- \rightleftharpoons H_2O_2 + 2OH^-$	−0.146	$HCrO_4^- + 7H^+ + 3e^- \rightleftharpoons Cr^{3+} + 4H_2O$	1.350
$Sn^{2+} + 2e^- \rightleftharpoons Sn$	−0.137	$Cl_2(g) + 2e^- \rightleftharpoons 2Cl^-$	1.358
$CrO_4^{2-} + 4H_2O + 3e^- \rightleftharpoons Cr(OH)_3 + 5OH^-$	−0.130	$ClO_4^- + 8H^+ + 8e^- \rightleftharpoons Cl^- + 4H_2O$	1.389
$Pb^{2+} + 2e^- \rightleftharpoons Pb$	−0.126	$HClO + H^+ + 2e^- \rightleftharpoons Cl^- + H_2O$	1.482
$O_2 + H_2O + 2e^- \rightleftharpoons HO_2^- + OH^-$	−0.076	$MnO_4^- + 8H^+ + 5e^- \rightleftharpoons Mn^{2+} + 4H_2O$	1.507
$Fe^{3+} + 3e^- \rightleftharpoons Fe$	−0.037	$MnO_4^- + 4H^+ + 3e^- \rightleftharpoons MnO_2 + 2H_2O$	1.679
$Ag_2S + 2H^+ + 2e^- \rightleftharpoons 2Ag + H_2S$	−0.036	$Au^+ + e^- \rightleftharpoons Au$	1.692
$2H^+ + 2e^- \rightleftharpoons H_2$	0.000	$Ce^{4+} + e^- \rightleftharpoons Ce^{3+}$	1.720
$Pd(OH)_2 + 2e^- \rightleftharpoons Pd + 2OH^-$	0.070	$H_2O_2 + 2H^+ + 2e^- \rightleftharpoons 2H_2O$	1.776
$AgBr + e^- \rightleftharpoons Ag + Br^-$	0.071	$Co^{3+} + e^- \rightleftharpoons Co^{2+}$	1.920
$S_4O_6^{2-} + 2e^- \rightleftharpoons 2S_2O_3^{2-}$	0.080	$S_2O_8^{2-} + 2e^- \rightleftharpoons 2SO_4^{2-}$	2.010
$[Co(NH_3)_6]^{3+} + e^- \rightleftharpoons [Co(NH_3)_6]^{2+}$	0.108	$F_2 + 2e^- \rightleftharpoons 2F^-$	2.866
$S + 2H^+ + 2e^- \rightleftharpoons H_2S(aq)$	0.142		

附录六 常见配合物的稳定常数

配体及金属离子	$\lg\beta_1$	$\lg\beta_2$	$\lg\beta_3$	$\lg\beta_4$	$\lg\beta_5$	$\lg\beta_6$
氨(NH_3)						
Co^{2+}	2.11	3.74	4.79	5.55	5.73	5.11
Co^{3+}	6.7	14.0	20.1	25.7	30.8	35.2
Cu^{2+}	4.31	7.98	11.02	13.32	12.86	
Hg^{2+}	8.8	17.5	18.5	19.28		
Ni^{2+}	2.80	5.04	6.77	7.96	8.71	8.74

续表

配体及金属离子	$\lg\beta_1$	$\lg\beta_2$	$\lg\beta_3$	$\lg\beta_4$	$\lg\beta_5$	$\lg\beta_6$
Ag^{+}	3.24	7.05				
Zn^{2+}	2.37	4.81	7.31	9.46		
Cd^{2+}	2.65	4.75	6.19	7.12	6.80	5.14
氯离子(Cl^{-})						
Sb^{3+}	2.26	3.49	4.18	4.72		
Bi^{3+}	2.44	4.7	5.0	5.6		
Cu^{+}		5.5	5.7			
Pt^{2+}		11.5	14.5	16.0		
Hg^{2+}	6.74	13.22	14.07	15.07		
Au^{3+}		9.8				
Ag^{+}	3.04	5.04				
氰离子(CN^{-})						
Au^{+}		38.3				
Cd^{2+}	5.48	10.60	15.23	18.78		
Cu^{+}		24.0	28.59	30.30		
Fe^{2+}						35
Fe^{3+}						42
Hg^{2+}				41.4		
Ni^{2+}				31.3		
Ag^{+}		21.1	21.7	20.6		
Zn^{2+}				16.7		
氟离子(F^{-})						
Al^{3+}	6.10	11.15	15.00	17.75	19.37	19.84
Fe^{3+}	5.28	9.30	12.06			
碘离子(I^{-})						
Bi^{3+}	3.63			14.95	16.80	18.80
Hg^{2+}	12.87	23.82	27.60	29.83		
Ag^{+}	6.58	11.74	13.68			
硫氰酸根(SCN^{-})						
Fe^{3+}	2.95	3.36				
Hg^{2+}		17.47		21.23		
Au^{+}		23		42		
Ag^{+}		7.57	9.08	10.08		
硫代硫酸根($S_2O_3^{2-}$)						
Ag^{+}	8.82	13.46				
Hg^{2+}		29.44	31.90	33.24		
Cu^{+}	10.27	12.22	13.84			
乙酸根(CH_3COO^{-})						
Fe^{3+}	3.2					
Hg^{2+}		8.43				

续表

配体及金属离子	$\lg\beta_1$	$\lg\beta_2$	$\lg\beta_3$	$\lg\beta_4$	$\lg\beta_5$	$\lg\beta_6$
Pb^{2+}	2.52	4.0	6.4	8.5		
枸橼酸根(按 L^{3-}配体)						
Al^{3+}	20.0					
Co^{2+}	12.5					
Cd^{2+}	11.3					
Cu^{2+}	14.2					
Fe^{2+}	15.5					
Fe^{3+}	25.0					
Ni^{2+}	14.3					
Zn^{2+}	11.4					
乙二胺($H_2NCH_2CH_2NH_2$)						
Co^{2+}	5.91	10.64	13.94			
Cu^{2+}	10.67	20.00	21.0			
Zn^{2+}	5.77	10.83	14.11			
Ni^{2+}	7.52	13.84	18.33			
草酸根($C_2O_4^{2-}$)						
Cu^{2+}	6.16	8.5				
Fe^{2+}	2.9	4.52	5.22			
Fe^{3+}	9.4	16.2	20.2			
Hg^{2+}		6.98				
Zn^{2+}	4.89	7.60	8.15			
Ni^{2+}	5.3	7.64	～8.5			